Metallfachrechnen 5

Heizungs- und Raumlufttechnik

Von Oberstudienrat Herbert Wiemann, Salzgitter
Oberstudienrat Ulrich Eberle, Bad Homburg
Oberstudienrat Alfred Soherr, Biberach

Mit 237 Bildern, 60 Tabellen, 160 Beispielen und
Versuchen sowie 1211 Aufgaben

B. G. Teubner Stuttgart 1990

CIP-Titelaufnahme der Deutschen Bibliothek

Metallfachrechnen. – Stuttgart : Teubner.
5. Heizungs- und Raumlufttechnik / von Herbert Wiemann ... –
  1990

ISBN 978-3-519-06719-1   ISBN 978-3-322-92775-0 (eBook)
DOI 10.1007/978-3-322-92775-0

Gesamtherstellung: Passavia Druckerei GmbH Passau
Umschlaggestaltung: Peter Pfitz, Stuttgart

Vorwort

In Zeiten eines immer rascheren technischen Wandels und Fortschritts ist die umfassende Sachkenntnis besonders wichtig. Dazu gehört nicht nur das fachkundliche Wissen, sondern auch die rechnerische Anwendung. Das Technische Rechnen verdeutlicht außerdem die Sachzusammenhänge und trägt so zu einem besseren, tieferen Verstehen bei.

Deshalb haben wir dieses Buch geschrieben. Es baut auf den Grundlagen (Metallfachrechnen 1) auf und enthält den gesamten Stoff für die Fachstufe der Zentralheizungs- und Lüftungsbauer sowie die Anlagenmechaniker der Fachrichtung Versorgungstechniker. Dabei haben wir die zunehmende Bedeutung der Anlagenhydraulik und der Raumlufttechnik entsprechend berücksichtigt. Nicht zuletzt deshalb eignet sich das Buch auch für die Techniker- und Meisterausbildung.

Die Abschnitte beginnen jeweils mit einem Informationsteil, der das nötige Fachwissen und die Formeln enthält. Wichtige Erkenntnisse und Gleichungen sind in einprägsamen Merkkästen zusammengefaßt. Durchgerechnete Übungsbeispiele zeigen die Anwendung. Zur Übung und Festigung dienen zahlreiche Aufgaben aus der Praxis, dazu verschiedene Projektaufgaben.

Verfasser und Verlag freuen sich über Anregungen und Hinweise, die zur Verbesserung und Weiterentwicklung des Buches beitragen.

Januar 1990   H. Wiemann, U. Eberle, A. Soherr

Inhaltsverzeichnis

1 Grundlagen

1.1 Hilfsmittel und Darstellungsmöglichkeiten

Die Fachmathematik vermittelt die notwendigen Rechenkenntnisse, um fachkundliche Zusammenhänge zu verdeutlichen und zu vertiefen oder an neue Inhalte heranzuführen. Mit anderen Worten: Um die Fachkenntnisse in der Praxis anwenden zu können, müssen wir rechnen. Dazu gibt es Hilfsmittel (Formeln) und Darstellungsmöglichkeiten (Diagramme).

Formeln stellen mit Formel- und Rechenzeichen Zusammenhänge und Rechenvorgänge dar. Zur Lösung werden die Zahlenwerte und Einheiten eingesetzt.

> Formelzeichen sind Kurzzeichen für Rechengrößen.
>
> Rechenzeichen sind Rechenvorschriften.
>
> Einheiten sind Meßgrößen.

Beispiele	Formelzeichen	Einheit(en)
Fläche	A	cm^2, m^2
Masse	m	kg
Druck	p	bar

Diagramme sind grafische Darstellungen, Schaubilder. Sie stellen Zusammenhänge zwischen abhängigen Größen oder Ergebnisse bildlich dar. In der Technik erleichtern bzw. ersparen sie häufig das Berechnen von Zahlenwerten oder veranschaulichen Ergebnisse. Wir unterscheiden:

- **Block- oder Stabdiagramme** z. B. für Verbrauchsgrößen verschiedener Materialien (**1.1**).
- **Kreisflächendiagramme** zur Veranschaulichung von Prozentwerten bestimmter Größen in „Kuchenform" (**1.2**).
- **Kurvendiagramme** zur Wiedergabe des Funktionszusammenhangs verschiedener Größen in einem Achsen- oder Koordinatensystem (**1.3**).

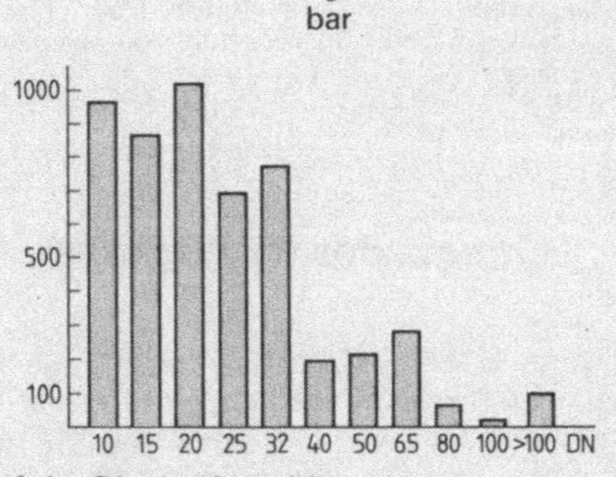

1.1 Block- (Stab-) Diagramm

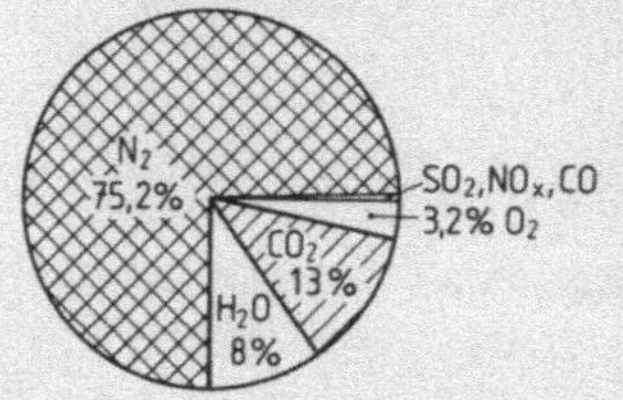

1.2 Kreisdiagramm Zusammensetzung von feuchtem Abgas bei Heizöl EL (20% Luftüberschuß)

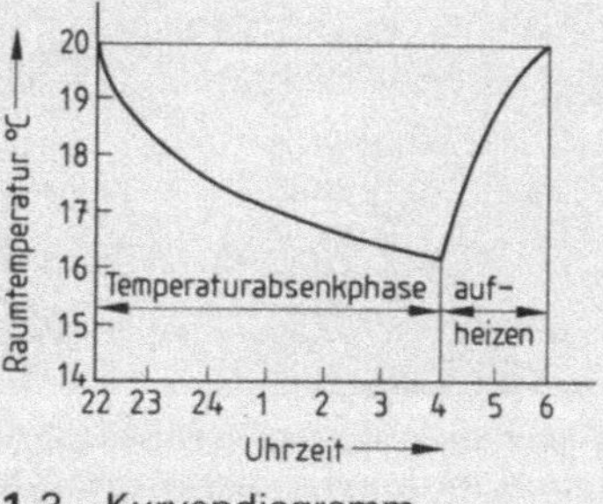

1.3 Kurvendiagramm

Fachrechenaufgaben lösen wir in einer bestimmten Reihenfolge einzelner Schritte. Wichtig ist dabei die übersichtliche Form, um Irrtümer und Flüchtigkeitsfehler zu vermeiden.

Lösungsschritte

1. Problem erfassen (analysieren)

– Aufgabe genau durchlesen, zunächst ohne Rücksicht auf Zählenwerte, nur mit Blick auf das Problem.
– Evtl. Skizze anfertigen, um die Aufgabenstellung zu veranschaulichen und das Problem deutlicher zu erkennen.
– Gegebene Größen mit Formelzeichen, Zahlenwert und Einheit zusammenstellen.
– Gesuchte Größe mit Formelzeichen und Einheit aus der Frage ermitteln und festhalten.

2. Lösungsweg entwickeln

– Wovon hängt die gesuchte Größe ab?
– Noch fehlende Größen bestimmen (evtl. durch Diagramme und Tabellen).
– Mathematische Zusammenhänge herstellen.
– Formel aufstellen (evtl. Grundformel umformen).

3. Ausrechnen

– Gegebene Zahlenwerte mit den Einheiten in die Formel einsetzen, nicht passende Einheiten umwandeln.
– Mit einer Überschlagsrechnung annähernd das Ergebnis feststellen, um grobe Rechenfehler zu vermeiden.
– Teilergebnisse in die Hauptrechnung einsetzen und noch einmal überschlägig prüfen.
– Gesamtergebnis ausrechnen und (zweimal) unterstreichen.

4. Auswerten

– Gegebenenfalls das Ergebnis beurteilen.

1.2 Lehrsatz des Pythagoras

Der in Bild **1.4** veranschaulichte Lehrsatz dient z. B. zum Berechnen von Dreieck-, Trapez- oder Parallelogrammseiten oder zu Berechnungen an Übergangskörpern (Höhen, Kantenlängen).

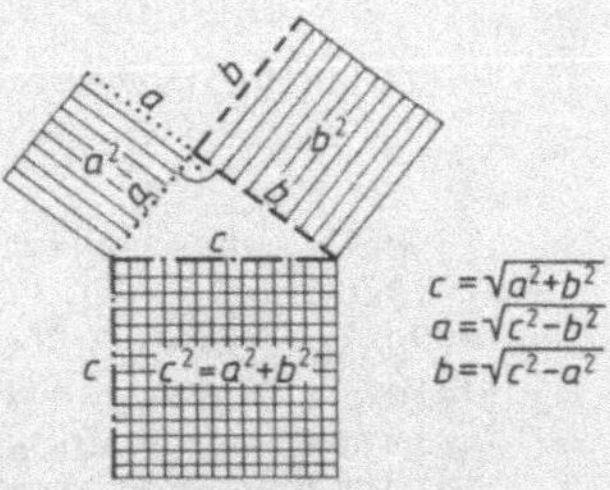

1.4 Lehrsatz des Pythagoras

Beispiel 1.1 Ein rechteckiger Rahmen, der eine 850 mm hohe und 395 mm breite Öffnung hat, soll diagonal versteift werden. Wie lang muß die eingesetzte Strebe in mm sein?

Geg.: $a = 850$ mm, $b = 395$ mm; ges.: c in mm

Lösung

$$c^2 = a^2 + b^2$$

$$c = \sqrt{a^2 + b^2} = \sqrt{(850 \text{ mm})^2 + (395 \text{ mm})^2}$$

$$c = \sqrt{722\,500 \text{ mm}^2 + 156\,025 \text{ mm}^2}$$

$$c = \sqrt{878\,525 \text{ mm}^2} = \mathbf{937{,}3 \text{ mm}}$$

> In vielen Fällen ist zur Veranschaulichung des rechtwinkligen Dreiecks eine Skizze unumgänglich oder zumindest zweckmäßig.

Aufgaben

1. Der Rohrstutzen **1.**5 mit konzentrischer Einziehung soll durch Ausschneiden von 4 Längskeilen (graue Flächen) hergestellt werden.
   Ermitteln Sie für eine Einziehlänge $l_e = 38$ mm
   a) die wahre Länge l_w zum Anzeichnen und
   b) die Zuschnittlänge l_Z, wenn die Stutzenlänge $l = 150$ mm beträgt.

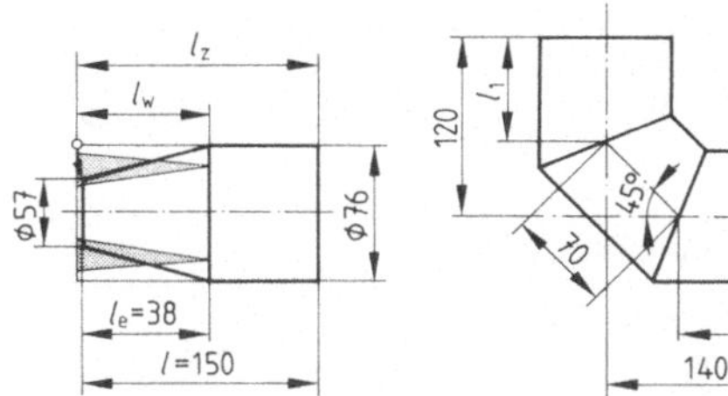

1.5 Konzentrische Einziehung mit Längskeilen

1.6 Einteiliger Segmentbogen

2. Berechnen Sie für den einteiligen Segmentbogen **1.**6 aus nahtlosem Stahlrohr die Zuschnittlängen l_1 und l_2 in mm.

3. Durch Wärmedehnung eines Rohres wird eine Rohraufhängung um 30 mm ausgelenkt (**1.**7). Um wieviel mm wird das Rohr dabei angehoben (Δh), wenn die Länge l a) 150 mm, b) 100 mm beträgt?

4. Ein 3 m langes Seil wird zum Heben eines Behälters verwendet (**1.**8). Auf welche Höhe h muß das Seil angezogen werden, bis es spannt?

5. Ermitteln Sie für den Abfallbehälter **1.**9 a) das Maß s, b) die Zuschnittlängen l und b in mm.

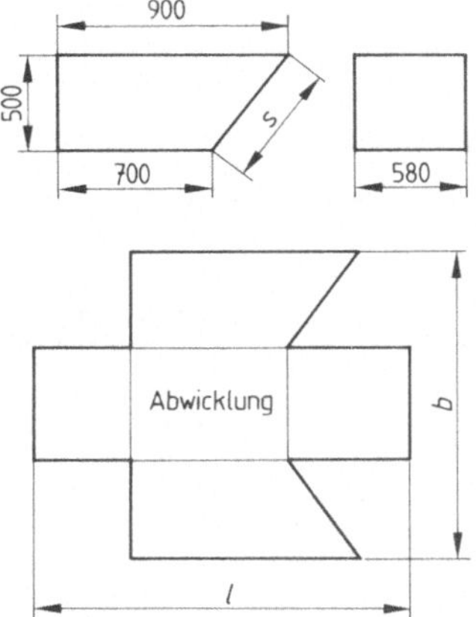

1.9 Abfallbehälter

6. Für die Rauchabzugshaube **1.**10 aus schwarzem St-Blech sind a) die Zuschnittlänge a und b) die Schweißnahtlänge s in mm zu berechnen.

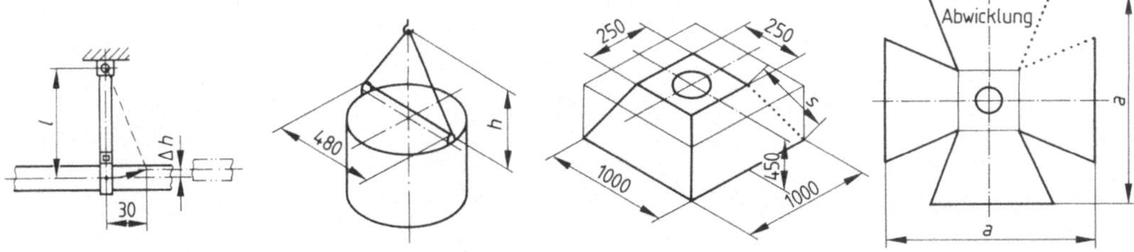

1.7 Auslenkung einer Rohraufhängung

1.8 Seillänge

1.10 Rauchabzugshaube

1.3 Flächen- und Volumenberechnung

Flächen- und Volumenberechnungen gehören zu den grundlegenden Rechenaufgaben und wurden bereits in der Grundstufe geübt. Die in diesem Abschnitt gestellten Aufgaben zur Ermittlung von Blechzuschnitten, Grundflächen zur Volumenberechnung, Mantel- bzw. Ober-(Umschließungs-)flächen von Körpern bzw. Räumen, Dichtungsflächen (Tankraum, Flansch) und Volumen sollen das Berechnen von Flächen und Volumen an berufspraktischen Beispielen vertiefen.

> Flächenberechnungen enthalten immer ein Produkt aus 2 senkrecht zueinanderstehenden Abmessungen: Länge × Breite (Rechteckformel).

Die Formeln für die Berechnung verschiedener Flächen sind in Tabelle **1.11** zusammengefaßt.

Tabelle **1.11** **Flächenberechnung** (A = Flächeninhalt, U = Umfang)

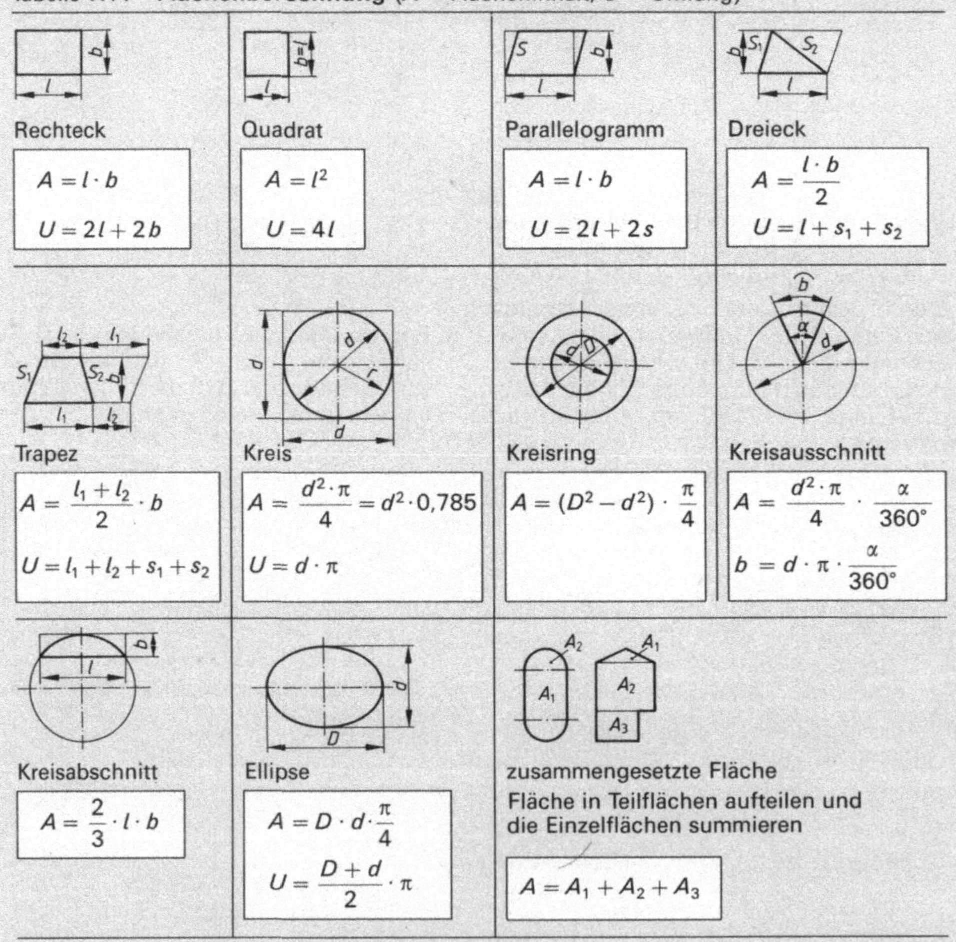

Einheiten mm^2, cm^2, dm^2, m^2

Umwandlung
$$1\ m^2 = 100\ dm^2$$
$$1\ dm^2 = 100\ cm^2$$
$$1\ cm^2 = 100\ mm^2$$
Umwandlungsfaktor **100**
(Komma um **2** Stellen nachrücken)

Beispiel 1.2 Wie groß ist die Querschnittsfläche in cm^2 eines rechteckigen Abluftschachts mit den Abmessungen 140 mm × 120 mm?

Geg.: $l = 14$ cm, $b = 12$ cm; ges.: A in cm^2

Lösung $\quad A = l \cdot b = 14$ cm $\cdot 12$ cm $= \mathbf{168\ cm^2}$

> Volumenberechnungen enthalten immer ein Produkt aus 3 Abmessungen:
> Länge × Breite × Höhe oder ein Produkt aus Grundfläche × Höhe.

Die Formeln für die Berechnung des Volumens und der Oberfläche verschiedener Körper sind in Tab. **1.**12 zusammengestellt.

Tabelle **1.**12 **Volumen- und Oberflächenberechnung**
(V = Volumen, A_0 = Oberfläche $\triangleq$ Abwicklung)

Prismen und Zylinder (Körper mit gleichbleibendem Querschnitt)

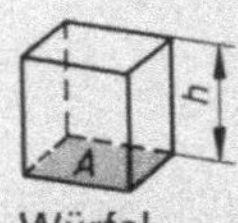 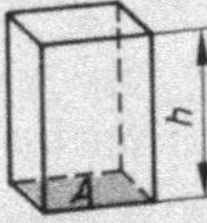 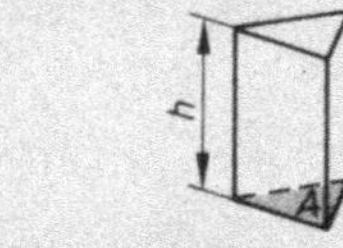 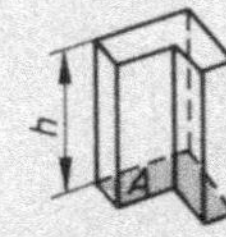 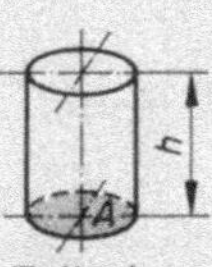

Würfel   Rechtecksäule   Dreiecksäule   Prisma   Zylinder

$$V = A \cdot h \qquad A_0 = 2A + A_M = 2A + U \cdot h \quad (A_M = A_{Mantel})$$

Spitze Körper

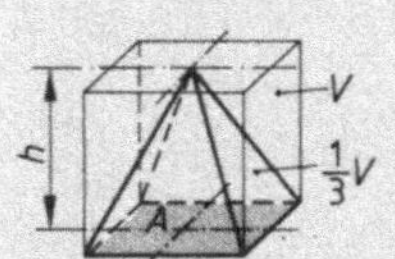 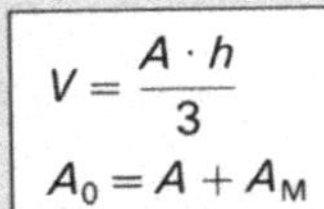

Pyramide   Kegel

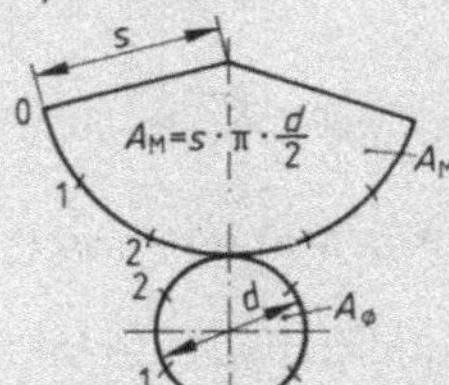

$$V = \frac{A \cdot h}{3}$$
$$A_0 = A + A_M$$

Kegelabwicklung

Stümpfe

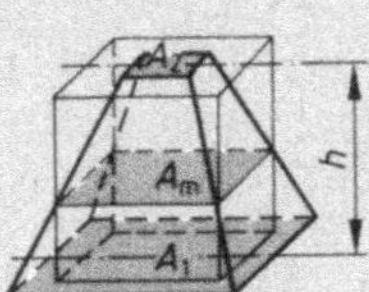 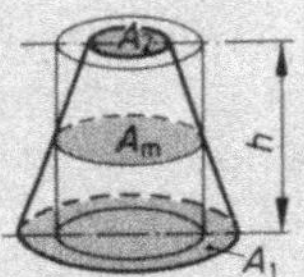

Pyramidenstumpf   Kegelstumpf

$$V \approx \frac{A_1 + A_2}{2} \cdot h \qquad A_0 = A_1 + A_2 + A_M$$

Zusammengesetzte Volumen

Volumen in Teilvolumen aufteilen und addieren

$$V = V_1 + V_2 + V_3$$

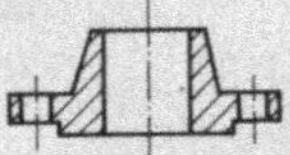

Einheiten mm^3, cm^3, dm^3, l, m^3

Umwandlung
$$1\ m^3 = 1000\ dm^3$$
$$1\ dm^3 = 1000\ cm^3$$
$$1\ cm^3 = 1000\ mm^3$$
$$1\ dm^3 = 1\ l$$
Umwandlungsfaktor **1000**
(Komma um **3** Stellen nachrücken)

Aufgaben

Geradlinig begrenzte Flächen

1. Zur Berechnung des Wärmedurchgangs durch Bauteile muß die Größe der Raumumschließungsflächen ermittelt werden. Die Maße in den Bildern **1.13** bis **1.16** sind bis zu 1 m in cm, ab 1 m in m angegeben.
Berechnen Sie in m^2 mit 1 Dezimale folgende Flächen verschiedener Räume:
a) die Deckenfläche nach Bild **1.13**,

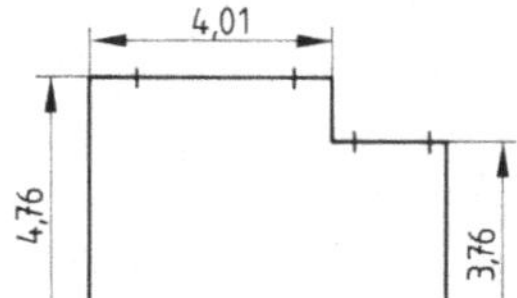

1.13 Deckenfläche (Maße in cm bzw. m)

b) die Fußbodenfläche sowie die Fenster- und Mauerflächen der 3 Außenwände AW 1, AW 2 und AW 3 mit einer Höhe von 2,75 m nach Bild **1.14**. Maße für Maueröffnungen (Fenster und Türen): Maß auf der Maßlinie = Breite, unter der Maßlinie = Höhe.

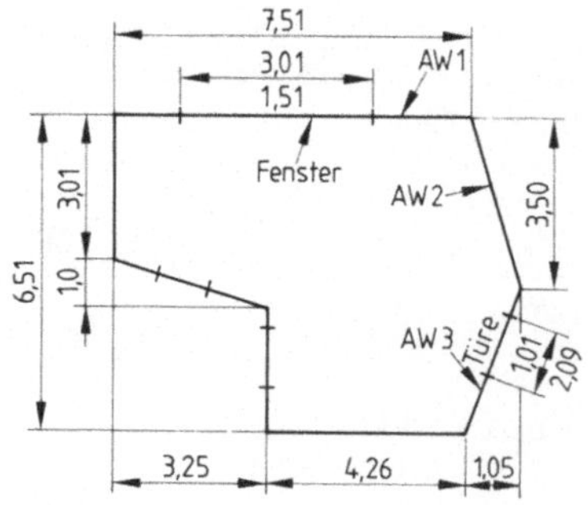

1.14 Fußbodenfläche (Maße in cm bzw. m)

c) die Fläche des Fensters und der Heizkörpernische nach Bild **1.15**,

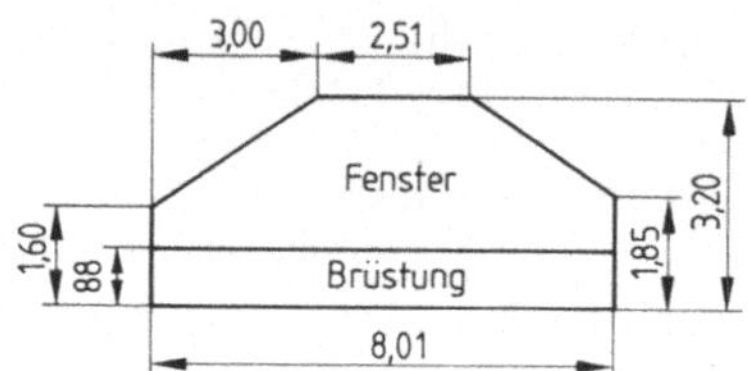

1.15 Außenfläche
(Maße in cm bzw. m)

d) die Fläche des Fensters, der Heizkörpernische und des seitlichen Mauerwerks nach Bild **1.16**.

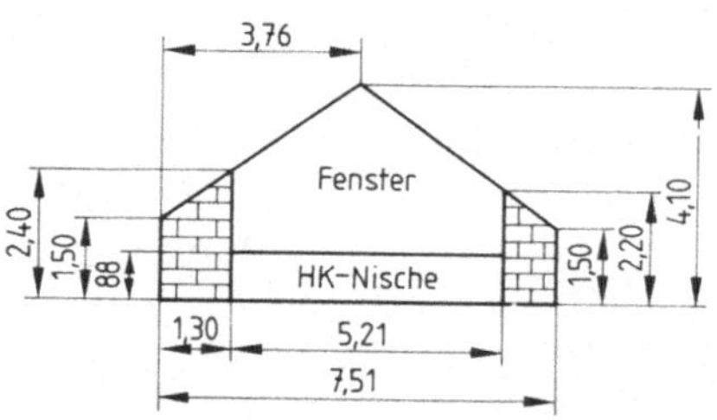

1.16 Außenfläche (Maße in cm bzw. m)

2. Ein Lüftungskanal ist 400 mm hoch und 300 mm breit.
a) Welche Querschnittsfläche in m^2 und cm^2 hat er?
b) Wie breit müßte er sein, wenn er nur 360 mm hoch sein dürfte und die gleichgroße Querschnittsfläche benötigt?
c) Wieviel m^2 Blech sind bei a) und b) erforderlich, wenn der Kanal 32 m lang ist und für Fälze und Verschnitt 12% Zuschlag zu berechnen sind?

14

Pythagoras und Flächenberechnung

3. Der Übergangskörper **1.17** wird aus 4 Teilen zusammengenietet. Berechnen Sie
   a) die Oberfläche in m²,
   b) die erforderliche Zuschnittlänge l und -breite b für die 4 Teile, wenn bei 2 Einzelteilen seitlich jeweils 20 mm für Überlappung dazugegeben werden (ohne Berücksichtigung der Blechdicke).

4. Ermitteln Sie für die Abzugshaube **1.18** den Blechbedarf in m² und dm², wenn zur Oberfläche 15% zugeschlagen werden.

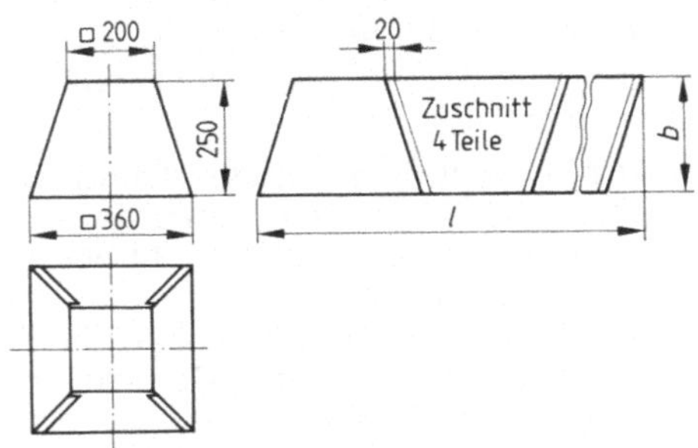

1.17 Übergangskörper

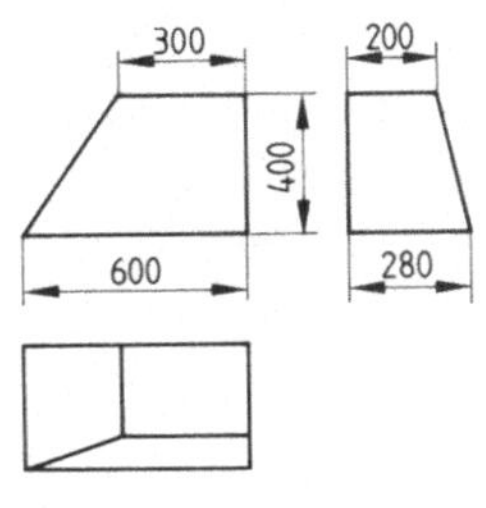

1.18 Abzugshaube

Kreisfläche, Durchmesser und Zylindermantel

5. Wie lauten die Formeln für die Berechnung der Kreisfläche und des Kreisumfangs?

6. Wie groß ist die Wasseroberfläche eines halbvollen, offenen Ausdehnungsgefäßes mit $\varnothing$ 300 mm und 500 mm Länge, wenn es a) stehend, b) liegend montiert ist?

7. Eine Bypaßbohrung im Mantel einer heißen Brennkammer hat einen $\varnothing$ von 20 mm. Welche Querschnittsfläche in mm² und cm² wird beim Öffnen der Bohrung für die heißen Abgase freigegeben?

8. In einen rechteckigen Blechkanal soll eine Öffnung mit 50 cm² geschnitten werden. Wie groß muß der Durchmesser sein?

9. Wie groß ist die Dichtungsfläche eines Vorschweißflansches in cm² und mm², wenn die Dichtungsfläche folgende $\varnothing$ hat
   a) DN 40: $d_a = 80$ mm, $d_i = 39{,}3$ mm,
   b) DN 50: $d_a = 90$ mm, $d_i = 51{,}2$ mm,
   b) DN 65: $d_a = 110$ mm, $d_i = 70{,}3$ mm?

10. Ein Rippenrohr mit einer Länge von 1,2 m hat einen Kernrohrdurchmesser von 18 mm. Der $\varnothing$ der Rippen beträgt 40 mm (**1.19**). Auf dem Rohr sind 432 Rippen.
    a) Welche Oberfläche in cm² und m² hat ein 1,2 m langes nacktes Rohr mit $\varnothing$ 18 mm?
    b) Wie groß ist die Oberfläche der Rohrrippen in cm² und m²? (Beachten Sie: Jede Rippe hat zwei Flächen.)
    c) Wievielmal größer ist die Oberfläche der Rohrrippen im Vergleich zur Oberfläche des Kernrohrs?

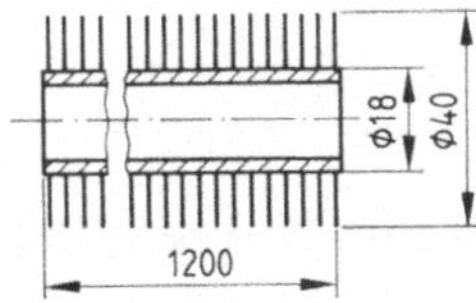

1.19 Rippenrohr

11. Ein offenes Ausdehnungsgefäß mit $\varnothing$ 350 mm × 580 mm lang wird allseitig 80 mm stark wärmegedämmt. Berechnen Sie die Oberfläche in m², die eine Blechverkleidung der Wärmedämmung hat.

12. Die wärmegedämmten Rohre nach Bild **1**.20 werden mit einer PVC-Folie ummantelt. Berechnen Sie
   a) die Zuschnittbreiten für die PVC-Ummantelungen,
   b) den Bedarf an PVC-Folie in m^2 für die beiden je 7,5 m langen Rohre, wenn in Längsrichtung 7mal überlappt wird.
   c) Für welchen $\varnothing$ der Wärmedämmung reicht bei 12 mm Überlappung eine Zuschnittbreite von 402 mm aus?

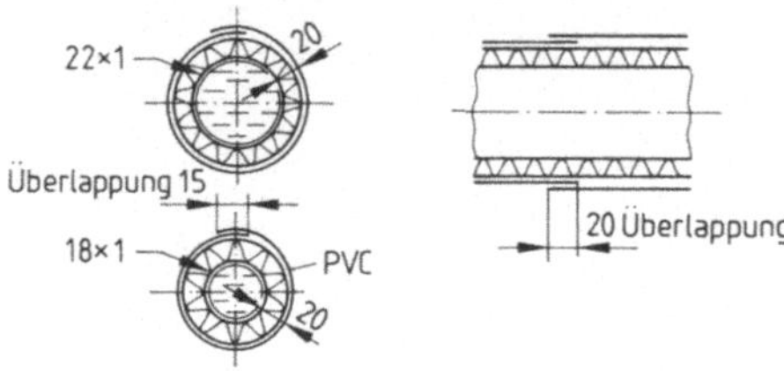

1.20   Rohrummantelung

13. Bei Heizungskesseln findet man verschiedene Formen von Nachschaltheizflächen (**1**.21). Ermitteln Sie zum Vergleich der Nachschaltheizflächen
   a) die Querschnittsflächen bei I bis III in cm^2,
   b) die Oberflächen (Wärmeaustauschflächen) bei I bis III in cm^2 und m^2.

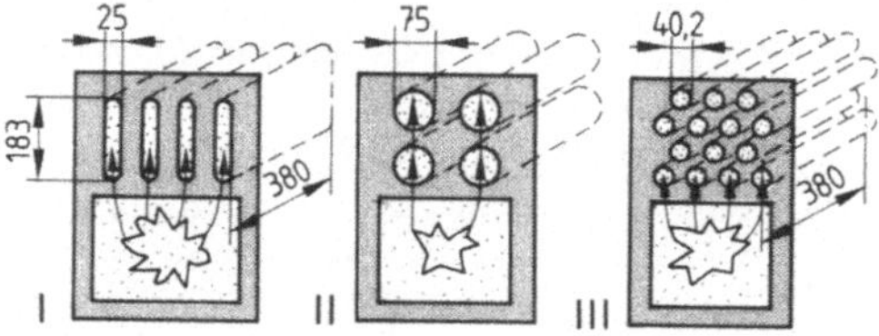

1.21   Nachschaltheizflächen

Kreis und Quadrat im Kurvendiagramm

15. a) Der Zusammenhang zwischen dem Kreisdurchmesser und der Kreisfläche, $A = \dfrac{d^2 \cdot \pi}{4}$, ist für $d = 0$ bis 10 in einem Kurvendiagramm darzustellen (s. Bild **1**.3). Es soll Ihnen auch verdeutlichen, welche Auswirkung ein veränderter Durchmesser auf die Querschnittsfläche hat.

c) Wievielmal größer sind die Oberflächen von I und III als von II?

14. Neuzeitliche Heizungskessel aus Stahl haben der ungekühlten Brennkammer vielfach einen Rippenkörper (Oberflächenvergrößerung) als Nachschaltheizfläche nachgeschaltet. Durch den Wärmefluß aus den Rippen in den Mantelring wird an dessen Oberfläche die Temperatur erhöht.
   Ermitteln Sie für die Nachschaltheizflächen **1**.22

   a) die heiz(ab)gasseitige Oberfläche des Mantelrings in cm^2, dm^2 und m^2, wenn die Rippen nicht berücksichtigt werden;
   b) die Wärmeaustauschfläche für das Abgas in m^2 unter Berücksichtigung der Rippen;
   c) wievielmal größer die Wärmeaustauschfläche bei b) gegenüber a) ist;
   d) die Querschnittsfläche in cm^2 für den Abgasstrom im Rippenkörper.
   e) Welchen Durchmesser braucht ein zylindrisches Abgasrohr, wenn es die gleiche Querschnittsgröße haben soll wie der Abgasquerschnitt bei d)?

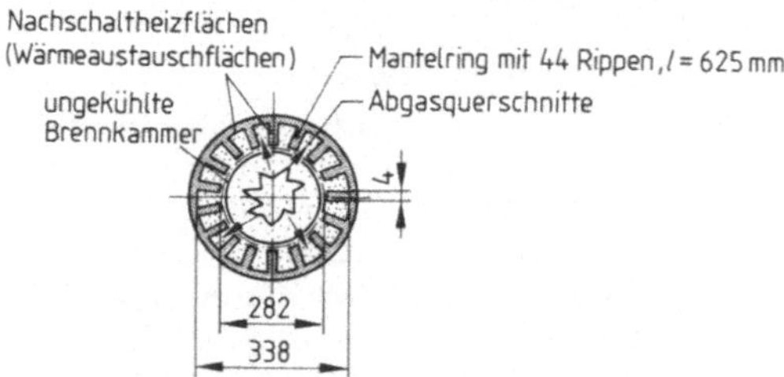

1.22   Nachschaltheizfläche mit Rippenkörper

Ermitteln Sie zunächst für die in der Wertetabelle angegebenen d jeweils die Kreisfläche A.

d	1	2	3	4	5	6	7	8	9	10
A										

Ohne Eintragung einer Einheit ins Diagramm kann diese Wertetabelle für verschiedene, zusammenpassende Einheiten verwendet werden. Übertragen Sie die zusammengehörenden Werte in ein Achsendiagramm, und zwar auf der waagerechten Achse d (1 Einheit 1 cm), auf der senkrechten Achse A (5 Einheiten 1 cm).

b) Ermitteln Sie mit Hilfe des Diagramms die Kreisfläche A für $d =$ 2,5 cm; 5,4 mm; 64 mm; 8,7 cm.

c) Vergleichen Sie die Größe der Kreisfläche für $d = 2$ und $d = 4$ cm; für $d = 3$, 6 und 9 cm. Wievielmal größer wird die Fläche, bei einer Verdoppelung bzw. Verdreifachung des Durchmessers? Warum?

d) Ermitteln Sie mit Hilfe des Diagramms für $A = 20$ cm², 40 cm² und 80 cm² jeweils d. Überprüfen Sie die Ergebnisse durch Rechnung. Vergleichen Sie die Durchmesser der verschiedenen Flächen.

16. Stellen Sie den Zusammenhang zwischen dem Kreisdurchmesser und dem Kreisumfang $U = d \cdot \pi$ für $d = 0$ bis 10 in einem Kurvendiagramm dar. U ist auf der senkrechten Achse abzutragen (im Diagramm der Aufgabe 15 Teilung $U = A$ setzen).

17. Der Zusammenhang zwischen der Quadratseite und der Quadratfläche $A = a^2$ für $a = 0$ bis 9 ist in das Diagramm der Aufgabe 15 zu zeichnen. Die Skala A auf der senkrechten Achse soll mit gleicher Teilung für die Quadratfläche gelten.

18. Ein zylindrisches Lüftungsrohr, ein quadratischer und ein rechteckiger Blechkanal haben eine gleich große Querschnittsfläche. Bei welcher Querschnittsform ist bei gleicher Länge am meisten bzw. am wenigsten Blech (ohne Zuschlag) erforderlich?

19. Berechnen Sie für das Formstück der Lüftungsanlage **1**.23 bei einer Falzzugabe von 8% die erforderliche Blechfläche in m².

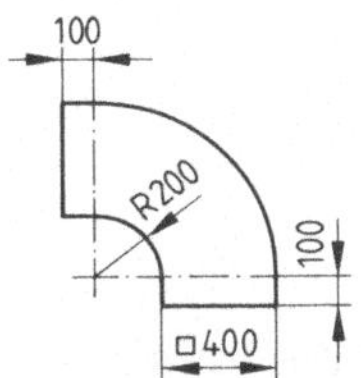

1.23   Formstück

Kanalabmessungen

20. Ein gerader Zuluftkanal nach Bild **1**.24 für einen Heizraum erfordert eine Querschnittsfläche von 325 cm².

a) Welche Höhe braucht der Querschnitt bei einer Breite von 200 mm?

b) Welche Zuschnittbreiten sind für die Kanalseiten erforderlich? (1 Umschlag = 1 f, doppelter Umschlag = 2 f)

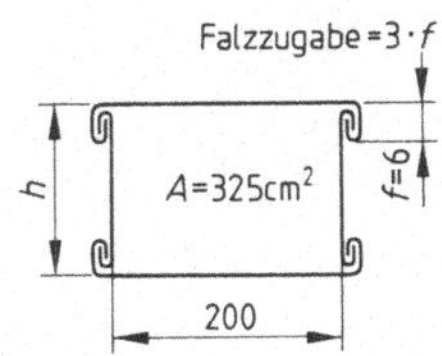

1.24   Kanalquerschnitt

21. Für einen Blechkanal ist eine Querschnittsfläche von 450 cm² erforderlich. Die Wahl der Kanalquerschnittsform beeinflußt vor allem die Kanaloberfläche (Blechbedarf, Widerstand) und den Platzbedarf.

a) Welchen ⌀ in mm benötigt ein kreisrunder Kanal?

b) Welche Seitenlänge in mm braucht ein Kanal mit quadratischem Querschnitt?

c) Wie breit muß ein rechteckiger Kanal sein, der aus Platzgründen nur 180 mm hoch sein darf?

d) Welche Oberfläche in m² hat jeweils ein 1,4 m langes Kanalstück?

e) Welche Zuschnittbreite ist für den zylindrischen Kanal bei einer Längsfalzbreite $f = 7$ mm notwendig?

Kegelmantel

22. a) Welcher Abmessung am Kegel entspricht der Radius einer Kegelabwicklung?
    b) Welcher Länge am Kegel entspricht die Bogenlänge einer Kegelabwicklung?

23. Ermitteln Sie für den Trichter **1**.25 die Länge der Mantellinie s.

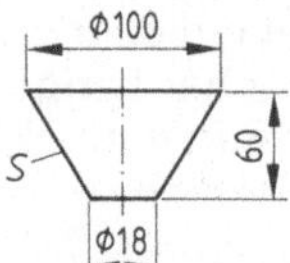

1.25   Trichter

24. Für das kegelstumpfförmige Übergangsstück eines Blechkanals sind für den Zuschnitt nach Bild **1**.26 zu ermitteln:
    a) R_1 und R_2,
    b) Bogenlänge b in mm,
    c) Winkel α,
    d) Fläche A in cm^2,
    e) Verschnitt in %, wenn das Ausgangsmaterial die Abmessungen 600 mm × 320 mm hat (Kegelmantel = 100%).

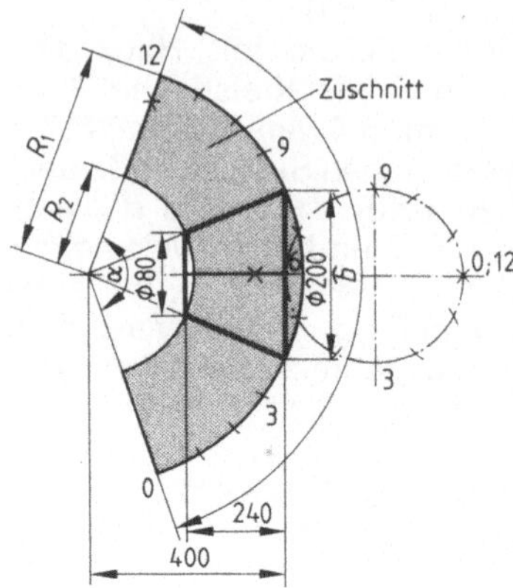

1.26   Kegelstumpfförmiges Übergangsstück

Flächenänderungen

25. Bei der Berechnung des Wärmedurchgangs durch Kellerböden ist die Gebäudegrundfläche in ein flächengleiches Rechteck mit l = Gebäudelänge umzuwandeln. Welche Breite b ergibt sich
    a) beim Grundriß **1**.27,
    b) beim Grundriß **1**.28?

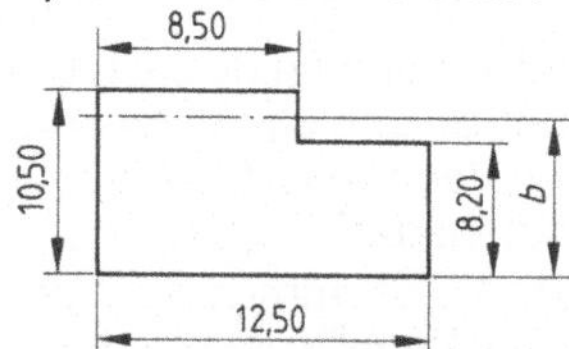

1.27   Grundrißfläche
         (Maße in cm bzw. m)

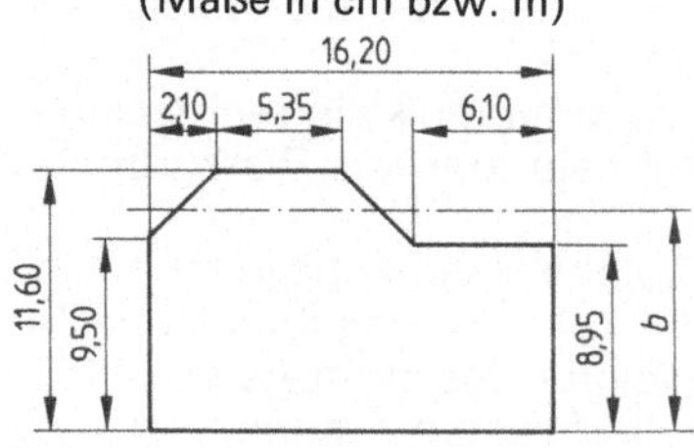

1.28   Grundrißfläche
         (Maße in cm bzw. m)

26. Ermitteln Sie für die in Bild **1**.29 dargestellten Abgasrohre entsprechend den Anforderungen $A_4 = 0{,}8\,(A_1 + A_2)$ und $A_5 = 0{,}8\,(A_3 + A_4)$
    a) A_4 und A_5 in cm^2,
    b) d_4 und d_5 in mm.

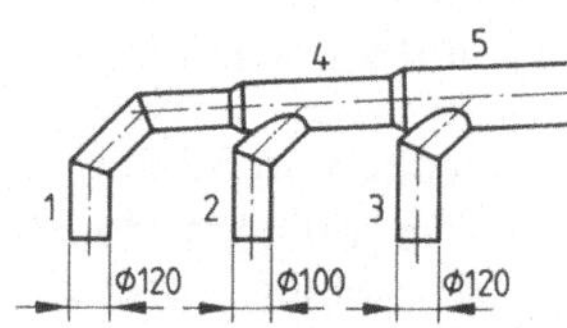

1.29   Abgasrohre

27. Bei Lüftungskanälen kommen häufig Änderungen der Kanalform und Verzweigungen vor. Ermitteln Sie für die Kanalformen **1.30** a bis f die fehlenden Werte.

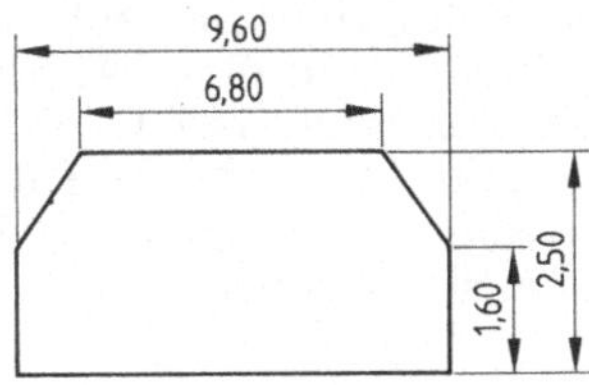

Kanalform	A_1	A_2	Bedingung	gesucht
a)	200 ⌀	200 × h	$A_1 = A_2$	h
b)	240 × 215	⌀ d	$A_1 = 1{,}2\,A_2$	d
c)	450 ⌀	$d = d$	$A_1 = 0{,}8\,A_2$	d
d)	320 ⌀	d_g : d_k \newline 2 : 1	$A_1 = A_2$	d_g, d_k
e)	300 × 250	$d = d$	$A_1 = A_2$	d
f)	160 · 240	$a \times a$	$A_1 = A_2$	a

1.30 Kanalformen

Flächen und Volumen

28. Für Berechnungen des Mindest-Lüftungswärmebedarfs oder von Luftmengen in der Lüftungstechnik sind die Volumen von Räumen erforderlich.
Ermitteln Sie für einen Dachraum mit 12,8 m Länge und einem Raumprofil nach Bild **1.31** das Volumen in m^3.

1.31 Dachraumprofil
(Maße in cm bzw. m)

29. Ein kellergeschweißter Tank hat die Maße 2,75 m × 2,25 m × 1,25 m.

a) Welches Volumen in l und m^3 hat der Behälter? (Die Blechdicke ist nicht zu berücksichtigen.)
b) Wieviel Prozent faßt ein Tank mehr, bei dem Länge, Breite und Höhe jeweils um 250 mm größer sind?
c) Worauf ist die sehr große Volumenzunahme zurückzuführen?

30. Ein Rechtecktank hat folgende Abmessungen: Länge 2,5 m; Breite 2,5 m; Höhe 1,5 m. Berechnen Sie ohne Berücksichtigung der Blechdicke
a) den Blechbedarf in m^2 bei 5% Zuschlag,
b) das Fassungsvermögen des Tanks in m^3 und l bei 95% Füllung,
c) die Anstrichhöhe der Wände in mm bei einem Sicherheitszuschlag von 5 cm für die Schaffung eines öldichten Auffangraums bei einer Grundfläche von 3,50 m × 3,70 m,
d) die abzudichtende Fläche in m^2.

19

e) Wieviel l bzw. % faßt der Tank bei einer 95%igen Füllung weniger als bei b), wenn die obigen Tankmaße Außenmaße sind und die Blechdicke des Bodens mit 5 mm, die der Wände und des Deckels mit 4 mm berücksichtigt werden?

f) Wieviel m² Blech sind bei 3% Zuschlag notwendig, wenn die Blechdicke zu berücksichtigen ist, Deckel und Boden allseitig 10 mm überstehen sowie an den 4 senkrechten Mantelstößen jeweils 1 Seite 10 mm übersteht (1.32)?

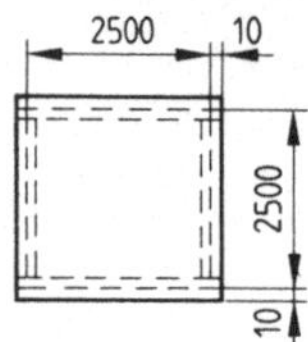

1.32   Tank (Draufsicht)

31. In vier 2000-l-Kunststoffbatterietanks, für die näherungsweise eine rechteckige Grundfläche mit 72 cm Breite und 210 cm Länge zugrunde gelegt werden kann, ist der Ölstand in 1 Monat von 84 auf 75 cm gefallen. Wieviel l Öl wurden verbraucht?

32. Ein einwandiger zylindrischer Öltank hat eine Wanddicke von 5 mm, einen Außendurchmesser von 135 cm und eine für die Volumenberechnung zugrunde gelegte Länge von 3,25 m (außen).
a) Wieviel faßt der Tank bei 95% Füllung in l und m³?
b) Wieviel l Ausdehnungsraum ist unmittelbar nach dem Füllen im Tank vorhanden?

33. Zwei Meßbecher, die jeweils 3 l fassen sollen, werden aus verzinktem St-Blech hergestellt. Bei einem Becher soll die Skalenteilung a = 5 cm, beim anderen 4 cm sein (1.33).

a) Berechnen Sie die erforderlichen Höhen h und Durchmesser d in mm für die beiden Meßbecher.
b) Wieviel dm² Blech sind jeweils bei einem Zuschlag von 22% erforderlich?

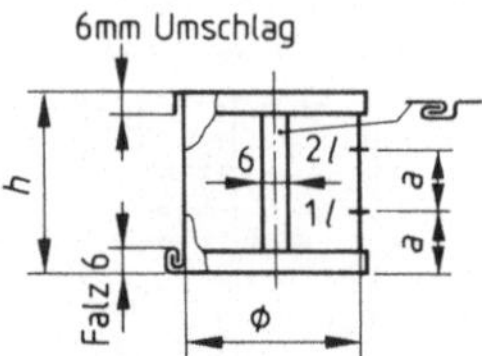

1.33   Meßbecher

34. In einer offenen WWH mit einem stehenden Ausdehnungsgefäß (∅ = 350 mm) verringert sich das Wasservolumen durch Abkühlen um 4,5 l.
a) Um wieviel mm fällt der Wasserspiegel ab?
b) Welche Volumenänderung läge der gleichen Wasserstandsänderung in einem Gefäß mit ∅ 300 mm zugrunde?

35 Ein offenes Ausdehnungsgefäß mit ∅ 300 mm und 500 mm Länge wird durch ein selbstgefertigtes ersetzt, das bei gleichem Volumen einen Durchmesser von 350 mm haben soll.
a) Welches Gefäß hat die größere Oberfläche und verliert somit mehr Wärme?
b) Wie groß ist der Unterschied der Oberfläche in cm² und in %?
c) Wie groß ist jeweils im halbvollen, stehend bzw. liegend montierten Zustand der Wasserspiegel in cm²?

36. Ein Öltank wird über die zulässige Füllgrenze gefüllt. Infolge Ausdehnung des Öls werden 12 l Öl in die 5,6 m lange Entlüftungsleitung DN 40 (d_i ≈ 40) gedrückt. Untersuchen Sie, welche Folge sich ergibt.

1.4 Masse und Gewichtskraft

Masse (Gewicht) m. Ein cm^3 Cu hat an jedem Ort der Erde wie auch im Weltraum bei gleicher Temperatur gleich viele Atome und somit dieselbe Masse. Die Masse ist also eine ortsunabhängige Größe. Sie ist in der Praxis wichtig; sie ist ein Materialkosten- und Belastungs(kraft)faktor. Die Masse ist abhängig:

– von der Masse je Volumeneinheit (Masse, die in 1 dm^3 enthalten ist), der Dichte in kg/dm^3 **(1.34)**,

– von dem Volumen eines Körpers.

Tabelle **1.34** **Dichtewerte verschiedener Stoffe**

	Dichte ϱ in kg/dm^3 (in kg/m^3)		Dichte ϱ in kg/dm^3 (in kg/m^3)
Metalle		Heizöl EL	0,84
Al	2,7		
Zn	7,1	**Wasser**	
GG	7,2	Eis 0 °C	0,917
Stahl	7,85	4 °C	1,0
Messing	8,4 bis 8,7	10 °C	0,9997
Cu	8,9	20 °C	0,9982
		50 °C	0,9881
Baustoffe		70 °C	0,9778
Ziegel	0,8 bis 1,6	90 °C	0,9653
Beton	1,6 bis 2,4		
		Gase bei 0 °C	
Kunststoff		Luft	(1,293)
dicht	1,0 bis 1,8	CO_2	(1,977)
Schaum	0,015 bis 0,050 (15 bis 20)	N_2	(1,251)

Ist die Masse für 1 Volumeneinheit eines Stoffes (Dichte) bekannt, läßt sich für eine beliebige Zahl Volumeneinheiten durch Multiplikation mit der Dichte die Masse ermitteln.

Beispiel 1.4 Welche Masse haben 2,4 dm^3 Cu mit einer Dichte von 8,9 kg/dm^3?

Lösung   a) 1 dm^3 hat   8,9 kg
                 2,4 dm^3 haben $8,9 \cdot 2,4$ kg $= \mathbf{21,36\ kg}$

             b) Aus dem Zweisatz läßt sich die Formel $\varrho \cdot V$ $= m$ ableiten.

Masse allgemein	$m = \varrho \cdot V$	$m = $ Masse $\varrho = $ Dichte $V = $ Volumen

Einheiten $kg \leftarrow \dfrac{kg}{dm^3} \cdot dm^3$ $Mg \leftarrow \dfrac{Mg}{m^3} \quad m^3$

                      $kg \leftarrow \dfrac{kg}{m^3} \quad m^3$ $g \leftarrow \dfrac{g}{cm^3} \quad cm^3$

Umwandlung   1000 g $=$ 1 kg   1000 kg $=$ 1 Mg ($=$ 1 t)

$$
\boxed{
\begin{array}{ll}
\textbf{Beispiel 1.5} & \text{In einem kellergeschweißten Öltank mit einer Grundfläche von} \\
& 2{,}50\ \text{m} \times 3{,}25\ \text{m steht das Öl 85 cm hoch. Wieviel kg Öl enthält der Tank?}
\end{array}}
$$

Beispiel 1.5   In einem kellergeschweißten Öltank mit einer Grundfläche von 2,50 m × 3,25 m steht das Öl 85 cm hoch. Wieviel kg Öl enthält der Tank?

Geg.: $l = 32{,}5$ dm, $b = 25{,}0$ dm, $h = 8{,}5$ dm, ϱ nach Tab. **1**.34 $= 0{,}84$ kg/dm³;

ges.: m in kg

Lösung $V = l \cdot b \cdot h = 32{,}5$ dm $\cdot\ 25{,}0$ dm $\cdot\ 8{,}5$ dm $= 6906{,}25$ dm³

$m = \varrho \cdot V = 0{,}84$ kg/dm³ $\cdot\ 6906{,}25$ dm³ $= \mathbf{5801{,}25\ kg}$

Aufgaben

1. Was bedeutet, die Masse ist eine ortsunabhängige Größe?

2. Von welchen Größen hängt die Masse eines Stoffes ab?

3. Stellen Sie die Grundformel $m = \varrho \cdot V$ nach ϱ und V um.

4. Formulieren Sie für die Anwendung der umgestellten Formel jeweils eine Aufgabe.

5. Eine St-Leiste hat die Abmessungen $12 \times 40 \times 950$ mm. Welche Masse in kg hat die Leiste?

6. Ein Ölbrenner verbraucht in 1 Std. 2,8 l leichtes Heizöl. Wie groß ist die Masse in kg?

7. Bei der Verbrennung von 1 kg Heizöl entstehen bei der theoretisch notwendigen Verbrennungsluftmenge 10,4 m³ trockenes Abgas. Wie groß ist die Abgasmenge in kg, wenn eine Dichte $\varrho = 1{,}36$ kg/m³ zugrunde gelegt wird? (V und ϱ sind auf 0 °C bezogen.)

8. a) Um wieviel kg sind 85 l Wasser mit 90 °C leichter als das gleiche Volumen bei 70 °C? (Dichte Tab. **1**.34)

   b) Welche Wassermassen haben bei 4 °C, 10 °C, 20 °C und 50 °C ebenfalls ein Volumen von 85 l?

9. Eine Abdeckung aus Stahlblech hat eine Masse von 8,4 kg. Wie schwer wäre die gleiche Abdeckung aus Cu-Blech?

10. Zur Verbrennung von 1 kg Heizöl sind rechnerisch 14,3 kg Luft notwendig. Wieviel m³ Luft entspricht dies?

11. Welche Dichte ergibt sich für schweres Heizöl, wenn 850 cm³ 810 g wiegen?

12. Die Dichte von Dämmplatten soll überprüft werden. Für 0,8 m³ wird mit der Waage eine Masse von 18,5 kg festgestellt. Wie groß ist die Dichte in kg/dm³?

13. Ein loser Flanschring aus St mit $d_a = 160$ mm und $d_i = 79$ mm ist 10 mm dick und hat 4 Bohrungen mit je 14 mm Durchmesser. Wie groß ist die Masse in kg?

14. Ermitteln Sie die Masse in kg und Mg

   a) des Mauerwerks einer 9,8 m × 2,75 m großen, 30 cm dicken Außenwand aus Leichthochlochziegeln ($\varrho = 800$ kg/m³) unter Abzug von 2 Fenstern mit je 2,51 m × 1,38 m;

   b) einer 18 cm dicken Stahlbetondecke (Dichte $= 2400$ kg/m³) mit 5,51 m × 6,01 m.

15. Eine Heizungsanlage nimmt beim Füllen 385 l Wasser mit 10 °C auf (ϱ siehe Tab. **1**.34).

   a) Wieviel l Wasser läuft über das offene Ausdehnungsgefäß ab, wenn das Wasser auf 70 °C aufgeheizt wird?

   b) Um wieviel cm fällt der Wasserspiegel in einem stehenden Ausdehnungsgefäß mit $\varnothing$ 300 mm ab, wenn das Wasser auf 20 °C abkühlt?

Masse von Halbzeugen. Bei der Berechnung der Masse von Halbzeugen (Bleche, Profile) kann man vielfach auf Tabellenwerte zurückgreifen. Tabellen für Blech (**1.**35) enthalten für eine Werkstoffgruppe (z.B. Stahl oder Cu) für genormte Blechdicken jeweils die Masse m' in kg je m^2 Blech.

Tabelle **1**.35   **Blechmasse in kg je m^2 (St)**

Blechdicke s in mm	0,5	0,6	0,7	0,8	1,0	1,2	1,5	2,0	2,5	3,0	3,5	4,0	4,5	5,0
Masse m' in kg/m^2	3,92	4,71	5,49	6,28	7,85	9,42	11,77	15,7	19,62	23,55	27,47	31,4	35,32	39,25

Mit diesen Werten läßt sich auf einfache Weise die Masse für eine bestimmte Fläche Blech mit gegebener Dicke ermitteln.

Beispiel 1.6   Welche Masse in kg hat eine 2 m × 1 m große, 0,7 mm dicke Blechtafel? In der Tabelle steht für m' ein Wert von 5,49 kg/m^2.

Lösung   a) 1 m^2 wiegt   5,49 kg
2 m^2 wiegen   5,49 · 2 kg = **10,98 kg**

b) Aus dem Zweisatz läßt sich die Formel $m' \cdot A$ $= m$ ableiten.

Masse von Blechen	$m = m' \cdot A$	m = Masse in kg m' = Tabellenwert in kg/m^2 A = Fläche in m^2

Beispiel 1.7   Welche Masse in kg hat eine Abdeckung mit 8650 cm^2 aus 1,5 mm dickem Stahlblech?
Geg.: $A = 0,865$ m^2, $s = 1,5$ mm, m' nach Tab. **1**.35 = 11,77 kg/m^2; ges.: m in kg

Lösung $m = m' \cdot A = 11,77$ kg/m$^2 \cdot 0,865$ m^2 = **10,181 kg**

Masse von Profilen. Bei Profilen enthalten die Tabellen für einen bestimmten Werkstoff und eine bestimmte Profilart und -größe die Masse m' in kg je m Länge (vgl. Aufgabe 20 und Rohrberechnungen mit Rohrtabelle).

Aufgaben

16. Ein Batterietank hat eine Auffangwanne aus 1,5 mm starkem St-Blech. Sie ist 1,05 m breit, 2,4 m lang und 95 cm tief. Welches Gewicht in kg hat die Wanne?

17. Ein zylindrischer Blechkanal aus 0,6 mm verzinktem St-Blech hat einen $\varnothing = 250$ mm, einen 8 mm breiten Längsfalz und ist 1,8 m lang. Welche Masse in kg hat der Kanal?

18. Ermitteln Sie für ein Übergangsstück nach Bild **1**.36 aus 0,7 mm dickem St-Blech die Masse in kg.

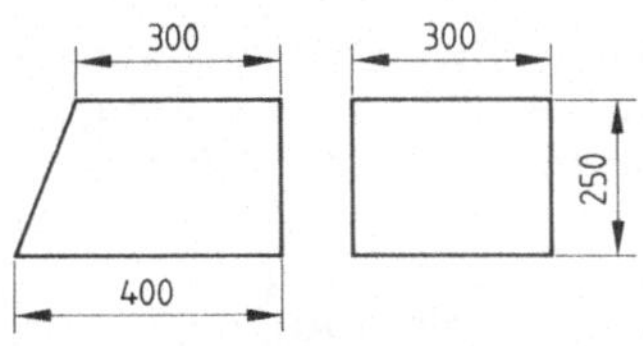

1.36   Übergangsstück

Projekt

19. Ermitteln Sie für den Batterietank nach
    Bild **1**.37
    a) die Tankoberfläche in m^2,
    b) den Ölinhalt in l bei 95% Befüllung,
    c) die Ölmasse in kg bei leichtem
       Heizöl und 95% Befüllung,
    d) den Ölstand in cm, wenn bei einem
       Stand von 41 cm 960 l nachgefüllt
       werden,
    e) den Ölstand in cm bei einem Inhalt
       von 1000 l,
    f) das Ölvolumen in l bei einem Öl-
       stand von 1100 mm,

    g) das Leergewicht des St-Tanks mit
       3 mm Wanddicke (vereinfacht nach
       der Oberfläche und Masse/m^2).

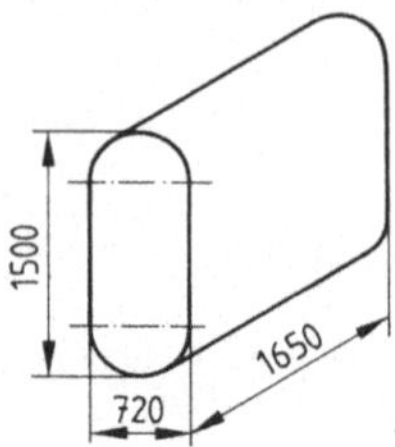

1.37   Batterietank (Maße in mm)

Gewichtskraft F_G. Aufgrund der Schwerkraft (Massenanziehungskraft) ergibt
sich für jeden Körper eine zum Erdmittelpunkt gerichtete Kraft, die Gewichtskraft
F_G, die im Ruhezustand von der Auflage des Körpers oder einer Aufhängung
aufgenommen wird. Die Gewichtskraft ist eine ortsabhängige Größe und hängt
ab

– von der ortsabhängigen Fallbeschleunigung g_n bzw. der Erdfeldkonstanten g'_n. Wir
  setzen $g'_n \approx 10$ N/kg; das bedeutet, daß die Masse von 1 kg eine Gewichtskraft von
  ≈ 10 N ergibt.
– von der Masse eines Stoffes.

Daraus ergibt sich:

$$F_G = m \cdot g'_n$$

F_G = Gewichtskraft in N
m = Masse in kg
g'_n = Erdfeldkonstante in N/kg

Beispiel 1.8   Für einen Stahlkessel ist eine Masse von 145 kg ermittelt worden. Wie groß
ist seine Gewichtskraft in N und kN?
Geg.: $m = 145$ kg; ges.: F_G

Lösung $F_G = m \cdot 10 \,\dfrac{N}{kg} = 145 \text{ kg} \cdot 10 \,\dfrac{N}{kg} = \mathbf{1450\ N = 1{,}45\ kN}$

Aufgabe

20. Ein kellergeschweißter Tank aus 5 mm
    dickem St-Blech mit den Abmessun-
    gen 2,75 m × 2,25 m × 1,5 m enthält
    8500 l leichtes Heizöl. Am Boden
    sind fünf 2,25 m lange I-80-Träger
    (5,94 kg/m) als Auflager ange-
    schweißt. Ermitteln Sie

    a) die Masse des Öls in kg,
    b) die Stahlmasse in kg
       ($A_{\text{Oberfläche Tank}} = A_{\text{.Blech}}$ setzen),
    c) die Gesamtmasse in kg,
    d) die Gewichtskraft in N und kN, die
       auf den Boden wirkt.

1.5 Berechnungen am Rohr

Rohre sind die wichtigsten Halbzeuge im Heizungsbau. Sie werden aus verschiedenen Werkstoffen sowie in unterschiedlichen Arten und Oberflächenqualitäten hergestellt. Die Rohrkennwerte sind bei der Planung, Ausführung oder dem Betrieb von Bedeutung. Von ihnen hängen z. B. die Wasserumwälzung oder die Wärmeabgabe über die Rohroberfläche (heizen bzw. Wärmeverlust) ab. Für verschiedene Rohrarten sind die wichtigsten Rohrkennwerte in der Tabelle **1**.38 aufgeführt. Die Bedeutung der Tabellenwerte zeigt Bild **1**.39.

Tabelle **1**.38   **Rohre**

Kurzbezeichnung	Außen$\varnothing$ d_1 in mm	Wanddicke s in mm	lichter Querschnitt A_0 in cm^2	Oberfläche je m A' in m^2/m	Innenvolumen je m V' in l/m	Glattrohrmasse je m m' in kg/m
mittelschwere Gewinderohre nach DIN 2440 (Klammerwerte = **schwere Gewinderohre nach DIN 2441**)						
DN 10	17,2	2,35 (2,9)	1,227 (1,021)	0,0540	0,123 (0,102)	0,852 (1,02)
DN 15	21,3	2,65 (3,25)	2,011 (1,720)	0,0669	0,201 (0,172)	1,22 (1,45)
DN 20	26,9	2,65 (3,25)	3,664 (3,269)	0,0845	0,366 (0,327)	1,58 (1,90)
DN 25	33,7	3,25 (4,05)	5,811 (5,147)	0,1059	0,581 (0,515)	2,44 (2,97)
DN 32	42,4	3,25 (4,05)	10,122 (9,240)	0,1332	1,012 (0,924)	3,14 (3,84)
DN 40	48,3	3,25 (4,05)	13,723 (12,692)	0,1517	1,372 (1,269)	3,61 (4,43)
DN 50	60,3	3,65 (4,5)	22,062 (20,669)	0,1894	2,206 (2,067)	5,10 (6,17)
Bezeichnungsbeispiel: Gewinderohr DIN 2440 – DN 20						
nahtlose Stahlrohre nach DIN 2448 (größere Wanddicken s. DIN-Blatt)						
26,9 × 2,3	26,9	2,3	3,906	0,0845	0,391	1,41
33,7 × 2,6	33,7	2,6	6,379	0,1059	0,638	2,01
38 × 2,6	38	2,6	8,450	0,1194	0,845	2,29
42,4 × 2,6	42,4	2,6	10,869	0,1332	1,087	2,57
44,5 × 2,6	44,5	2,6	12,130	0,1398	1,213	2,70
48,3 × 2,6	48,3	2,6	14,590	0,1517	1,459	2,95
51 × 2,6	51	2,6	16,475	0,1602	1,648	3,12
57 × 2,9	57	2,9	20,589	0,1791	2,059	3,90
60,3 × 2,9	60,3	2,9	23,328	0,1894	2,333	4,14
76,1 × 2,9	76,1	2,9	38,815	0,2391	3,882	5,28
82,5 × 3,2	82,5	3,2	45,484	0,2592	4,548	6,31
88,9 × 3,2	88,9	3,2	53,456	0,2793	5,346	6,81
108 × 3,6	108	3,6	79,801	0,3393	7,980	9,33
114,3 × 3,6	114,3	3,6	90,088	0,3591	9,009	9,90
133 × 4	133	4	122,718	0,4178	12,272	12,8
139,7 × 4	139,7	4	136,226	0,4389	13,623	13,5
159 × 4,5	159	4,5	176,715	0,4995	17,672	17,1
Bezeichnungsbeispiel: Rohr DIN 2448 – 76,1 × 2,9 – St 35						
Präzisionsstahlrohre DIN 2393 T 1 und T 2 (geschweißt)						
12 × 1,2	12	1,2	0,723	0,0314	0,072	0,363
16 × 1,2	15	1,2	1,452	0,0502	0,145	0,438
18 × 1,2	18	1,2	1,911	0,0565	0,191	0,497
22 × 1,5	22	1,5	2,835	0,0691	0,284	0,758
Bezeichnungsbeispiel: Rohr DIN 2393 – 18 × 1,2 – RSt 34-2						

Tabelle **1**.38, Fortsetzung

Kurz-bezeichnung	Außen-$\varnothing$ d_1 in mm	Wand-dicke s in mm	lichter Quer-schnitt A_0 in cm²	Ober-fläche je m A' in m²/m	Innen-volumen je m V' in l/m	Glattrohr-masse je m m' in kg/m
Kupferrohre nach DIN 1786 (Klammerwerte = **Kupferrohre nach DIN 59 753**)						
10 × 1 –	10	1 –	0,503 –	0,0314	0,05 –	0,252 –
12 × 1 (0,8)	12	1 (0,8)	0,785 (0,849)	0,0377	0,079 (0,085)	0,308 (0,251)
15 × 1 (0,8)	15	1 (0,8)	1,327 (1,410)	0,0471	0,133 (0,141)	0,391 (0,318)
18 × 1 (0,9)	18	1 (0,9)	2,011 (2,061)	0,0565	0,201 (0,206)	0,475 (0,430)
22 × 1 (0,9)	22	1 (0,9)	3,142 (3,205)	0,0691	0,314 (0,321)	0,587 (0,531)
28 × 1,5 (0,9)	28	1,5 (0,9)	4,909 (5,391)	0,088	0,491 (0,539)	1,11 (0,682)
Bezeichnungsbeispiel: Cu-Rohr 12 × 1 DIN 1786 F 22 bzw. F 37						

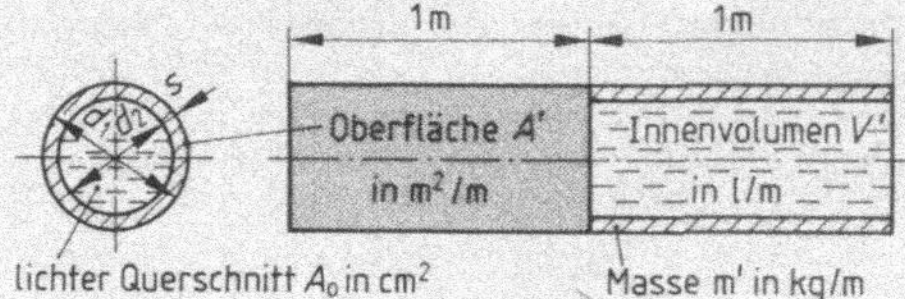

1.39   Tabelleninhalte

1.5.1 Anwendung der Rohrtabelle

Ermitteln des Rohrinnendurchmessers. Der Rohrinnendurchmesser d_2 ist um 2 × Wanddicke s kleiner als der Rohraußendurchmesser d_1.

$$d_2 = d_1 - 2 \cdot s$$

d_2 = Rohrinnen-$\varnothing$ in mm
d_1 = Rohraußen-$\varnothing$ in mm
s = Wanddicke in mm

Beispiel 1.9   Wie groß ist der Innendurchmesser eines Gewinderohrs DN 40 DIN 2440? Geg. nach Tab. **1**.38: d_1 = 48,3 mm, s = 3,25 mm; ges.: d_2 in mm

Lösung $d_2 = d_1 - 2 \cdot s = 48{,}3 \text{ mm} - 2 \cdot 3{,}25 \text{ mm} = \textbf{41,8 mm}$

Aufgabe

1. Ermitteln Sie die Innendurchmesser für
   a) die Cu-Rohre 15 × 1 und 15 × 0,8,
   b) die nahtlosen Stahlrohre 33,7 × 2,6 und 42,4 × 2,6,
   c) die mittelschweren und schweren Gewinderohre DN 10 bis DN 32.

   d) Stellen Sie die Innendurchmesser d_2 und lichten Querschnittsflächen A_0 der Gewinderohre in Blockdiagrammen dar (für d_2: 1 cm $\triangleq$ 5 mm $\varnothing$, für A_0: 1 cm $\triangleq$ 1 cm² Querschnittsfläche).

Querschnittsvergleich. Werden Querschnitte verschiedener Rohre oder die Querschnitte eines Rohres bei verschiedenen Bedingungen (z. B. Schneidgrat) miteinander verglichen, wird der Ausgangswert = 1 bzw. 100 % gesetzt.

26

Beispiel 1.10 Die Größen der Querschnittsflächen von zwei Rohren sind zu vergleichen.

a) Wievielmal ist die Querschnittsfläche eines Rohres DN 40 DIN 2440 größer als das entsprechende Rohr 44,5 × 2,6 nach DIN 2448? (Überlegen Sie, welches Rohr mit welchem zu vergleichen ist.)

b) Um wieviel % ist die Querschnittsfläche des Gewinderohrs größer? (Welches ist der Ausgangswert?)

c) Welcher Zusammenhang besteht zwischen den Ergebnissen von a) und b)?

Geg.: nach Tab. **1**.38 Rohr DN 40 → $A_{01} = 13{,}723$ cm^2, Rohr 44,5 × 2,6 → $A_{02} = 12{,}12$ cm^2; ges.: Größenfaktor und ΔA in %

Lösung a) $12{,}12$ cm$^2 \triangleq 1$

$$1 \quad \text{cm}^2 \triangleq \frac{1}{12{,}12 \text{ cm}^2}$$

$$13{,}723 \text{ cm}^2 \triangleq \frac{13{,}723 \text{ cm}^2 \cdot 1}{12{,}12 \text{ cm}^2} = \mathbf{1{,}132}$$

b) Flächenunterschied in cm^2

$$\Delta A_0 = A_{01} - A_{02} = 13{,}723 \text{ cm}^2 - 12{,}12 \text{ cm}^2 = 1{,}603 \text{ cm}^2$$

Flächenunterschied in %

$$12{,}12 \quad \text{cm}^2 \triangleq 100\%$$

$$1 \quad \text{cm}^2 \triangleq \frac{100\%}{12{,}12 \text{ cm}^2}$$

$$1{,}603 \text{ cm}^2 \triangleq \frac{1{,}603 \text{ cm}^2 \cdot 100\%}{12{,}12 \text{ cm}^2} = \mathbf{13{,}2\%}$$

c) Die Dezimalen in Hundertsteln von a) entsprechen dem Prozentwert von b).

Beispiel 1.11 Ein Gewinderohr DN 20 DIN 2440 hat einen Schneidgrat t von 1,2 mm (**1**.40). Wie groß ist der Querschnittsverlust in %? (Auf welchen Querschnitt bezieht sich der Verlust?)

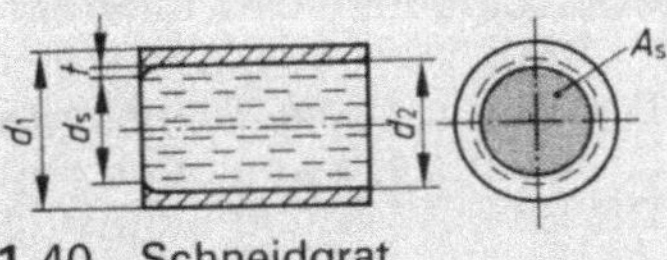

1.40 Schneidgrat

Geg.: nach Tab. **1**.38 $A_0 = 3{,}664$ cm^2, $d_1 = 26{,}9$ mm, $s = 2{,}65$ mm; ges.: ΔA in %

Lösung $d_s = d_1 - 2 \cdot s - 2 \cdot t = 26{,}9 \text{ mm} - 2 \cdot 2{,}65 \text{ mm} - 2 \cdot 1{,}2 \text{ mm}$

$d_s = 26{,}9 \text{ mm} - 5{,}3 \text{ mm} - 2{,}4 \text{ mm} \qquad = 19{,}2 \quad \text{mm}$

$$A_s = \frac{d_s^2 \cdot \pi}{4} \quad = \frac{(19{,}2 \text{ mm})^2 \cdot \pi}{4} \qquad = 289{,}5 \quad \text{mm}^2$$

$\Delta A = A_0 - A_s = 3{,}664 \text{ cm}^2 - 2{,}895 \text{ cm}^2 \quad = 0{,}769 \text{ cm}^2$

$3{,}664 \text{ cm}^2 \quad = 100\%$

$$1 \quad \text{cm}^2 \quad = \frac{100\%}{3{,}664 \text{ cm}^2}$$

$$0{,}769 \text{ cm}^2 \quad = \frac{0{,}769 \text{ cm}^2 \cdot 100\%}{3{,}664 \text{ cm}^2} \qquad = \mathbf{20{,}99\%}$$

Daraus ergibt sich:

$$\Delta A \text{ in } \% = \frac{\Delta A \cdot 100\%}{A_0} \qquad \begin{aligned} \Delta A &= \text{Querschnittsverlust in cm}^2 \\ A_0 &= \text{Ausgangsquerschnitt in cm}^2 \end{aligned}$$

Aufgaben

2. Ein Monteur hat nach Plan für 3 Teilstrecken Gewinderohre DN 10, DN 15 und DN 20 DIN 2440 zu verlegen. Er verwendet jedoch jeweils die nächstgrößere Dimension. Wievielmal größer sind jeweils a) der Innendurchmesser, b) die Querschnittsfläche? c) Welche nachteiligen Auswirkungen ergeben sich?

3. Um wieviel % ist der lichte Querschnitt bei einem Gewinderohr DN 32 DIN 2441 kleiner als bei einem Rohr gleicher Dimension nach DIN 2440?

4. Um wieviel % ist die Querschnittsfläche eines Cu-Rohres 18 × 0,9 größer als die eines Rohres 18 × 1?

5. Ein nahtloses Stahlrohr 44,5 × 2,6 wird durch ein Gewinderohr DN 40 DIN 2440 ersetzt. Um wieviel % ist der neue Querschnitt größer?

6. An der Verbindungsstelle zweier Stahlrohre 76,1 × 2,9 hängt die Schweißnaht 2 mm durch. Wie groß ist der Querschnittsverlust in %?

7. Wie groß ist der Querschnittsverlust in % bei folgenden Gewinderohren nach DIN 2440?
   a) DN 20 mit 1 mm Schneidgrat,
   b) DN 20 mit 1,5 mm Schneidgrat,
   c) DN 25 mit 1,5 mm Schneidgrat.

8. a) Wie groß sind die Strömungsquerschnitte zweier koaxial (mit gleicher Achse) verlaufender Cu-Rohre 15 × 1 und 28 × 1,5 (Kreisring)?

b) Um wieviel % verringert sich der freie Strömungsquerschnitt durch die eingebauten Tauchhülsen nach den Bildern **1.41** a und b? ($A_\text{Verlust} \approx A_\text{Rechteck}$)

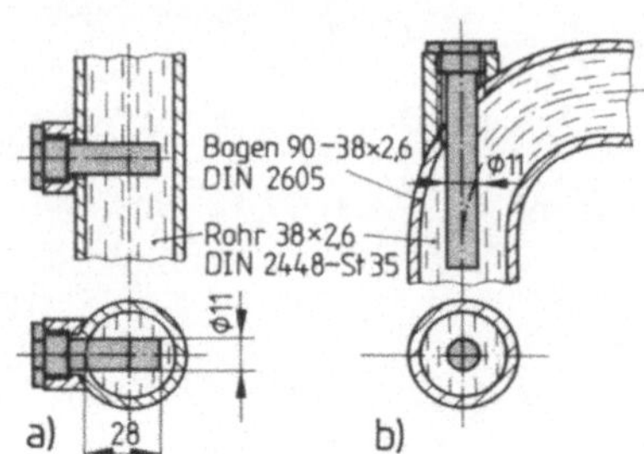

1.41   Tauchhülseneinbau

9. In einer Kesselrücklaufleitung 38 × 2,6 DIN 2448 hat sich Schmutz wie in Bild **1.42** abgelagert. Wie groß ist der Querschnittsverlust in %?

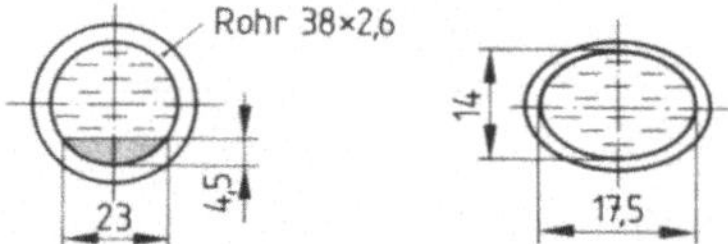

1.42   Schmutzablagerung   **1.43**   Elliptischer Rohrquerschnitt

10. Ermitteln Sie den Querschnittsverlust in %, der beim Biegen eines Rohres DN 15 DIN 2440 entsteht, wenn sich durch Verformung des Rohres der elliptische Querschnitt **1.43** bildet.

Ersatzquerschnitte, Rohrverteilungen. Bei Rohrabzweigen (Verteilung) und -zusammenführungen richten sich die Querschnittsflächen nach der Summe der Einzelquerschnitte. Welcher zahlenmäßige Zusammenhang jeweils gelten soll, muß festgelegt werden.

Beispiel 1.12   Eine Rohrverteilung soll nach Bild **1.44** ausgeführt werden. Welche Nennweite eines mittelschweren Gewinderohrs ist für das Rohr 1 zu verwenden, wenn $A_{01} \geq A_{02} + A_{03}$ sein soll?

Geg.: nach Tab. **1.38** $A_{02} = 3{,}664$ cm², $A_{03} = 5{,}811$ cm², $A_{01} \geq A_{02} + A_{03}$; ges.: DN Rohr 1

Lösung $A_{02} + A_{03} = 3{,}664$ cm² $+ 5{,}811$ cm² $= 9{,}475$ cm²

$A_{01} \qquad \geq 9{,}475$ cm²

Gewählt DN Rohr 1 nach Tab. **1.38** = **32**

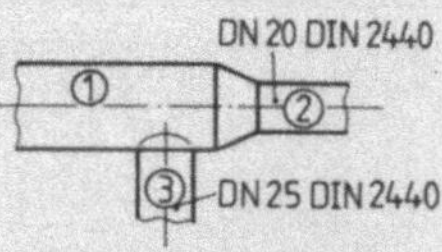

1.44   Rohrverteilung

Aufgaben

11. Für den Verteiler **1.45** sind das Verteilerrohr und das Zulaufrohr zu bestimmen. Es sollen Rohre nach DIN 2448 verwendet werden. Folgende Bedingungen sind zu beachten:
    a) Die Querschnittsfläche des Verteilers soll gleich oder größer sein als das Doppelte der Querschnittsflächen der drei Abgänge zusammen.
    b) Die Querschnittsfläche des Zulaufrohres soll gleich oder größer sein als die der 3 Abgänge zusammen.
    (Formulieren Sie die beiden Bedingungen mathematisch.)

    c) Wie lang sind die Schweißnähte insgesamt zum Einschweißen der Rohre?
    d) Wie groß ist der Umfang des Verteilerquerschnitts bei 4 mm Wanddicke?
    e) Wie groß wäre der Umfang, wenn man für den Verteiler ein Rohr nach DIN 2448 verwendete?
    f) Welche Bedeutung hat der größere Umfang für die Wärmeverluste?

13. Für drei Ausblaseleitungen soll eine Sammelrinne mit halbkreisförmigem Querschnitt nach Bild **1.47** gefertigt werden.

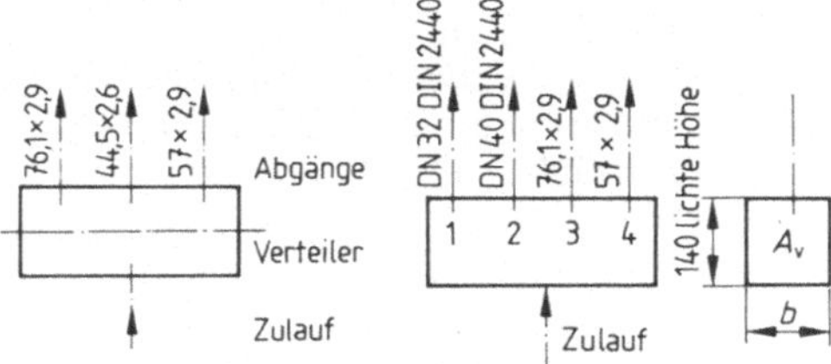

1.45 Verteiler   **1.46** Verteiler

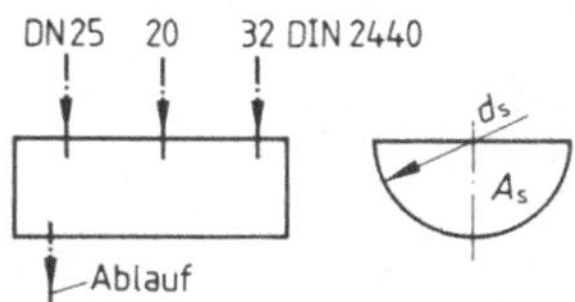

1.47 Sammelrinne

12. a) Welche lichte Weite b muß der Verteiler **1.46** mindestens haben, wenn

$$A_{01} + A_{02} + A_{03} + A_{04} \leq \frac{1}{2} A_V$$

sein sollen?

    b) Wählen Sie ein Rohr nach DIN 2448 für den Zulauf aus, für das gilt:
    $A_{\text{Abgänge}} \leq A_{\text{Zulauf}}$.

a) Welchen Durchmesser d_S muß die Sammelrinne haben, wenn
$A_S \geq 3 \cdot (A_{01} + A_{02} + A_{03})$
sein soll?

b) Wählen Sie für den Ablauf ein Gewinderohr nach DIN 2440 aus, für das gilt: $A_A \geq A_{01} + A_{02} + A_{03}$.

Rohroberfläche, Innenvolumen und Glattrohrmasse sind wichtige Größen. Sie lassen sich für ein bestimmtes Rohr vorgegebener Länge mit Hilfe der Tabellenwerte **1.38** leicht berechnen.

$A = A' \cdot l$	A = Rohroberfläche in m
	A' = Rohroberfläche je m in m²/m
$V = V' \cdot l$	l = Länge in m
	V = Innenvolumen in l
$m = m' \cdot l$	V' = Innenvolumen je m in l/m

Beispiel 1.13 Wie groß sind für ein 3,5 m langes Cu-Rohr 22 × 1 DIN 1786
a) die Oberfläche A in m², b) das Volumen V in l, c) die Masse m in kg?
Geg.: $l = 3,5$ m. Nach Tab. **1.38** $A' = 0,0691$ m²/m, $V' = 0,314$ l/m, $m' = 0,587$ kg/m; ges.: A in m², V in l, m in kg

Aufgaben

Oberfläche, Innenvolumen und Masse

14. In einem Hochhaus sollen vom Keller zu Kollektoren auf dem Dach Rohre der Größe DN 25 verlegt werden. In Frage kommen mittelschweres Gewinderohr DN 25 DIN 2440, nahtloses Stahlrohr 33,7 × 2,6 DIN 2448 und Cu-Rohr 28 × 0,9 DIN 59 753.

    Ermitteln Sie jeweils für die Länge von 36 m
    a) die Oberfläche in m^2 und dm^2,
    b) das Volumen in l,
    c) die Rohrmasse in kg, die ein Festpunkt aufnehmen muß, wenn auf der gesamten Länge (bei gleichmäßiger Gewichtsverteilung) zwei angebracht werden.
    d) Wieviel Gewicht wird in % mit dem Cu-Rohr im Vergleich zum Gewinderohr eingespart?

15. Ein Heizregister erfordert eine Oberfläche von 3,2 m^2. Wieviel m Rohr sind zu verwenden, wenn
    a) Gewinderohr DN 15 DIN 2440,
    b) Cu-Rohr 22 × 1,5 DIN 1786,
    c) Cu-Rohr 22 × 0,9 DIN 59 753 verwendet werden?
    d) Wie groß ist jeweils der Wasserinhalt in l?
    e) Wie groß ist jeweils die Rohrmasse in kg?
    f) Wieviel % beträgt die Materialersparnis durch das Rohr 22 × 0,9 gegenüber 22 × 1,5?

16. Wie groß ist jeweils bei einem Stahlrohr 22 × 1,5 DIN 2393 und einem Gewinderohr DN 20 DIN 2440 die Rohrlänge in m für a) 1 m^2 Oberfläche, b) 1 l Inhalt, c) 1 kg Masse?

17. Das Rohrregister **1.48** erfordert eine Heizfläche von $\geq 4 \text{ m}^2$. (Verteilerdeckel und Rohranschlußquerschnitte bleiben unberücksichtigt.)

    a) Wieviel m Gewinderohr sind für 4 m^2 Heizfläche erforderlich?
    b) Wieviel Heizrohre DN 15 braucht man?
    c) Welche Nennweite müßten die Heizrohre bei einer Stückzahl von 36 haben?
    d) Welche Schweißnahtlänge ergibt sich zum Einschweißen der Heizrohre DN 15?
    (Mit $d_{a\,\text{Rohr}}$, nicht mit $d_{\text{Schweißnaht}}$ rechnen.)

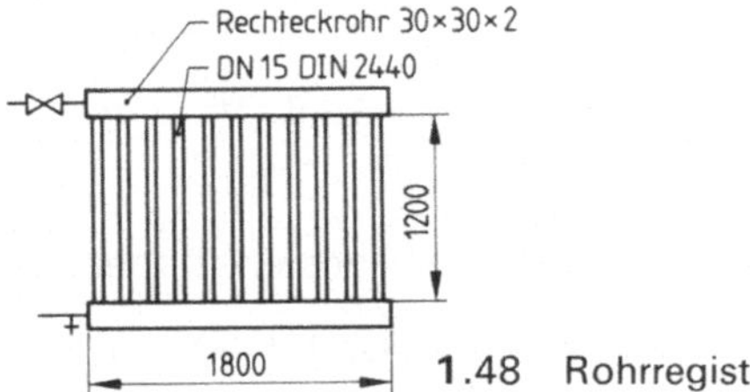

1.48   Rohrregister

18. Das Heizregister **1.49** erfordert 2,1 m^2 Oberfläche (Deckel und Rohranschlüsse an Verteilerrohren vernachlässigen).
    a) Welche Heizfläche in m^2 haben die beiden Verteilerrohre?
    b) Welche Länge in mm brauchen die Heizstäbe?
    c) Welches Gewicht hat das Heizregister? (Deckel an Verteilerrohren und Anschlüsse der Heizstäbe bleiben unberücksichtigt.)

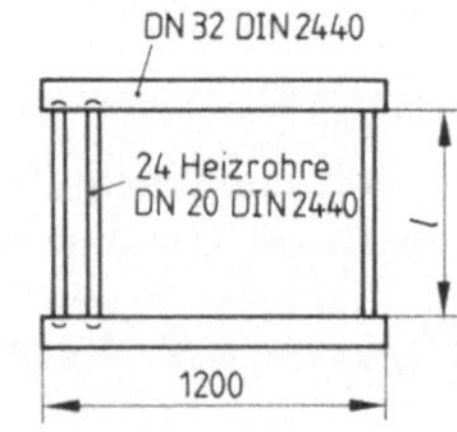

1.49   Heizregister

19. a) Welches Gewinderohr nach DIN 2440 ist für die Verzweigung des Hosen-T nach Bild **1.50** zu verwenden, wenn $A_{01} \geq A_{02} + A_{03}$ sein soll?
   b) Wie groß ist die Oberfläche in m²/ m vor und nach der Verzweigung (Rohr 2 und 3 zusammen)?

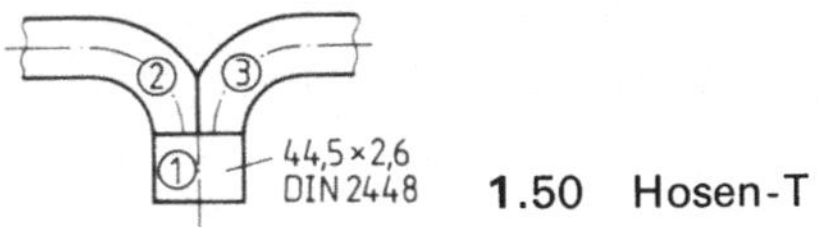

1.50   Hosen-T

20. In einem Speicherwasserwärmer mit einem Durchmesser von 570 mm und einer Höhe von 1285 mm befindet sich eine Heizschlange aus einem Stahlrohr 33,7 × 2,6 DIN 2448–X10CrNi18 8 mit 2,11 m² Heizfläche.
   a) Wie lang ist die Heizschlange in m?
   b) Wieviel l Wasser enthält die Heizschlange?
   c) Wieviel l Wasser verdrängt die Heizschlange im Speicher?
   d) Wieviel l Brauchwasser enthält der Speicher?

1.5.2 Rohrlängen (gestreckte Längen)

Der Heizungsbauer verarbeitet die Rohre vielfach durch Biegen und Schweißen. Das Berechnen von Rohrlängen ist u. a. bei Biegearbeiten, zur Ermittlung des Rohrbedarfs, der Heizfläche von Rohren oder des Strömungswiderstands erforderlich.

Versuch Auf einem Brett mit drei konzentrischen, in gleichen Abständen angeordneten kreisbogenförmigen Nagelreihen befestigen wir bei „0" drei Schnüre und strecken sie dann (1.51 a). Bei einer Länge von 314 mm werden die Schnüre deutlich gekennzeichnet, danach um die Nagelreihen gelegt.

Beobachtung Die Länge der mittleren Schnur entspricht der Bogenlänge. Beim inneren Bogen ist die Schnur zu lang, beim äußeren um die gleiche Länge zu kurz.

Kennzeichnen wir die Schnüre am Ende der Bögen bei „1" und strecken sie dann wieder, werden die unterschiedlichen Längen bestätigt (1.51 b).

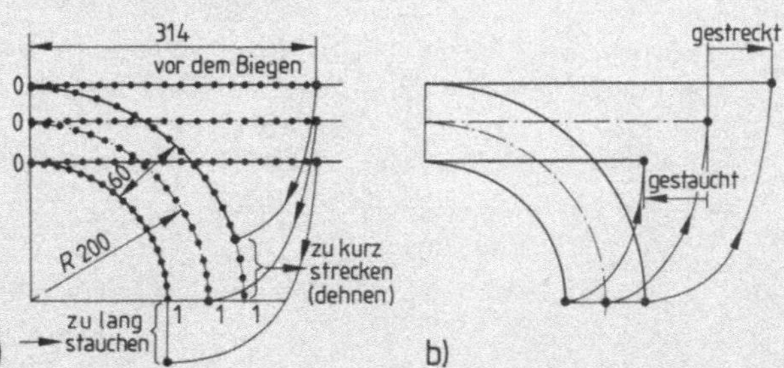

1.51
Faserlängen beim Biegen

Beim Biegen eines Rohres ändern sich, wie der Versuch verdeutlicht, durch Dehnung und Stauchung die Längen der äußeren und inneren Faser. Die mittlere Faser behält ihre Länge bei (= neutrale Faser). Sie eignet sich somit für die Berechnung der Bogenlänge (= Biegelänge b = neutrale Faser).

Berechnen der Biegelänge von Rohrbögen. Um die Materialbeanspruchung in Grenzen zu halten, werden Stahlrohre (Gewinderohre) mit $R \geq 3 \cdot$ Rohrdurchmesser gebogen. Der Radius bezieht sich auf den Verlauf der neutralen Faser. Diese ist ein Teil (Bogenstück) eines Kreisumfangs mit dem Radius R. Für einen bestimmten Biegewinkel α ergibt sich die Biegelänge b somit aus:

$$b_\alpha = \boxed{U} \cdot \frac{\alpha}{360°} = \frac{(2 \cdot R \cdot \pi) \cdot \alpha}{360°} \qquad b_{90°} = \frac{2 \cdot R \cdot \pi \cdot 90°}{360°_{\,2}} = \frac{R \cdot \pi}{2}$$

$$\text{oder mit } \frac{\pi}{2} = \frac{3{,}14}{2} = \frac{3}{2} + \frac{0{,}14}{2} \approx 1{,}5 + \frac{1{,}5}{20}$$

$$b_{90°} = 1{,}5 \cdot R + \frac{1{,}5 \cdot R}{20}$$

(Vielfach bei praktischen Biegearbeiten verwendet.)

$$b_{180°} = 2 \cdot \frac{R \cdot \pi}{2} = R \cdot \pi \quad \text{oder} \quad b_{180°} = 1{,}5 \cdot D + \frac{1{,}5 \cdot D}{20} \qquad D = 2 \cdot R$$

Beispiel 1.14 Ein 90°-Bogen aus einem Gewinderohr DN 20 DIN 2440 soll mit $R = 80$ mm gebogen werden. Wie groß ist die Biegelänge in mm?

Geg.: $\alpha = 90°$, $R = 80$ mm; ges.: b in mm

Lösung a) $b_{90°} = \dfrac{R \cdot \pi}{2} = \dfrac{80 \text{ mm} \cdot 3{,}14}{2} = \mathbf{125{,}6 \ mm}$

b) $b_{90°} = 1{,}5 \cdot R + \dfrac{1{,}5 \cdot R}{20} = 1{,}5 \cdot 80 \text{ mm} + \dfrac{1{,}5 \cdot 80 \text{ mm}}{20}$

$b_{90°} = 120 \text{ mm} + 6 \text{ mm} = \mathbf{126 \ mm}$

Beispiel 1.15 Wieviel mm beträgt die Biegelänge eines 180°-Bogens mit $R = 100$ mm?

Geg.: $\alpha = 180°$, $R = 100$ mm $\rightarrow D = 200$ mm; ges.: b in mm

Lösung a) $b_{180°} = R \cdot \pi = 100 \text{ mm} \cdot 3{,}14 = \mathbf{314 \ mm}$

b) $b_{180°} = 1{,}5 \cdot D + \dfrac{1{,}5 \cdot D}{20} = 1{,}5 \cdot 200 \text{ mm} + \dfrac{1{,}5 \cdot 200 \text{ mm}}{20}$

$b_{180°} = 300 \text{ mm} + 15 \text{ mm} = \mathbf{315 \ mm}$

Berechnen der Länge von Rohrleitungen. Rohrleitungen setzen sich in der Regel aus Bögen und aus geraden Rohrstrecken zusammen. Zum Ermitteln der Rohrlänge wird die Rohrleitung in gerade Rohrstrecken und in Bögen zerlegt. Die Teilstrecken werden gekennzeichnet (begrenzt) und benannt.

Beispiel 1.16 Ermitteln Sie die Rohrlänge (gestreckte Länge) in mm des gebogenen Rohres nach Bild **1.52**.

Geg.: $R_1 = 60$ mm, $R_2 = 75$ mm, $m_1 = 350$ mm, $m_2 = 240$ mm, $m_3 = 200$ mm; ges.: l in mm

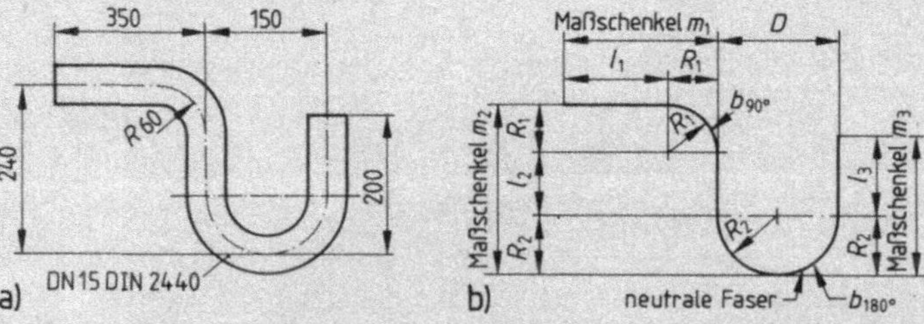

1.52 a) Rohrzeichnung (gebogenes Rohr), b) Teilstrecken der neutralen Faser

32

Lösung

Aufgaben

21. Ein Rohr DN 20 DIN 2440 wird an den Enden nach Bild **1.53** gebogen. Berechnen Sie für beide Bögen
    a) die Länge der neutralen, der gestreckten und der gestauchten Faser,
    b) die Verlängerung bzw. Verkürzung der gestreckten bzw. gestauchten Faser in %,
    c) die gesamte Länge des Rohres in mm (gestreckte Länge).

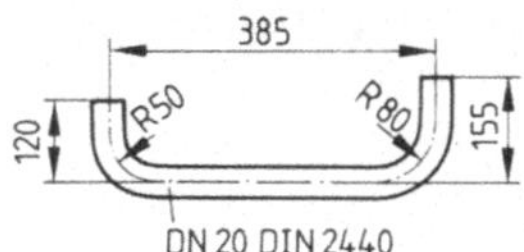

1.53 Gebogenes Rohr

22. Eine Ausdehnungsleitung DN 20 DIN 2440 wird nach Bild **1.54** verlegt.
    a) Berechnen Sie die Rohrlänge in mm.
    b) Wieviel l Wasser nimmt das ganze Rohr auf?
    c) Wieviel cm² Rohroberfläche werden erwärmt, wenn sich das Rohr bis zum Beginn des 1. Bogens aufheizt?

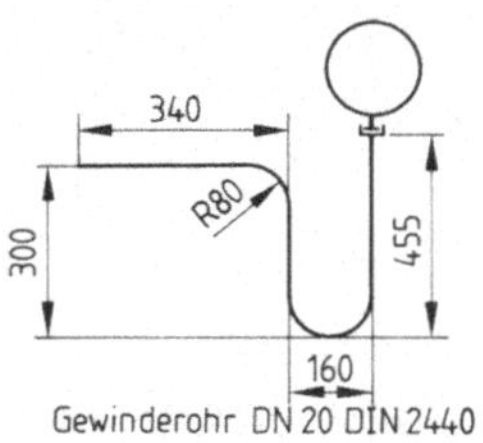

1.54 Ausdehnungsleitung

d) Wieviel cm³ Luft werden beim Füllen der Anlage ins Ausdehnungsgefäß gedrückt, wenn die Ausdehnungsleitung nicht entlüftet wird (Volumen ab Mitte 180° Bogen + gerades Rohr vor dem Ausdehnungsgefäß)?

23. Ermitteln Sie die Rohrlänge in mm und cm für das gebogene Rohr **1.55**:

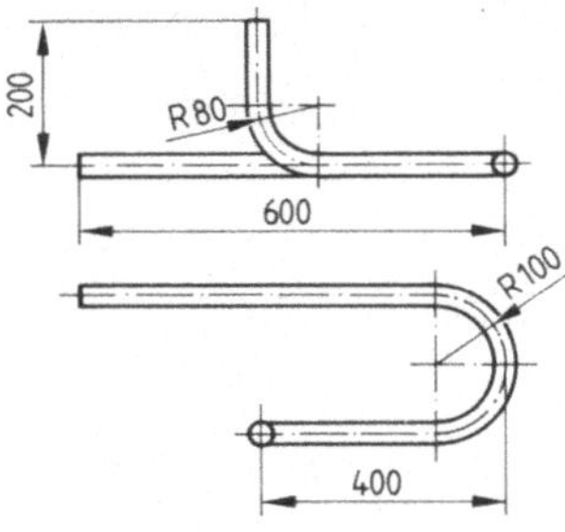

1.55 Gebogenes Rohr

24. Zwei Rohrstrecken von Anschlußleitungen werden nach Bild **1.56** verlegt. Ermitteln Sie für beide Rohre die Länge in m.

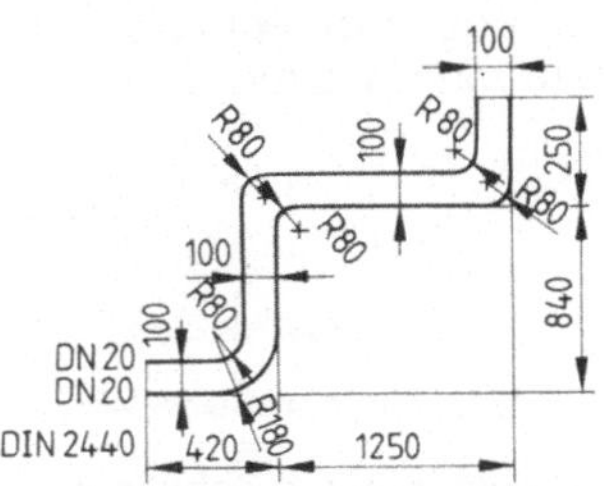

1.56 Anschlußleitungen

25. Wieviel m Rohr sind für die Rohre 1, 2 und 3 nach Bild **1.57** erforderlich? (Beachten Sie: Bei jedem Rohr wird ein Schweißbogen nach DIN 2605 verwendet und an einem Ende ein Muffenschieber aufgeschraubt.)

Rohr	1	2	3
DN DIN 2440	32	20	20
$l_{Schieber}$	49	41	41
$l_{Einschraublänge}$	9,5	8,5	8,5
R_{Bogen} DIN 2605	47,5	28,5	28,5

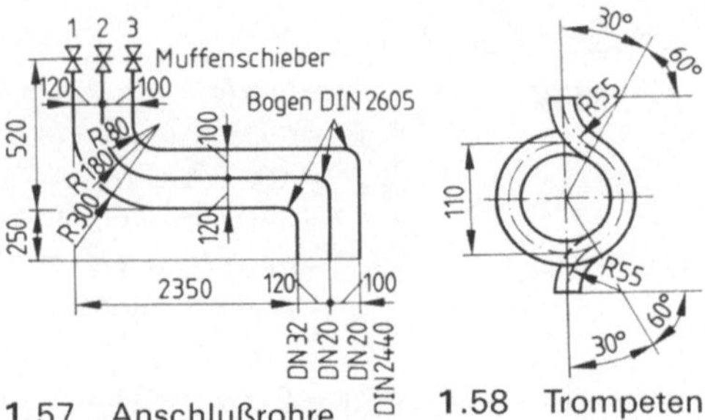

1.57 Anschlußrohre   1.58 Trompeten-
rohr

26. Welche Rohrlänge in mm ist zur Herstellung des Trompetenrohrs nach Bild **1.58** erforderlich?

Rohrschlangen

27. Berechnen Sie für die mäanderförmige Rohrschlange **1.59** aus Gewinderohr DN 15 DIN 2440 (welche Teilstrecken sind gleich lang?)
a) die Rohrlänge in mm und m,
b) die Heizfläche in m^2 und dm^2,
c) den Wasserinhalt in l,
d) die Stahlmasse in kg.

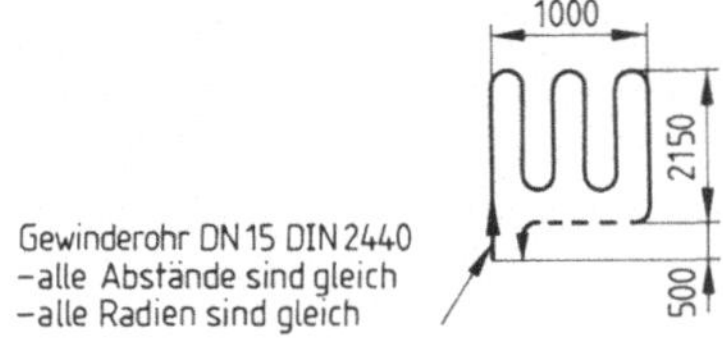

1.59 Mäanderförmige Rohrschlange

28. Für eine Fußbodenheizung sollen 2 Rohrschlangen nach Bild **1.60** mäanderförmig und nach Tichelmann verlegt werden. Ermitteln Sie (welche Längen wiederholen sich?)
a) die Länge der Rohrschlange I von x bis y in mm und m,
b) die Länge der Rohrschlange II von x bis y in mm und m,

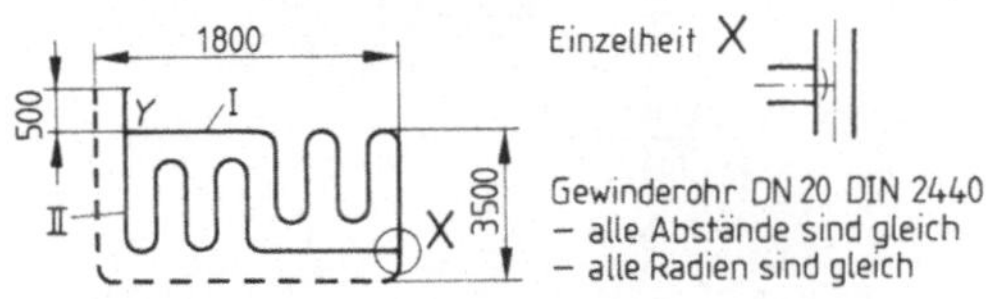

1.60 Rohrschlangen im Tichelmann-
System

c) die gesamte Rohrlänge in mm u. m,
d) die Heizfläche in m^2.

29. Bestimmen Sie für die nach Bild **1.61** spiralförmig verlegte Rohrschlange a) die Rohrlänge in m, b) die Heizfläche in m^2. (Versuchen Sie, einen Zusammenhang zwischen einzelnen Rohrstrecken herzustellen und bei der Längenberechnung anzuwenden.)

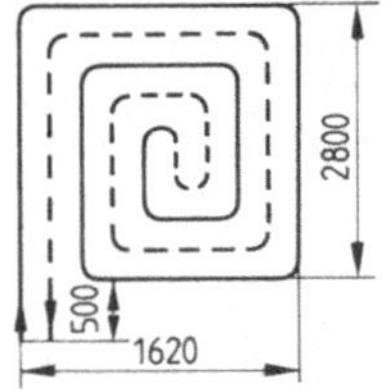

1.61 Spiralförmig verlegte Rohrschlange

30. Ermitteln Sie für die Rohrschlange **1.62** aus Stahlrohr 18 × 1,2 a) die Rohrlänge in m, b) die Heizfläche in m^2, c) die Stahlmasse in kg, d) welche Masse die Rohrschlange aus Cu-Rohr 18 × 0,9 hätte.

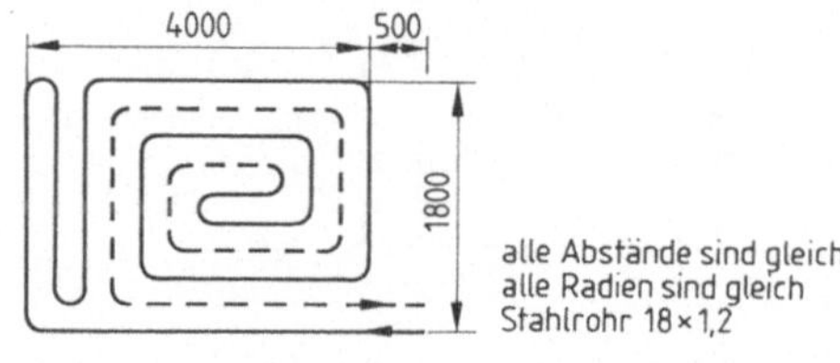

1.62 Rohrschlange

1.5.3 Steigung bzw. Gefälle von Rohrleitungen

Der Heizungsbauer muß die Rohre mit Steigung bzw.
Gefälle verlegen, damit die Luft in den Leitungen ab-
strömen kann bzw. das Wasser beim Entleeren zum
Kessel zurückläuft. Unter der Steigung bzw. dem Gefälle S von Rohren versteht man die Höhenabweichung Δh eines Rohres von der Waagerechten auf
einer Länge l_w von 1 m in mm/m (1.63). Steigung und
Gefälle können auch in % ausgedrückt werden. Sie
ergeben sich für eine beliebige Rohrlänge aus dem
Verhältnis $\Delta h / l_w$.

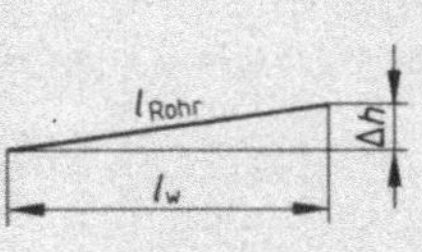

1.63 Steigung bzw. Gefälle

$$S = \frac{\Delta h}{l_w}$$

$$S \text{ in } \% = \frac{\Delta h \cdot 100\%}{l_w}$$

Δh = Höhenabweichung in mm
l_w = waagerechte Strecke ($\approx$ Rohrlänge l_{Rohr})
S in mm/m

Δh und l_w in **mm**

Beispiel 1.17 Ein 10,5 m langes Rohr steigt um 21 mm. Wie groß ist die Steigung in
mm/m und in %?

Geg.: l_R = 10,5 m, Δh = 21 mm; ges.: S in mm/m und %

Lösung $$S = \frac{21 \text{ mm}}{10,5 \text{ m}} = 2 \frac{\text{mm}}{\text{m}}$$

$$S \text{ in } \% = \frac{21 \text{ mm} \cdot 100\%}{10\,500 \text{ mm}} = 0,2\%$$

Aufgaben

31. Eine Vorlaufleitung mit 32 m waage-
rechter Länge steigt um 7,5 cm. Berechnen Sie die Steigung in mm/m
und in %.

32. Ein Rücklaufstrang hat beim Übergang
aus einem senkrechten Wandschlitz in
den waagerechten Verlauf an der Kellerdecke einen Deckenabstand von
12 cm.
    a) Welchen Deckenabstand hat die
    Leitung nach 18 m, wenn sie mit
    0,2% Gefälle verlegt wird?
    b) Wie groß ist das Gefälle in mm/m?

33. Die 6,5 m lange waagerechte Strecke
einer Tankentlüftungsleitung soll am
Ende einen Deckenabstand von
10,5 cm haben. Wie groß muß der
Deckenabstand am Anfang sein, wenn
die Leitung mit 0,4% verlegt werden
soll?

34. Bei welcher Länge in m hat eine Rohrleitung mit 0,3% Gefälle eine Höhenabweichung von 42,5 mm?

35. Eine 57 m lange Dampfleitung soll sä-
gezahnförmig nach Bild **1.64** mit einem
Gefälle von $\leq 0,8\%$ verlegt werden.
    a) Wieviel „waagerechte" Teilstrecken
    müssen vorgesehen werden, wenn
    die Höhenabweichungen Δh der
    einzelnen Teilstrecken max. 16 cm
    sein darf?
    b) Wieviel mm beträgt die Höhenab-
    weichung je Teilstrecke, wenn diese
    gleich lang gemacht werden?
    c) Welche Länge l_w in m haben die
    Teilstrecken?

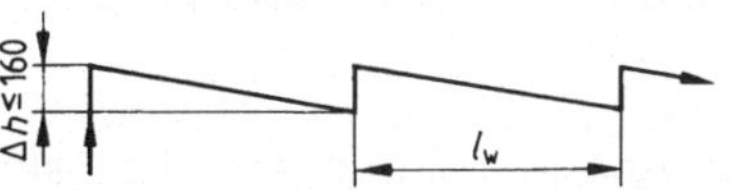

1.64 Dampfleitung in Sägezahnform

1.6 Strömung in Rohren und Kanälen

Fließgeschwindigkeit *v*. In Zentralheizungsanlagen erfolgt der Wärmetransport vom Wärmeerzeuger zu den Heizkörpern durch einen Wärmeträger (z. B. Wasser), der durch Rohre fließt. Den Weg, den hierbei die Wasserteilchen in 1 s zurücklegen, bezeichnet man als Fließ- oder Strömungsgeschwindigkeit. Beträgt z. B. nach Bild **1**.65 der zurückgelegte Weg in 4 s = 3 m, ergibt sich je s ein Weg von

1.65   Strömung

$$\frac{3\,\text{m}}{4\,\text{s}} = \frac{0{,}75\,\text{m}}{1\,\text{s}} = \text{Geschwindigkeit } v = \frac{\text{Weg } s}{\text{Zeit } t}.$$

$v = \dfrac{s}{t}$	$s = v \cdot t$	$t = \dfrac{s}{v}$	s = Weg in cm, m t = Zeit in s v = Geschwindigkeit in cm/s, m/s

Umwandlung $100\,\dfrac{\text{cm}}{\text{s}} \approx 1\,\dfrac{\text{m}}{\text{s}}$

Beispiel 1.18 In einem 26,5 m langen, ausgekühlten Heizungsstrang wird am Ende das abgesperrte Ventil geöffnet. Mit welcher Geschwindigkeit in m/s strömt das Wasser im Rohr, wenn sich das Strangende nach 58 s erwärmt?

Geg.: $s = 26{,}5$ m, $t = 58$ s; ges.: v in m/s

Lösung $v = \dfrac{s}{t} = \dfrac{26{,}5\,\text{m}}{58\,\text{s}} = 0{,}47\,\dfrac{\text{m}}{\text{s}}$

Die Fließgeschwindigkeit ist eine wichtige Größe in der Heizungsanlage. Sie beträgt in PWWH bis zu 1 m/s, in Niederdruckdampfleitungen bis zu 30 m/s und in raumlufttechnischen Anlagen bis zu 15 m/s. Die Fließgeschwindigkeit hat einerseits Einfluß auf

- die Regelträgheit,
- die umgewälzte Wassermenge (Volumenstrom),
- die transportierte Wärmemenge,
- den Rohrnetzwiderstand,
- die Geräuschbildung

und hängt andererseits ab von der Querschnittsfläche des Rohres.

Aufgaben

1. Das Füllen einer 22,8 m langen Rohrstrecke dauert 9,5 s. Welche Wassergeschwindigkeit in m/s und cm/s ergibt sich im Mittel?

2. Ein Heizkörper ist durch eine 3,5 m lange Anbindeleitung am Steigstrang angeschlossen.

a) Wie lange dauert es, bis nach dem Öffnen des Heizkörperventils warmes Wasser aus dem Steigstrang den Heizkörper erreicht, wenn das Wasser mit $v = 0{,}25$ m/s fließt?

b) Welche Strecke legt das Wasser in 5 s zurück?

Volumenstrom $\dot{V}$. Darunter versteht man das je Zeiteinheit (s oder h) durch einen Rohrquerschnitt strömende Volumen. Fließen z. B. durch den Querschnitt des Rohres **1.66** an der Stelle 1 in 5 s 2 l (= Volumen im Rohr zwischen Stelle 1 und 2), ergibt sich in 1 s ein Volumen von

$$\frac{2\,l}{5\,s} = \frac{0{,}4\,l}{1\,s} = \text{Volumenstrom } \dot{V} = \frac{\text{Volumen } V}{\text{Zeit } t}\,.$$

Stelle 1   Stelle 2

A   v   t = 5s

1.66   Volumenstrom

$\dot{V} = \dfrac{V}{t}$	V = Volumen t = Zeit $\dot{V}$ = Volumenstrom	Einheiten				
		$\dfrac{cm^3}{s}$	$\dfrac{dm^3}{s}$	$\dfrac{dm^3}{h}$	$\dfrac{l}{h}$	$\dfrac{m^3}{h}$
		$\dfrac{cm^3}{s}$	$\dfrac{dm^3}{s}$	$\dfrac{dm^3}{h}$	$\dfrac{l}{h}$	$\dfrac{m^3}{h}$

Mit $V = A \cdot s$ ergibt sich:

$$\dot{V} = \frac{A \cdot s}{t}$$

A = Rohrquerschnittsfläche
s = Fließstrecke

Mit $\dfrac{s}{t} = v$ erhalten wir:

$$\dot{V} = A \cdot v$$

		cm^2	dm^2	m^2
A = Rohrquerschnittsfläche		cm^2	dm^2	m^2
v = Fließgeschwindigkeit		$\dfrac{cm}{s}$	$\dfrac{dm}{s}$	$\dfrac{m}{s}$
$\dot{V}$ = Volumenstrom		$\dfrac{cm^3}{s}$	$\dfrac{dm^3}{s}$	$\dfrac{m^3}{s}$

Umwandlung $\dfrac{1000\ cm^3}{s} = 1\,\dfrac{dm^3}{s} = 1\,\dfrac{l}{s}$ $1\,\dfrac{l}{s} = 3600\,\dfrac{l}{h} = 3{,}6\,\dfrac{m^3}{h}$

Beispiel 1.19   Die Fließgeschwindigkeit in einem Vorlaufstrang DN 25 DIN 2440 beträgt 0,52 m/s. Wie groß ist der Volumenstrom in l/s, l/h und m³/h? Geg.: $A_0 = 5{,}811\ cm^2$, $v = 42\ cm/s$; ges.: $\dot{V}$ in l/s, l/h und m³/h

Lösung

$$\dot{V} = A \cdot v$$

$$\dot{V} = 5{,}811\ cm^2 \cdot 52\,\frac{cm}{s} = 302\,\frac{cm^3}{s}$$

$$\dot{V} = 0{,}302\ l/s = 1087\ l/h = 1{,}087\ m^3/h$$

Umstellen der Formeln

	Anwendung
$t = \dfrac{V}{\dot{V}}$	Füllzeit, Wasserwechsel
$V = \dot{V} \cdot t$	Ausflußvolumen, umgewälztes Volumen
$v = \dfrac{\dot{V}}{A}$	vorhandene bzw. erforderliche Fließgeschwindigkeit
$A = \dfrac{\dot{V}}{v}$	Festlegen von Querschnitten

Aufgaben

3. a) Was versteht man unter einem Volumenstrom?
   b) Von welchen Größen hängt der Volumenstrom in einem Rohr ab?
   c) Nennen Sie Einheiten für den Volumenstrom.

4. a) Stellen Sie die Formeln $\dot{V} = V/t$ und $\dot{V} = A \cdot v$ nach allen Größen um und geben Sie dazu jeweils eine passende Aufgabenstellung an.
   b) Wandeln Sie um:
   $$2,4 \text{ m}^3/\text{h} = ? \text{ m}^3/\text{s} = ? \text{ dm}^3/\text{s} = ? \text{ l/h}$$
   $$1520 \text{ l/h} = ? \text{ m}^3/\text{h} = ? \text{ m}^3/\text{s} = ? \text{ l/s}$$

5. Nach einer Reparatur muß ein Radiator mit 36 Gliedern wieder gefüllt werden. Das Wasservolumen je Glied beträgt 1,18 l.
   a) Wie groß ist der Volumenstrom in l/s und l/h, wenn der Heizkörper in 62 s gefüllt ist?
   b) Wieviel l Wasser sind nach 38 s im Heizkörper?
   c) In wieviel s wäre der Heizkörper bei einem Volumenstrom von 0,9 l/s gefüllt?

6. a) In wieviel min ist ein DIN-Radiator aus Stahl mit 35,4 l Wasserinhalt erwärmt, wenn das HK-Ventil geöffnet wird und der Volumenstrom durch den Heizkörper 128 l/h beträgt?
   b) Wie lange dauert das Aufheizen einer Heizplatte gleicher Leistung bei gleichem Volumenstrom, wenn der Wasserinhalt nur 2,9 l beträgt?

7. Eine Heizungsanlage enthält 415 l Wasser. Die Umwälzpumpe fördert 1,1 m³/h.
   a) In wieviel min wird das Wasser einmal umgewälzt?
   b) Wie oft wird das Wasser in 1 Stunde umgewälzt?

8. In einem Vorlaufstrang DN 32 DIN 2440 strömt das Wasser mit 0,45 m/s. Berechnen Sie den Volumenstrom in l/s, l/h und m³/h.

9. Dem Pufferspeicher **1.67** eines Feststoffkessels werden vom Kessel 0,26 l/s Warmwasser zugeführt. Gleichzeitig gehen vom Pufferspeicher 0,19 l/s ins Heizungsnetz. Wieviel l aufgeheiztes Wasser enthält der Speicher nach 20 min?

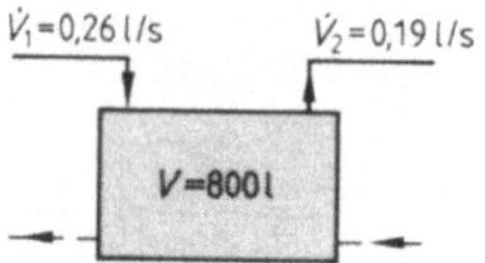

1.67   Pufferspeicher

10. Einer Veranstaltungshalle wird über einen Lüftungskanal mit dem Querschnitt von 280 mm × 355 mm Frischluft zugeführt. Die Strömungsgeschwindigkeit beträgt 7,2 m/s.
    a) Wieviel m³ Luft werden dem Raum in 2,5 Stunden zugeführt?
    b) In wieviel min wird das Luftvolumen der Halle (12 m × 7 m × 3,5 m) erneuert?

11. a) Wieviel m³ Dampf strömen bei einer Geschwindigkeit von 28 m/s je Stunde durch eine Dampfleitung 57 × 2,9 DIN 2448 – St 35?
    b) Wieviel kg/h entspricht dies bei einer Dichte von 0,8628 kg/m³?

12. Eine Heizungsanlage wird mit 780 l Wasser gefüllt. Wieviel min dauert das Füllen, wenn die Fließgeschwindigkeit im Füllschlauch 25 × 2   2 m/s beträgt?

13. In einem Heizungsstrang 44,5 × 2,6 DIN 2448 – St 35 strömen 2315 l Wasser je Stunde. Wieviel beträgt die Fließgeschwindigkeit in m/s und cm/s?

14. Durch einen Luftkanal sollen 570 m³ Luft je Stunde transportiert werden. Wie groß ist die Strömungsgeschwindigkeit, wenn
    a) der Kanal einen Durchmesser von 180 mm hat?
    b) die Querschnittsfläche nur halb so groß gewählt wird?
    c) der Kanaldurchmesser gegenüber a) halb so groß gewählt wird?

15. Durch eine Ölbrennerdüse mit einem Bohrungsdurchmesser der Düse von 0,25 mm werden 2,4 l Öl je Stunde

durchgesetzt. Wie groß ist die Fließgeschwindigkeit in m/s in der Düsenbohrung?

16. In einem Altbau mit einem Schornstein, der einen Durchmesser von 200 mm hat, wird bei einer Sanierung der alte Heizungskessel mit 32 kW durch einen Kessel mit 20 kW ersetzt. Infolge kleinerer Kesselleistung, veränderter Feuerungseinstellung und geringerer Abgastemperatur verringert sich das rechnerische Abgasvolumen von 80 m³/h auf 37 m³/h.

    Ermitteln Sie für den Abgasstrom vor und nach der Sanierung
    a) die Strömungsgeschwindigkeit im Kamin (im Mittel) in m/s,
    b) die Verweilzeit des Abgases im Schornstein in s, wenn der Abgasweg im Schornstein 9,6 m beträgt.
    c) Welche Auswirkung kann die längere Verweilzeit des Abgases beim neuen, kleineren Kessel im Schornstein haben?

17. Durch einen Lüftungskanal sollen bei einer Geschwindigkeit von 4 m/s 2520 m³ Luft je Stunde strömen.
    a) Welche Höhe in mm erfordert ein 500 mm breiter Kanal?
    b) Welchen Durchmesser braucht ein zylindrischer Kanal?

18. Im Rohrstrang einer WW-Heizung soll bei einem Volumenstrom von 1640 l/h die Fließgeschwindigkeit max. 0,5 m/s betragen.
    a) Welcher Rohrquerschnitt in cm² ist mindestens erforderlich?
    b) Welches Gewinderohr nach DIN 2440 ist zu verwenden?

19. An einem Luftauslaß nach Bild **1.68** soll bei einem Volumenstrom von 34 m³/h die Luftgeschwindigkeit max. 1,9 m/s betragen.

Wieviel Bohrungen mit einem Durchmesser von 23 mm sind mindestens notwendig?

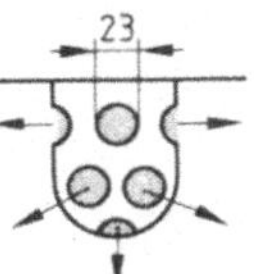

1.68 Luftauslaß

20. Einem Raum mit 8 m × 10 m × 3,2 m wird stündlich das 6fache Raumvolumen Luft zugeführt.
    Berechnen Sie
    a) das zugeführte Luftvolumen in m³ je s und h,
    b) die Luftgeschwindigkeit *v* in m/s bei einem Kanalquerschnitt von 200 mm × 250 mm,
    c) den erforderlichen Durchmesser in mm, wenn der Kanal eine zylindrische Form und die gleiche Querschnittsfläche wie bei b) hat,
    d) den erforderlichen Kanaldurchmesser in mm, wenn die Luftgeschwindigkeit 10 m/s betragen darf.

21. a) Berechnen Sie die Volumenströme in l/h in den Rohren 1 und 2 nach Bild **1.69**.
    b) Welche Strömungsgeschwindigkeit in m/s stellt sich im Rohr 3 ein, wenn ein Rohr DN 20 DIN 2440 verwendet wird?
    c) Welches mittelschwere Gewinderohr wäre zu verwenden, wenn im Rohr 3 die Wassergeschwindigkeit max. 0,25 m/s betragen darf?

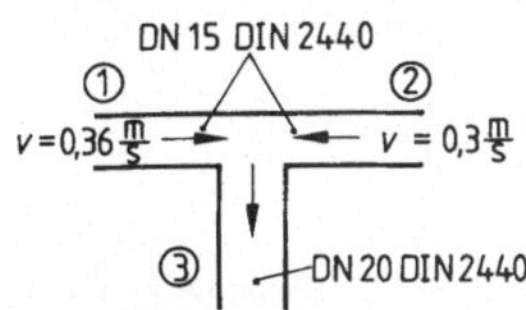

1.69 Rohrzusammenführung

Querschnittsänderung in Rohren und Kanälen (Kontinuitätsgleichung). Beim Gasschmelzschweißen werden Sauerstoff und Azetylen in Schläuchen mit 6 bzw. 8 mm lichter Weite zum Brenner geführt. An der Brennerdüse müssen die Gase mit hoher Geschwindigkeit ausströmen. Dies wird durch eine kleine Düsenbohrung erreicht. Man kann hieraus schließen, daß sich an der Querschnittsänderung eines Strömungskanals bei gleichbleibendem Volumenstrom

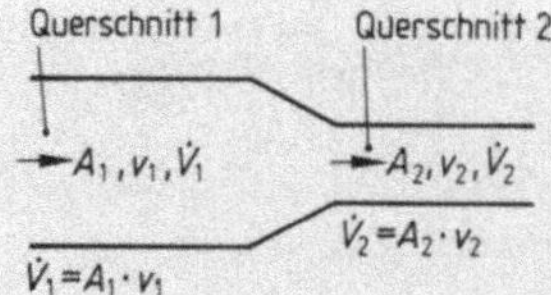

1.70 Rohrquerschnittsänderung

die Strömungsgeschwindigkeit ändert. Rechnerisch läßt sich dies mit Hilfe des Bildes **1.70** aufzeigen.

Wenn keine Volumenanteile verlorengehen, muß durch den Querschnitt 2 gleichviel abfließen, wie durch Querschnitt 1 zuströmt. Es gilt also:

$$\dot{V}_1 = \dot{V}_2$$
$$\downarrow \qquad \downarrow$$
$$A_1 \cdot v_1 = A_2 \cdot v_2$$

$\dot{V}_1, \dot{V}_2$ = Volumenstrom an der Stelle 1 bzw. 2
A_1, A_2 = Querschnittsfläche an der Stelle 1 bzw. 2
v_1, v_2 = Fließgeschwindigkeit an der Stelle 1 bzw. 2

Überlegen Sie, wie sich eine Querschnittsverkleinerung auf die Fließgeschwindigkeit auswirkt, und stellen Sie die Formel $A_1 \cdot v_1 = A_2 \cdot v_2$ nach allen Größen um.

Beispiel 1.20 Eine Rohrleitung DN 25 DIN 2440 wird nach einer Einziehung mit DN 20 DIN 2440 weitergeführt. Welche Fließgeschwindigkeit in m/s und cm/s stellt sich im kleineren Rohr ein, wenn sie im größeren 0,45 m/s beträgt?

Geg.: $A_1 = 5{,}811\ \text{cm}^2$, $v_1 = 0{,}45\ \text{m/s}$, $A_2 = 3{,}664\ \text{cm}^2$; ges.: v_2 in cm/s und m/s

Lösung $\quad A_1 \cdot v_1 = A_2 \cdot v_2$

$$v_2 = \frac{A_1 \cdot v_1}{A_2} = \frac{5{,}811\ \text{cm}^2 \cdot 45\ \text{cm/s}}{3{,}664\ \text{cm}^2} = 71{,}4\ \frac{\text{cm}}{\text{s}} = 0{,}714\ \frac{\text{m}}{\text{s}}$$

Für Abzweige gilt entsprechend, daß der Volumenstrom vor der Querschnittsänderung (Abzweig) gleich dem Volumenstrom der Teilströme nach der Querschnittsänderung ist (**1.71**). Die Verteilung der Volumenströme auf die Teilstrecken hängt jedoch nicht nur vom Verhältnis der Querschnittsflächen ab, sondern auch von anderen Faktoren, die ebenfalls den Strömungswiderstand beeinflussen. Bei den entsprechenden Aufgaben wird deshalb eine zusätzliche Vorgabe gemacht.

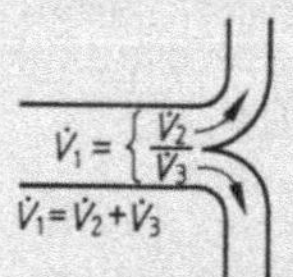

1.71 Abzweig

1.72 Rohrverzweigung

Beispiel 1.21 Eine Rohrleitung DN 32 DIN 2440 verzweigt sich in 2 Stränge DN 25 DIN 2440 (**1.72**). Die Geschwindigkeit v_1 beträgt vor der Verzweigung 0,66 m/s. Wie groß sind die Geschwindigkeiten v_2 und v_3 in m/s in den beiden Abzweigen? (Es soll gelten $v_2 = v_3$; A_2 und A_3 können dann als eine Querschnittsfläche A_2' betrachtet werden.)

Geg.: $A_1 = 10{,}122\ \text{cm}^2$, $A_2 = A_3 = 5{,}811\ \text{cm}^2$, $v_1 = 0{,}66\ \text{m/s}$; ges.: v_2 und v_3 in m/s

Lösung $\quad A_2' = A_2 + A_3 = 2 \cdot 5{,}811\ \text{cm}^2 = 11{,}622\ \text{cm}^2$

$$v_2 = v_3 = \frac{A_1 \cdot v_1}{A_2'} = \frac{10{,}122\ \text{cm}^2 \cdot 0{,}66\ \text{m/s}}{11{,}622\ \text{cm}^2} = 0{,}575\ \frac{\text{m}}{\text{s}}$$

Aufgaben

22. Ein Rohrstrang 57 × 2,9 DIN 2448 wird auf ein Rohr DN 40 DIN 2440 verjüngt.
    a) Welche Fließgeschwindigkeit in m/s stellt sich im kleineren Rohr ein, wenn sie im größeren 0,46 m/s beträgt?
    b) Um wieviel % nimmt die Geschwindigkeit zu?

23. Zwei Rohre 44,5 × 2,6 DIN 2448 werden zusammengeschweißt. Die Schweißnaht hängt 2 mm durch. Welche Geschwindigkeit in m/s ergibt sich an der Schweißnaht, wenn sie im Rohr 0,63 m/s beträgt?

24. In einem Rohr DN 25 DIN 2440 beträgt die Strömungsgeschwindigkeit 0,54 m/s. Das Rohr soll verjüngt werden, wobei sich die Geschwindigkeit auf max. 0,86 m/s erhöhen darf.
    a) Welche Querschnittsfläche in cm^2 ist erforderlich?
    b) Welches mittelschwere Gewinderohr ist zu verwenden?

25. In einem rechteckigen Lüftungskanal mit einem Querschnitt 250 mm × 320 mm strömt die Luft mit einer Geschwindigkeit von 9,5 m/s. Der Kanal soll in zylindrischer Form weitergeführt werden.
    a) Berechnen Sie den erforderlichen Durchmesser, wenn die Geschwindigkeit auf 10 m/s ansteigen darf.
    b) Wie groß ist der Volumenstrom in m^3/h?
    c) Wie groß ist der Luftdurchsatz in m^3 in 4,5 Stunden?

26. a) Ermitteln Sie für die Verteilung **1.73** die erforderlichen Rohrgrößen nach DIN 2440 für die beiden Verteilrohre gleicher Größe. Die Fließgeschwindigkeit soll in beiden gleich sein und max. 0,58 m/s betragen.

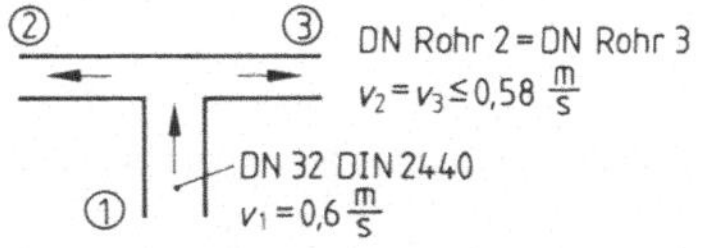

1.73 Verteilung

b) Wie groß ist der Volumenstrom in l/h in den Rohren 1, 2 und 3?

27. a) Wie groß sind die Fließgeschwindigkeiten v_2 und v_3 in m/s nach Bild **1.74** unter der Voraussetzung, daß $v_2 = v_3$ ist?
    b) Wieviel l Wasser strömen stündlich durch das Rohr 3?

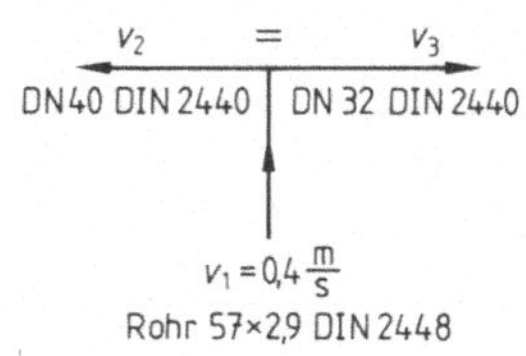

1.74 Verteilung

28. Bestimmen Sie für die Verteilung **1.75**
    a) v_2 und v_3 in cm/s und m/s, wenn $v_2 = v_3$ ist,
    b) $\dot{V}_1$, $\dot{V}_2$ und $\dot{V}_3$ in l/s und l/h,
    c) die Oberfläche in m^2/m für Rohr 1 sowie Rohr 2 und 3 zusammen.
    d) Wieviel % ist die Oberfläche je m von Rohr 2 und Rohr 3 zusammen größer als die von Rohr 1?

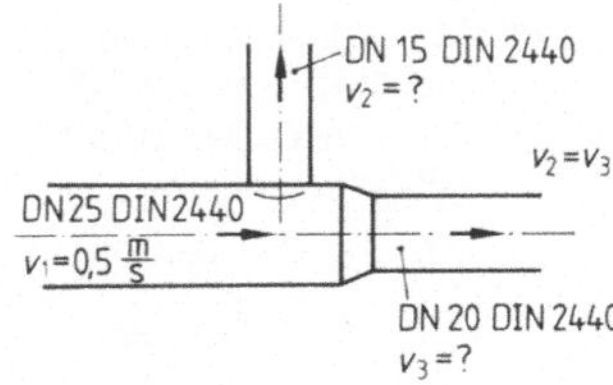

1.75 Verteilung

1.7 Druck

Der Druck ist in der Heizungs- und Raumlufttechnik eine wichtige Größe. Druck

- ist nötig, um in Heizungsrohren und Lüftungskanälen den Strömungswiderstand zu überwinden.
- vermeidet das Sieden des Wassers in Heißwasserheizungen,
- vermeidet das Ansaugen von Luft in Warmwasserheizungen,
- schafft Ausdehnungsraum in geschlossenen Ausdehnungsgefäßen,
- belastet aber auch die Anlagenteile.

Druck entsteht durch Kräfte, die senkrecht auf eine Fläche wirken, z. B.

- Gewichtskräfte eines Kessels auf die Auflagefläche (Flächenpressung),
- Gewichtskräfte einer Flüssigkeit auf den Behälterboden,
- innere Kräfte durch Pumpen oder durch Flüssigkeitsdehnung auf Gefäßwände.

Die Kraft je Flächeneinheit bezeichnet man als Druck. Somit ergibt sich:

$$\text{Druck} = \frac{\text{Kraft}}{\text{Fläche}} \qquad p = \frac{F}{A} \qquad \begin{array}{l} F \text{ in N} \quad A \text{ in cm}^2, \text{m}^2 \\ p \text{ in N/cm}^2, \text{N/m}^2, \text{bar, mbar, Pa, kPa (mWs)} \end{array}$$

Den Druck zweier Flächen aufeinander nennt man auch Flächenpressung.

Umwandlung $1 \text{ bar} = 10 \text{ N/cm}^2 = 100\,000 \text{ N/m}^2$ $1 \text{ N/m}^2 = 1 \text{ Pa}$
$1 \text{ bar} = 1000 \text{ mbar}$ $1 \text{ kPa} = 1000 \text{ Pa} = 10 \text{ mbar}$

Druckberechnung aus Kraft und Fläche

Beispiel 1.22   Ein Heizungskessel hat eine Masse von 205 kg, die Füße eine gesamte Standfläche von 150 cm². Wie groß ist der Druck in N/cm² und N/m²?

Geg.: $m = 205 \text{ kg} \rightarrow F = 2050 \text{ N}$; $A = 150 \text{ cm}^2$; ges.: p in N/cm² und N/m²

Lösung $p = \dfrac{F}{A} = \dfrac{2050 \text{ N}}{150 \text{ cm}^2} = \mathbf{13{,}67 \text{ N/cm}^2} = \mathbf{136\,700 \text{ N/m}^2}$

Beispiel 1.23   Auf den Reinigungsdeckel eines Wasserbehälters wirkt eine Kraft von 12 560 N. Wie groß ist der Druck in N/cm² und bar, wenn der Deckel einen ⌀ von 200 mm hat?

Geg.: $F = 12\,560 \text{ N}$, $d = 200 \text{ mm} \rightarrow A = 314 \text{ cm}^2$; ges.: p in N/cm² und bar

Lösung $p = \dfrac{F}{A} = \dfrac{12\,560 \text{ N}}{314 \text{ cm}^2} = \mathbf{40 \text{ N/cm}^2} = \mathbf{4 \text{ bar}}$

Aufgaben

1. Wandeln Sie in die angegebenen Einheiten um.

	N/cm²	N/m²	bar	mbar	Pa	kPa	„mWS"
a)			2,4				
b)					1600		
c)		110 000					

2. Der Förderdruck einer Heizungsumwälzpumpe beträgt 2,3 „mWS". Wie groß ist der Druck in mbar, bar und kPa?

3. Ein Heizungskessel mit einer Gesamtmasse von 155 kg steht auf 4 Füßen mit quadratischen Flächen von 60 mm × 60 mm. Wie groß ist der Druck in N/cm^2 und N/m^2 auf den Boden, wenn sich das Gewicht gleichmäßig verteilt?

4. Welcher Druck in N/cm^2 entsteht auf der Dichtfläche **1**.76 beim Zusammenschrauben zweier Flansche DN 50 DIN 2631, wenn 4 Schrauben jeweils eine Kraft von 2600 N ausüben?

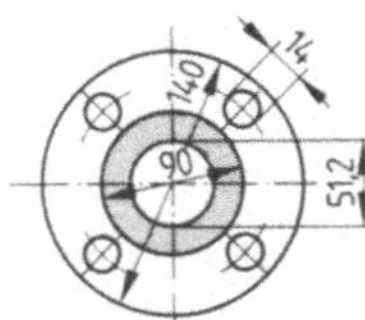

1.76   Dichtfläche

5. Im Sicherheitsventil **1**.77 mit einem Ventilsitzdurchmesser von 16,5 mm ist eine Feder, die eine Kraft von 54 N erzeugt. Bei welchem Anlagendruck in bar öffnet das Ventil?

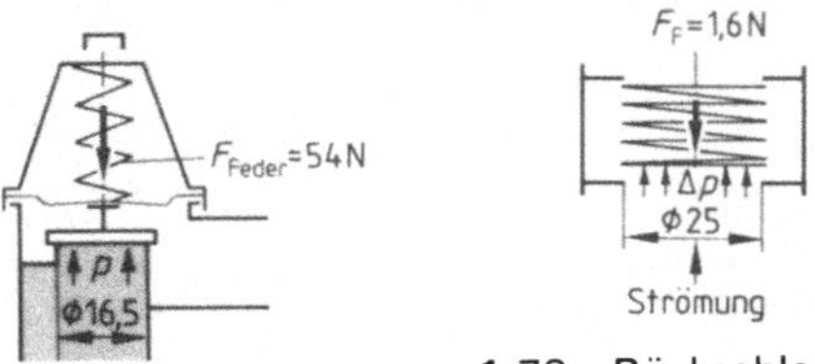

1.77   Sicherheitsventil

1.78   Rückschlagklappe

6. Die Rückschlagklappe **1**.78 hat einen Öffnungsdurchmesser von 25 mm. Die Feder erzeugt eine Kraft von 1,6 N. Bei welchem Druckanstieg Δp in mbar öffnet die Klappe?

7. Ein Sicherheitsventil öffnet bei einem Druck von 2,5 bar. Die Federkraft, die auf den geschlossenen Ventilteller wirkt, beträgt 45 N. Wieviel mm muß der Öffnungsdurchmesser haben?

8. Wie groß ist die Kraft in N, die auf den Boden eines Wassererwärmers mit 570 mm Durchmesser wirkt, wenn der Druck 4 bar beträgt?

Hydrostatischer Druck (Druck durch Flüssigkeitssäulen)

Ursache: Gewichtskraft $F = m \cdot g'_n$

$ = V \cdot \varrho \cdot g'_n$

$ = A \cdot h \cdot \varrho \cdot g'_n$

Druck $p = \dfrac{F}{A} = \dfrac{\cancel{A} \cdot h \cdot \varrho \cdot g'_n}{\cancel{A}}$

$$p = h \cdot \varrho \cdot g'_n$$

h = Höhe der Flüssigkeitssäulen in m
ϱ = Dichte in kg/m^3
g'_n = Erdfeldkonstante ≈ 10 N/kg

Bei konstanter Erdfeldgröße hängt der hydrostatische Druck in Flüssigkeiten also nur von der H ö h e   d e r   F l ü s s i g k e i t s s ä u l e und der D i c h t e der Flüssigkeit ab – nicht vom Querschnitt!

Für Wasser mit der Dichte 1 kg/dm³ (= 1000 kg/m³) ergibt sich bei

$h = 10$ m   → $p = 10$ m $\cdot$ 1000 kg/m^3 $\cdot$ 10 N/kg = 100 000 N/m^2 = 1 bar

bzw. $p = 0,1$ bar/m

$h =$ beliebig   → $p = h \cdot 0,1$ bar/m.

Für Flüssigkeiten mit einer beliebigen Dichte (z. B. Öl mit $\varrho = 0{,}84$ kg/dm³):

$h = 10$ m $\quad \rightarrow \quad p = 10$ m $\cdot$ 840 kg/m³ $\cdot$ 10 N/kg $= 84\,000$ N/m² $= 0{,}84$ bar.

Das Verhältnis zweier hydrostatischer Drücke gleich hoher Flüssigkeiten ist gleich dem Verhältnis der Dichten.

$$\frac{p_{\text{Öl}}}{p_{\text{W}}} = \frac{\varrho_{\text{Öl}}}{\varrho_{\text{W}}}; \quad \text{mit} \quad \varrho_{\text{W}} = 1 \quad \rightarrow \quad p_{\text{Öl}} = p_{\text{W}} \cdot \frac{0{,}84 \ \frac{\text{kg}}{\text{dm}^3}}{1 \ \frac{\text{kg}}{\text{dm}^3}} \quad \text{Dichteverhältnis } \varrho'$$

$$p = h \cdot 0{,}1 \ \text{bar/m} \cdot \varrho'$$	$h\ $ = Höhe der Flüssigkeitssäule in m ϱ' = Dichteverhältnis zu Wasser bei $+4\,°$C $\quad$ ohne Einheit (Dichtefaktor) $p\ $ = hydrostatischer Druck in bar

Beispiel 1.24 In einem Öltank steht das Öl 1,4 m hoch. Wie hoch ist der Druck am Boden in bar, wenn die Dichte 0,84 kg/dm³ beträgt?

Geg.: $h = 1{,}4$ m, $\varrho = 0{,}84$ kg/dm³ $\rightarrow \varrho' = 0{,}84$; ges.: p in bar

Lösung $\quad p = h \cdot 0{,}1$ bar/m $\cdot 0{,}84 = 1{,}4$ m $\cdot 0{,}1$ bar/m $\cdot 0{,}84 = \mathbf{0{,}1176 \ bar}$

Aufgaben

9. Mit welchem Druck in „mWS" und bar muß die Kondensatpumpe arbeiten, um das Kondensat in das hochliegende Gefäß **1**.79 zu pumpen?

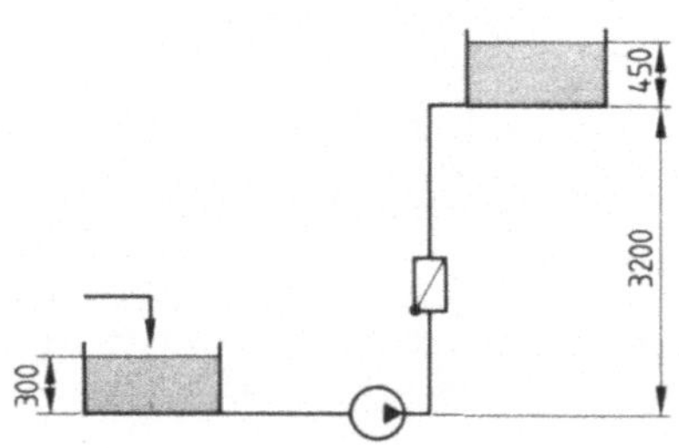

1.79 Kondensatförderung

10. Bei einer Ölheizung mit Dachheizzentrale muß das Öl vom Kellertank 22,5 m zum Brenner hochgepumpt

werden. Welchen hydrostatischen Druck in bar muß die Ölpumpe überwinden? ($\varrho_{\text{Öl}} = 0{,}84$ kg/dm³)

11. Bei der Ölstandsmessung **1**.80 wird der hydrostatische Druck am Tankboden gemessen. Hierzu wird mit Luft das Öl aus der Meßleitung gedrückt. Am Ende der Meßleitung ist p_{Luft} (Meßdruck) $= p_{\text{Öl}}$. Wie hoch steht das Öl im Tank bei einem Druck von 120 mbar? ($\varrho_{\text{Öl}} = 0{,}84$ kg/dm³)

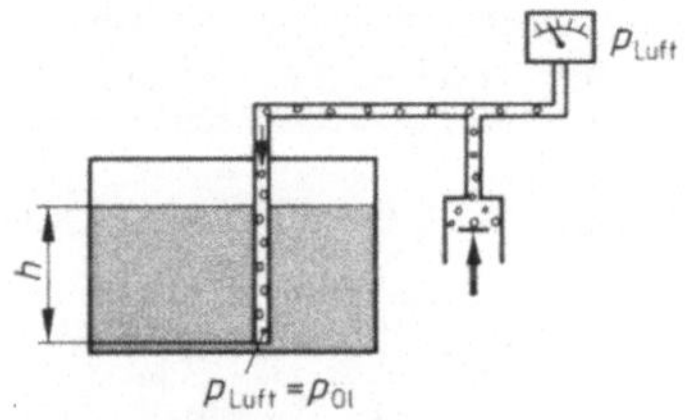

1.80 Ölstandsmessung

Druckausbreitung. Der Druck im Innern einer Flüssigkeit wirkt nach allen Seiten gleich. Seitendruck p_S (= Druck zur Seite im Flächenschwerpunkt) und Bodendruck p_B (= Druck auf die Bodenfläche) entsprechen in einem offenen Gefäß dem hydrostatischen Druck.

Beispiel 1.25 Wie groß sind in der offenen Anlage **1.81**

a) der hydrostatische Bodendruck p_B in bar,

b) der hydrostatische Seitendruck p_{SFl} in bar am Blindflansch und die auf den Flansch wirkende Kraft F_{Fl}?

Geg.: $h_B = 8{,}60$ m, $h_{Fl} = 8{,}55$ m, $A_{Fl} = 8{,}45$ cm³ (Rohr 38 × 2,6);

ges.: a) p_B in bar,

b) p_{SFl} in bar und F_{Fl} in N

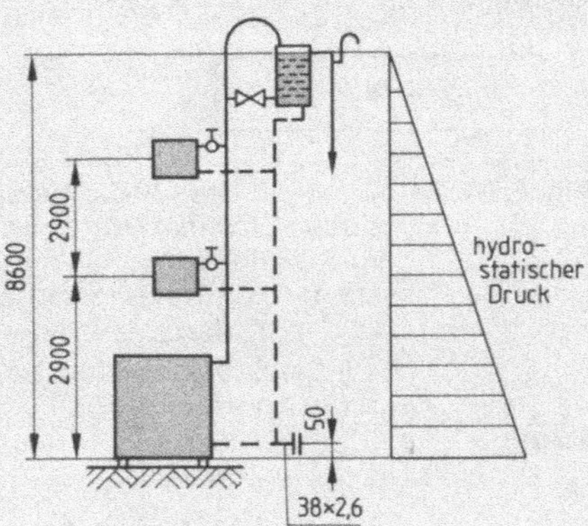

1.81   Offene Anlage

Lösung

a) $p_B = h_B \cdot 0{,}1$ bar/m $\cdot 1 = 8{,}6$ m $\cdot 0{,}1$ bar/m $\cdot 1 = \mathbf{0{,}86\ bar}$

b) $p_{SFl} = h_S \cdot 0{,}1$ bar/m $\cdot 1 = 8{,}55$ m $\cdot 0{,}1$ bar/m $\cdot 1 = \mathbf{0{,}855\ bar}$

$$P_{SFl} = \frac{F_{Fl}}{A_{Fl}} \rightarrow F_{Fl} = p_{SFl} \cdot A_{Fl} = 0{,}855\ \text{bar} \cdot 8{,}45\ \text{cm}^2$$

$$F_{Fl} = 8{,}55\ \text{N/cm}^2 \cdot 8{,}45\ \text{cm}^2 = \mathbf{72{,}25\ N}$$

Aufgaben

12. In dem überfüllten Batterietank **1.82** aus Kunststoff (Prüfdruck = 0,3 bar) steigt das Öl in der Entlüftungsleitung 3,2 m hoch. Welcher hydrostatische Druck in bar entsteht durch das Öl ($\varrho_{\text{Öl}} = 0{,}84$ kg/dm³)

    a) am Boden,
    b) auf halber Tankhöhe?
    c) Wie groß ist die Kraft auf die Seitenfläche mit 1500 mm × 1650 mm?

13. Wie groß ist bei dem Wassergefäß **1.83** die Belastung in N für den Flanschdeckel?

14. Wie groß sind bei der offenen Anlage **1.81** durch die Wasserfüllung

    a) die Drücke in der Mitte der beiden Heizplatten,
    b) die Kräfte auf die Seitenflächen der beiden Heizplatten 600 mm × 1500 mm?

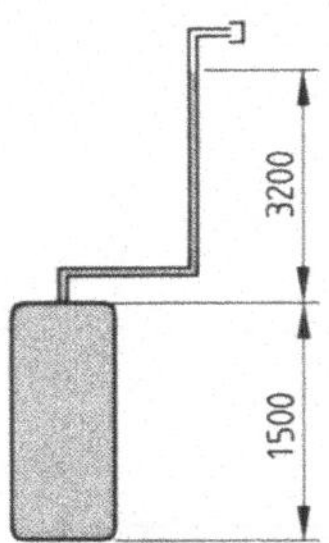

1.82   Tanküberfüllung

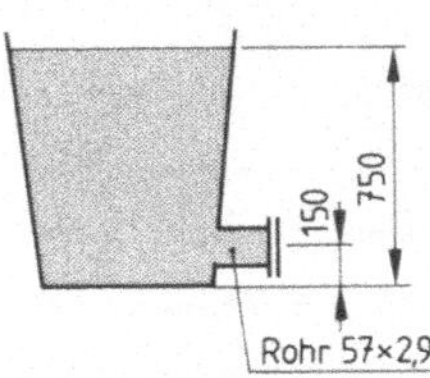

1.83   Behälter

Druckerhöhung. Durch Nachfüllen (Einwirkung von außen) oder Wärmedehnung des Wassers (Einwirkung von innen) erhöht sich in einer geschlossenen Anlage der Druck (**1.84**). Die Druckzunahme ist an jeder Stelle der Anlage gleich:

hydrostatischer Druck p_h + Druckerhöhung p_D in der Flüssigkeit = statischer Flüssigkeits-Gesamtdruck p_{ges}.

$$\rightarrow \quad \boxed{p_{ges} = p_h + p_D}$$

Beispiel 1.26 Ermitteln Sie für die geschlossene Anlage **1.84** die Flüssigkeits-Gesamtdrücke auf einer Höhe von 1,2 und 4,6 m, wenn der Druck durch Nachfüllen und Wärmedehnung um 1,5 bar gegenüber dem hydrostatischen Druck steigt. (ϱ' für Wasser = 1 setzen.)

Geg.: $h_1 = 8{,}5\,\text{m} - 1{,}2\,\text{m} = 7{,}3\,\text{m}$, $h_2 = 8{,}5\,\text{m} - 4{,}6\,\text{m} = 3{,}9\,\text{m}$, $\Delta p =$ 1,5 bar Druckerhöhung; ges.: p_{ges} in bar

Lösung

$$p_{ges} = h \cdot 0{,}1\,\frac{\text{bar}}{\text{m}} \cdot 1 + \Delta p$$

$$p_{ges1} = 7{,}3 \cdot 0{,}1\,\frac{\text{bar}}{\text{m}} \cdot 1 + 1{,}5\,\text{bar} = \mathbf{2{,}23\ bar}$$

$$p_{ges2} = 3{,}9\,\text{m} \cdot 0{,}1\,\frac{\text{bar}}{\text{m}} \cdot 1 + 1{,}5\,\text{bar} = \mathbf{1{,}89\ bar}$$

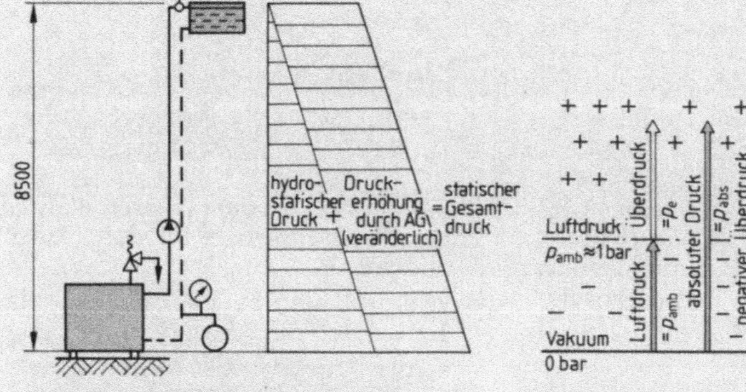

1.84 Geschlossene Anlage   1.85 Druckarten

Druckarten. Der Druck in Flüssigkeiten und Gasen wird vielfach mit dem Luftdruck (= Druck gegenüber dem Vakuum) verglichen (**1.85**). Druckwert

– über dem Luftdruck p_{amb} = Überdruck p_e (früher $p_ü$),
– unter dem Luftdruck p_{amb} = negativer Überdruck $-p_e$ (früher Unterdruck p_u),
– über dem Vakuum = absoluter Druck p_{abs} (früher p_a).

Somit ergeben sich:

$$
\begin{aligned}
\text{aus} \quad p_e &\rightarrow \ \boldsymbol{p_{abs} = p_{amb} + p_e} \\
\text{aus} \ -p_e &\rightarrow \ \boldsymbol{p_{abs} = p_{amb} - (-)p_e}
\end{aligned}
$$

p_{amb} können wir = 1 bar setzen (Normwert = 1013 mbar)

Beispiel 1.27 Das Manometer einer Sauerstoffflasche zeigt einen Überdruck von 85 bar an. Wie groß ist der absolute Druck in bar?

Geg.: $p_e = 85$ bar, $p_{amb} = 1$ bar; ges.: p_{abs} in bar

Lösung $p_{abs} = p_{amb} + p_e = 1$ bar $+ 85$ bar $= \textbf{86 bar}$

Beispiel 1.28 Eine Ölbrennerpumpe saugt das Heizöl mit einem negativen Überdruck $-p_e$ („Unterdruck p_u") $= 0{,}4$ bar an. Wie groß ist der absolute Druck in bar in der Saugleitung?

Geg.: $-p_e = 0{,}4$ bar, $p_{amb} = 1$ bar; ges.: p_{abs} in bar

Lösung $p_{abs} = p_{amb} - (-)p_e = 1$ bar $- 0{,}4$ bar $= \textbf{0,6 bar}$

Druckunterschiede zwischen dem Druck in der Anlage und dem von außen wirkenden Luftdruck – gleich Überdruck bzw. negativer Überdruck („Unterdruck") – ergeben auf Bauteile wirkende Kräfte. Die in Heizungsanlagen eingebauten Manometer zeigen in der Regel den Druckunterschied zum Luftdruck, Über- oder „Unterdruck" an.

Aufgaben

15. Bei der Wartung eines Heizungskessels zeigt ein Zugmesser mit einer älteren Skala einen Zug von 2,5 mm WS an. Wie groß sind in mbar und Pa a) der negative Überdruck, b) der absolute Druck, wenn $p_{amb} = 1000$ mbar ist?

16. In der WW-Heizung **1.86** wird, nachdem der Anlagendruck auf den hydrostatischen Druck abgesenkt und die Stangabsperrungen geschlossen wurden, ohne weitere Entleerung das Ausdehnungsgefäß abmontiert. Welcher absolute Druck in mbar herrscht an der Anschlußstelle des Ausdehnungsgefäßes? ($p_{amb} = 1$ bar einsetzen.)

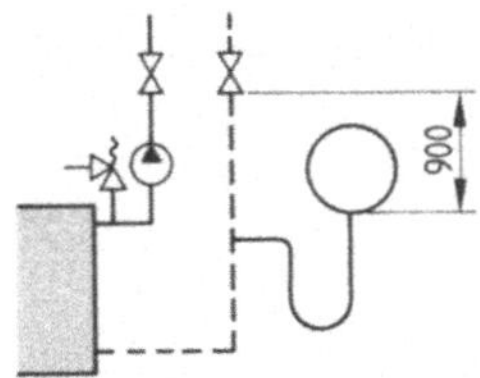

1.86 Anschluß Ausdehnungsgefäß

17. Ermitteln Sie, bei welchem Druckunterschied in mbar der Strömungsschalter **1.87** das Wassermangelventil öffnet (Steuerung). Tellerdurchmesser im Strömungsschalter = 22 mm, Feder-

kraft $F_F = 8{,}5$ N. (Beachten Sie: Wassermangelventil öffnet, wenn $F_S > F_F$.)

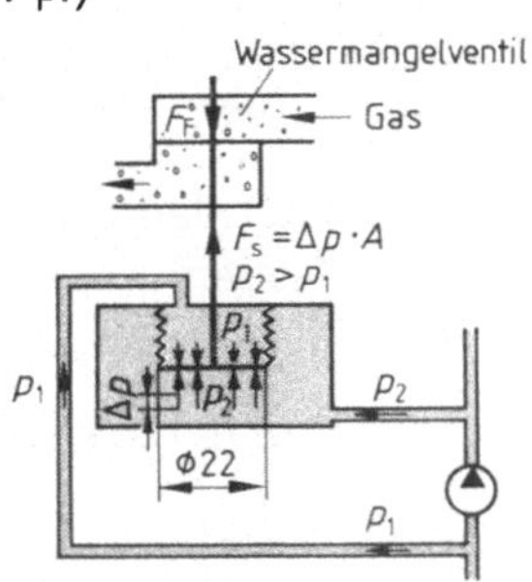

1.87 Strömungsschalter

18. Auf der Fläche einer Heizplatte 600 mm × 1000 mm wirkt ein Überdruck von 4 bar (Prüfdruck).
    a) Welche Kraft in N und kN wirkt auf die Fläche?
    b) Wieviel Personen mit je 75 kg Gewicht könnten mit ihrer Gewichtskraft die auf die Heizfläche wirkende Kraft ausgleichen?
    c) Wie wird das Aufwölben der Heizflächen verhindert?

19. Wieviel kg muß das gewichtsbelastete Sicherheitsventil einer Dampfheizung wiegen, wenn der Sitzdurchmesser

51 mm beträgt und das Ventil bei
0,4 bar Überdruck öffnen soll?

20. Um wieviel N steigt die Federkraft eines federbelasteten Sicherheitsventils beim Öffnen an, wenn der Sitzdurchmesser 25 mm beträgt und das Ventil, das bei einem Überdruck von 2,5 bar zu öffnen beginnt, bei 2,75 bar ganz geöffnet ist?

21. Ein Rohrstrang 44,5 × 2,6 DIN 2448, der für eine Heizungserweiterung vorgesehen ist, wird am Ende mit einem Vorschweiß- und angeschraubtem Blindflansch verschlossen. Welche Kraft in N wirkt bei einem Überdruck von 2,5 bar auf den Flanschdeckel?

22. Die Reinigungsöffnung eines Wassererwärmers mit 305 mm Durchmesser wird mit einem Deckel und 12 Schrauben verschlossen. Im Behälter wirkt ein Überdruck von 6 bar (hydrostatischer Druck im Behälter vernachlässigbar).
   a) Welche Kraft in N und kN wirkt auf den Deckel?
   b) Welche Kraft in N muß jede Schraube ausüben, wenn die Anpreßkraft durch die Schrauben 1,8mal so groß sein soll wie die Kraft des Wassers auf den Deckel?

23. Auf die Klappe einer Nebenlufteinrichtung wirkt ein Zug von 0,2 mbar (**1**.88).
   a) Welche Länge in mm hat die Sehne l?
   b) Wie groß sind die Kräfte in N, die durch den Zug auf die Teilflächen über und unter der Drehachse wirken? (Fläche des Kreisabschnitts mit Näherungsformel berechnen.)

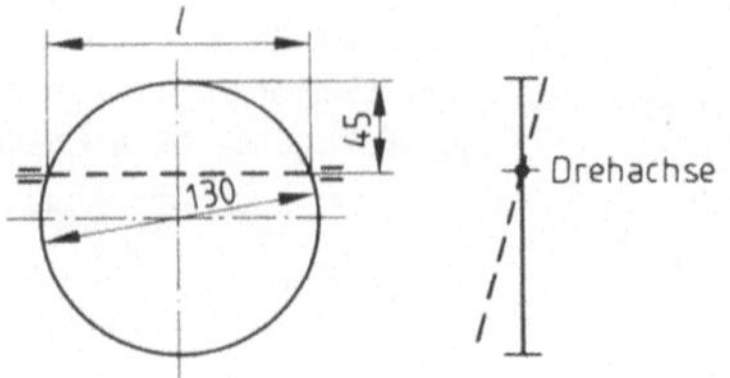

1.88 Nebenlufteinrichtung

24. Für die geschlossene Anlage **1**.89 sind zu ermitteln:
   a) die hydrostatischen Drücke an der tiefsten Stelle der Anlage und auf Manometerhöhe;
   b) die Gesamtüberdrücke an der tiefsten und der höchsten Stelle der Anlage sowie in der Mitte der beiden Heizkörper, wenn die Manometeranzeige 2,2 bar beträgt;
   c) die Belastungen der Seitenflächen der Heizplatten in N;
   d) der Gesamtdruck an der tiefsten Anlagenstelle, wenn das Sicherheitsventil bei 2,5 bar öffnet.

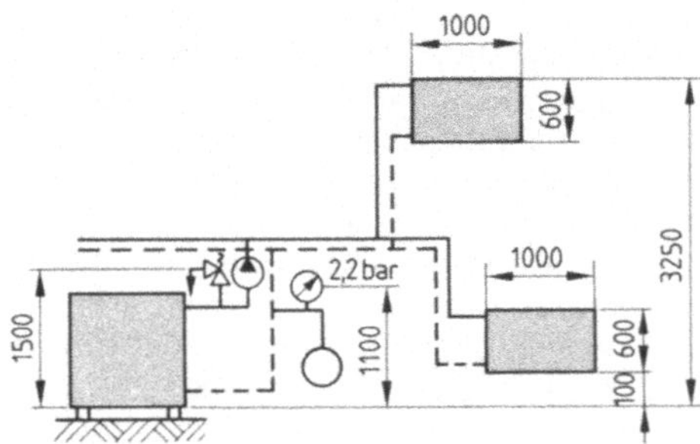

1.89 Geschlossene Anlage

2 Wärmelehre

2.1 Temperatur

Temperaturangaben machen Aussagen über den Wärmezustand eines Stoffes. Nach DIN 1301 sind für die Messung des Wärmezustands (Temperaturmessung) nur die Einheiten bzw. Skalen °C oder K zu verwenden (2.1).

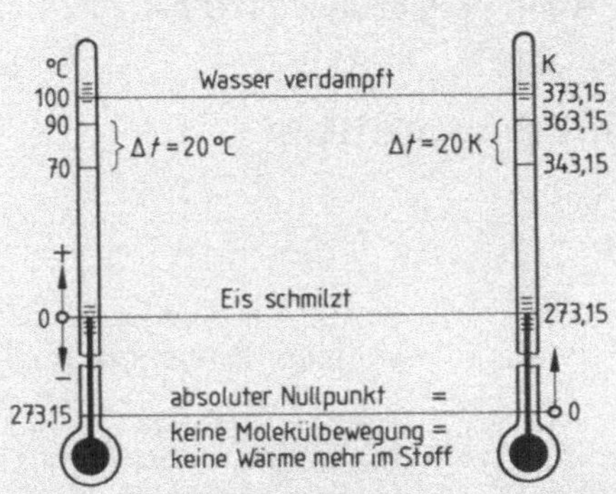

2.1 Vergleich der °C- und K-Skala

Tabelle **2.2** **Formelzeichen für die Temperatur**

Temperatur in °C	in K (absolute Temperatur)	Temperaturdifferenz in K (°C)
t oder ϑ	T	Δt oder $\Delta\vartheta$

In der Heizungs- und Raumlufttechnik sind die Thermometer meist mit der °C-Skala versehen. Die Einheit K wird z. B. bei den Gasgesetzen, bei der temperaturbezogenen Leistungsumsetzung von Wärmepumpen und bei Temperaturdifferenzen in Wärmeberechnungen verwendet.

Umrechnung

°C → K	K → °C
$t + 273 \to T$	$T - 273 \to t$

Beispiel 2.1   Auf einer Temperaturskala, die in °C geeicht ist, sind den °C-Werten die K-Werte zuzuordnen.

a) Wieviel K ergeben sich für einen Wert von $+12\,°C$? b) Bei wieviel °C sind 260 K?

Geg.: a) $t = 12\,°C$, b) $T = 260\,K$; ges.: a) T, b) t

Lösung   a) $T = t + 273 = 12 + 273 = $ **285 K**

b) $t = T - 273 = 260 - 273 = $ **−13 °C**

Nach Bild **2.1** ergibt sich bei der °C- bzw. K-Skala für gleichwertige Temperaturen eine Verschiebung des Skalenwerts um 273,15. Temperaturunterschiede ergeben daher bei gleichwertigen Temperaturen in °C und K denselben Zahlenwert.

Beispiel 2.2   In einem Behälter wird Öl von $-2\,°C$ auf $60\,°C$ erwärmt. Wie groß ist der Temperaturunterschied in °C und K?

Geg.: $t_1 = -2\,°C$, $t_2 = 60\,°C$; ges.: Δt in °C und K

Lösung $\Delta t = t_2 - t_1 = 60\,°C - (-2\,°C) = $ **62 °C**

$\Delta t = T_2 - T_1 = 333\,K - 271\,K = $ **62 K**

Aufgaben

1. Eine Sauerstoffflasche erwärmt sich an der Sonne von 18 auf 32 °C. Geben Sie
   a) die Temperaturen in K,
   b) die Temperaturdifferenz (°C und K) an.
   c) Warum haben die Temperaturunterschiede in °C und K denselben Zahlenwert?
2. Bei einer Wärmepumpe betragen die Temperaturen in den Wärmetauschern 268 K und 331 K. Geben Sie a) die Temperaturen in °C, b) den Temperaturunterschied in K und °C an.
3. An einem Wärmetauscher mit zwei K-Skalen-Thermometern wird eins vorübergehend durch ein Thermometer mit °C-Skala ersetzt. Die beiden Thermometer zeigen 343 K bzw. 55 °C an. Geben Sie a) die beiden Temperaturpaare jeweils in K und °C an, b) den Temperaturunterschied in K und °C an.
4. In einem Wohnraum wird nachts die Temperatur um 4 K abgesenkt. Welche Temperatur herrscht nachts im Raum, wenn sie tagsüber 21 °C beträgt?

2.2 Wärmemenge, Wärmeinhalt und Wärmestrom

2.2.1 Wärmemenge und Wärmeinhalt

Wärmemenge und Wärmeinhalt sind beim Erwärmen, Abkühlen, Speichern oder Transportieren der Wärme von Bedeutung.

Als Wärmemenge Q bezeichnet man eine Energiemenge in Form von Wärme, die einem Stoff zugeführt oder entzogen wird.

Wärmeinhalt ist die Wärmemenge Q, die ein Stoff bei einer bestimmten Ausgangs(Bezugs-)temperatur (z. B. 0 °C) enthält.

Einheiten	J, kJ, MJ, Nm, Ws, Wh, kWh
Umwandlung	1 J = 1 Nm = 1 Ws 1 kJ = 1000 J 1 MJ = 1000 kJ
	1 Wh = 3600 Ws = 3,6 kJ 1 kWh = 1000 Wh = 3600 kJ

Zum Berechnen der beim Erwärmen oder Abkühlen eines Stoffes umgesetzten Wärmemenge bzw. zum Ermitteln seines Wärmeinhalts sind die Größen erforderlich, von denen die Wärmemenge bzw. der Wärmeinhalt abhängen:

– die Stoffmenge(masse) in kg,
– die Temperaturdifferenz, die der Stoff erfährt oder erfahren hat (entspricht der Temperatur in °C bei einer Bezugstemperatur von 0 °C),
– die spezifische Wärmekapazität c des Stoffes.

Die spezifische Wärmekapazität c eines Stoffs gibt die Wärmemenge in kJ oder Wh an, die nötig ist, um 1 kg eines festen oder flüssigen Stoffes bzw. 1 m³ eines gasförmigen Stoffes um 1 K zu erwärmen.

Einheiten

$$\frac{kJ}{kg \cdot K} \quad \text{oder} \quad \frac{Wh}{kg \cdot K} \quad \text{bei festen oder flüssigen Stoffen} \qquad \frac{kJ}{m^3 \cdot K} \quad \text{oder} \quad \frac{Wh}{m^3 \cdot K} \quad \text{bei gasförmigen Stoffen}$$

Tabelle **2**.3   **Spezifische Wärmekapazität** c **wichtiger Stoffe**

Stoff	c in $\dfrac{kJ}{kg \cdot K}$	c in $\dfrac{Wh}{kg \cdot K}$
Eisenwerkstoffe		
Allgemeiner Baustahl	0,49	0,136
Nichtrostender CrNi-Stahl	0,5	0,139
Grauguß GG	0,54	0,15
NE-Metalle		
Aluminium	0,9	0,25
Kupfer, Messing	0,39	0,11
Zink	0,38	0,10
Wasser		
fest (Eis)	2,1	0,58
flüssig	4,19	1,16
gasförmig (Dampf)	1,9	0,53
Flüssigkeiten		
Heizöl EL	2,0	0,55
Glykol	2,4	0,67
Thermalöl	2,1 bis 3	0,58 bis 0,83
Baustoffe		
Porosierter Ziegel, Vollziegel, Beton (Kies)	0,88	0,24
Holz	2,1 bis 2,9	0,58 bis 0,81
Kunststoffe		
Polyvinylchlorid (PVC)	0,97	0,27
vernetztes Polyäthylen (VPE)	2,1	0,58
Polypropylen (PP)	1,7	0,47
Schaumstoff	1,22	0,34
Erdreich	0,75 bis 0,88	0,21 bis 0,24
Gase		
Luft $\left(\text{in } \dfrac{kJ}{m^3 \cdot K} \text{ bzw. } \dfrac{Wh}{m^3 \cdot K} \right)$	1,0 (1,29)	0,28 (0,36)
Kohlendioxid	0,82 (1,62)	0,23 (0,45)

Berechnen von Wärmemengen und Wärmeinhalt

Beispiel 2.3   5 kg Wasser sollen von 10 °C auf 45 °C erwärmt werden.

a) Wieviel Wärme in kJ und Wh ist erforderlich?

b) Welchen Wärmeinhalt in kJ und Wh hat das Wasser nach der Erwärmung?

Geg.: $m = 5$ kg, $t_1 = 10\,°C$, $t_2 = 45\,°C$ → $\Delta t = 35$ K; ges.: a) Wärmemenge Q (ΔQ) für die Wassererwärmung, b) Wärmeinhalt Q nach der Erwärmung, bezogen auf 0 °C

Lösung   **a) mit Dreisatz**

1 kg um 1 K erwärmen = 4,19 kJ

5 kg um 1 K erwärmen = 4,19 · 5 kJ

5 kg um 35 K erwärmen = 4,19 · 5 · 35 kJ = **733,2 kJ**

Daraus ergibt sich:

Wärmemenge = spezifische · Masse · Temperaturunter-
                  Wärmekapazität   schied $t_2 - t_1$

<table>
<tr><td>**Lösung,**
Fortsetzung</td><td>$$Q = c \cdot m \cdot \Delta t$$</td><td>Q in kJ oder Wh
m in kg Δt in K</td><td>c in $\dfrac{\text{kJ oder Wh}}{\text{kg} \cdot \text{K}}$</td></tr>
</table>

mit Formel

$$Q = 4{,}19\,\frac{\text{kJ}}{\text{kg} \cdot \text{K}} \cdot 5\,\text{kg} \cdot 35\,\text{K} = \mathbf{733{,}2\ kJ}$$

oder

$$Q = 1{,}16\,\frac{\text{Wh}}{\text{kg} \cdot \text{K}} \cdot 5\,\text{kg} \cdot 35\,\text{K} = \mathbf{203\ Wh}$$

b) Temperatur $t_2 = 45\,°\text{C}$ entspricht einem Temperaturunterschied Δt von 45 K gegenüber der Bezugstemperatur von $0\,°\text{C}$. Somit ergibt sich:

Wärmeinhalt = spezifische $\quad\cdot\quad$ Masse $\quad\cdot\quad$ Temperaturunterschied
Wärmekapazität $\qquad\qquad\qquad\quad (t - 0\,°\text{C})$

$$Q_i = c \cdot m \cdot \Delta t_{t-0\,°\text{C}}$$

$$Q_i = 4{,}19\,\frac{\text{kJ}}{\text{kg} \cdot \text{K}} \cdot 5\,\text{kg} \cdot 45\,\text{K} = \mathbf{942{,}7\ kJ}$$

oder

$$Q_i = 1{,}16\,\frac{\text{Wh}}{\text{kg} \cdot \text{K}} \cdot 5\,\text{kg} \cdot 45\,\text{K} = \mathbf{261\ Wh}$$

Aufgaben

Einheiten

1. Rechnen Sie die in den Tabellen angegebenen Werte in die verschiedenen Einheiten um.

a)

J	kJ	Wh	kWh
72 500			
		7,8	
	12,5		
			0,8

b)

$\dfrac{\text{kJ}}{\text{kg} \cdot \text{K}}$	$\dfrac{\text{Wh}}{\text{m}^3 \cdot \text{K}}$
1,26	
	0,472

c)

$\dfrac{\text{kJ}}{\text{m}^3 \cdot \text{K}}$	$\dfrac{\text{Wh}}{\text{m}^3 \cdot \text{K}}$
1,31	
	0,361

Wärmemenge, Wärmeinhalt

2. Ein Cu-Lötkolben mit 500 g wird von 20 °C auf 400 °C aufgeheizt. Welche Wärmemenge in kJ und Wh ist dazu ohne Berücksichtigung der Verluste nötig?

3. Ein Ölkessel verbraucht in einer Heizperiode 3100 l Heizöl EL. Im Düsenstock wird das Öl von 15 °C auf 65 °C aufgeheizt.

a) Wie groß ist die Ölmasse in kg bei einer Dichte von 0,84 kg/dm³?

b) Wieviel Wärme in kJ und Wh muß dem Öl zugeführt werden?

4. Bei einer Fußbodenheizung mit einer Fläche von 4,8 m × 5,7 m wird der 6,5 cm dicke Estrich von 19 °C auf 24,5 °C aufgeheizt. Wieviel Wärme in kJ und Wh nimmt der Estrich auf, wenn die Dichte 2100 kg/m³ beträgt?

5. Der Dachraum **2.**4 mit innenseitiger Wärmedämmung wird von 12 °C auf 21 °C aufgeheizt. Ermitteln Sie die der Luft zugeführte Wärmemenge in kJ und Wh. ($\varrho_L = 1{,}293$ kg/m^3)

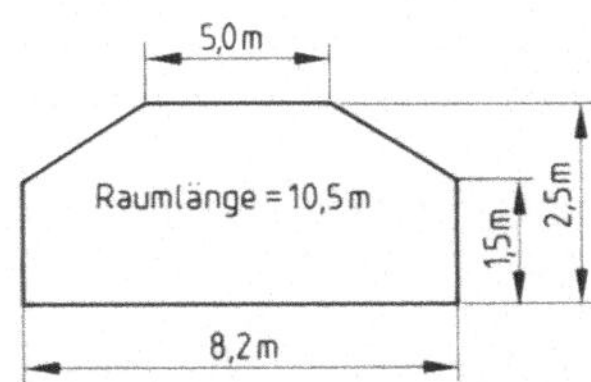

2.4   Dachraum

6. In einer Heizungsanlage befinden sich 820 kg Wasser. Die wasserführenden Stahlteile haben eine Masse von 700 kg. Die Anlage wird von 15 °C auf eine mittlere Temperatur von 70 °C aufgeheizt. Berechnen Sie, wieviel Wärme in Wh ohne Verluste erforderlich ist, um a) das Wasser, b) den Stahl aufzuheizen. c) Wieviel Wärme wird insgesamt gebraucht? d) Wieviel % beträgt der Anteil für das Aufheizen des Stahls?

7. Ein Stahlradiator 40/600/160, der bei einer Raumtemperatur von 20 °C, einer Vorlauftemperatur von 70 °C und einer Rücklauftemperatur von 55 °C betrieben wird, wird abgestellt und kühlt auf 20 °C ab.
   a) Wieviel Wärme in Wh gibt der Heizkörper noch ab? ($m_{\text{St je Glied}} = 1{,}96$ kg, $m_{\text{Was je Glied}} = 1{,}18$ kg)
   b) Wieviel % beträgt diese Wärmeabgabe in bezug auf die im Heizbetrieb stündlich abgegebene Wärmemenge von 2,534 kWh?
   c) Wieviel Wärme in Wh gibt ein GG-Radiator 32/580/160 ab, der bei denselben Temperaturen betrieben wird, wenn er auf 20 °C abkühlt? ($m_{\text{GG je Glied}} = 5{,}4$ kg, $m_{\text{Was je Glied}} = 1{,}1$ kg)
   d) Welchen Nachteil hat das Nachheizen?

Erwärmte Masse

12. Wieviel kg Wasser können mit einer Wärmemenge von a) 40 500 kJ,

8. Bei einer Heizplatte 500 × 2000 wird bei einer Raumtemperatur von 15 °C das HK-Ventil geöffnet ($m_{\text{St}} = 11$ kg/m, $m_{\text{Was}} = 3{,}5$ kg/m).
   a) Wieviel Wärme in Wh nimmt die Heizplatte beim Aufheizen auf eine mittlere Temperatur von 60 °C aus dem Heizungswasser auf?
   b) Wieviel Wärme in Wh gibt der Heizkörper noch ab, wenn das Ventil geschlossen wird und die Heizplatte wieder auf 15 °C abkühlt?

9. Ein Rohrregister aus Gewinderohr DN 25 DIN 2440 mit $l = 44$ m ist auf eine mittlere Temperatur von 58 °C aufgeheizt und kühlt nach dem Schließen des Ventils auf 20 °C ab. Welche Wärmemenge in Wh wird noch an den Raum abgegeben?

10. Elektrisch beheizte Radiatoren werden mit Öl gefüllt.
   a) Wieviel Wärme nimmt ein mit 17,7 l Öl gefüllter Radiator beim Aufheizen von 16 °C auf 60 °C weniger auf, als wenn er mit Wasser gefüllt wäre? ($\varrho_{\text{Öl}} = 0{,}86$ kg/dm^3, $c_{\text{Öl}} = 0{,}61$ Wh/(kg · K))
   b) Worauf ist die kleinere Wärmeaufnahme zurückzuführen?
   c) Welche Bedeutung hat die kleinere Wärmeaufnahme beim Aufheizen?

11. a) Ermitteln Sie die Wärmeaufnahme aus dem Wasser durch ein je 6,3 m langes Gewinderohr DN 20 DIN 2440 und ein Cu-Rohr 18 × 1 DIN 1786, wenn die Rohre nach der Auskühlung auf 14 °C bei der Warmwasserentnahme wieder auf 45 °C erwärmt werden.
   b) Weshalb ist die Wärmeaufnahme des Cu-Rohres geringer?
   c) Wie wirkt sich die unterschiedliche Wärmeaufnahme auf die anfängliche Temperatur des ausströmenden Warmwassers aus?
   d) Wieviel Wärme geben beide Rohre beim Abkühlen von 45 °C auf 14 °C an die Umgebung ab?

   b) 2 kWh von 12 °C auf 40 °C erwärmt werden?

13. Durch die Heizschlange eines Wassererwärmers strömen 320 l Heizungswasser und kühlen bei der Wärmeabgabe um 18 °C ab.
a) Wieviel Wärme in Wh gibt das Heizungswasser ab?
b) Wieviel l faßt der Wassererwärmer,
wenn das Wasser mit dieser Wärmemenge um 42 °C erwärmt werden kann?
c) Um wieviel °C würden sich 250 l
Trinkwasser bei gleicher Wärmemenge erwärmen?

14. Im Ölkessel werden in einer Betriebsphase des Brenners 1400 Wh auf 200 l
Heizungswasser übertragen. Um wieviel °C steigt dabei die Wassertemperatur an?

15. Die beiden Wassererwärmer **2.5** fassen 180 l und sind gleichmäßig (Annahme) auf 50 °C aufgeheizt. Als Heiz-
wassertemperatur kann die mittlere
Temperatur zwischen Vor- und Rücklauf angenommen werden. Auf welche

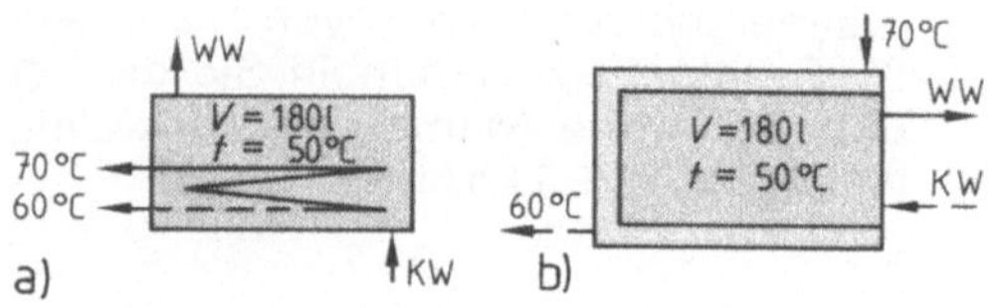

2.5 Wassererwärmer

mittlere Temperatur wird das Trinkwasser durch das Heizungswasser nach
Abschalten der Umwälzpumpe im
Heizkreis noch nachgeheizt, bis sich
das Heizungswasser auf 53 °C abgekühlt hat, wenn
a) mit einer Heizschlange, die 12,5 l
Wasser enthält, geheizt wird
(**2.5 a**)?
b) mit einem Doppelmantel, der 32 l
Heizwasser enthält, erwärmt wird
(**2.5 b**)?

16. In einem Lufterhitzer werden 855 m³
Luft mit − 5 °C 14 kWh Wärme zuge-
führt (ϱ_L = 1,293 kg/m³). Auf wieviel
°C wird die Luft erwärmt?

2.2.2 Wärmestrom (Wärmeleistung)

Im Abschnitt 2.2.1 haben wir Wärmemengen für die Erwärmung von Wasser und
anderen Stoffen berechnet. Der zeitliche Ablauf bei der Erwärmung hat dabei
keine Rolle gespielt. Interessiert uns jedoch, wieviel Wärme bei der Erwärmung
z. B. je s zugeführt wird, müssen wir die insgesamt zugeführte Wärme durch die
Zeit teilen. Das Ergebnis ist der Wärmestrom $\dot{Q}$.

$$\text{Wärmestrom} = \frac{\text{Wärmemenge}}{\text{Zeit}} \qquad \dot{Q} = \frac{Q}{t}$$

transportierte Wärme $Q = \dot{Q} \cdot t$ Erwärmungszeit $t = \dfrac{Q}{\dot{Q}}$

Einheiten $\dfrac{J}{s}, \dfrac{kJ}{s}, \dfrac{kJ}{h}, \dfrac{MJ}{h}, \dfrac{Nm}{s}, \dfrac{Ws}{s} = W$ oder $\dfrac{Wh}{h} = W, \dfrac{kWh}{h} = kW$

Umwandlung $1\dfrac{J}{s} = 1\dfrac{Nm}{s} = 1\,W$ $1\dfrac{kJ}{s} = 1\,kW = 3600\dfrac{kJ}{h} = 3{,}6\dfrac{MJ}{h}$

$1\,kW = 1000\,W \left(= 860\,\dfrac{kcal}{h}\right)$ $1\,MW = 1000\,kW$

Berechnen des Wärmestroms

Beispiel 2.4 Einem Wasserbehälter sollen 36 000 kJ = 10 000 Wh zugeführt werden.

a) Wie groß ist der Wärmestrom in kJ/h, kJ/s und W, wenn die Erwärmung 1,5 Stunden dauert?

b) Wieviel Wärme in kJ und Wh wird dem Wasser in 35 min zugeführt?

c) Wieviel Stunden, min und s würde die Erwärmung bei einem Wärmestrom von 3450 W dauern?

Geg.: a) $Q = 36\,000$ kJ $= 10\,000$ Wh, $t = 1{,}5$ h; b) $t = 35$ min; c) $\dot{Q} = 3450$ W;
ges.: a) $\dot{Q}$ in kJ/h, kJ/s und W; b) Q in kJ und Wh in 35 min; c) t in h, min und s bei $\dot{Q} = 3450$ W

Lösung

a) $\dot{Q} = \dfrac{Q}{t} = \dfrac{36\,000\ \text{kJ}}{1{,}5\ \text{h}} = \mathbf{24\,000\ \dfrac{kJ}{h}}$

$\text{oder} = \dfrac{36\,000\ \text{kJ}}{5400\ \text{s}} = \mathbf{6{,}667\ \dfrac{kJ}{s}} \quad \text{oder} = \dfrac{10\,000\ \text{Wh}}{1{,}5\ \text{h}} = \mathbf{6667\ W}$

b) $Q = \dot{Q} \cdot t = 6{,}667\ \dfrac{\text{kJ}}{\text{s}} \cdot 2100\ \text{s} = \mathbf{14\,000\ kJ = 3889\ Wh}$

c) $t = \dfrac{Q}{\dot{Q}} = \dfrac{36\,000\ \text{kJ}}{3{,}45\ \text{kJ/s}} = \mathbf{10\,435\ s} \quad \text{oder} = \dfrac{10\,000\ \text{Wh}}{3450\ \text{W}} = \mathbf{2{,}899\ h = 173{,}9\ min}$

Aufgaben

Einheiten

17. a) Erläutern Sie, was die Angabe 40 kJ/s aussagt.
    b) Durch welche Einheiten kann die Einheit kJ/s ersetzt werden?
    c) Rechnen Sie die in der Tabelle angegebenen Werte in die verschiedenen Einheiten um.
    d) Welche Einheiten sind der Einheit J/s gleichwertig?

J/s	kJ/s	W	kW	Nm/s	kJ/h
121					
			2,05		
				1850	
		3200			
	6,5				
					75 000

Wärmemenge, Wärmestrom

18. Ein Ölkessel überträgt in 5 min 1800 Wh auf das Kesselwasser. Welche Wärmeleistung hat der Kessel in kJ/h und in kW?

19. In einem Kombikessel werden in 20 min 140 l Trinkwasser von 10 °C auf 48 °C erwärmt.
    a) Wieviel Wärme in kJ und Wh sind dazu erforderlich?
    b) Wie groß ist der durchschnittliche Wärmestrom in kJ/h, W und kW?

20. In einem Raum mit 4 m × 6 m × 2,5 m wird die Luft in 1 Std. 6mal erneuert.
    a) Wieviel m³ Luft wird dem Raum in 1 Stunde zugeführt?

b) Wieviel Wärme muß der Luft in kJ/h und W zugeführt werden, wenn sie von $-5\,°C$ auf $+20\,°C$ zu erwärmen ist?

c) Wieviel Wärme wird in 1 Monat verbraucht, wenn die Lüftung an 22 Tagen je 8,5 Stunden in Betrieb ist?

21. Der Betriebsstundenzähler eines Ölkessels (Ölbrenner) mit 28 kW ermittelt 1450 Betriebsstunden im Jahr.
    a) Wieviel Wärme in kWh wird in einem Jahr auf das Kesselwasser übertragen?

b) Welche Wärmeleistung muß die Ölvorwärmung ohne Berücksichtigung von Wärmeverlusten haben,
wenn 3850 l Heizöl EL verbraucht
und zuvor von 16 °C auf 65 °C erwärmt werden? ($\varrho_{Öl} = 0,84$ kg/
dm³)

22. Ein Stahlradiator 30/600/160 hat bei
einer Vorlauftemperatur von 70 °C, einer Rücklauftemperatur von 50 °C und
einer Raumtemperatur von 20 °C eine
Leistung von 1752 W. Wieviel Wärme
in kJ und Wh gibt der Heizkörper

a) in einer Stunde ab?

Erwärmungszeit

23. In einem Speicherwassererwärmer
werden 300 l Wasser mit einer mittleren Temperatur von 28 °C auf 45 °C
aufgeheizt.
a) Wieviel Wärme in kWh muß zugeführt werden?
b) Wieviel min dauert das Aufheizen
bei einer mittleren Heizleistung von
18 kW?
c) Wie hoch sind die Wärmeverluste in
Wh je Tag, wenn der Speicher in
1 Stunde um 0,5 °C abkühlt?
d) Wie hoch sind die Verluste in DM,
wenn 1 kWh 0,25 DM kostet?

24. Ein WW-Kessel hat eine Stahlmasse
von 196 kg und ein Wasservolumen
von 85 l. Er hat eine Heizleistung von
30 kW und wird von 20 °C auf 70 °C
aufgeheizt (Verluste unberücksichtigt).
a) Wieviel Wärme in MJ und kWh muß
ihm zugeführt werden?
b) Wieviel min dauert das Aufheizen?
c) Um wieviel °C steigt die Temperatur
je min?

25. Der GG-Kessel einer WW-Heizung hat
ein Wasservolumen von 32 l und eine
GG-Masse von 135 kg. Der Kessel-
thermostat schaltet bei 54 °C ein und
bei 62 °C aus. Nach wieviel min geht
der Brenner wieder in Betrieb, wenn
das Heizungsnetz 9,2 kW abnimmt?

26. Der Pufferspeicher einer WW-Heizung
mit Feststoffkessel enthält 450 l Wasser mit 68 °C (**2.6**).

b) beim Abkühlen auf 20 °C ab , wenn
das Ventil geschlossen wird? ($m_{St} =$
1,96 kg/Glied, $V_{Was} = 1,18$ l/Glied)

c) Wieviel Wärme gibt ein leistungs-
gleicher Fertigheizkörper aus Stahl
mit einem Gewicht von 39,94 kg
und einem Wasservolumen von
4,18 l beim Abkühlen unter denselben Temperaturbedingungen ab?

d) Wieviel min dauert es, bis im Radiator bei einem Volumenstrom von
75,3 l/h das Wasser ausgetauscht
ist? (Welche regelungstechnische
Bedeutung hat dies?)

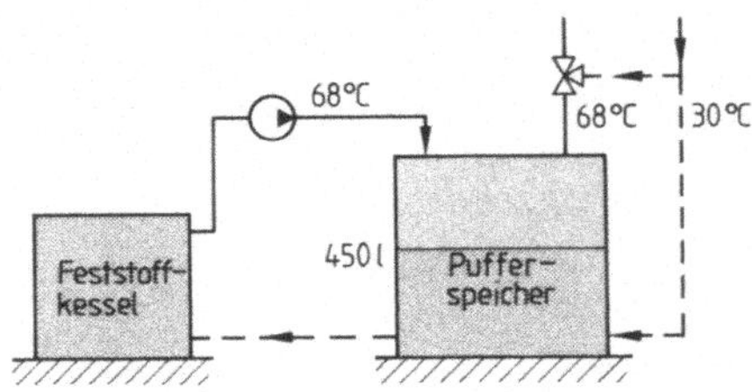

2.6   Feststoffkessel mit Pufferspeicher

a) Wieviel Wärme in MJ und kWh gibt
das Wasser im Heizkreis ab, wenn
der Pufferspeicher auf 30 °C abkühlt?
b) Wieviel Stunden kann man mit der
gespeicherten Wärme heizen, wenn
die erforderliche Heizleistung einem Wärmebedarf von 6,8 kW entspricht?

27. In einem Ölbrenner wird vor dem Mo-
torstart das Heizöl im Düsenstock auf
65 °C vorgewärmt (**2.7**). Wieviel s beträgt die Vorwärmzeit, wenn dem Öl-
volumen von 25 cm³ und 280 g Stahl
ein Wärmestrom von 70 W zugeführt
wird und die Ausgangstemperatur bei
einem Kaltstart 10 °C beträgt? (Wärmeverluste unberücksichtigt)

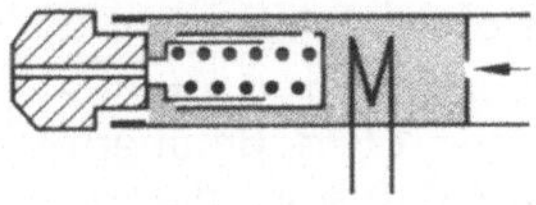

2.7   Ölvorwärmung im Düsenstock

28. In einem Wohnraum mit 78 m^3 Luftvolumen und einer Baumasse aus
14 400 kg Beton und 9600 kg Ziegel
wird nachts die Temperatur abgesenkt.
Die Lufttemperatur sinkt dabei um 5 K,
die Temperatur der Baumasse um
0,9 K.
a) Warum kühlt die Luft schneller ab
als die Baumasse?

b) Wieviel Wärme in Wh nehmen die
Raumluft und die Baumasse morgens beim Aufheizen wieder auf?
c) Welche Aufheizzeit in Stunden ergibt sich, wenn von der Heizkörperleistung mit 2500 W ein durchschnittlicher Anteil von 65 % für den
Aufheizvorgang zugrunde gelegt
wird?

2.3 Zustandsänderungen

Zustandsänderungen spielen in der Heizungs- und der Lüftungstechnik eine Rolle

– bei der Dampfheizung,
– bei der Luftbefeuchtung,
– bei Wärmequellen (Speicher) für Wärmepumpen,
– beim Einfrieren und Auftauen von Rohren.

Aus der Wärmelehre wissen wir, daß
bei Zustandsänderungen (die bei
gleichbleibenden Temperaturen erfolgen) sehr viel Wärme ausgetauscht
werden muß (2.8). Die für eine Zustandsänderung erforderliche Wärmemenge hängt ab von der Stoffmenge
und der Art der Zustandsänderung
(Schmelzen oder Verdampfen).

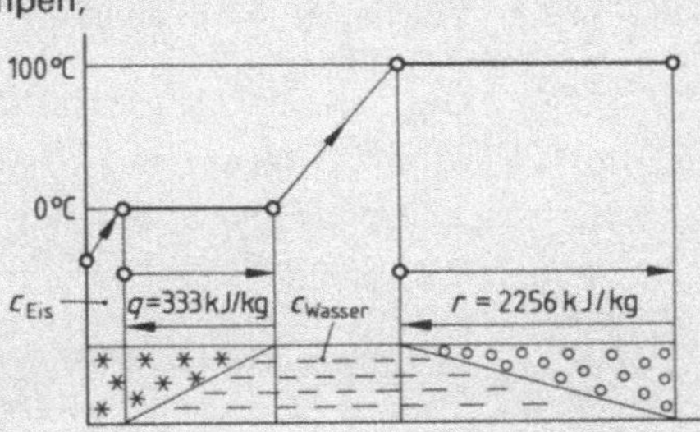

2.8 Zustandsänderung des Wassers

Die Schmelzwärme q gibt die Wärmemenge in kJ oder Wh an, die bei
Schmelztemperatur t_s 1 kg eines festen Stoffes zum Schmelzen zugeführt
bzw. 1 kg eines flüssigen Stoffes beim Erstarren entzogen werden muß
(2.9).

Die Verdampfungswärme r gibt die Wärmemenge in kJ oder Wh an, die
bei Verdampfungstemperatur t_v 1 kg eines flüssigen Stoffes zum Verdampfen
zugeführt bzw. 1 kg eines gasförmigen Stoffes beim Kondensieren entzogen
werden muß (2.9).

Einheit $\dfrac{kJ}{kg}$ oder $\dfrac{Wh}{kg}$

Tabelle 2.9 **Schmelz- und Verdampfungswärmen**

Stoff	t_s in °C	q		t_v in °C	r	
		in kJ/kg	in Wh/kg		in kJ/kg	in Wh/kg
Wasser	0	333	92,5	100	2256	627
Kältemittel R 12				− 29,8	164	46

Berechnen der Wärmemengen bei Zustandsänderungen

Beispiel 2.5 Wieviel Wärme in kJ und Wh ist nötig, um 1,2 kg Eis mit 0 °C zu schmelzen?

Geg.: $m = 1,2$ kg, $t = 0$ °C; ges.: Q_s in kJ und Wh

Lösung **a) mit Dreisatz**

1 kg Eis schmelzen $= 333$ kJ

1,2 kg Eis schmelzen $= 333$ kJ $\cdot$ 1,2 = **399,6 kJ**

Daraus ergibt sich:

Wärmemenge zum Schmelzen = Schmelzwärme $\cdot$ Masse

$$\boxed{Q_s = q \cdot m}$$

b) mit Formel

$Q = q \cdot m = 333$ kJ/kg $\cdot$ 1,2 kg = **399,6 kJ**

oder $= 92,5$ Wh/kg $\cdot$ 1,2 kg = **111 Wh**

Beispiel 2.6 Wieviel Wärme in kJ und Wh sind erforderlich, um 8,4 kg Wasser mit 100 °C zu verdampfen?

Geg.: $m = 8,4$ kg, $t = 100$ °C; ges.: Q_v in kJ und Wh

Lösung **a) mit Dreisatz**

1 kg verdampfen $= 2256$ kJ

8,4 kg verdampfen $= 2256$ kJ $\cdot$ 8,4 = **18 950,4 kJ**

Daraus ergibt sich:

Wärmemenge zum Verdampfen = Verdampfungswärme $\cdot$ Masse

$$\boxed{Q_v = r \cdot m}$$

b) mit Formel

$Q_v = r \cdot m = 2256$ kJ/kg $\cdot$ 8,4 kg = **18 950,4 kJ**

oder   627 Wh/kg $\cdot$ 8,4 kg = **5 266,8 Wh**

Aufgaben

Physikalische Überlegungen

1. Eis mit $t < 0$ °C soll geschmolzen und das Wasser anschließend auf $t > 0$ °C erwärmt werden.
   a) Wofür wird im einzelnen Wärme gebraucht? Nennen Sie die erforderlichen Teilwärmemengen.
   b) Stellen Sie die Formel zum Berechnen der Gesamtwärmemenge auf.

2. Eingefrorene Rohre mit $t < 0$ °C sollen aufgetaut werden.
   a) Wofür muß Wärme zugeführt werden?
   b) Warum nimmt das Stahlrohr bei 0 °C keine Wärme mehr auf?

   c) Geben Sie die Formel für die Berechnung der Gesamtwärmemenge an.

3. In einem Dampfkessel soll Wasser aufgeheizt und anschließend ein Teil verdampft werden.
   a) Welchen Stoffen muß Wärme zugeführt werden – beim Aufheizen und Verdampfen?
   b) Geben Sie die Formeln für die Berechnung der Teilwärmemengen an.

Schmelzen und Gefrieren

4. In einem Becherglas wird Eis geschmolzen. Das Gefäß enthält 0,4 kg Wasser und 0,3 kg Eis. Wieviel Wärme in kJ und Wh ist erforderlich, um a) das Eis zu schmelzen, b) die gesamte Masse vom Ausgangszustand auf $+35\,°C$ zu erwärmen?

5. Die in einem Wasserbehälter mit 3000 l gespeicherte Wärme soll durch eine Wärmepumpe genutzt werden. Das Wasser hat $10\,°C$ und soll bis $-5\,°C$ abgekühlt werden. Berechnen Sie in kJ und Wh
   a) die Wärmemenge, die beim Abkühlen von $10\,°C$ auf $0\,°C$ abgegeben wird;
   b) die Wärmemenge, die beim Vereisen bei $0\,°C$ frei wird;
   c) die Wärmemenge, die beim Abkühlen von $0\,°C$ auf $-5\,°C$ abgegeben wird,
   d) die Gesamtwärmemenge;
   e) die Teilwärmemengen in %.
   f) Wie lange kann der Speicher für eine Wärmepumpe Wärme liefern, wenn die Wärmepumpe dem Speicher 10 kW entzieht?
   g) Wieviel Wasser ist vereist, wenn vom Ausgangszustand aus 40 000 Wh entnommen worden sind?

6. Ein 3,2 m langes Gewinderohr DN 20 DIN 2440 ist auf $-4\,°C$ eingefroren und soll aufgetaut werden.
   a) Um wieviel $°C$ muß die Temperatur erhöht werden?
   b) Aus welchen drei Teilwärmemengen setzt sich die erforderliche Wärmemenge zum Auftauen zusammen?
   c) Wieviel Wärme in kJ und Wh ist nötig, um das Eis im Rohr ganz zu schmelzen? ($\varrho_{Eis} = 0,917$ kg/dm^3)
   d) Wieviel min dauert das Auftauen, wenn der zum Auftauen wirksame Wärmestrom 1,5 kW beträgt?

Verdampfen und Kondensieren

7. Ein Becherglas enthält 0,5 l Wasser mit $10\,°C$. Das Wasser wird so lange erhitzt, bis der Inhalt durch Verdampfen auf die Hälfte abgenommen hat. Berechnen Sie die Wärmemenge in kJ und Wh,
   a) um das Wasser auf $100\,°C$ zu erwärmen,
   b) um die Hälfte des Wassers zu verdampfen,
   c) für den Vorgang a) und b) zusammen.
   d) Wie groß ist der Wärmestrom in W, wenn der gesamte Vorgang 25 min dauert? (Verluste unberücksichtigt)

8. In ein Heizungssystem strömen in 0,5 Stunden 102 kg Dampf von $100\,°C$. Das Kondenswasser hat eine Temperatur von $90\,°C$.
   a) Welche Wärmemenge in MJ und kWh ist vom Heizungssystem abgegeben worden?
   b) Wie groß ist der Wärmestrom (-leistung) in kW?

9. In einem Dampfheizkörper kondensieren stündlich 5 kg Dampf bei $100\,°C$.

Das Kondensat kühlt auf $92\,°C$ ab.
   a) Welche Wärmeleistung in W gibt der Heizkörper ab?
   b) Wieviel % der Leistung ergibt sich durch das Kondensieren?

10. Wieviel l Wasser können mit 4,5 kg Dampf, der kondensiert, um $40\,°C$ erwärmt werden?

11. 20 kg Dampf mit $100\,°C$ strömen in den Wärmetauscher **2**.10 und erwärmen Heizungswasser. Das Kondensat tritt mit $88\,°C$ aus dem Wärmetauscher aus. Berechnen Sie ohne Berücksichtigung von Verlusten

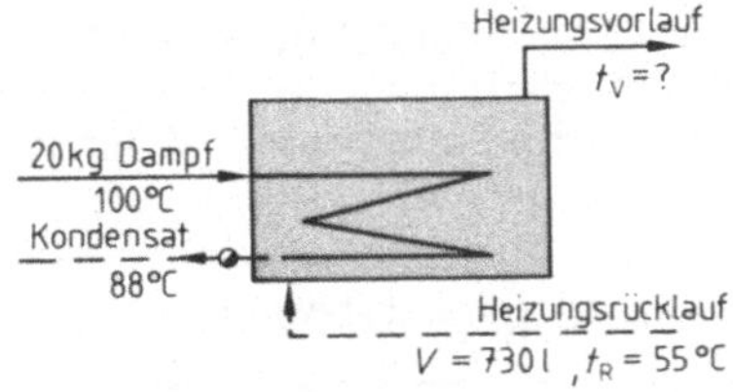

2.10 Wärmetauscher

a) die auf das Heizungswasser übertragene Wärmemenge (geben Sie
   den Anteil durch das Kondensat
   in % an);
b) die Vorlauftemperatur des Heizungswassers, wenn in der gleichen Zeit 730 l Heizungsrücklaufwasser mit 55 °C in den Wärmetauscher strömen;
c) die Wärmeleistung in kW, wenn der
   berechnete Wärmeaustausch in
   10 min erfolgt.

12. Ein Dampfkessel aus GG hat eine
    Masse von 330 kg und enthält 90 kg
    Wasser mit 20 °C. Welche Wärmemenge in kJ und Wh muß ohne Verluste zugeführt werden, bis bei 100 °C
    2,8 kg Wasser verdampft sind?

13. In einer Klimaanlage werden zur Luftbefeuchtung 52 kg Dampf/h gebraucht. Zur Verfügung steht Wasser
    mit 17 °C. Welche Wärmeleistung in
    kW muß auf das Wasser übertragen
    werden?

14. Wieviel kg Dampf mit 100 °C müssen
    einem Wärmetauscher zugeführt werden, wenn 120 l Wasser von 10 °C auf
    45 °C erwärmt werden sollen und Verluste unberücksichtigt bleiben?

15. In einer Wasserheizung nach DIN
    4751 T 4 hat der Kessel eine Temperatur von 115 °C. Über das Sicherheitsventil treten 1,25 kg Wasser aus. Wieviel Wasser verdampft davon?

2.4 Wärmedehnung

Temperaturänderungen führen bei Stoffen in der Regel zu einer Vergrößerung
des Molekülabstands (welche Ausnahme?) und somit zu einer Längen- bzw.
Volumenänderung. Wird dies nicht durch geeignete Dehnungsmöglichkeiten berücksichtigt, entstehen unzulässige Kräfte bzw. Drücke, die an Heizungsanlagen
oder anderen Gewerken zu Schäden führen können. Um die Wärmedehnung bei
der Montage ausreichend beachten zu können, muß ihre Größe bekannt sein. Die
Größe der Wärmedehnung hängt ab

bei Rohren

– von der Länge l (∅-Dehnung kann bei
  Rohren im Heizungsbau vernachlässigt
  werden – warum?),
– von der Temperaturänderung Δt,
– von dem Rohrmaterial;
berücksichtigt durch Längenausdehnungszahl α (= Werkstoffkennwert, **2.11**)

bei Flüssigkeiten

– von dem Volumen V,
– von der Temperaturänderung Δt,
– von der Flüssigkeit;
berücksichtigt durch Volumenausdehnungszahl γ (**2.12**).

Die Längenausdehnungszahl α gibt die Ausdehnung in mm (m) bei 1 mm (m) Länge und 1 K Temperaturänderung an.

Einheit $\dfrac{mm}{mm \cdot K}$ $\left(\text{oder } \dfrac{m}{m \cdot K} \right)$

Die Volumenausdehnungszahl γ gibt die Ausdehnung in dm³ bei 1 dm³ Volumen und 1 K Temperaturänderung an.

Einheit $\dfrac{dm^3}{dm^3 \cdot K}$

Tabelle **2.11** Mittlere Längenausdehnungszahl α wichtiger Stoffe für den Bereich von 0 bis 100 °C

Stoff (fest)	in $\dfrac{mm}{mm \cdot K}$	Stoff (fest)	in $\dfrac{mm}{mm \cdot K}$
Eisenwerkstoffe		**Baustoffe**	
Allgemeiner Baustahl	0,0000115	Stahlbeton	0,000012
Nichtrostender Stahl		Mörtel (Zement)	0,0000085 bis
X10CrNiMoTi 18 10	0,0000165		0,0000135
36%-Ni-Stahl	0,0000009	Ziegel	0,0000036 bis
Grauguß	0,000010		0,0000058
		Marmor	0,000002 bis
NE-Metalle			0,000020
Kupfer	0,000017	Glas (Quarz)	0,0000005
CuZn-Legierung	0,000018		
Aluminium	0,000024	**Kunststoffe**	
Zink	0,000014	PVC hart	0,00007
Titanzink	0,000022	VPE, PP	0,00018

Tabelle **2.12** **Volumenausdehnungszahl γ verschiedener Flüssigkeiten**

Flüssigkeit	in $\dfrac{dm^3}{dm^3 \cdot K}$	Flüssigkeit	in $\dfrac{dm^3}{dm^3 \cdot K}$
Quecksilber	0,00018	Maschinenöl	0,00093
Heizöl EL	0,0011	Alkohol	0,00109
Kältemittel R 12	0,00259	Azeton	0,00135

2.4.1 Längenausdehnung

Beispiel 2.7 Um wieviel mm dehnt sich ein 10 m langes Stahlrohr aus, wenn es um 50 K erwärmt wird?

Geg.: $l = 10$ m, $\Delta t = 50$ K, $\alpha = 0{,}0000115 \dfrac{mm}{mm \cdot K}$; ges.: Δl in mm

Lösung **a) mit Dreisatz**

1 mm St dehnt sich bei Δt 1 K um 0,0000115 mm

10 000 mm St dehnen sich bei Δt 1 K um 0,0000115 mm · 10 000

10 000 mm St dehnen sich bei $\Delta t = 50$ K um

$$0{,}0000115 \text{ mm} \cdot 10\,000 \cdot 50 = \mathbf{5{,}75\ mm}$$

Daraus ergibt sich:

Längenausdehnung = Längenaus-   · Länge · Temperaturunterschied
dehnungszahl

$$\Delta l = \alpha \cdot l \cdot \Delta t \qquad \begin{array}{l} \Delta l,\ l \text{ in mm} \\ \Delta t \text{ in K} \end{array} \qquad \alpha \text{ in } \dfrac{mm}{mm \cdot K}$$

b) mit der Formel

$$\Delta l = \alpha \cdot l \cdot \Delta t \qquad\qquad \Delta l = 0{,}0000115 \dfrac{mm}{mm \cdot K} \cdot 10\,000 \text{ mm} \cdot 50 \text{ K} = \mathbf{5{,}75\ mm}$$

Aufgaben

Ausdehnungszahl

1. a) Was sagt die Längenausdehnungszahl $\alpha_{Cu} = 0{,}000017 \dfrac{mm}{mm \cdot K}$ aus?

   b) Warum sind die Zahlenwerte in $\dfrac{mm}{mm \cdot K}$ und $\dfrac{m}{m \cdot K}$ gleich?

   c) Welcher Zahlenwert ergibt sich für die Einheit $\dfrac{mm}{m \cdot K}$?

Längenausdehnung

2. Ein Stahlrohr DN 20 DIN 2440 mit 22 m Länge wird von 11 °C auf 85 °C erwärmt. Um wieviel mm dehnen sich a) die Länge, b) der Durchmesser?

3. Die Cu-Rohrleitung 2.13 erwärmt sich von 13 °C auf 70 °C.
   a) Welche Längendehnung in mm nimmt der Dehnungsschenkel auf?
   b) Auf wieviel mm verringert sich der Wandabstand?

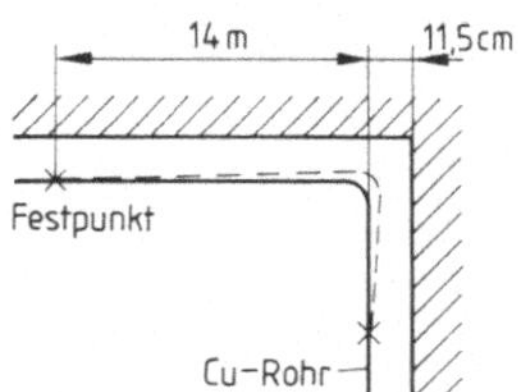

2.13 Dehnungsschenkel

4. In ein Cu-Rohr wird zwischen zwei 18,4 m auseinanderliegenden Festpunkten ein Kompensator eingebaut, der 2 cm Dehnung aufnehmen kann. Wieviel mm Dehnungsreserve hat der Kompensator, wenn das Rohr bei 15 °C eingebaut wird und sich im Betrieb auf 75 °C erwärmt?

5. Eine 280 m lange Heizungsfernleitung aus Stahl wird bei $+ 3$ °C verlegt. Sie erwärmt sich im Betrieb auf 140 °C. Wieviel Kompensatoren müssen eingebaut werden, wenn ein Kompensator 3 cm Längenausdehnung aufnehmen kann?

6. Um wieviel mm dehnt sich ein 13 m langer Steigstrang einer Heißwasserheizung aus Kupfer mehr aus als ein gleichlanges Stahlrohr, wenn die Rohre von 12 °C auf 115 °C erwärmt werden?

7. In zwei Cu-Rohre werden zwischen zwei Festpunkten nach Bild **2.14** Kompensatoren eingebaut.
   a) Wie groß ist in beiden Fällen die Dehnungsaufnahme eines Kompensators, wenn die Temperatur um 62 °C steigt?
   b) Um wieviel mm verschieben sich die Punkte 1, 2 und 3?

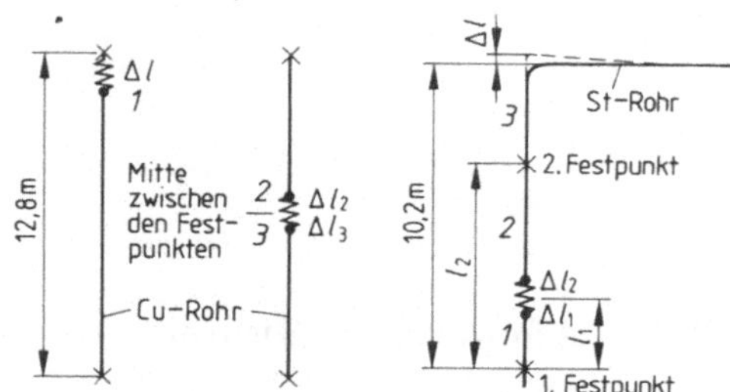

2.14 Kompensatoreinbau   **2.15** Kompensatoreinbau

8. In die Steigleitung **2.15** sollen 2 Festpunkte und 1 Kompensator eingebaut werden. Die obere senkrechte Strecke kann sich frei ausdehnen.
   a) Bei welchen Abständen l_1 und l_2 vom 1. Festpunkt ergeben sich für die drei Teilstrecken des senkrechten Strangs die geringsten Verschiebungen?
   b) Wieviel mm beträgt die Dehnung für die Teilstrecken 1, 2 und 3, wenn Stahlrohre verwendet werden, die niedrigste Temperatur 12 °C und die höchste 75 °C betragen?

9. Eine Heizplatte 600 mm $\times$ 2000 mm aus PP erwärmt sich um 55 °C. Wegen der großen Dehnung sind Spezialbefestigungen erforderlich. Berechnen Sie in mm a) die Höhenausdehnung, b) die Längenausdehnung.

Ausgangslänge

10. In eine gerade, bei 10°C verlegte Cu-Rohrleitung wird zwischen zwei Festpunkten ein Kompensator eingebaut, der 10 mm Dehnung aufnehmen darf.
    a) Welchen Abstand dürfen die beiden Festpunkte höchstens haben, wenn das Rohr auf 80°C erwärmt wird?
    b) Wieviel m könnte bei einem Stahlrohr der Abstand größer sein als bei einem Cu-Rohr?

11. Für welche Rohrlänge in m kann ein Kompensator, der 1,5 cm Dehnung aufnehmen kann,
    a) bei Stahl,
    b) bei Kupfer
    verwendet werden, wenn die Rohre von 7°C auf 65°C erwärmt werden?

Temperaturänderung

12. Eine heiße Brennkammer nach Bild **2**.16 hat bei 20°C einen Durchmesser von 282 mm. Bei welcher Temperatur wird der Durchmesserunterschied von 3 mm zum Rippenkörper ausgeglichen ($\alpha = 0{,}0000185$ mm/mm · K), wenn die Dehnung des Rippenkörpers vernachlässigt wird?

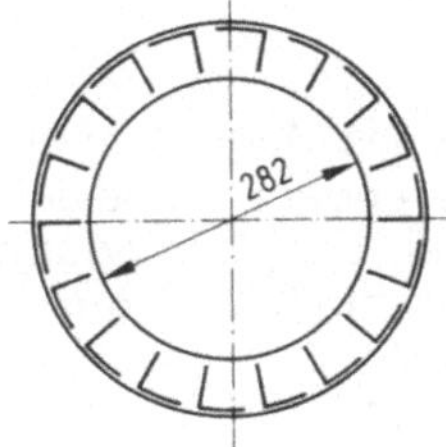

2.16   Heiße Brennkammer

13. Bei welcher Temperaturänderung in °C und K ergibt sich bei einem 26,5 m langen Stahlrohr eine Längenänderung von 18 mm?

14. Ein Cu-Rohr wurde bei 12°C verlegt. Im Abstand von 17 m sind zwei Festpunkte, dazwischen ein Kompensator vorgesehen. Auf welche Temperatur darf sich das Rohr erwärmen, wenn der Kompensator 8 mm vorgespannt wird und die zulässige Dehnungsaufnahme das Zweifache der Vorspannung beträgt?

15. Ein VPE-Rohr ist bei 50°C 12,362 m lang. Bei welcher Temperatur hat das Rohr eine Länge von 12,3 m?

16. Auf welche Temperatur kann ein 25 m langes Stahlrohr erwärmt werden, wenn ein Kompensator bei 14°C eingebaut wird, der das Doppelte seiner Vorspannung von 1,2 cm an Dehnung aufnehmen kann?

17. Ein U-Bogen wurde bei − 2°C in eine 22,5 m lange Stahlrohrleitung eingebaut. Auf welche Temperatur wird das Rohr erwärmt, wenn der U-Bogen bei 12 mm Vorspannung aufgrund der Dehnung noch 10 mm gestaucht wird?

Projekt

18. Das Kesselthermometer einer abgeschalteten WW-Heizung zeigt 15°C an. Beim Aufheizen verschiebt sich im Keller das Ende einer 28 m geraden Rohrstrecke aus nahtlosem Stahlrohr 76,1 × 2,9 DIN 2448 um 2,1 cm.
    a) Auf welche Temperatur hat sich das Rohr erwärmt?
    b) Wieviel Wärme in kJ und Wh hat die Rohrwandung aufgenommen?
    c) Welche Zuschnittbreite ist für die Ummantelung einer 65 mm dicken Wärmedämmung bei 15 mm Überlappung erforderlich?
    d) Wie groß ist der Volumenstrom im Rohr in l/h bei einer Fließgeschwindigkeit von 0,48 m/s?

2.4.2 Volumenausdehnung

Beispiel 2.8 Um wieviel dm^3 dehnen sich 2000 l Heizöl EL aus, wenn sie um 10 °C erwärmt werden?

Geg.: $V = 2000\ dm^3$, $\Delta t = 10$ K, $\gamma = 0{,}0011\ \dfrac{dm^3}{dm^3 \cdot K}$; ges.: ΔV in dm^3

Lösung **a) mit Dreisatz**

1 dm^3 dehnt sich bei Δt 1 K um 0,0011 dm^3

2000 dm^3 dehnen sich bei Δt 1 K um 0,0011 $dm^3 \cdot 2000$

2000 dm^3 dehnen sich bei Δt 10 K um

$$0{,}0011\ dm^3 \cdot 2000 \cdot 10 = \mathbf{22\ dm^3}$$

Daraus ergibt sich:

Volumenausdehnung = Volumenaus- · Volumen · Temperatur-
dehnungszahl unterschied

$\Delta V = \gamma \cdot V \cdot \Delta t$	$\Delta V, V$ in dm^3 Δt in K	γ in $\dfrac{dm^3}{dm^3 \cdot K}$

b) mit Formel

$$\Delta V = \gamma \cdot V \cdot \Delta t = 0{,}0011\ \frac{dm^3}{dm^3 \cdot K} \cdot 2000\ dm^3 \cdot 10\ K = \mathbf{22\ dm^3}$$

Aufgaben

Wärmeausdehnung von Heizöl

19. Ein 8000-l-Öltank wurde zu 95% mit Heizöl EL gefüllt. Die Öltemperatur beträgt 7 °C.
    a) Wieviel dm^3 Dehnungsreserve bleiben, wenn sich das Öl auf 18 °C erwärmt, bevor Öl entnommen wird?
    b) Bei welcher Temperatur würde bei 7950 l Füllmenge durch die Volumenausdehnung die 5,2 m lange Entlüftungsleitung des Tanks **2**.17 ($d_i = 39$ mm) ganz mit Öl gefüllt?
    c) Wieviel l Öl würden bei einer Erwärmung auf 18 °C aus der Entlüftungsleitung austreten?

20. Beim „Kaltstart" eines Brenners werden im Düsenstock 20 cm^3 Heizöl EL

Wärmedehnung von Wasser

21. Welches Volumen in l hat die Wassermasse von 300 kg bei
    a) 4 °C, b) 10 °C, c) 20 °C, d) 50 °C, e) 70 °C, f) 90 °C?
    g) Wie groß ist die Volumenzunahme in % bei der Erwärmung von 4 °C auf 90 °C? (Da das Wasser keine gleichmäßige Volumenausdehnung hat,

vor dem Öffnen des Magnetventils von 16 °C auf 65 °C erwärmt. Wieviel cm^3 Öl würden bei der Ölvorwärmung ohne Düsenabschlußventil durch die Düse ausströmen?

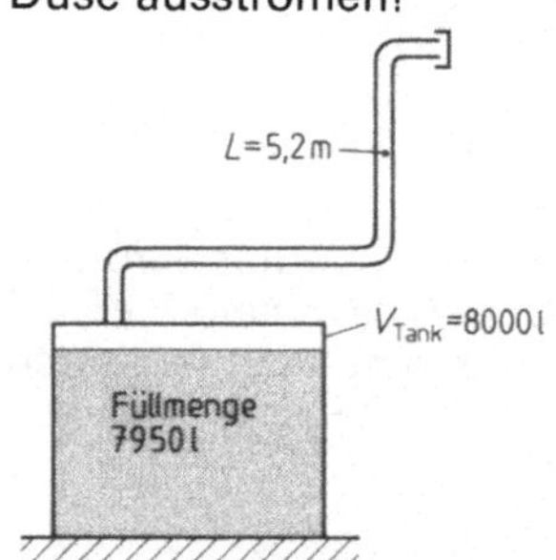

2.17 Volumenausdehnung bei überfülltem Tank

muß mit den Dichtewerten aus der Tabelle **1**.34 gerechnet werden.)

22. Einem Wassererwärmer werden 85 l Wasser mit 50 °C entnommen. Es fließt Wasser mit 10 °C in den Behälter nach und wird wieder auf 50 °C erwärmt. Wieviel Ausdehnungswasser in l fließt über das Sicherheitsventil ab?

2.5 Wärmetransport durch Flüssigkeiten und Gase (Konvektion)

In den Heizungsanlagen muß Wärme teilweise über große Entfernungen (z. B. vom Kessel zum Heizkörper oder vom Heizkörper in den Raum) transportiert werden. Wärmeleitung ist für die Wärmeübertragung über große Strecken nicht geeignet. Aus der Fachtechnologie ist uns bekannt, daß Wärme auch dort, wo Wärmeleitung und Wärmestrahlung nicht in Frage kommen, mit Flüssigkeiten oder Gasen (Luft) über weite Strecken transportiert werden kann. Flüssigkeiten und Luft werden als Wärmeträger z. B. im Kessel bzw. am Heizkörper mit Wärme „beladen". Durch Strömung im Rohrnetz oder im Raum transportieren sie als Wärmeträger die Wärme weiter (Konvektion) und geben sie im Heizkörper (2.18) bzw. im Raum wieder ab, wobei ihre Temperatur abfällt.

Wärmestrom/Wärmeleistung. Die transportierte Wärmemenge je Zeiteinheit oder die auf einen Massenstrom übertragene Wärmemenge bezeichnet man als Wärmestrom oder Wärmeleistung $\dot{Q}$ (s. Abschn. 2.2.2). Der Wärmestrom läßt sich berechnen mit der Formel

2.18 Konvektion

$$\text{Wärmestrom} = \frac{\text{Wärmemenge}}{\text{Zeit}} \, . \qquad \dot{Q} = \frac{Q}{t}$$

Wird Q durch $c \cdot m \cdot \Delta t$ ersetzt, ergibt sich: $\quad \dot{Q} = \dfrac{c \cdot m \cdot \Delta t}{t}$

Wird m/t durch $\dot{m}$ ersetzt, ergibt sich:

$$\dot{Q} = c \cdot \dot{m} \cdot \Delta t \qquad \dot{Q} \text{ in } \frac{kJ}{s} \text{ oder W} \qquad \dot{m} \text{ in kg/h} \qquad c \text{ in } \frac{kJ \text{ oder Wh}}{kg \cdot K} \qquad \Delta t \text{ in K}$$

erforderlicher Massenstrom $\quad \dot{m} = \dfrac{\dot{Q}}{c \cdot \Delta t} \qquad$ Temperaturänderung des Wärmeträgers $\quad \Delta t = \dfrac{\dot{Q}}{\dot{m} \cdot c}$

Beispiel 2.9 In einem Heizungskessel können stündlich 1300 kg Wasser um 20 K erwärmt werden. Wie groß ist die Wärmeleistung in kW?
Geg.: $\dot{m} = 1300$ kg/h, $\Delta t = 20$ K; ges.: $\dot{Q}$ in kW

Lösung $\dot{Q} = c \cdot \dot{m} \cdot \Delta t = 1{,}16 \, \dfrac{Wh}{kg \cdot K} \cdot 1300 \, \dfrac{kg}{h} \cdot 20 \text{ K} = 30\,160 \text{ W} = \mathbf{30{,}16 \text{ kW}}$

Aufgaben

Wärmestrom (Wärmeleistung)

1. Eine Umwälzpumpe wälzt in der WW-Heizung **2.19** 1050 l Wasser je Stunde um. Das Wasser wird im Kessel von 60 °C auf 80 °C erwärmt. Welcher Wärmestrom in kJ/h, W und kW wird ins Heizungsnetz transportiert?

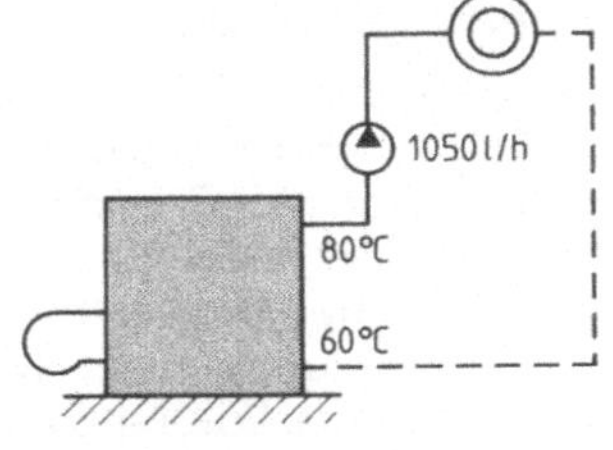

2.19 WW-Heizung

2. Durch den Heizkörper **2**.20 strömen stündlich 55 l Wasser. Die Vorlauftemperatur beträgt 55 °C, die Rücklauftemperatur 42 °C. Welche Leistung in W gibt der Heizkörper ab?

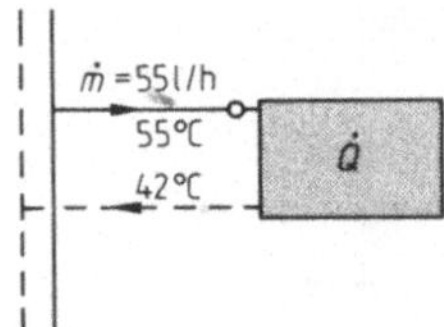

2.20   Heizkörper

3. Berechnen Sie für die WW-Heizung **2**.21 die momentane Heizleistung in kW.

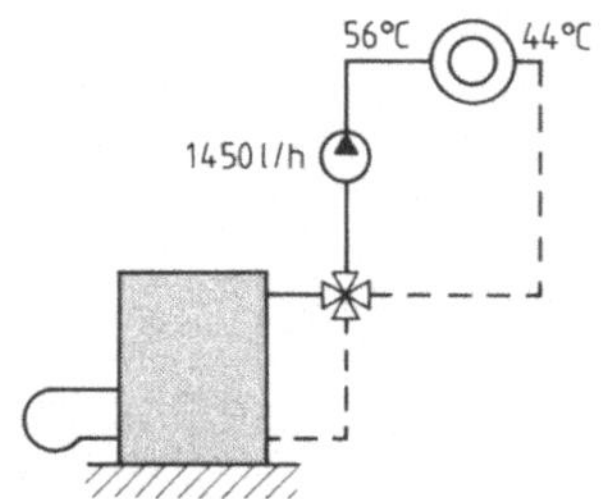

2.21   WW-Heizung

4. Durch den Kollektor einer Solaranlage für die Trinkwassererwärmung **2**.22 strömen 176 kg/h Glykolgemisch ($c =$ 1,0 Wh/(kg · K)). Welcher Wärmestrom in kW wird transportiert, wenn sich für die Vor- und Rücklauftemperatur die Temperaturpaare a) 60/55 °C, b) 55/40 °C, c) 90/65 °C ergeben?

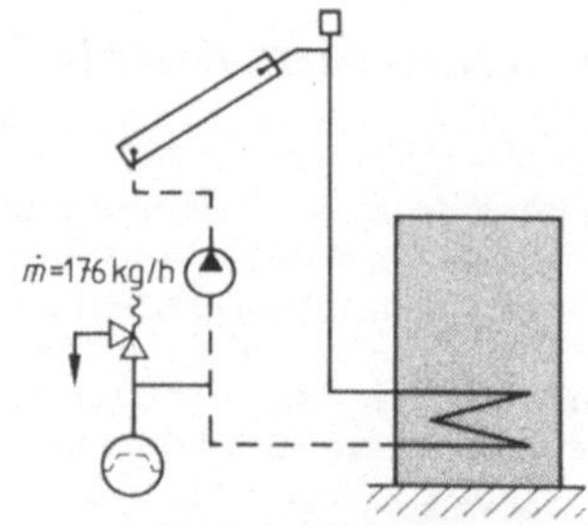

2.22   Trinkwassererwärmung

d) Von welchen Faktoren hängt es ab, welche Vorlauf- und Rücklauftemperatur sich einstellen?

5. Eine Werkstätte erhält stündlich 820 m³ Frischluft. Die Luft wird zunächst in einer Wärmerückgewinnungsanlage mit Abwärme von −10 °C auf +8 °C erwärmt und anschließend in einem Lufterhitzer auf 19 °C nacherwärmt (**2**.23).

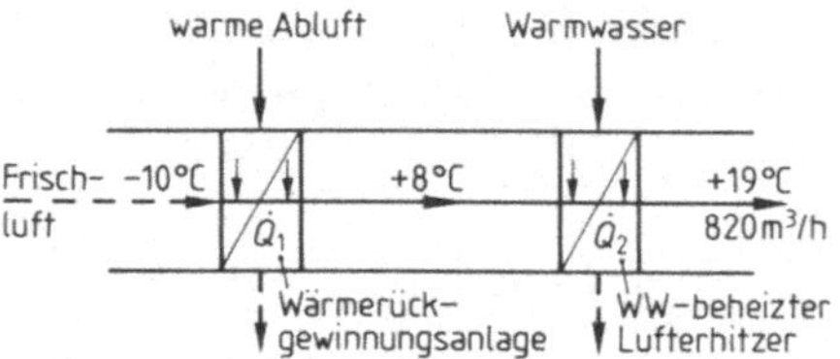

2.23   Lufterwärmung

a) Welche Wärmeleistung $\dot{Q}_1$ und $\dot{Q}_2$ in kW wird in der Wärmerückgewinnungsanlage und im WW-beheizten Lufterhitzer übertragen?

b) Wieviel % der Gesamtleistung beträgt der Anteil der Wärmerückgewinnungsanlage?

c) Wieviel Energie in kWh spart man am Tag bei 10 Stunden Betriebsdauer durch die Wärmerückgewinnungsanlage?

Massestrom, Volumenstrom ($\varrho_{Wass} = 1$ kg/dm³)

6. Eine WW-Heizung hat eine Wärmeleistung von 48 kW und soll mit einer Vorlauftemperatur von 75 °C und einer Rücklauftemperatur von 55 °C betrieben werden. a) Welcher Massestrom in kg/s und kg/h muß umgewälzt werden? b) Wie groß ist der Volumenstrom in l/h und m³/h?

7. Ein Wärmetauscher für ein Hallenbad hat eine Leistungsabgabe von 75 kW. Wieviel Badewasser in kg und m³ kann stündlich von 20 °C auf 28 °C erwärmt werden?

8. Eine Heizungsanlage hat eine Leistung von 22 kW. Wieviel Wasser in kg/h und l/h sind umzuwälzen, wenn die Hei-

66

zungsanlage auf eine Vor- und Rücklauftemperatur von a) 80/60 °C, b) 70/60 °C, c) 60/50 °C ausgelegt wird?

d) Welchen Einfluß hat eine kleine Temperaturspreizung zwischen Vor- und Rücklauf auf die erforderlichen Rohrgrößen und die Wärmeverluste des Rohrnetzes?

9. Ermitteln Sie bei der WW-Heizung **2.**24 für die Teilstrecken 1 bis 18
 a) die Wärmeströme in W und
 b) die Volumenströme in l/h.
 c) Welche Rohrgrößen sind für die Teilstrecken 1 und 8 bzw. 2 und 7 notwendig, wenn die Strömungsgeschwindigkeit max. 0,45 m/s betragen soll und ein mittelschweres Gewinderohr zu verwenden ist?

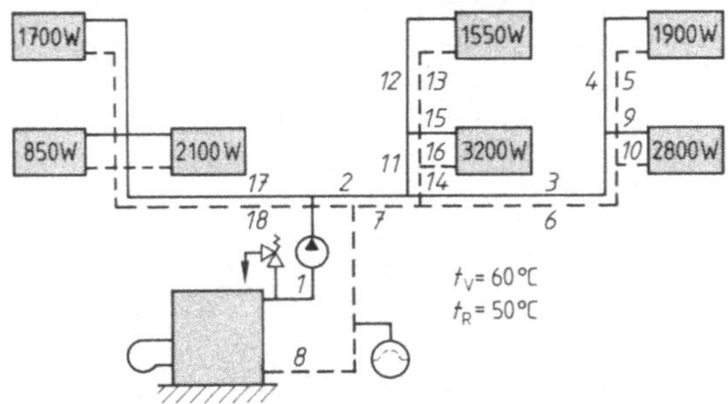

2.24 WW-Heizungsanlage

b) Wieviel m/s beträgt die Strömungsgeschwindigkeit in der Heizkörperanschlußleitung?

c) Wie lange dauert es, bis in der Übergangszeit warmes Wasser aus dem aufgeheizten Kombikessel den Badheizkörper erreicht, wenn bei ausgekühltem Rohrnetz das Ventil des Badheizkörpers geöffnet wird und bei einem Heizkörpervolumenstrom von 45,26 l/h die anderen Heizkörper an der Rohrstrecke geschlossen bleiben?

d) Wieviel min vergehen zusätzlich, bis das kalte Wasser im Heizkörper (21,24 l) durch warmes Wasser verdrängt ist?

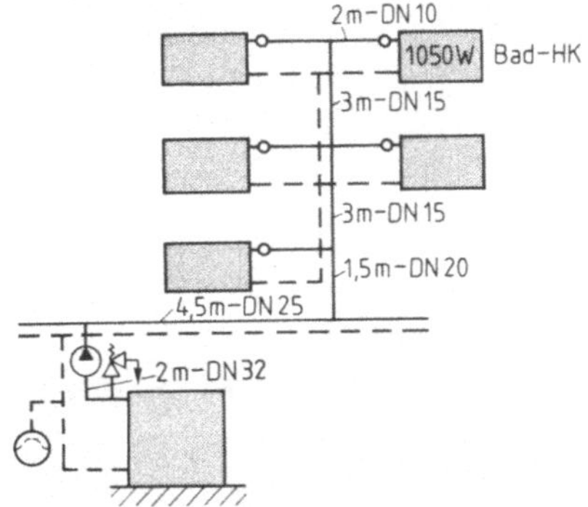

2.25 WW-Heizungsanlage

10. a) Ermitteln Sie für den DIN-Radiator im Bad der Anlage **2.**25 den erforderlichen Wasserstrom in kg/h und l/h (Vorlauftemperatur 70 °C, Rücklauftemperatur 50 °C).

Temperaturänderung

12. Bei einer Etagenheizung mit 10 kW Heizleistung werden 690 l Wasser je Stunde umgewälzt. Welcher Temperaturunterschied stellt sich zwischen Vor- und Rücklauf ein?

13. Durch einen Kessel mit einer Leistung von 18 kW fließen stündlich 1000 l Wasser.
 a) Um wieviel °C kann der Kessel das Wasser erwärmen?
 b) Welche Vorlauftemperatur ergibt sich bei einer Rücklauftemperatur von 45 °C?

11. Ein Heizkörper in einer Dampfheizung soll durch Dampfkondensation 2000 W abgeben. Wieviel Dampf in kg/h muß dem Heizkörper zugeführt werden?

c) Wieviel l Wasser kann der Kessel stündlich erwärmen, wenn das Wasser um 20 K erwärmt wird?

14. Durch die Rohrschlange einer Fußbodenheizung werden 483 l Wasser in der Stunde umgewälzt. Die Vorlauftemperatur beträgt 46 °C.
 a) Berechnen Sie die Rücklauftemperatur, wenn die Rohrschlange eine Leistung von 2800 W abgibt.
 b) Welche Heizleistung hätte die Fußbodenheizung, wenn sich das umgewälzte Wasser bei gleichem Volu-

menstrom in der Rohrschlange um 7 °C abkühlen würde?

15. Ein Sonnenkollektor hat eine Fläche von 10 m^2 und eine Leistung von 400 W/m^2. Durch den Kollektor fließen je Stunde 120 kg eines Gemisches aus Wasser und Frostschutzmittel mit $c = 1{,}05$ Wh/(kg · K). Um wieviel °C wird der Wärmeträger erwärmt?

16. Der Wärmetauscher **2.26** einer Fernheizungs-Übergabestation muß eine Leistung von 25 kW an das Heizungswasser übertragen. Die Vorlauftemperatur soll im Heizungsnetz 70 °C betragen, im Fernheizungsnetz ist sie 130 °C.

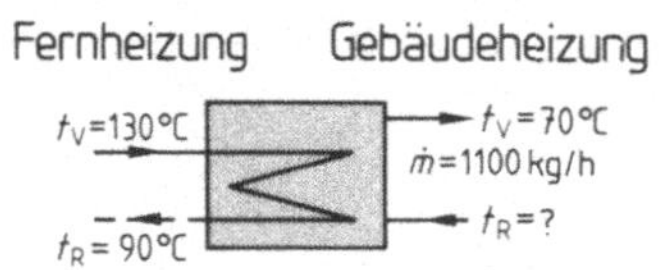

2.26 Wärmetauscher

a) Welche Rücklauftemperatur ergibt sich im Heizungsnetz, in dem 1100 kg Wasser je Stunde umgewälzt werden?

b) Wieviel Wasser wird aus dem Fernheizungsnetz in l/h über den Wärmetauscher geführt, wenn Verluste unberücksichtigt bleiben und die Rücklauftemperatur 90 °C betragen soll?

17. Einem zwangsbelüfteten Raum, der mit 25 Personen belegt ist, werden 1200 m^3 Luft/h zugeführt. Die Wärmeabgabe beträgt 110 W/Person. Um wieviel °C erwärmt sich die zugeführte Luft im Raum, wenn Wärmeaufnahme und -durchgang durch den Baukörper vernachlässigt werden (z. B. Leichtbau im Sommer)?

18. Einem Trinkwasserspeicher mit 120 l wird eine Wärmeleistung von 15 kW zugeführt. Um wieviel °C steigt die Wassertemperatur je min?

Erwärmungszeit

19. Durch den Wärmetauscher des 150-l-Speicherwassererwärmers **2.27** strömen stündlich 500 l Heizungswasser. Das Heizungswasser kühlt dabei im Mittel um 20 °C ab. Wieviel Stunden

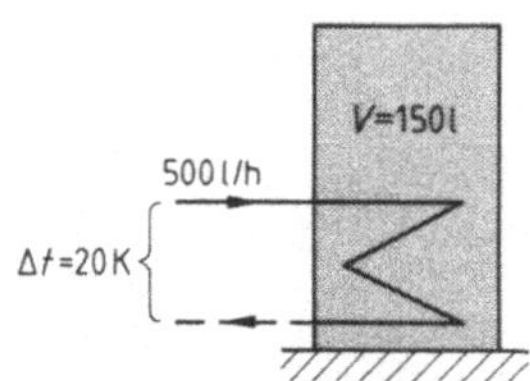

2.27 Speicherwassererwärmer

dauert das Aufheizen des Speichers von 10 °C auf 45 °C, wenn die Verluste unberücksichtigt bleiben?

20. Ein Behälter mit 500 l Reinigungsflüssigkeit ($\varrho = 1{,}41$ kg/dm^3, $c = 1{,}04$ Wh/(kg · K)) soll mit einem dampfbeheizten Wärmetauscher von 18 °C auf 55 °C aufgeheizt werden. Wieviel Stunden dauert das Aufheizen, wenn stündlich 16,5 kg Dampf durch den Wärmetauscher strömen und das Kondensat im Wärmetauscher auf 95 °C abkühlt? (Verluste werden nicht berücksichtigt.)

2.6 Wärmedurchgang

Zwischen Räumen mit unterschiedlicher Temperatur findet ein Wärmeaustausch statt. Die Wärme strömt vom Raum mit der höheren Temperatur zu dem mit tieferer Temperatur. Die Vorgänge, die bei Wärmedurchgang durch eine Wand ablaufen, deren Rechengrößen und Widerstände zeigt Bild **2.28**.

Rechenwerte

$$\alpha_i = 7{,}7 \, \frac{W}{m^2 \cdot K} \quad \text{für die Wandinnenseite}$$

$$\alpha_a = 23 \, \frac{W}{m^2 \cdot K} \quad \text{für die Wandaußenseite bis 10 m Höhe (bis 4 m/s Luft-geschwindigkeit)}$$

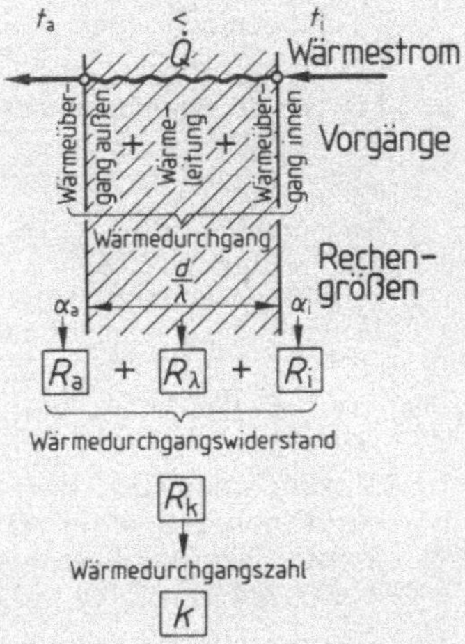

2.28
Wärmedurchgang
$\dot{Q}$ = Wärmestrom in W (kJ/h)
t_i, t_a = Innen-, Außentemperatur in °C
α_i, α_a = Wärmeübergangszahl innen, außen in W/(m² · K)
d = Wanddicke in m
λ = Wärmeleitzahl in W/(m · K) ($\cong \lambda_R$ in DIN 4108)
R_i, R_a = Wärmeübergangswiderstand innen,
          außen in m² · K/W
R_λ = Wärmeleitwiderstand in m² · K/W
R_k = Wärmedurchgangswiderstand in m² · K/W
k = Wärmedurchgangszahl in W/(m² · K)

2.6.1 Einzelwiderstände

$$R_i = \frac{1}{\alpha_i} = \frac{1}{7{,}7 \, W/(m^2 \cdot K)} \approx 0{,}13 \, \frac{m^2 \cdot K}{W}$$

$$R_a = \frac{1}{\alpha_a} = \frac{1}{23 \, W/(m^2 \cdot K)} \approx 0{,}04 \, \frac{m^2 \cdot K}{W}$$

$$\boldsymbol{R_\lambda} = \frac{d}{\lambda} = d \cdot \frac{1}{\lambda} \qquad \lambda \text{ bzw. } \frac{1}{\lambda} \quad (2.47)$$

Beachte d in m, λ in $\dfrac{W}{m \cdot K}$

R_i = Wärmeübergangswiderstand innen
R_a = Wärmeübergangswiderstand außen
R_λ = Wärmeleitwiderstand

Beispiel 2.10   Eine 24 cm dicke Wand besteht aus Lochziegeln (1200 kg/m³). Berechnen Sie den Wärmeleitwiderstand R_λ.

Geg.: $d = 24$ cm, λ nach Tab. **2.47** $= 0{,}5$ W/(m · K); ges.: R_λ in m² · K/W

Lösung $R_\lambda = d \cdot \dfrac{1}{\lambda} = 0{,}24 \, m \cdot 2{,}0 \, \dfrac{m \cdot K}{W} = \boldsymbol{0{,}48} \, \dfrac{m^2 \cdot K}{W}$

Aufgaben

1. Wie groß sind die beiden Wärmeübergangswiderstände zusammen a) bei einer Außenwand, b) bei einer Innenwand?

2. Ermitteln Sie die Wärmeleitwiderstände

a)

Baustoff	Dicke in cm				
	11,5	17,5	24	30	36,5
Normalbeton nach DIN 1045 Lochziegel 1600 kg/m^3 Leichthochlochziegel nach DIN 105 800 kg/m^3 Gasbetonblocksteine 800 kg/m^3	?	?	?	?	?

b)

Mörtel und Wärmedämmstoffe	Dicke in cm		
	1,5	2	3
Kalkmörtel Zementmörtel PS-Hartschaum 025 PUR-Hartschaum 020 Mineralische Dämmstoffe 035	?	?	?

3. Welche Dicke in cm muß eine Wand aus
   a) Normalbeton 2400 kg/m^3,
   b) Kalksandstein 1600 kg/m^3,
   c) Leichthochlochziegel 700 kg/m^3 bei einem Wärmeleitwiderstand von $R_\lambda = 0{,}304$ m$^2 \cdot$ K/W haben?

4. Bei welcher Dicke hat eine Wand aus
   a) Normalbeton 2400 kg/m^3,
   b) Leichthochlochziegeln   800 kg/m^3 den gleichen Wärmeleitwiderstand wie 3 cm PS-Schaum 025?

5. Suchen Sie eine Ziegelart aus, die bei einer Dicke von 24 cm einen Wärmeleitwiderstand von 0,511 m$^2 \cdot$ K/W hat.

2.6.2 Wärmedurchgangswiderstand

Der Wärmedurchgangswiderstand R_k ist die Summe der Einzelwiderstände.

R_k einer einschichtigen Wand (2.28)

$$R_k = R_i + R_\lambda + R_{a\,bzw.\,i} \qquad \text{in } \frac{\text{m}^2 \cdot \text{K}}{\text{W}}$$

$$R_k = \frac{1}{\alpha_i} + d \cdot \frac{1}{\lambda} + \frac{1}{\alpha_{a\,bzw.\,i}} \qquad R_k\uparrow, \text{ wenn } d\uparrow \text{ und } \lambda\downarrow$$

Der Wärmedurchgangswiderstand gibt an, durch wieviel m^2 einer Fläche bei 1 K Temperaturunterschied bzw. bei wieviel K Temperaturunterschied und 1 m^2 Fläche der Wärmestrom von 1 W hindurchgeht.

Beispiel 2.11 Berechnen Sie den Wärmedurchgangswiderstand R_k für ein 24 cm dickes Mauerwerk aus Leichthochlochziegeln nach DIN 105 mit 800 kg/m^3 a) als Außenwand, b) als Innenwand.

Geg.: $d = 24$ cm, $1/\lambda$ nach Tab. **2.47** $= 2{,}564$ m $\cdot$ K/W; ges.: a) R_k für Außenwand, b) R_k für Innenwand.

Lösung   a) $R_k = R_i + R_\lambda + R_a$

$$R_k = 0{,}13\ \frac{m^2 \cdot K}{W} + 0{,}24\ m \cdot 2{,}564\ \frac{m \cdot K}{W} + 0{,}04\ \frac{m^2 \cdot K}{W} = \mathbf{0{,}785\ \frac{m^2 \cdot K}{W}}$$

b) $R_K = R_i + R_\lambda + R_i$

$$R_k = 2 \cdot 0{,}13\ \frac{m^2 \cdot K}{W} + 0{,}24\ m \cdot 2{,}564\ \frac{m \cdot K}{W} = \mathbf{0{,}875\ \frac{m^2 \cdot K}{W}}$$

R_k einer mehrschichtigen Wand (2.29)

$$\boxed{R_k = R_i + R_{\lambda 1} + R_{\lambda 2} + \cdots + R_{a\ bzw.\ i}}$$

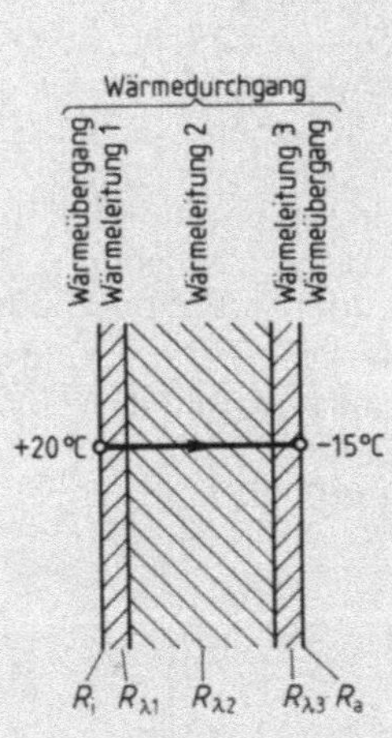

2.29 Wärmedurchgang durch eine mehrschichtige Wand

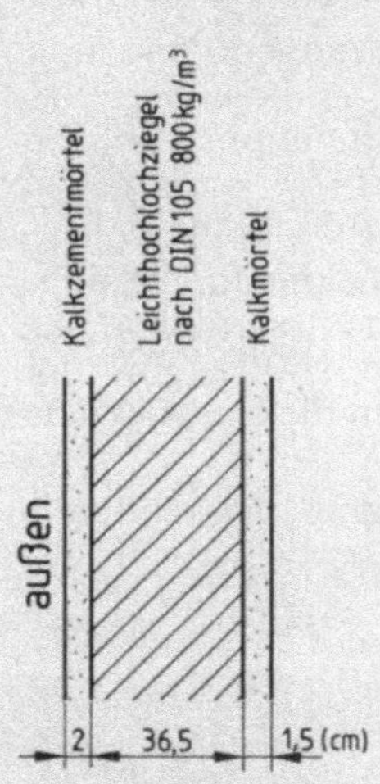

2.30 Außenwand

Beispiel 2.12   Ermitteln Sie für die Außenwand **2.30** den Wärmedurchgangswiderstand R_k.

Geg.: $d_1 = 1{,}5$ mm, $\dfrac{1}{\lambda_1}$ nach Tab. **2.47** $= 1{,}149\ \dfrac{m \cdot K}{W}$,

$d_2 = 365$ mm, $\dfrac{1}{\lambda_2}$ nach Tab. **2.47** $= 2{,}564\ \dfrac{m \cdot K}{W}$,

$d_3 = 20$ mm, $\dfrac{1}{\lambda_3}$ nach Tab. **2.47** $= 1{,}149\ \dfrac{m \cdot K}{W}$;

ges.: R_k

Lösung $R_k = R_i + R_{\lambda 1} + R_{\lambda 2} + R_{\lambda 3} + R_a$

$R_k = (0{,}13 + 0{,}015 \cdot 1{,}149 + 0{,}365 \cdot 2{,}564 + 0{,}02 \cdot 1{,}149$

$\quad\quad + 0{,}04)\ \dfrac{m^2 \cdot K}{W} = \mathbf{1{,}146\ \dfrac{m^2 \cdot K}{W}}$

Aufgaben

Wärmedurchgangswiderstand einschichtiger Wände

6. Eine Außenwand hat einen Wärmeleitwiderstand von 1,6 m² · K/W.
   a) Wie groß ist der Wärmedurchgangswiderstand R_k?
   b) Wie groß wäre der Wärmedurchgangswiderstand der Wand als Innenwand mit gleichem R_λ?

7. a) Wie groß ist bei einer Außenwand mit $R_k = 2,5$ m² · K/W der Wärmeleitwiderstand?
   b) Wieviel % betragen R_i, R_a und R_λ von R_k?

8. Bestimmen Sie den Wärmeleitwiderstand R_λ für eine Innenwand mit $R_k = 0,8$ m² · K/W.

Wärmedurchgangswiderstand mehrschichtiger Wände

9. Wie groß ist der Wärmedurchgangswiderstand einer Außenwand aus 15 mm Kalkmörtel-Innenputz, 365 mm Lochziegel 1200 kg/m³ und 20 mm Kalkzementmörtel-Außenputz?

10. Ermitteln Sie den Wärmedurchgangswiderstand für eine Innenwand aus 24 cm Lochziegeln 1600 kg/m³ und beidseitigem 15 mm dickem Kalkmörtelputz.

11. Bestimmen Sie den Wärmedurchgangswiderstand

   a) für die Innenwand 2.31 a,
   b) für die Außenwand 2.31 b,
   c) für die Außenwand 2.31 c.
   d) Welchen Einfluß hätte es auf den Wärmedurchgangswiderstand, wenn die Wärmedämmung mit gleichen Kennwerten zwischen den Ziegeln und dem Außenputz läge?

12. Wie dick muß die Wärmedämmung der Außenwand 2.32 sein, damit der Wärmedurchgangswiderstand 1,655 m² · K/W erreicht?

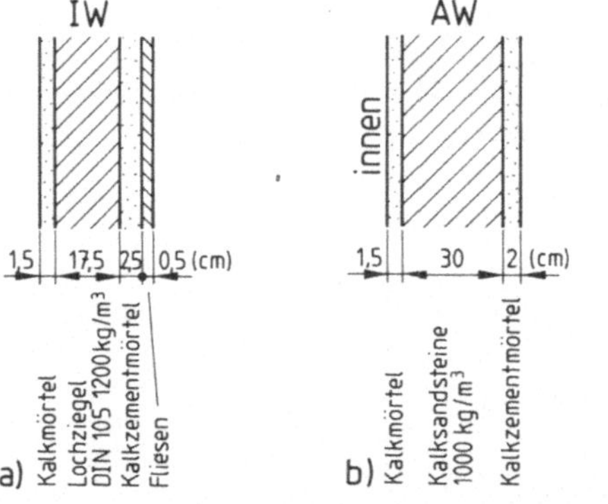

2.31   a) Innenwand, b) und c) Außenwand

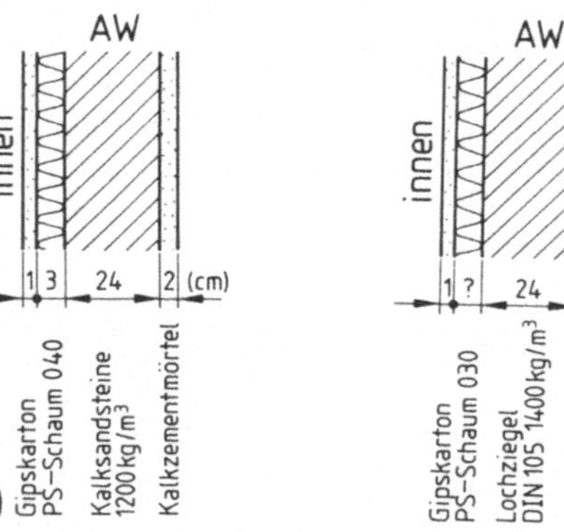

2.32   Außenwand

Wärmedurchgangswiderstand von Wohnungstrenndecken

Die Wärmeübergangszahl und somit der Wärmeübergangswiderstand sind beim Wärmedurchgang durch Wohnungstrenndecken je nach Wärmestromrichtung verschieden (2.33). Beim Wärmestrom von unten nach oben geht die Wärme an der Oberfläche leichter über, der Wärmeübergangswiderstand R_i ist somit kleiner.

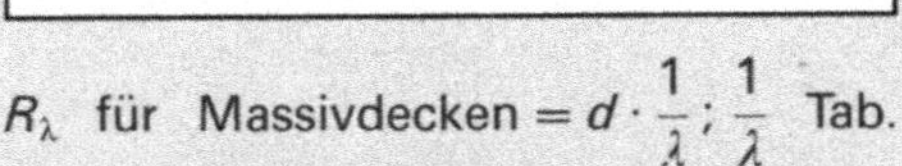

$$R_i \text{ bei } \dot{Q}\uparrow = 0,13 \frac{m^2 \cdot K}{W}$$

$$R_i \text{ bei } \dot{Q}\downarrow = 0,17 \frac{m^2 \cdot K}{W}$$

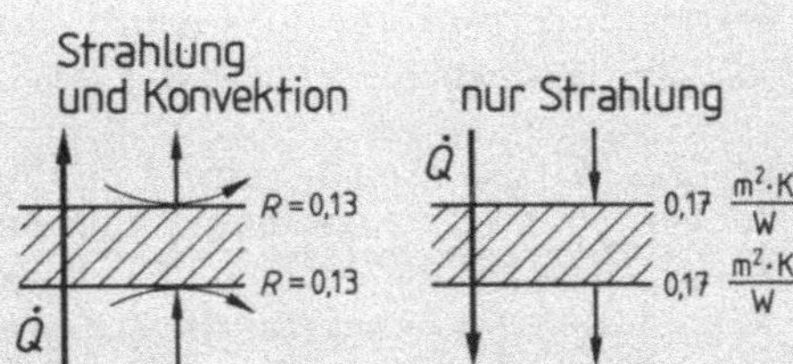

R_λ für Massivdecken $= d \cdot \frac{1}{\lambda}; \frac{1}{\lambda}$ Tab. 2.47, R_λ für Fertigdecken s. Tab. **2.48**.

2.33 Wärmeübergangswiderstände bei Wohnungstrenndecken

Wärmedurchgangswiderstand von Bauteilen mit ruhenden Luftschichten (2.34)

Als ruhend bezeichnet man Luftschichten geringer Dicke mit keiner oder nur geringer Konvektion. Statt eines Wärmedurchgangswiderstands für die Luftschicht setzt man einen äquivalenten (gleichwertigen) Wärmeleitwiderstand R_λ. Seine Größe ist von der Lage und Dicke der Luftschicht sowie bei waagerechten Luftschichten von der Wärmestromrichtung abhängig (**2.35**).

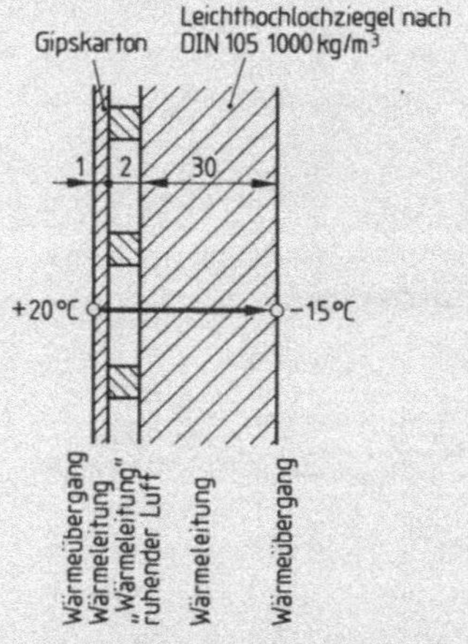

2.34 Wärmedurchgang durch eine mehrschichtige Wand mit senkrechter Luftschicht

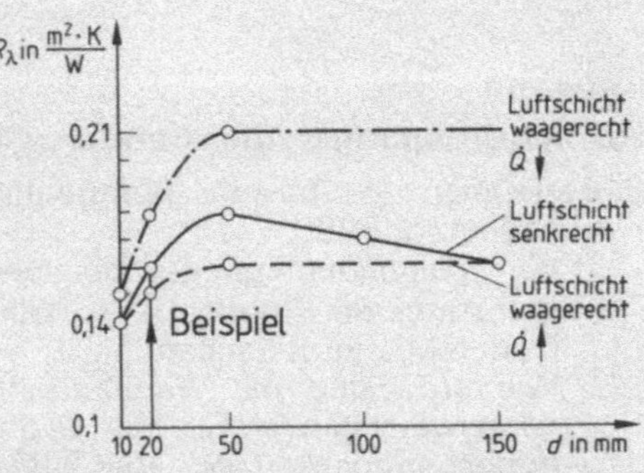

2.35 Äquivalenter Wärmeleitwiderstand ruhender Luftschichten

Beispiel 2.13 Ermitteln Sie für die Wand **2.34** den Wärmedurchgangswiderstand R_k.

Geg.: $d_1 = 10$ mm, $\frac{1}{\lambda_1}$ nach Tab. **2.47**, $d_2 = 20$ mm, $R_{\lambda 2}$ nach Bild **2.35**,

$d_3 = 300$ mm, $\frac{1}{\lambda_3}$ nach Tab. **2.47**; ges.: R_k

Lösung

$$R_k = R_i + R_{\lambda 1} + R_{\lambda 2} + R_{\lambda 3} + R_a$$

$$R_k = 0,13 \frac{m^2 \cdot K}{W} + d_1 \cdot \frac{1}{\lambda_1} + R_{\lambda 2} + d_3 \cdot \frac{1}{\lambda_3} + 0,04 \frac{m^2 \cdot K}{W}$$

$$R_k = (0,13 + 0,01 \cdot 4,762 + 0,16 + 0,3 \cdot 2,222 + 0,04) \frac{m^2 \cdot K}{W} = \mathbf{1,049} \frac{m^2 \cdot K}{W}$$

Wärmedurchgangswiderstand von Bauteilen mit durchlüfteten Hohlräumen (vorgehängte Fassaden oder belüftete Flachdächer, 2.36 und 2.39).

Im Gefachbereich wird der Wärmeleitwiderstand der vorgehängten Fassaden oder der oberen Dachkonstruktion nicht zusätzlich berücksichtigt. Der äußere Wärmeübergangswiderstand liegt daher am Übergang zum durchlüfteten Hohlraum.

Beispiel 2.14 Ermitteln Sie für die Außenwand des Fertighauses 2.36 den Wärmedurchgangswiderstand R_k

a) für den Rahmenbereich,

b) den Gefachbereich.

Geg.: Skizze mit Beschreibung,
ges.: a) R_{kR} ($= R_{k\,Rahmen}$),
b) R_{kG} ($= R_{k\,Gefach}$)

Lösung

a) $R_{kR} = R_i + 2 \cdot R_{\lambda 1} + R_{\lambda 2} + R_a$

$$R_{kR} = (0,13 + 2 \cdot 0,012 \cdot 7,692$$
$$+ 0,14 \cdot 7,692 + 0,04) \frac{m^2 \cdot K}{W}$$

$$R_{kR} = 1,432 \frac{m^2 \cdot K}{W}$$

b) $R_{kG} = R_i + R_{\lambda 1} + R_{\lambda 2} + R_a$

$$R_{kG} = (0,13 + 0,012 \cdot 7,692$$
$$+ 0,1 \cdot 22,2 + 0,09) \frac{m^2 \cdot K}{W}$$

$$R_{kG} = 2,534 \frac{m^2 \cdot K}{W}$$

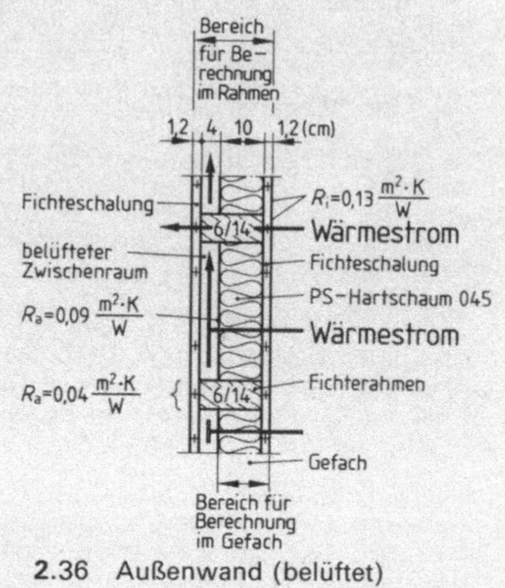

2.36 Außenwand (belüftet)

Aufgaben

Wärmedurchgangswiderstand von Wohnungstrenndecken

13. Bestimmen Sie für die Wohnungstrenndecke 2.37 a
    a) den Wärmedurchgangswiderstand
    b) den Anteil der Rohdecke am Wärmedurchgangswiderstand in %.
    c) Wie groß sind die Wärmedurchgangswiderstände für die Wohnungstrenndecken nach Bild 2.37 b und c?
    d) Warum ist der Wärmeübergangswiderstand beim Wärmestrom von oben nach unten größer als beim Wärmestrom von unten nach oben?

14. Bestimmen Sie mit Hilfe des Bildes 2.35 die äquivalenten Wärmeleitwiderstände folgender Luftschichten:

	Lage der Luftschicht	Dicke in mm				Wärmestromrichtung
a)	waagerecht	10	20	50	100	↑
b)	waagerecht	10	20	50	100	↓
c)	senkrecht	10	20	50	100	→

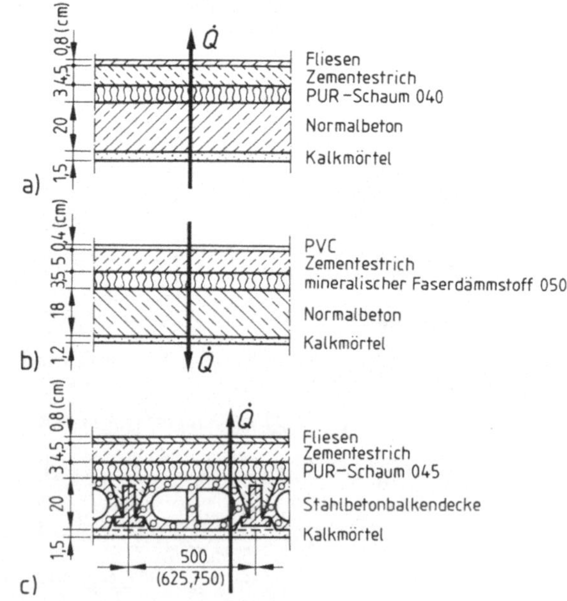

2.37 Wohnungstrenndecken

Wärmedurchgangswiderstand von Bauteilen mit ruhenden Luftschichten

15. Ermitteln Sie den Wärmedurchgangswiderstand a) der Außenwand **2.38**a
und b) **2.38**b sowie c) der Decke
2.38c.

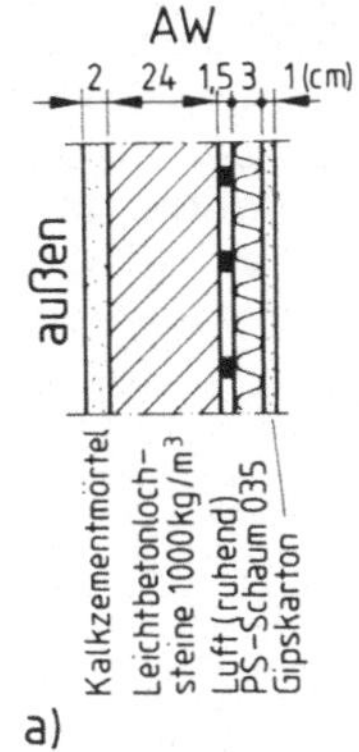

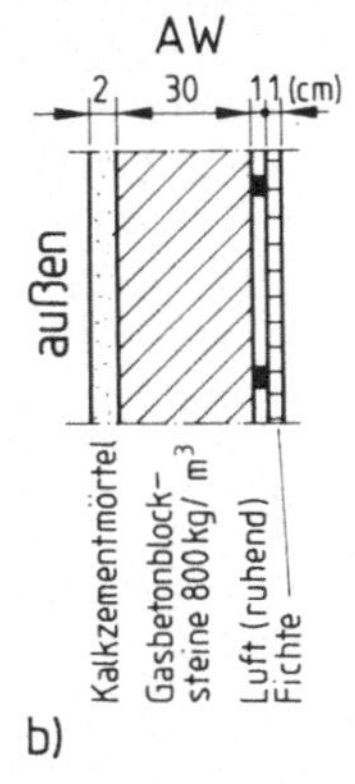

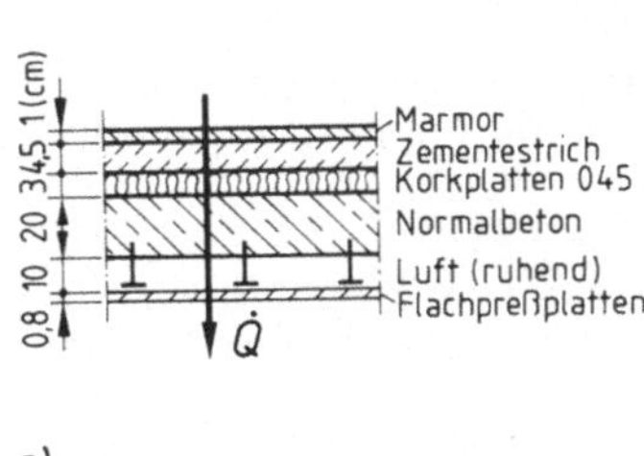

2.38   Bauteile mit ruhenden Luftschichten

Wärmedurchgangswiderstand von Bauteilen mit belüfteten Hohlräumen

16. Ermitteln Sie für das Sparrendach **2.39**
den Wärmedurchgangswiderstand
a) für den Rahmenbereich,
b) für den Gefachbereich.
(Beachten Sie: 1. R_a liegt im belüfteten
Raum, 2. Dachdeckung bleibt unberücksichtigt.)

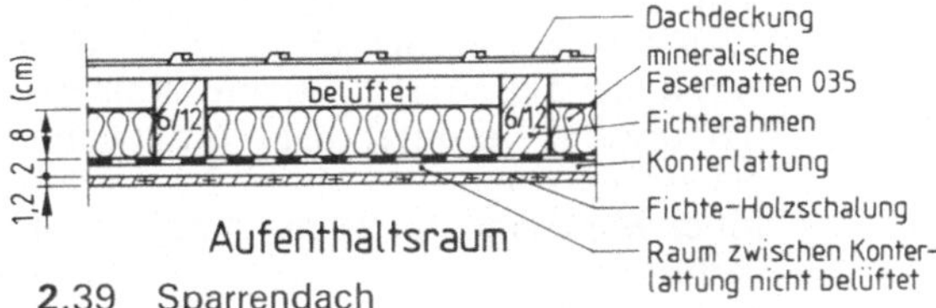

2.39   Sparrendach

2.6.3   Wärmedurchgangszahl

> Die Wärmedurchgangszahl k (kurz: k-Zahl) ist der Umkehrwert des Wärme-
> durchgangswiderstands. Sie gibt den Wärmedurchgang in W an, der durch
> eine Fläche von 1 m² bei 1 K Temperaturunterschied hindurchgeht.
>
> $$k = \frac{1}{R_k}$$
>
> k in $\dfrac{W}{m^2 \cdot K}$ R_k in m² · k/W

Beispiel 2.15   Für eine Wand wurde ein Wärmedurchgangswiderstand $R_k = 2{,}1$ m² · K/W
berechnet. Welche k-Zahl ergibt sich für die Wand?

Geg.: $R_k = 2{,}1$ m² · K/W; ges.: k

Lösung $k = \dfrac{1}{R_k} = \dfrac{1}{2{,}1 \text{ m}^2 \cdot \text{K/W}} = 0{,}48 \dfrac{W}{m^2 \cdot K}$

Für Türen und Fenster enthalten die Tabellen **2.46** und **2.49** k-Zahlen.

Aufgaben

17. Berechnen Sie die k-Zahl, wenn folgende Wärmedurchgangswiderstände ermittelt wurden:
    a) $R_k = 0{,}824\ \text{m}^2 \cdot \text{K/W}$
    b) $R_k = 0{,}621\ \text{m}^2 \cdot \text{K/W}$
    c) $R_k = 2{,}142\ \text{m}^2 \cdot \text{K/W}$
    d) Bei welchen R_k-Werten ergibt sich eine große bzw. kleine k-Zahl?

18. Wie groß sind bei folgenden k-Zahlen die Wärmedurchgangswiderstände?
    a) $k = 0{,}4\ \text{W/(m}^2 \cdot \text{K)}$
    b) $k = 0{,}95\ \text{W/(m}^2 \cdot \text{K)}$

19. Ermitteln Sie die k-Zahl für eine Innenwand aus zweimal 15 mm Kalkmörtelputz und
    a) 11,5 cm Lochziegel 1600 kg/m^3,
    b) 24 cm Lochziegel 1600 kg/m^3.
    c) Weshalb ist bei b) die k-Zahl nicht entsprechend der Ziegeldicke größer?

20. Ein Altbau hat je eine Außen- und Innenwand aus 24 cm Lochziegel mit 1200 kg/m^3 Rohdichte. Die Außenwand ist außen mit 20 mm Kalkzementmörtel verputzt. Die Innenseite der Außenwand und beide Seiten der Innenwand sind mit 20 mm Kalkmörtel verputzt.
    a) Berechnen Sie die k-Zahlen.
    b) Warum ist die k-Zahl der Außenwand größer?

21. Eine Außenwand aus 30 cm Kalksandstein 1000 kg/m^3 ist innen mit 15 mm Kalkmörtel und außen mit 20 mm Kalkzementmörtel verputzt.
    a) Welche k-Zahl ergibt sich nach den Tabellenwerten **2.45** und **2.47**?
    b) Um wieviel % verschlechtert sich die k-Zahl, wenn durch Feuchtigkeit in der Wand $\lambda_{\text{Kalksandstein}}$ auf $0{,}7\ \text{W/(m} \cdot \text{K)}$ ansteigt?

22. a) Ermitteln Sie die k-Zahl der Außenwand **2.38** a. (Übertragen Sie das Bild **2.38** a auf Ihr Lösungsblatt.)
    b) Welche k-Zahl ergibt sich, wenn kein Schaumstoff, jedoch 36,5 cm statt 24 cm dicke Leichtbeton-Lochsteine mit einer Rohdichte von 600 kg/m^3 bei sonst gleichem Wandaufbau verwendet werden?

23. Welche k-Zahl ergibt sich für eine Wohnungstrenndecke nach Bild **2.40**?

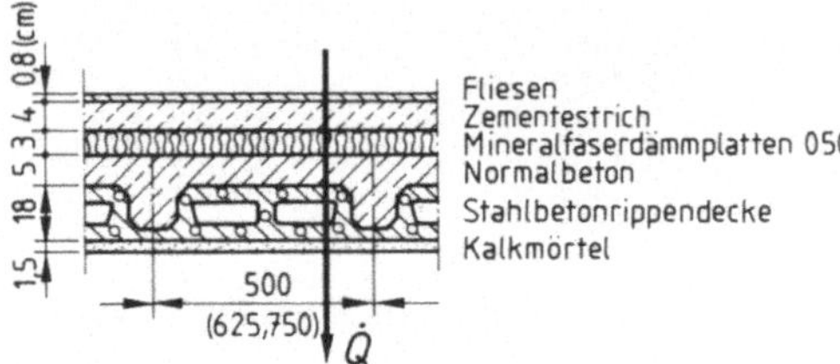

2.40 Wohnungstrenndecke

24. Eine Außenwand aus 24 cm Leichthochlochziegeln mit 1000 kg/m^3 Rohdichte soll eine k-Zahl von $0{,}44\ \text{W/(m}^2 \cdot \text{K)}$ erreichen. Die Wand wird außen mit 20 mm Kalkzementmörtel verputzt. Auf der Innenseite werden 10 mm dicke Gipskartonplatten mit PS-Schaum 030 angebracht. Welche Dicke muß der Schaumstoff haben?

25. a) Ermitteln Sie die k-Zahl für die Außenwand nach Bild **2.31** b. (Übertragen Sie das Bild **2.31** a auf Ihr Lösungsblatt.)
    b) Um wieviel % wäre die k-Zahl bei Verwendung von Leichthochlochziegeln mit 800 kg/m^3 Rohdichte kleiner?
    c) Bei welcher Rohdichte würde sich bei Verwendung von Gasbetonblocksteinen eine k-Zahl von $\leq 0{,}685\ \text{W/(m}^2 \cdot \text{K)}$ ergeben?

2.6.4 Wärmedurchgangszahl bei nachträglicher Wärmedämmung

Bei nachträglicher Wärmedämmung von Bauteilen muß die bisherige k-Zahl zunächst in den R_k-Wert zurückverwandelt werden (2.41). Zu diesem sind die zusätzlichen R_λ-Werte zu addieren. Das Ergebnis ergibt den neuen R_k-Wert.

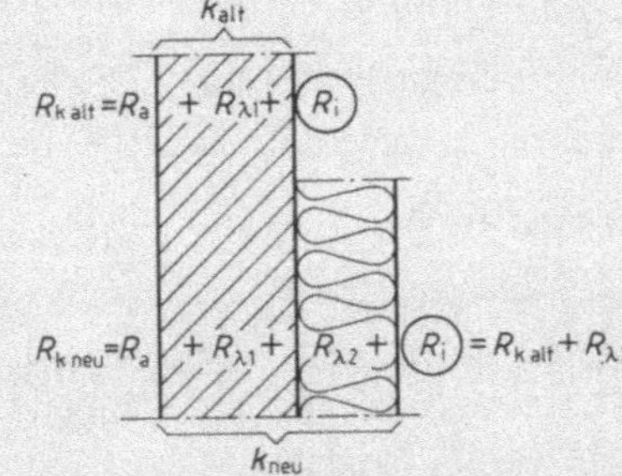

1. Schritt: $\quad R_{k\,alt} = \dfrac{1}{k_{alt}}$

2. Schritt: $\quad R_{k\,neu} = R_{k\,alt} + R_{\lambda\,\text{Wärmedäm}}$

3. Schritt: $\quad k_{neu} = \dfrac{1}{R_{k\,neu}}$

2.41 $\quad k$-Zahl bei nachträglicher Wärmedämmung

Beispiel 2.16 Eine Außenwand hat eine k-Zahl von 0,8 W/(m² · K). Sie soll nachträglich auf der Innenseite mit einer Verbundplatte aus 10 mm Gipskarton und 3 cm Schaumkunststoff 040 wärmegedämmt werden. Welche neue k-Zahl ergibt sich?

Geg.: $k_{alt} = 0,8$ W/(m² · K), $d_1 = 10$ mm, $d_2 = 30$ mm, λ_1 und λ_2 nach Tab. 2.47; ges.: k_{neu}

Lösung

$$R_{k\,alt} = \frac{1}{k_{alt}} = \frac{1}{0,8\ \text{W/(m}^2 \cdot \text{K)}} = 1,25\ \frac{\text{m}^2 \cdot \text{K}}{\text{W}}$$

$$R_{k\,neu} = 1,25\ \frac{\text{m}^2 \cdot \text{K}}{\text{W}} + \frac{d_1}{\lambda_1} + \frac{d_2}{\lambda_2}$$

$$R_{k\,neu} = 1,25\ \frac{\text{m}^2 \cdot \text{K}}{\text{W}} + \frac{0,01\ \text{m}}{0,21\ \text{W/(m} \cdot \text{K)}} + \frac{0,03\ \text{m}}{0,04\ \text{W/(m} \cdot \text{K)}}$$

$$R_{k\,neu} = (1,25 + 0,048 + 0,75)\ \frac{\text{m}^2 \cdot \text{K}}{\text{W}} = 2,048\ \frac{\text{m}^2 \cdot \text{K}}{\text{W}}$$

$$k_{neu} = \frac{1}{R_{k\,neu}} = \frac{1}{2,048\ \text{m}^2 \cdot \text{K/W}} = \mathbf{0,49\ \frac{\text{W}}{\text{m}^2 \cdot \text{K}}}$$

Aufgaben

26. In einem Altbau beträgt die k-Zahl einer Außenwand 1,2 W/(m² · K). Die Wand wird auf der Innenseite wärmegedämmt. Für die Berechnung der neuen k-Zahl sind zu berücksichtigen: 30 mm Polystyrolhartschaum 035 und 10 mm Gipskarton.
    a) Welche neue k-Zahl ergibt sich?
    b) Wieviel % beträgt die Verbesserung der k-Zahl?

27. Ein Altbau wird durch einen Anbau erweitert. Die Außenwand, an der angebaut wird, hat nach den ursprünglichen Berechnungen bei 2 cm Kalkzementmörtelputz eine k-Zahl von 0,86 W/(m² · K).
    Welche k-Zahl hat die Wand als Innenwand, wenn der seitherige Außenputz durch 10 mm Kalkmörtel-Innenputz ersetzt wird?

28. Bei einer Außenwand mit $k = 0,78$ W/ (m² · K) soll mit Verbundplatten aus 10 mm Gipskarton und PS-Hartschaum 030 die k-Zahl auf 0,429 W/ (m² · K) verbessert werden.
    Wie dick muß der Schaumstoff sein?

2.6.5 Wärmedurchgang durch eine beliebig große Wandfläche bei beliebiger Temperaturdifferenz

Abgeleitet von der k-Zahl, die den Wärmedurchgang in W durch 1 m² bei 1 K Temperaturunterschied angibt, erhält man für eine beliebig große Fläche und Temperaturdifferenz:

Wärmedurchgang = k-Zahl · Fläche · Temperaturdifferenz

$$\dot{Q} = k \cdot A \cdot \Delta t \qquad \dot{Q} \text{ in W} \qquad k \text{ in } \frac{W}{m^2 \cdot K} \qquad A \text{ in } m^2 \qquad \Delta t \text{ in K}$$

Beispiel 2.17 Wie groß ist der Wärmedurchgang in W durch eine Wand mit 12 m² und $k = 0{,}8$ W/(m² · K), wenn der Temperaturunterschied 5 K beträgt?
Geg.: $A = 12$ m², $k = 0{,}8$ W/(m² · K), $\Delta t = 5$ K; ges.: $\dot{Q}$ in W

Lösung $\dot{Q} = k \cdot A \cdot \Delta t = 0{,}8$ W/(m² · K) $\cdot$ 12 m² $\cdot$ 5 K = **48 W**

Aufgabe

29. Berechnen Sie den Wärmedurchgang in W durch eine 4,25 m breite und 2,75 m hohe Innenwand zwischen einem Wohnzimmer mit 20 °C und einem Flur mit 16 °C, wenn die k-Zahl 1,45 W/(m² · K) beträgt.

2.6.6 Wärmedurchgang durch eine Wandfläche mit unterschiedlicher k-Zahl oder Temperaturdifferenz

Hier wird $\dot{Q}$ für die einzelnen Flächen getrennt berechnet.

Außenwand $\qquad \dot{Q}_{Wand} = \dot{Q}_{Mauerwerk} + \dot{Q}_{Fenster}$
Innenwand **(2.42)** $\qquad \dot{Q}_{Wand} = \dot{Q}_{Wandteil\ 1} + \dot{Q}_{Wandteil\ 2}$

Aufgaben

30. Ein Wohnzimmer mit 20 °C grenzt mit einer 5,5 m langen und 2,80 m hohen Wand an eine Diele mit 17 °C. In der Wand ist eine Tür mit 2,05 m × 0,87 m. Die k-Zahl des Mauerwerks beträgt 1,85 W/(m² · K), die der Tür 2,0 W/(m² · K). Wieviel Wärme in W geht a) durch die Tür, b) durch das Mauerwerk, c) durch die Wand?

31. Ermitteln Sie den Wärmedurchgang vom Arbeitszimmer ins WC und in den Flur **(2.42)**.

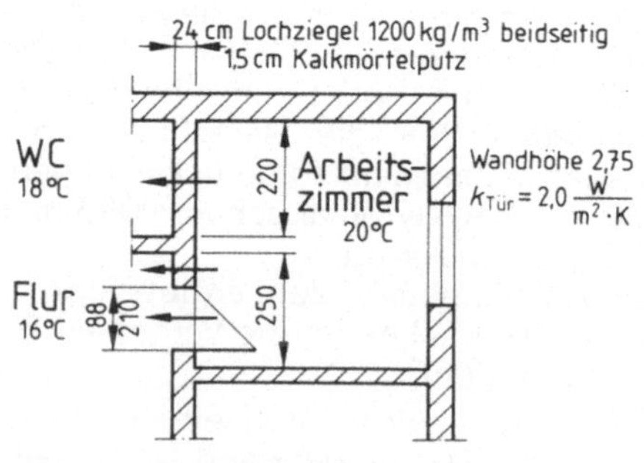

2.42 Grundriß Arbeitszimmer (Maße in cm)

2.7 Temperaturverlauf in Wänden

Bei einem Temperaturunterschied zwischen Raum- und Außenluft gibt es keinen sprunghaften Temperaturübergang. Die Temperatur fällt in Richtung des Wärmestroms an den Oberflächen und in den Wandschichten entsprechend den Wärmeübergangs- und Wärmeleitwiderständen. Die Summe der einzelnen Temperaturänderungen entspricht dem gesamten Temperaturunterschied: $\Delta t_1 + \Delta t_2 + \Delta t_3 + \cdots = \Delta t$ (2.43). Die Temperaturabstufungen in den einzelnen Bereichen hängen von den jeweiligen Widerständen ab. Den Anteilen der Einzelwiderstände am Gesamtwiderstand entsprechen die Anteile der Temperaturänderungen der Einzelschichten (Δt_s).

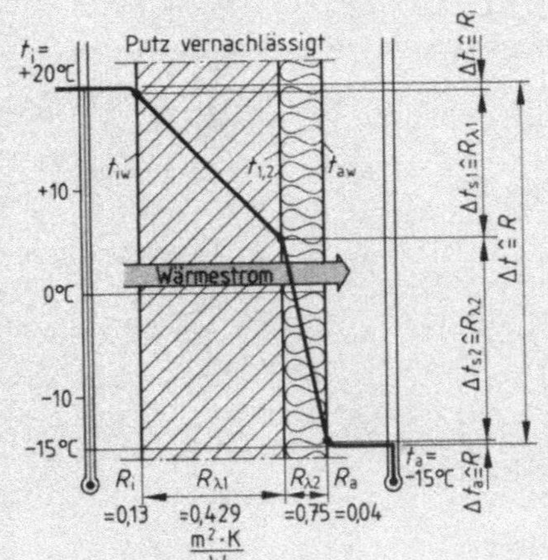

2.43 Temperaturverlauf in einer Wand

$$R_k = R_i + R_{\lambda 1} + R_{\lambda 2} + \cdots + R_a$$

Gesamtwiderstand

$$\frac{1}{1} = \boxed{\frac{R_i}{R_k}} + \frac{R_{\lambda 1}}{R_k} + \frac{R_{\lambda 2}}{R_k} + \cdots + \frac{R_a}{R_k}$$

Anteile der Einzelwiderstände am Gesamtwiderstand

$$\Delta t = \Delta t_i + \Delta t_{s1} + \Delta t_{s2} + \cdots + \Delta t_a$$

Gesamttemperaturdifferenz

$$\frac{1}{1} = \boxed{\frac{\Delta t_i}{\Delta t}} + \frac{\Delta t_{s1}}{\Delta t} + \frac{\Delta t_{s2}}{\Delta t} + \cdots + \frac{\Delta t_a}{\Delta t}$$

Anteile der Einzeltemperaturdifferenzen an der gesamten Temperaturdifferenz

---

$$\frac{R_i}{R_k} = \frac{\Delta t_i}{\Delta t} \;\rightarrow\; \Delta t_i = \Delta t \cdot \frac{R_i}{R_k}$$

$$\frac{R_{\lambda 1}}{R_k} = \frac{\Delta t_{s1}}{\Delta t} \;\rightarrow\; \Delta t_{s1} = \Delta t \cdot \frac{R_{\lambda 1}}{R_k}$$

$$\frac{R_a}{R_k} = \frac{\Delta t_a}{\Delta t} \;\rightarrow\; \Delta t_a = \Delta t \cdot \frac{R_a}{R_k}$$

Δt = gesamte Temperaturdifferenz
$\Delta t_i, \Delta t_a$ = Temperaturdifferenz an der Wandinnen- bzw. Wandaußenseite
Δt_{s1} = Temperaturdifferenz in der 1. Wandschicht
R_i, R_a = Wärmeübergangswiderstand innen bzw. außen
$R_{\lambda 1}$ = Wärmeleitwiderstand der 1. Wandschicht

Beispiel 2.18 Bestimmen Sie für die Außenwand **2.43** (Putz vernachlässigt)
a) den Temperaturabfall für die einzelnen Schichten,
b) die Temperaturen an den Grenzschichten.

Geg.: $t_i = 20\,°C$,
$t_a = -15\,°C$,
$R_i = 0{,}13 \; m^2 \cdot K/W$,
$R_a = 0{,}04 \; m^2 \cdot K/W$,
$R_{\lambda 1} = 0{,}429 \; m^2 \cdot K/W$,
$R_{\lambda 2} = 0{,}75 \; m^2 \cdot K/W$;
ges.: a) Δt_i, Δt_{s1}, Δt_{s2}, Δt_a;
b) t_{iw}, $t_{1,2}$, t_{aw}

Lösung

a) $\Delta t = 20\,°C - (-15)\,°C = 35\,°C$

$R_k = (0{,}13 + 0{,}429 + 0{,}75 + 0{,}04)\,m^2 \cdot K/W = 1{,}349\,m^2 \cdot K/W$

$$\Delta t_i = \Delta t \cdot \frac{R_i}{R_k} = 35\,°C \cdot \frac{0{,}13\,m^2 \cdot K/W}{1{,}349\,m^2 \cdot K/W} = \mathbf{3{,}37\,°C}$$

$$\Delta t_{s1} = \Delta t \cdot \frac{R_{\lambda 1}}{R_k} = 35\,°C \cdot \frac{0{,}429\,m^2 \cdot K/W}{1{,}349\,m^2 \cdot K/W} = \mathbf{11{,}13\,°C}$$

$$\Delta t_{s2} = \Delta t \cdot \frac{R_{\lambda 2}}{R_k} = 35\,°C \cdot \frac{0{,}75\,m^2 \cdot K/W}{1{,}349\,m^2 \cdot K/W} = \mathbf{19{,}46\,°C}$$

$$\Delta t_a = \Delta t \cdot \frac{R_a}{R_k} = 35\,°C \cdot \frac{0{,}04\,m^2 \cdot K/W}{1{,}349\,m^2 \cdot K/W} = \mathbf{1{,}04\,°C}$$

b) $t_{iw} = t_i - \Delta t_i = 20\,°C - 3{,}37\,°C = \mathbf{16{,}63\,°C}$

$t_{1,2} = t_{iw} - \Delta t_{s1} = 16{,}63\,°C - 11{,}13\,°C = \mathbf{5{,}5\,°C}$

$t_{aw} = t_a + \Delta t_a = -15\,°C + 1{,}04\,°C = \mathbf{-13{,}96\,°C}$

Aufgaben

1. Bestimmen Sie für die Außenwand **2**.31 b
   a) Δt für die einzelnen Schichten, wenn $t_i = 21\,°C$ und $t_a = -12\,°C$ sind,
   b) die Temperaturen an den Schichtübergängen.
   c) Wie wirkt sich eine steigende Außentemperatur auf die Wandtemperaturen aus?

2. Ermitteln Sie für die Außenwand **2**.31 c
   a) Δt für die einzelnen Schichten, wenn $t_i = 20\,°C$ und $t_a = -14\,°C$ sind,
   b) die Temperaturen an den Schichtübergängen,
   c) die Oberflächentemperaturen innen und außen, wenn die Wand ohne die Wärmedämmung ausgeführt wäre.
   d) Welche Vorteile ergibt die zusätzliche Wärmedämmung?

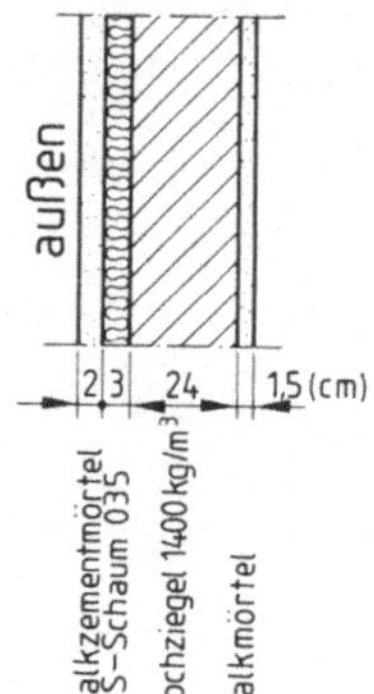

2.44 Außenwand

3. Bestimmen Sie für die Außenwände nach den Bildern **2**.38 a und **2**.44
   a) Δt für die einzelnen Schichten bei $t_i = 22\,°C$ und $t_a = -14\,°C$,
   b) die Temperaturen an den Schichtübergängen,
   c) die Frostgrenze. (Beachten Sie: Innerhalb einer Schicht fällt die Temperatur gleichmäßig ab.)
   d) Zeichnen Sie die Wandprofile mit dem Temperaturverlauf maßstäblich.

4. Ermitteln Sie für eine Wand mit a) $k = 0{,}45\,W/(m^2 \cdot K)$, b) $k = 0{,}86\,W/(m^2 \cdot K)$, c) $k = 1{,}05\,W/(m^2 \cdot K)$ die Oberflächentemperaturen innen und außen, wenn $t_i = 20\,°C$ und $t_a = -12\,°C$ sind.

5. Ein im Erdgeschoß liegender Wohnraum hat eine Temperatur von 20 °C. Außenmauerwerk $k = 0{,}38\,W/(m^2 \cdot K)$, Fenster $k = 2{,}5\,W/(m^2 \cdot K)$, Fußboden $k = 1{,}44\,W/(m^2 \cdot K)$.
   a) Bestimmen Sie die Oberflächentemperaturen auf den raumseitigen Oberflächen für die Außentemperatur $-14\,°C$ und Kellertemperatur $+5\,°C$.
   b) Um wieviel °C wäre die Oberflächentemperatur am Fenster höher, wenn ein Fenster mit Wärmeschutzglas – $k = 1{,}7\,W/(m^2 \cdot K)$ – eingebaut wäre?
   c) Warum hat die Heizkörperanordnung am Fenster Einfluß auf die Oberflächentemperatur der Fensterinnenseite?

80

2.8 Wärmebedarfsberechnung für Gebäude nach DIN 4701

Hier behandeln wir die Wärmebedarfsberechnung

- für Räume in durchgehend voll- bzw. teilweise eingeschränkt beheizten Schulen, Wohn-, Büro- und Verwaltungsgebäuden (keine Sonderfälle) → Normwärmebedarf $\dot{Q}_N$ ($\hat{=}$ Heizkörperleistung),
- für Gebäude als Gesamtanlage → Norm-Gebäudewärmebedarf $\dot{Q}_{N\,Geb}$.

Normwärmebedarf. Die Berechnungen werden für bestimmte äußere Bedingungen ($=$ Normwitterungsbedingungen) und festgelegte Innentemperaturen vorgenommen, und zwar jeweils als Wärmeverlustberechnung bei stationärem Zustand (zeitliche Konstanz).

Der Normwärmebedarf $\dot{Q}_N$ ergibt sich aus zwei verschiedenen Wärmeverlusten.

$$\dot{Q}_N = \begin{matrix} \text{Wärmedurchgang durch} \\ \text{die Umfassungsflächen} \end{matrix} + \begin{matrix} \text{Wärmeverlust durch} \\ \text{Luftaustausch} \end{matrix}$$

$$\dot{Q}_N = \begin{matrix} \text{Norm-Transmissions-} \\ \text{wärmebedarf } \dot{Q}_T \end{matrix} + \begin{matrix} \text{Norm-Lüftungs-} \\ \text{wärmebedarf } \dot{Q}_L \end{matrix}$$

$$\dot{Q}_N = \dot{Q}_T + \dot{Q}_L$$

2.8.1 Norm-Transmissionswärmebedarf für Räume, die nicht an Erdreich grenzen[1])

Der Norm-Transmissionswärmebedarf $\dot{Q}_T$ ist die Summe der Wärmedurchgänge durch die Umschließungsflächen eines Raumes. Dabei ersetzen wir k in der schon bekannten Formel $\dot{Q} = k \cdot A \cdot \Delta t$ durch eine u.U. korrigierte Wärmedurchgangszahl $=$ Norm-Wärmedurchgangszahl k_N. So ergibt sich der

$$\begin{matrix} \text{Norm-} \\ \text{Transmissions-} \\ \text{wärmebedarf} \end{matrix} = \begin{matrix} \text{Summe der Wärmedurchgänge} \\ \text{durch die Umschließungsflächen} \end{matrix} \qquad \dot{Q}_T = \dot{Q}_1 + \dot{Q}_2 + \cdots$$

bzw.

$$\begin{matrix} \text{Norm-} \\ \text{Transmissions-} \\ \text{wärmebedarf} \end{matrix} = \text{Summe} \left(\begin{matrix} \text{Norm-Wärmedurch-} \\ \text{gangszahl} \end{matrix} \cdot \text{Fläche} \cdot \begin{matrix} \text{Temperatur-} \\ \text{differenz} \end{matrix} \right)$$

$$\dot{Q}_T = \Sigma(k_N \cdot A \cdot \Delta t)$$

Dezimalstellen:	keine	zwei	eine	keine

---

[1]) Für Räume, die an Erdreich grenzen, ist das Berechnungsverfahren in der Fachkunde aufgezeigt. Auf Aufgaben wird hier verzichtet.

1. Berechnen der Flächen A (in m^2 auf 1 Dezimale)

Flächenmaße	a) Raumlänge und -breite	lichte Rohbaumaße	⎱ in m auf
(aus dem Grund-	b) Raumhöhe	Geschoßhöhe	⎰ 2 Dezimal-
riß z. B. **2.57**)	c) Fenster und Türen	Maueröffnung	stellen

Abkürzungen	AF $=$ Außenfenster	DA $=$ Dach	IT $=$ Innentür
	AT $=$ Außentür	DE $=$ Decke	IW $=$ Innenwand
	AW $=$ Außenwand	FB $=$ Fußboden	

2. Ermitteln der Norm-Wärmedurchgangszahl k_N

Als Grundlage dienen Baubeschreibung, Schnittdarstellungen und Tabellen. Beachten Sie:

- **Bei innenliegenden Raumumschließungsflächen** braucht die k-Zahl nicht korrigiert zu werden.

$$k_N = k = \frac{1}{R_k} \qquad R_k = R_i + R_{\lambda 1} + R_{\lambda 2} + \cdots + R_i \text{ (Innenbauteile)}$$

R_i und R_a s. Tab. **2.45**, λ- bzw. $\frac{1}{\lambda}$-Werte Tab. **2.47**, k-Zahlen Innentüren Tab. **2.46**

- **Bei Außenflächen** (Wände, Türen s. Tab. **2.46**, Fenster s. Tab. **2.49**) gibt es für die k-Zahl Korrekturwerte, die verschiedene Einflüsse ausgleichen:

  Außenflächen-Korrekturwert Δk_A (2.50 auf S. 85). Durch ihn ergibt sich eine höhere Raumlufttemperatur als Ausgleich für niedrige Oberflächentemperaturen an den Außenflächen. Er wird zur k-Zahl addiert.

  Sonnen-Korrekturwert Δk_S (2.51 auf S. 85). Er berücksichtigt, daß transparente Flächen einen Wärmegewinn bringen.

Norm-Wärmedurchgangszahl k_N

- innenliegende Bauteile $\qquad k_N = k = \dfrac{1}{R_k}$

- Außenmauerwerk $\qquad k_N = k + \Delta k_A$

- Fenster $\qquad k_N = k + \Delta k_A + \Delta k_S$

Tabelle **2.45** **Wärmeübergangswiderstände Raum- bzw. Außenluft $\leftrightarrow$ Bauteile in m^2 K/W**

R_i für senkrechte Bauteile (Innenflächen)	0,13
für Fußboden und Decken $\dot{Q}\uparrow$	0,13
für Fußboden und Decken $\dot{Q}\downarrow$	0,17
R_a für Außenseiten von Gebäuden	0,04
für durchlüftete Hohlräume (Fassaden, Flachdächer)	0,09

Tabelle **2.46** **Wärmedurchgangskoeffizient k für Außen- und Innentüren nach DIN 4701 T 2 in W/(m$^2 \cdot$ K)**

Außentüren bis 50% Glasanteil ($>$ Tab. **2.49**)	
Holz, Kunststoff	3,5
Metall, wärmegedämmt	4,0
Metall, ungedämmt	5,5
Innentüren	2,0

Tabelle **2.47 Wärmeschutztechnische Kennwerte nach DIN 4108 T4** (Auszug)

Stoff	Rohdichte-klasse[1]) in $\frac{kg}{m^3}$	Rechenwert λ (Wärme-leitzahl) in $\frac{W}{m \cdot K}$	spezifischer Wärmeleit-widerstand $\frac{1}{\lambda}$ in $\frac{m \cdot K}{W}$
Mörtel, Estrich			
Kalkmörtel, Kalkzementmörtel, Mörtel aus hydraulischem Kalk	(1800)	0,87	1,149
Zementmörtel, Zementestrich	(2000)	1,4	0,714
Anhydritestrich	(2100)	1,2	0,833
Gußasphaltestrich, Dicke $\geq$ 15 mm	(2300)	0,9	1,111
Beton, Bauplatten			
Normalbeton nach DIN 1045	(2400)	2,1	0,476
Leicht- und Stahlleichtbeton mit geschlossenem Gefüge (porige Zuschläge)	(1200)	0,59	1,695
	(1600)	0,87	1,149
	(2000)	1,2	0,833
Wandbauplatten aus Leichtbeton nach DIN 18162	800	0,29	3,448
	1000	0,37	2,703
	1200	0,47	2,128
Gipskartonplatten nach DIN 18180	(900)	0,21	4,762
Mauerwerk einschließlich Fugen			
Voll-, Loch-, hochfeste Ziegel nach DIN 105	1200	0,50	2,0
	1400	0,58	1,724
	1600	0,68	1,47
	2000	0,96	1,042
Leichthochlochziegel nach DIN 105	700	0,36	2,778
	800	0,39	2,564
	1000	0,45	2,222
Kalksandsteine nach DIN 106	1000	0,50	2,0
	1200	0,56	1,786
	1600	0,79	1,266
Gasbetonblocksteine nach DIN 4165	600	0,24	4,167
	800	0,29	3,448
Leichtbetonlochsteine nach DIN 18149	600	0,35	2,857
	800	0,47	2,128
	1000	0,65	1,538
	1600	1,0	1,0
Wärmedämmstoffe			
PUR- bzw. PS-Hartschaum			
– Wärmeleitfähigkeitsgruppe 020		0,020	50
– Wärmeleitfähigkeitsgruppe 025		0,025	40
– Wärmeleitfähigkeitsgruppe 030		0,030	33,3
– Wärmeleitfähigkeitsgruppe 035		0,035	28,6
– Wärmeleitfähigkeitsgruppe 040		0,040	25
Mineralische und pflanzliche Faserdämmstoffe nach DIN 18165			
– Wärmeleitfähigkeitsgruppe 035		0,035	28,6
– Wärmeleitfähigkeitsgruppe 040		0,040	25
– Wärmeleitfähigkeitsgruppe 050		0,050	20

Tabelle **2.47**, Fortsetzung

Stoff	Rohdichte-klasse[1]) in $\frac{kg}{m^3}$	Rechenwert λ (Wärme-leitzahl) in $\frac{W}{m \cdot K}$	spezifischer Wärmeleit-widerstand $\frac{1}{\lambda}$ in $\frac{m \cdot K}{W}$
Wärmedämmstoffe			
Korkplatten nach DIN 18161			
– Wärmeleitfähigkeitsgruppe 045		0,045	22,2
– Wärmeleitfähigkeitsgruppe 055		0,055	18,2
Holzwerkstoffe			
Fichte, Kiefer (quer zur Faser)	(600)	0,13	7,692
Buche, Eiche (quer zur Faser)	(800)	0,20	5
Flachpreßplatten nach DIN 68761/68763	(700)	0,13	7,692
Bodenbeläge			
PVC	(1500)	0,23	4,348
Teppichboden		≈0,08	≈12,5
Fliesen (oberer Grenzwert)	(2000)	1,0	1
Granit, Marmor	(2800)	3,5	0,286
Andere Stoffe			
Glas	(2500)	0,81	1,235
Kies	(1800)	0,70	1,429

[1]) Rohdichtewerte in Klammern sind Klassenbezeichnungen und dienen zum Ermitteln der flächenbezogenen Masse. Rechenwerte der Wärmeleitfähigkeit von Mauerwerk dürfen bei werksmäßig hergestellten Leichtmauermörteln aus Zuschlägen mit porigem Gefüge nach DIN 4226 ohne Quarzsandzusatz – bei Festmörtelrohdichte ≤ 1000 kg/m³ – um 0,06 W/(m · K) verringert werden.

Tabelle **2.48** **Wärmeleitwiderstände R_λ von Decken nach DIN 4108 T4** (Auszug)

Bezeichnung und Darstellung	Dicke s in mm	R_λ in $\frac{m^2 \cdot K}{W}$ im Mittel	an ungünstig-ster Stelle
Stahlbetonrippendecke (ohne Aufbeton und Putz)	160	0,22	0,08
	180	0,23	0,09
	200	0,24	0,1
Stahlbetonbalkendecke (ohne Aufbeton und Putz)	160	0,2	0,08
	180	0,22	0,09
	200	0,24	0,1

Tabelle **2.49** **Wärmedurchgangskoeffizient k_V für Verglasungen und k_F für Fenster(türen) nach DIN 4108 T 4 in W/(m² · K)**

Normalglas	k_V (nur Verglasung)	k_F für Rahmenmaterialgruppe			
		1 Holz, Kunststoff	2.1 wärmegedämmte Metall- oder Betonprofile mit k_R < 2,8	2.2 2,8 bis 3,5	2.3 > 3,5 bis 4,5
Einfachverglasung	5,8	5,2			
Isolierglas mit Luftzwischenraum					
≥ 6 bis ≤ 8 mm	3,4	2,9	3,2	3,3	3,5
> 8 bis ≤ 10 mm	3,2	2,8	3,0	3,2	3,4
> 10 bis ≤ 16 mm	3,0	2,6	2,9	3,1	3,3
zweimal ≥ 6 bis ≤ 8 mm	2,4	2,2	2,5	2,6	2,9
zweimal > 8 bis ≤ 10 mm	2,2	2,1	2,3	2,5	2,7
zweimal > 10 bis ≤ 16 mm	2,1	2,0	2,3	2,4	2,7
Doppelverglasung mit 20 bis 100 mm Scheibenabstand	2,8	2,5	2,7	2,9	3,2
Sondergläser s. DIN 4108 T 4					

Bei Fenstern mit ≤ 5% Rahmenanteil (z. B. Schaufenster) kann für k_F auch k_V der Verglasung gesetzt werden.

Einstufung der Fensterrahmen in Rahmenmaterialgruppen

1: Rahmen aus Holz, Kunststoff und Holzkombinationen ohne bes. Nachweis oder wenn k_R (k_{Rahmen}) ≤ 2,0 W/(m² · K) nachgewiesen wurde. Kunststoff nur, wenn er die Profilausbildung bestimmt und Metalleinlagen nur zum Aussteifen dienen.

2.1: Rahmen aus wärmegedämmten Metall- oder Betonprofilen, wenn k_R < 2,8 W/(m² · K) nachgewiesen wurde

2.2: wie 2.1, wenn k_R = 2,8 bis 3,5 W/(m² · K) nachgewiesen wurde

2.3: wie 2.1, wenn k_R = 3,5 bis 4,5 W/(m² · K) nachgewiesen wurde

Tabelle **2.50** **Außenflächen-Korrekturwerte Δk_A für die k-Zahl von Außenflächen**

k-Zahl in $\frac{W}{m^2 \cdot K}$	0 bis 1,5	1,6 bis 2,5	2,6 bis 3,1	3,2 bis 3,5
Δk_A in $\frac{W}{m^2 \cdot K}$	0	0,1	0,2	0,3

Tabelle **2.51** **Sonnen-Korrekturwerte Δk_s für die k-Zahl transparenter Außenflächen**

Verglasungsart	Δk_s in $\frac{W}{m^2 \cdot K}$
Klarglas (Normalglas)	− 0,3
Spezialglas (Sonderglas)	− 0,35 · g_v

g_v = Gesamt-Energiedurchlaßgrad nach DIN 4108 T 2

3. Ermitteln der Temperaturdifferenz Δt

Die Temperaturdifferenz wird in K ohne Dezimale in die Berechnungsformel für den Wärmedurchgang eingesetzt. Der Temperaturunterschied wird für einzelne Raumumschließungsflächen ermittelt.

> **Bei Innenbauteilen** aus $\Delta t = t_i - t_i'$

t_i = Norm-Innentemperatur (= empfundene Temperatur) nach Tab. **2.52** oder individuell vereinbarter Wert)

t_i' = Temperatur im Nebenraum
 - bei Vollbeheizung nach Tab. **2.52** (oder wie vereinbart),
 - bei teilweise eingeschränkter Beheizung (**2.53**),
 - bei nicht beheizten Räumen (**2.53**),
 - bei nicht beheizten Treppenhäusern mit einer Außenwand (**2.53**),
 - bei nicht beheizten angrenzenden Dachräumen und Luftschichten belüfteter Flachdächer nach Tab. **2.54**.

Tabelle 2.52 **Norm-Innentemperaturen t_i für beheizte Räume nach DIN 4701 T 2**

Raumart	t_i in °C
Wohnhäuser	
vollbeheizte Gebäude	
Wohn- und Schlafräume, Küchen, Aborte	20
Bäder	24
geheizte Nebenräume (Vorräume, Flure)	15
Treppenräume	10
teilweise eingeschränkt beheizte Gebäude	
zu berechnender Raum s. vollbeheizte Räume	
an den zu berechnenden Raum angrenzende Wohn- und Schlafräume	15
Verwaltungsgebäude (Nebenräume s. Wohnhäuser)	
Büroräume, Sitzungszimmer, Ausstellungsräume, Schalterhallen	20
Aborte	15

Tabelle 2.53 **Rechenwerte für Temperaturen t_i' in Nachbarräumen nach DIN 4701 T 2**

Räume		Norm-Außentemperatur in °C				
		≥ -10	-12	-14	-16	≤ -18
Nicht beheizte Nachbarräume						
ohne Gebäude-Eingangstüren, Kellerräume		7	6	5	4	3
mit Gebäude-Eingangstüren (z.B. Vorflure,						
Windfänge, eingebaute Garagen)		4	3	2	1	0
Vorgebaute Treppenräume		-5	-7	-9	-10	-11
Fremdbeheizte Nachbarräume, Heizräume		15	15	15	15	15
Nicht beheizte Treppenräume	KG/EG	6	5	4	3	2
mit 1 AW und normaler thermischer	1.OG	11	10	9	9	8
Kopplung an das Gebäude	2.OG	12	11	11	10	10

Tabelle 2.54   Rechenwerte für Temperaturen t_i' in nicht beheizten angrenzenden Dachräumen und in der Luftschicht belüfteter Flachdächer nach DIN 4701 T 2

1. Geschlossene Dachräume			Norm-Außentemperatur in °C				
Dachaußenfläche (DIN 4701 T 2 Tab. 7)	R_k in $\dfrac{m^2 \cdot K}{W}$ nach außen R_k	zu beheizten Räumen R_k	≥ -10	-12	-14	-16	≤ -18
			t_i'				
undicht $= 2{,}5$ Luftwechsel/h	0,4 (0,2 s. DIN 4701 T 2)	0,8 1,6	-4 -7	-6 -9	-7 -10	-9 -12	-11 -14
dicht $= 0{,}5$ Luftwechsel/h	0,4 (0,2 s. DIN 4701 T 2)	0,8 1,6	-3 -6	-4 -8	-6 -9	-7 -11	-9 -13
	0,8	0,8 1,6	1 -3	0 -5	-1 -6	-3 -8	-4 -9
	1,6	0,8 1,6	5 0	4 -1	3 -2	2 -4	1 -5
2. Luftschicht belüfteter Flachdächer und Fassaden $\left(R_a = 0{,}09\,\dfrac{m^2 \cdot K}{W}\right)$			-7	-9	-11	-13	-15

$$\Delta t \text{ bei Außenflächen} = t_i - t_a \leftarrow t_a = t_a' + \Delta t_a$$

t_a = Norm-Außentemperatur

t_a' = örtlich festgelegte Außenlufttemperatur (niedrigstes Zweitagesmittel, das in 20 Jahren 10mal erreicht oder unterschritten wurde, s. Fachkunde, Abschn. 2.7.1.1) nach Bild **2.56** auf S. 88 oder DIN 4701 T 2 Tab. 1.

Δt_a = Außentemperatur-Korrekturwert nach Tab. **2.55**. Er berücksichtigt die Speicherfähigkeit des Bauwerks und ist abhängig von der Bauart (außenflächenbezogenen Speichermasse

$$\frac{m}{\Sigma A_a} = \frac{\text{Speichermasse des Raumes}}{\text{Summe aller Außenflächen eines Raumes}}.$$

Die Außentemperaturkorrektur wird einheitlich für das gesamte Gebäude festgelegt, die außenflächenbezogene Speichermasse dagegen nur für den ungünstigsten Raum mit maximal 2 Außenwänden ermittelt. Der ungünstigste Raum hat die geringste flächenbezogene Speichermasse (Δt_a klein → geringe Außentemperaturkorrektur). Die Außentemperaturkorrektur ist gering, wenn die Speichermasse des Raumes klein oder insgesamt eine große Außenfläche vorhanden ist (Außenflächen auf 2 begrenzt).

Bei Massivbauweise läßt sich die Masse m (Tab. **2.47**) für die Bestimmung der Bauart überschlägig ermitteln nach der Formel $m \approx m_{Aa} + 1/2\,m_{Ai}$ (für Beton und Mauerwerk ohne Holz, Stahl, Glas und Wärmedämmstoffe).

Tabelle 2.55   Außentemperatur-Korrekturwert nach DIN 4701 T 1

Bauart	außenflächenbezogene Speichermasse m $\dfrac{m}{\Sigma A_a}$ in $\dfrac{kg}{m^2}$	Δt_a in K
leicht	600	0
schwer	600 bis 1400	2
sehr schwer	über 1400	4

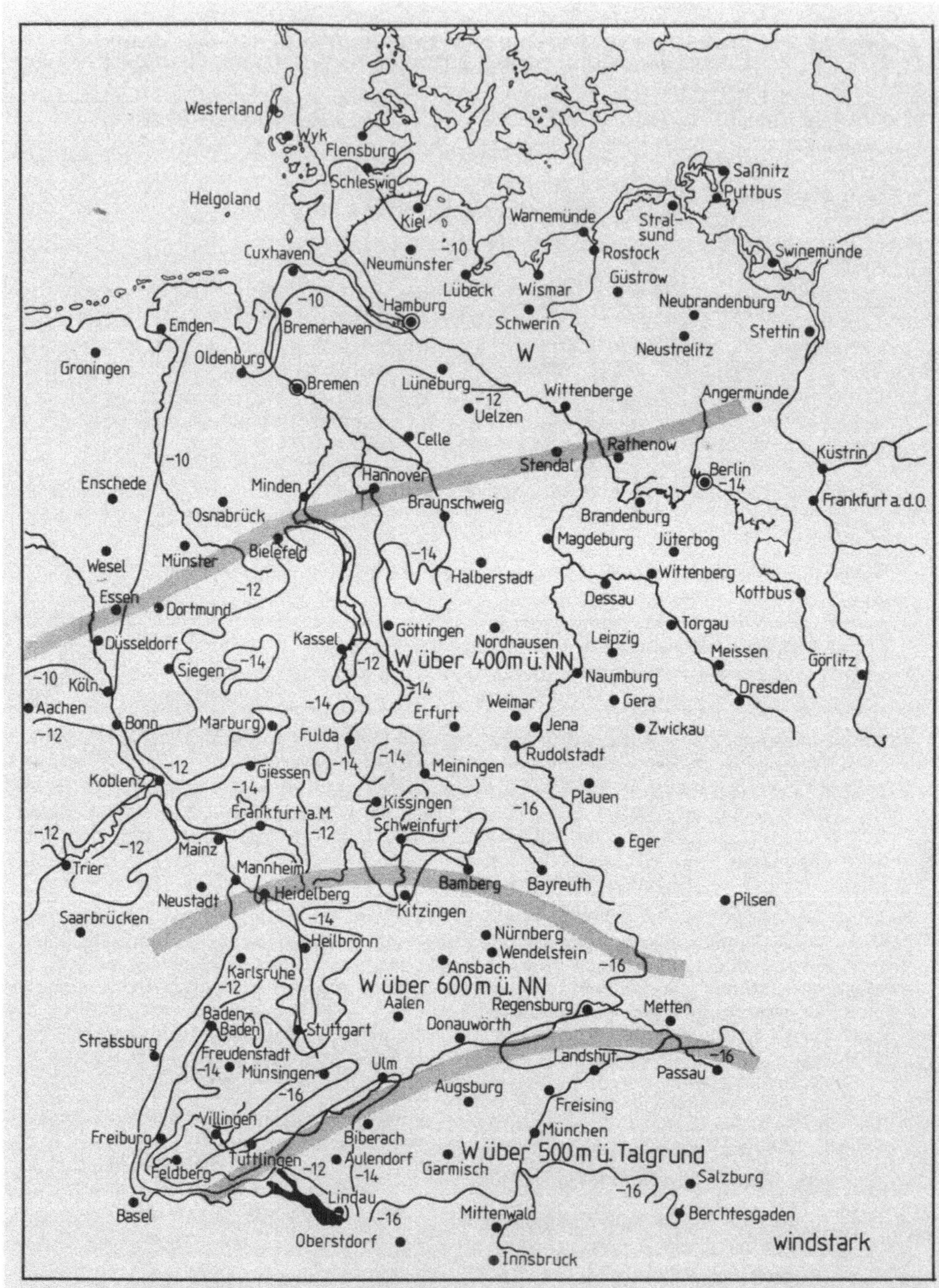

2.56 Isothermenkarte nach DIN 4701 T2
(genaue Werte für Orte mit 20 000 Einwohnern s. DIN 4701 T2 Tab. 1)

Beispiel 2.19 Norm-Transmissionswärmebedarf nicht erdreichberührter Räume

Ermitteln Sie den Norm-Transmissionswärmebedarf $\dot{Q}_T$ für das Kinderzimmer **2.57**. Der darüberliegende Raum hat eine Temperatur von 20 °C. Der darunterliegende Raum ist ein unbeheizter Keller. Die Heizkörpernische hat durch Wärmedämmung die gleiche k-Zahl wie das Außenmauerwerk.

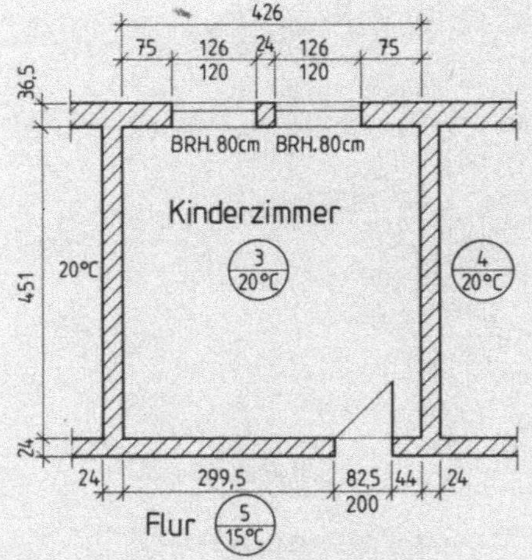

2.57 Kinderzimmer (Maße in cm)

Baubeschreibung

- Gebäude sehr schwere Bauart in Karlsruhe
- IW Lochziegel 1400 kg/m^3
- AW Leichthochlochziegel 700 kg/m^3
- Innenputz 1,5 cm Kalkmörtel
- Außenputz 2 cm Kalkzementmörtel
- Fenster mit Holzrahmen, Isolierverglasung mit 14 mm Luftzwischenraum

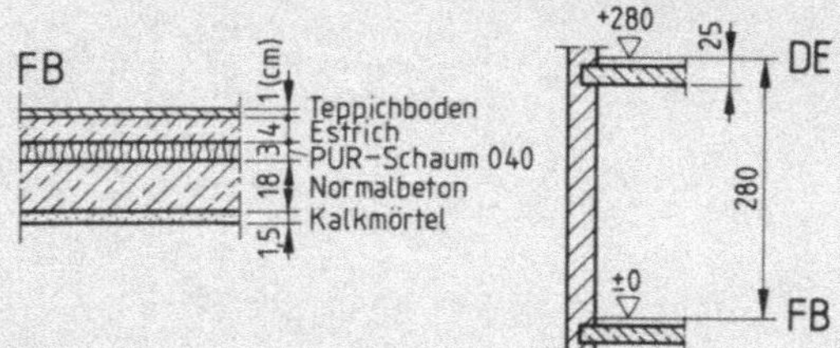

Lösung Es brauchen nur die Bauteile berücksichtigt zu werden, an denen ein Temperaturunterschied vorhanden ist.

1. Ermitteln der k-Zahlen

	AF	AW-Mauerwerk $d \cdot \dfrac{1}{\lambda}$ (Tab. **2.47**)	IT	IW $d \cdot \dfrac{1}{\lambda}$ (Tab. **2.47**)	FB $d \cdot \dfrac{1}{\lambda}$ (Tab. **2.47**)
R_i		0,130		0,130	0,170
$R_{\lambda 1}$		$0{,}015 \cdot 1{,}149 = 0{,}017$		$0{,}015 \cdot 1{,}149 = 0{,}017$	$0{,}01 \ \cdot 12{,}5 \ = 0{,}125$
$R_{\lambda 2}$	Tab.	$0{,}365 \cdot 2{,}778 = 1{,}014$	Tab.	$0{,}24 \ \cdot 1{,}724 = 0{,}414$	$0{,}04 \ \cdot \ 0{,}714 = 0{,}029$
$R_{\lambda 3}$	**2.49**	$0{,}02 \ \cdot 1{,}149 = 0{,}023$	**2.46**	$0{,}015 \cdot 1{,}149 = 0{,}017$	$0{,}03 \ \cdot 25 \ = 0{,}750$
$R_{\lambda 4}$					$0{,}18 \ \cdot \ 0{,}476 = 0{,}086$
$R_{\lambda 5}$					$0{,}015 \cdot \ 1{,}149 = 0{,}017$
R_i/R_a		0,040		0,130	0,170
R_k		1,224		0,708	1,347
$k = \dfrac{1}{R_k}$	2,6	0,82	2,0	1,41	0,74
Δk_A (Tab. **2**.50)	+0,2	0	–	–	–
Δk_S (Tab. **2**.51)	−0,3	–	–	–	–
k_N	2,5	0,82	2,0	1,41	0,74

Lösung,
Fortsetzung

2. Ermitteln der fehlenden Temperaturwerte

a) $t'_a = -12\,°C$ **(2.56)**

$\Delta t_a = +\ 4\,°C$ **(2.55)**

$t_a = t'_a + \Delta t_a = -12\,°C + 4\,°C = -8\,°C$ $\left.\rule{0pt}{3.5em}\right\} \Delta t_{i/a} = 28\,°C$

$t_i = 20\,°C$

b) $\Delta t_{i/Fl} = 5\,°C$

c) $t_{iK} = 7\,°C\ \rightarrow\ \Delta t_{i/K} = 13\,°C$

3. Ermitteln der Flächen (1 Dezimale)

$A_{AF} = (1,26\,\text{m} \times 1,20\,\text{m}) \cdot 2 = 3,0\,\text{m}^2$

$A_{AW} = 4,26\,\text{m} \times 2,80\,\text{m} - 3,0\,\text{m}^2 = 8,9\,\text{m}^2$

$A_{IT} = 0,82\,\text{m} \times 2,0\,\text{m} = 1,6\,\text{m}^2$

$A_{IW} = 4,26\,\text{m} \times 2,80\,\text{m} - 1,6\,\text{m}^2 = 10,3\,\text{m}^2$

$A_{FB} = 4,51\,\text{m} \times 4,26\,\text{m} = 19,2\,\text{m}^2$

4. Ermitteln von $\dot{Q}_T$

$\dot{Q}_{AF} = k_{NAF} \cdot A_{AF} \cdot \Delta t = 2,5\ \dfrac{W}{m^2 \cdot K} \cdot\ 3\ \,m^2 \cdot 28\,K = 210\,W$

$\dot{Q}_{AW} = k_{NAW} \cdot A_{AW} \cdot \Delta t = 0,82\ \dfrac{W}{m^2 \cdot K} \cdot\ 8,9\,m^2 \cdot 28\,K = 204\,W$

$\dot{Q}_{IT} = k_{NIT} \cdot A_{IT} \cdot \Delta t = 2,0\ \dfrac{W}{m^2 \cdot K} \cdot\ 1,6\,m^2 \cdot\ 5\,K = 16\,W$

$\dot{Q}_{IW} = k_{NIW} \cdot A_{IW} \cdot \Delta t = 1,41\ \dfrac{W}{m^2 \cdot K} \cdot 10,3\,m^2 \cdot\ 5\,K = 73\,W$

$\dot{Q}_{FB} = k_{NFB} \cdot A_{FB} \cdot \Delta t = 0,74\ \dfrac{W}{m^2 \cdot K} \cdot 19,2\,m^2 \cdot 13\,K = 185\,W$

$$\dot{Q}_T = \mathbf{688\,W}$$

Aufgaben

1. Wie groß ist der Norm-Transmissionswärmebedarf des Wohnraums **2.58**? Der Raum befindet sich in einem Gebäude mit mittelschwerer Bauart in Nürnberg. Der darüber- und darunterliegende Raum sind auf ebenfalls 20 °C ausgelegt. Die wärmegedämmten Heizkörpernischen haben die gleiche k-Zahl wie das Außenmauerwerk.

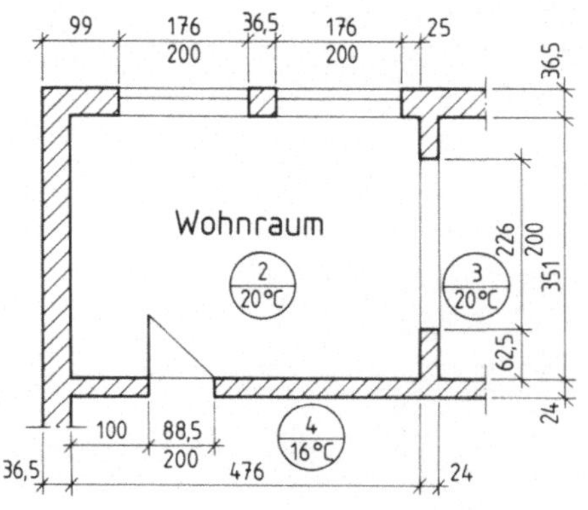

2.58
Wohnraum (Maße in cm)

Baubeschreibung

– IW: $k_N = 1,35\ \text{W/m}^2 \cdot \text{K}$

– AW: $k_N = 0,58\ \text{W/m}^2 \cdot \text{K}$

– Fenster mit Holzrahmen, Isolierverglasung mit 12 mm Luftzwischenraum

– Geschoßhöhe 2,75 m

2. Ermitteln Sie den Norm-Transmissionswärmebedarf für das Arbeitszimmer 2.59. Es liegt über einem unbeheizten Keller. Der Raum über dem Arbeitszimmer hat 20 °C. Das Gebäude entspricht schwerer Bauart und steht in Hannover.

3. Für den Wohnraum 2.60 in einem Gebäude mittelschwerer Bauart in Dortmund ist der Norm-Transmissionswärmebedarf zu ermitteln. Der darüberliegende Raum wird ebenfalls auf 20 °C beheizt, der darunterliegende Keller ist unbeheizt.

2.59
Arbeitszimmer (Maße in cm)

Baubeschreibung

- IW Lochziegel 1200 kg/m^3
- AW Leichthochlochziegel 700 kg/m^3
- Heizkörpernische Lochziegel 1200 kg/m^3, PS-Schaum 035 4 cm, Gipskarton 1 cm
- Innenputz Kalkmörtel 1,5 cm
- Außenputz Kalkzementmörtel 2 cm
- Fußboden $k_N = 0{,}81$ W/(m^2 · K)
- Geschoßhöhe 2,80 m
- Fenster mit Holzrahmen, Isolierglas mit zweimal 12 mm Luftzwischenraum

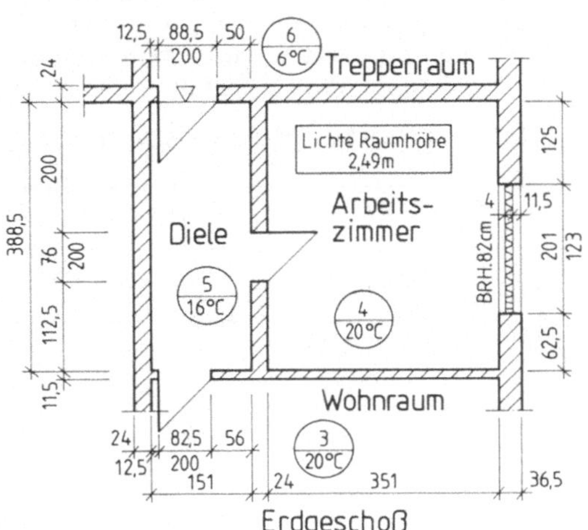

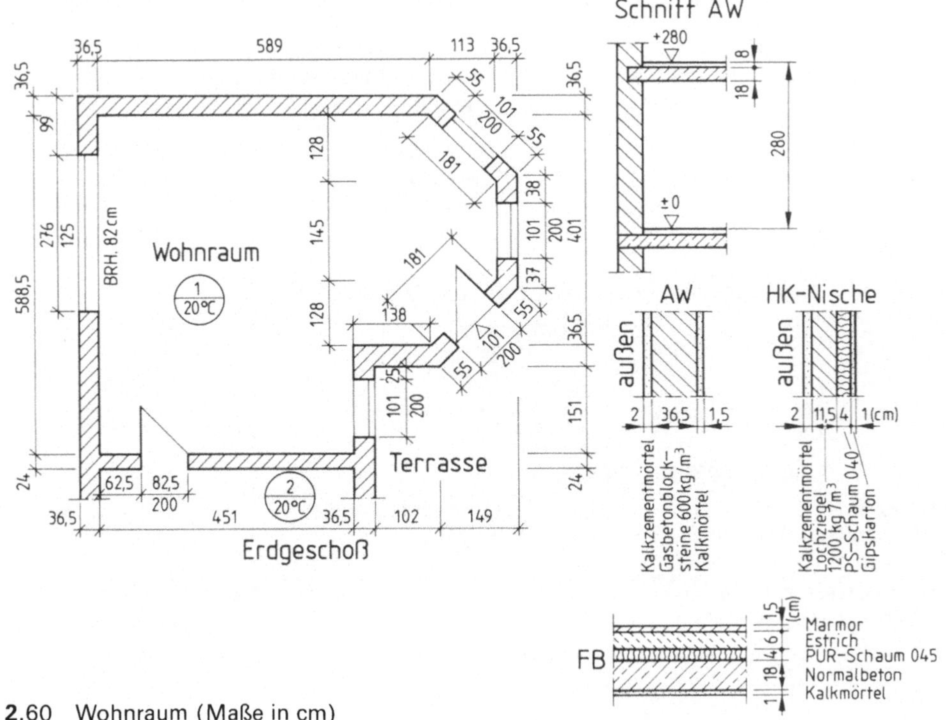

2.60 Wohnraum (Maße in cm)

2.8.2 Norm-Lüftungswärmebedarf für Gebäude bis 10 m Höhe und ohne maschinelle Lüftung

Der in beheizten Räumen stete, freie Luftaustausch mit der Atmosphäre (Kaltluft strömt über die Fensterfugen ein und strömt erwärmt über die Türfugen ab) verursacht einen zusätzlichen Wärmebedarf, um die eingeströmte Außenluft auf Raumlufttemperatur zu erwärmen. Dieser zusätzliche Wärmebedarf heißt Norm-Lüftungswärmebedarf $\dot{Q}_L$ und ist für jeden Raum zu ermitteln. Hierzu sind 2 Berechnungsverfahren anzuwenden, wobei der größere Wert den Norm-Lüftungswärmebedarf darstellt.

1. Norm-Lüftungswärmebedarf $\dot{Q}_{LF}$ bei freier Lüftung

$$\dot{Q}_{LFL} = \Sigma (a \cdot l) \cdot H \cdot r \cdot (t_i - t_a) \quad \text{in W}$$

Faktoren	Bemerkung
l in m (2 Dezimalstellen)	Fugenlänge (Einzellängen = Maße der Maueröffnung)
a = Fugendurchlaßkoeffizient Tab. **2.61**	Dichtheit der Fugen
$\Sigma (a \cdot l) = \underbrace{\Sigma (a \cdot l)}_{\text{1 Dezimnale}}$ für AF und AT $+$ $\Sigma (a \cdot l)$ für Rolladen Tab. **2.61**	wird berechnet für den ungünstigsten Fall der Windanströmung, und zwar – bei Eckräumen für die beiden aneinanderstoßenden Außenflächen mit der größten Durchlässigkeit – bei eingebauten Räumen mit gegenüberliegender AW für die Wand mit der größten Durchlässigkeit
H = Hauskenngröße Tab. **2.62**	berücksichtigt Anzahl der nicht windangeströmten Gebäudeseiten, über die schließlich die Luft abströmt, und Windeinfluß (Gebäudetyp und -lage)
r = Raumkennzahl Tab. **2.63**	berücksichtigt Abströmmöglichkeit im Raum (Innentüren) und Produkt $a \cdot l$ (Fugendurchlässigkeit)

Tabelle 2.61 **Fugendurchlaßkoeffizient a nach DIN 4701 T 2**

Bezeichnung		Gütemerkmal	a in $\dfrac{m^3}{m \cdot h \cdot Pa^{2/3}}$
Fenster	zu öffnen	sehr dicht	0,3
		dicht	0,6
	nicht zu öffnen	normal	0,1
Außentüren (Dreh- und Schiebetüren)		sehr dicht, mit umlaufendem dichtem Anschlag	1
		normal, mit Schwelle	2
Rolläden und Außenjalousien mit Rollmechanik von außen (von innen) zugänglich		normal	$a \cdot l = 0,2$ (4) in $\dfrac{m^3}{h \cdot Pa^{2/3}}$

Tabelle 2.62   **Hauskenngröße H nach DIN 4701 T2**

Gegend	Gebäudelage	H in $\dfrac{W \cdot h \cdot Pa^{\frac{2}{3}}}{m^3 \cdot K}$		Windgeschwindigkeit m/s
		freistehendes Einfamilienhaus, Reihenendhaus	Reihenmittelhaus	
windschwach	normal	0,72	0,52	2
	frei	1,8	1,3	4
windstark	normal	1,8	1,3	4
	frei	3,1	2,2	6

Tabelle 2.63   **Raumkennzahl r nach DIN 4701 T2**

Innentüren Anzahl	Durchlässigkeiten der Fassaden $\Sigma (a \cdot l)$ in $\dfrac{m^3}{h \cdot Pa^{\frac{2}{3}}}$		Raumkennzahl r
	IT ohne Schwelle	IT mit Schwelle (dicht)	
1	≤ 30	≤ 10	0,9
	> 30	> 10	0,7
2	≤ 60	≤ 20	0,9
	> 60	> 20	0,7
3	≤ 90	≤ 30	0,9
	> 90	> 30	0,7
Bei Räumen ohne Innentüren zwischen An- und Abströmseite			1

2. Mindestwert des Norm-Lüftungswärmebedarfs $\dot{Q}_{Lmin}$

Der bei einer freien Lüftung auftretende Volumenstrom reicht bei guter Fugendichtheit für die Mindestlüftung eines Raumes vielfach nicht aus. Für Daueraufenthaltsräume ist stündlich mindestens ein 0,5facher, für innenliegende Sanitärräume ein wenigstens 4facher Luftwechsel erforderlich. Daraus ergibt sich der Mindestwert des Norm-Lüftungswärmebedarfs

$$
\begin{array}{ll}
\text{für Daueraufenthaltsräume} & \text{für innenliegende Sanitärräume} \\[4pt]
\underset{\substack{W \quad W/(m^3 \cdot K) \quad m^3 \quad K}}{\dot{Q}_{Lmin} = 0{,}17 \cdot V_{Raum} \cdot (t_i - t_a)} & \dot{Q}_{Lmin} = 1{,}36 \cdot V_{Raum} (t_i - t_u) \ \ \text{in W} \\[8pt]
\quad\quad \text{aus } c_L \cdot \varrho_L \cdot 0{,}5 & t_u = \text{Temperatur der nachströmenden Luft} \\[8pt]
\dot{Q}_L = \dot{Q}_{LFL}, \text{ wenn } \dot{Q}_{LFL} > \dot{Q}_{Lmin} & \dot{Q}_L = \dot{Q}_{Lmin}, \text{ wenn } \dot{Q}_{Lmin} > \dot{Q}_{LFL} \ \text{ ohne Dezimale}
\end{array}
$$

Beispiel 2.20   Für das Kinderzimmer 2.57 ist der Norm-Lüftungswärmebedarf $\dot{Q}_L$ zu ermitteln. Der Raum befindet sich in einem freistehenden Einfamilienhaus in normaler Lage in Karlsruhe. Beide Fenster sind 1flügelig, dicht und zum Öffnen. Die Rolladenmechanik ist von innen zugänglich. Die Tür hat eine Schwelle und ist dicht.

Aufgaben

4. Ermitteln Sie die Fugenlängen für die Fenster **2.64** a bis c.

5. Ermitteln Sie den Mindestwert des Norm-Lüftungswärmebedarfs $\dot{Q}_{Lmin}$ für ein Wohnzimmer mit $t_i = 20\,°\text{C}$ und 74 m³ Raumvolumen in einem Gebäude mittelschwerer Bauart bei einer Außentemperatur von $-14\,°\text{C}$. ($\rightarrow$ Norm-Außentemperatur $t_a = ?$)

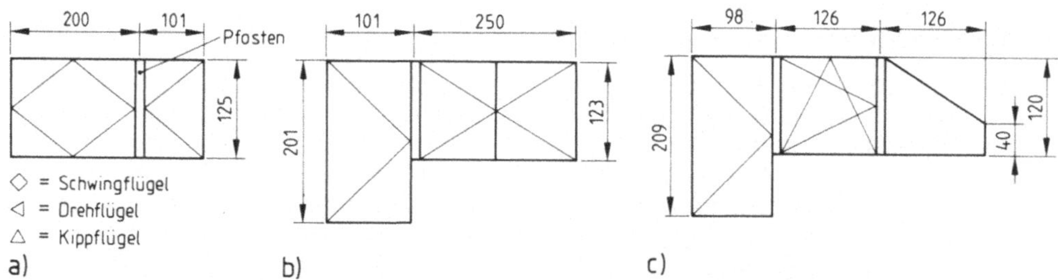

2.64 Fenster

6. Bestimmen Sie den Norm-Lüftungswärmebedarf für das Schlafzimmer **2.65**. Die Raumhöhe beträgt 2,42 m. Das Fenster ist festverglast, die Außentür zum Drehen und Kippen mit normaler Dichtheit. Die Rolladenmechanik beider Rolläden ist von innen zugänglich. Die Innentür hat eine Schwelle. Das Reihenendhaus steht in einer windschwachen Gegend in normaler Lage.

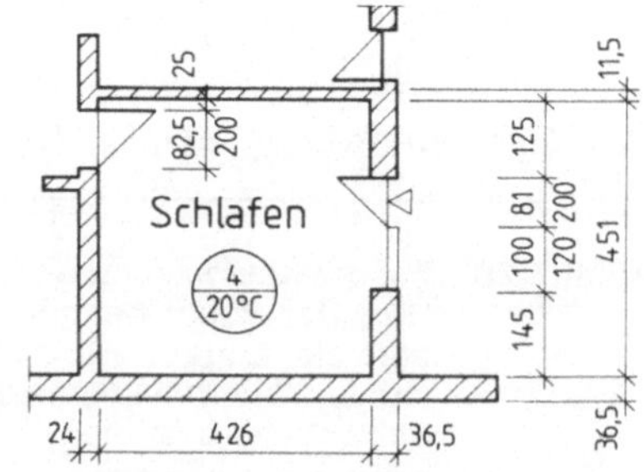

2.65 Schlafzimmer (Maße in cm)

7. Bestimmen Sie den Norm-Lüftungs-wärmebedarf durch freie Lüftung $\dot{Q}_{L\,FL}$ für das Arbeitszimmer und die Diele **2.59**. Das Einfamilienhaus entspricht schwerer Bauart und befindet sich in Hannover ($t_a = ?$) in freier Lage. Das Fenster im Arbeitszimmer ist 2flügelig, dicht, ohne Mittelpfosten und zum Öffnen. Für den Rolladen ist $a \cdot l = 4$ zu setzen. Die Innentüren sind ohne Schwelle, die Außentür ist normal abgedichtet.

2.8.3 Norm-Wärmebedarf $\dot{Q}_N$

$$\dot{Q}_N = \dot{Q}_T + \dot{Q}_L \text{ in W, gerundet auf 10 W}$$

Beispiel 2.21 Für den Raum 6 der Etagenwohnung **2.66** im EG eines 2geschossigen Reihenendhauses ist der Norm-Wärmebedarf $\dot{Q}_N$ zu ermitteln. Die Innentemperaturen des Nachbarraums ist nach Tab. **2.52** zu wählen. Die Temperatur im darüberliegenden Raum mit gleichen Abmessungen beträgt ebenfalls 22°C, die Temperatur im Keller 6°C.

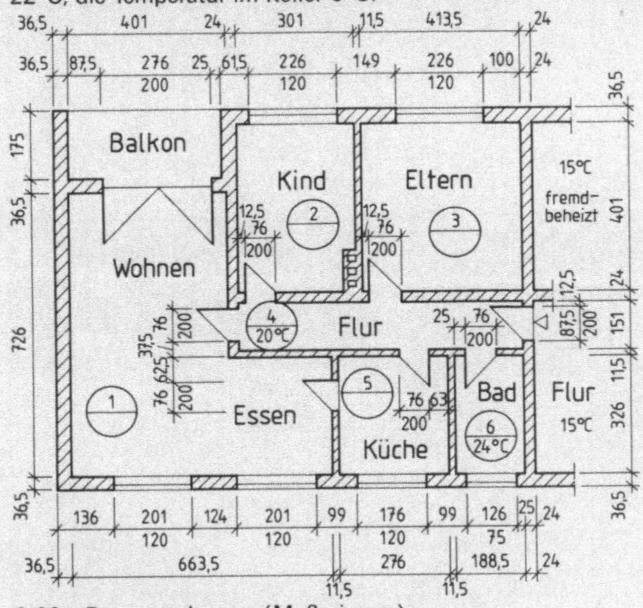

2.66 Etagenwohnung (Maße in cm)

Baubeschreibung
- Reihenendhaus in normaler Lage in Bayreuth, schwere Bauweise
- Geschoßhöhe 2,72 m
- Raumhöhe 2,45 m
- $k_{N\,AF/Balkontür} = 2{,}5$ W/(m² · K)
- $k_{N\,IT\,(Eingang)} = 2{,}0$ W/(m² · K)
- $k_{N\,AW\,36{,}5\,und\,HK\text{-}Nischen} = 0{,}68$ W/(m² · K)
- $k_{N\,AW\,24} = 0{,}95$ W/(m² · K)
- $k_{N\,IT} = 2{,}0$ W/(cm² · K)
- $k_{N\,IW\,24} = 1{,}20$ W/(m² · K)
- $k_{N\,IW\,11{,}5} = 1{,}78$ W/(m² · K)
- $k_{N\,FB} = 0{,}81$ W/(m² · K)
- Balkontür (normale Ausführung) und AF mit Holzrahmen
- Fenster dicht, zum Öffnen, 2flügelig ohne Pfosten (Bad und Küche 1flügelig), Bad und Küche ohne Rolladen; für Rolladen gilt jeweils $a \cdot l = 4$
- IT ohne Schwelle

Projekt/Auftrag/Kommission:		Datum:	Seite:
Bauvorhaben:			
Raumnummer: 6	Raumbezeichnung: Bad Bild 2.66		

Norm-Innentemperatur:	$t_1 = 24$ °C	Hauskenngröße:	$H = 0{,}72$ $\frac{W \cdot h \cdot Pa^{2/3}}{m^3 \cdot K}$
Norm-Außentemperatur:	$t_a = 12$ °C	Anzahl der Innentüren:	$n_T = 1$
Raumvolumen:	$V_R = 14{,}9$ m³	Höhe über Erdboden:	$h < 10$ m
Gesamt-Raumumschließungsfläche:	$A_{ges} = -$ m²	Höhenkorrekturfaktor (angeströmt):	$\varepsilon_{SA} = -$
Temperatur der nachströmenden Umgebungsluft:	$t_U = -$ °C	Höhenkorrekturfaktor (nicht angeströmt):	$\varepsilon_{SN} = -$
Abluftüberschuß:	$\Delta \dot{V} = -$ m³/s	Höhenkorrekturfaktor (angeströmt):	$\varepsilon_{GA} = -$

			Flächenberechnung					Transmissions-Wärmebedarf			Luftdurchlässigkeit					
1	2	3	4	5	6	7	8	9	10	11	12	13	14	15	16	17
Kurzbezeichnung	Himmelsrichtung	Anzahl	Breite	Höhe bzw. Länge	Fläche	Fläche abziehen? (−)	in Rechnung gestellte Fläche	Norm-Wärmedurchgangskoeffizient	Temperaturdifferenz	Transmissions-Wärmebedarf des Bauteils	Anzahl waagerechter Fugen	Anzahl senkrechter Fugen	Fugenlänge	Fugendurchlaßkoeffizient	Durchlässigkeit des Bauteils	an- oder nicht angeströmt (A/N)
−	−	n	b	h	A	−	A'	$\overset{\times}{k_N}$	$\overset{\times}{\Delta t}$	$\overset{=}{\dot{Q}_T}$	n_w	n_s	l	a	$a \cdot l$	
−	−	−	m	m	m²	−	m²	$\frac{W}{m^2 \cdot K}$	K	W	−	−	m	$\frac{m^3}{m \cdot h \cdot Pa^{1/2}}$	$\frac{m^3}{h \cdot Pa^{1/2}}$	−
AF		1	1,26	0,75	0,9	−	0,9	2,50	36	81	2	2	4,02	0,6	2,4	
AW		1	1,88	2,72	5,1	0,9	4,2	0,68	36	103	kein Rolladen					
IT		1	0,76	2,00	1,5	−	1,5	2,00	4	12	$\Sigma a \cdot l$			=		2,4
IW		1	1,88	2,72	5,1	1,5	3,6	1,78	4	26						
IW		1	3,26	2,72	8,9	−	8,9	1,20	9	96						
IW		1	3,26	2,72	8,9	−	8,9	1,78	4	63						
FB		1	1,88	3,26	6,1	−	6,1	0,81	9	44						

$$425 \quad \dot{Q}_{LFL} = \Sigma(a \cdot l) \cdot H \cdot r \cdot \Delta t$$
$$= 2{,}4 \cdot 0{,}72 \cdot 0{,}9 \cdot 36 = 56 \text{ W}$$
$$\dot{Q}_{Lmin} = 0{,}17 \cdot 14{,}9 \cdot 32 = 81 \text{ W}$$

angeströmte Durchlässigkeiten:	$\Sigma(a \cdot l)_A = 6{,}4$ $\frac{m^3}{h \cdot Pa^{1/2}}$		Norm-Lüftungswärmebedarf:	$\dot{Q}_L = 81$	W
nicht angeströmte Durchlässigkeiten:	$\Sigma(a \cdot l)_N = -$ $\frac{m^3}{h \cdot Pa^{1/2}}$		Norm-Transmissions-Wärmebedarf:	$\dot{Q}_T = 425$	W
Raumkennzahl:	$r = 0{,}9$		Krischer-Wert:	$D = -$ $\frac{W}{m^2 \cdot K}$	
Lüftungswärmebedarf durch freie Lüftung:	$\dot{Q}_{LFL} = 50$ W		anteiliger Lüftungswärmebedarf:	$\dot{Q}_L / \dot{Q}_T = -$	
Lüftungswärmebedarf durch RLT-Anlagen:	$\Delta \dot{Q}_{RLT} = -$ W		Norm-Wärmebedarf:	$\dot{Q}_N = 506$	W
Mindest-Lüftungswärmebedarf:	$\dot{Q}_{Lmin} = 82$ W			510	W

2.67 Formblatt zum Berechnen des Normwärmebedarfs

Aufgaben

8. a) Ermitteln Sie den Normwärmebedarf für die Räume 1 bis 5 der Etagenwohnung **2.66**. Fehlende Innentemperaturen sind nach Tab. **2.52** festzulegen. Grundriß und Innentemperaturen des OG sind gleich wie im EG. Für den Keller sind die Temperaturen nach Tab. **2.53** zu wählen. Der Heizraum liegt unter Raum 2.

   b) Zeichnen Sie ein Blockdiagramm, das die Wohnflächen der einzelnen Räume und deren Normwärmebedarf ($\dot{Q}_N = \dot{Q}_T + \dot{Q}_L$ = zwei aufeinandergesetzte Balken) darstellt. Maßstab A: 1 cm $\cong$ 5 m², Maßstab $\dot{Q}$: 1 cm $\cong$ 400 W.

9. Bestimmen Sie für die Räume 1 bis 5 im EG des Einfamilienhauses **2.68** den Normwärmebedarf. Die Temperaturen im EG und UG sind nach den Tabellen **2.52** und **2.53** zu wählen. Der Heizraum liegt unter der Küche. Über der Küche befindet sich ein Bad mit 24 °C. Die anderen Räume im OG haben dieselben Temperaturen wie im EG.

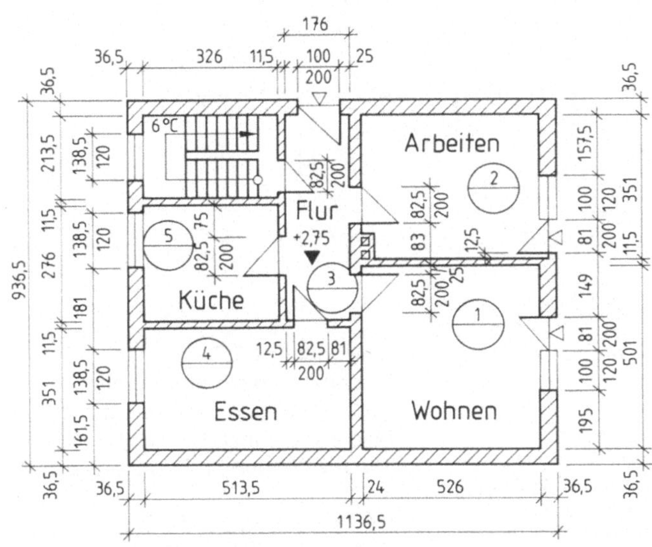

2.68 Einfamilienhaus EG (Maße in cm)

Baubeschreibung

- Einfamilienhaus in Frankfurt, freie Lage, schwere Bauweise
- Geschoßhöhe 2,70 m
- Raumhöhe 2,43 m
- IW Lochziegel 1400 kg/m³, 2 × 1,5 cm Kalkmörtelputz
- AW Gasbetonsteine 600 kg/m³, 1,5 cm Kalkmörtelputz, 2 cm Kalkzementmörtelputz
- HK-Nischen gleiche k-Zahl wie AW
- IT mit Schwelle
- AT (Eingang) sehr dicht, Holz

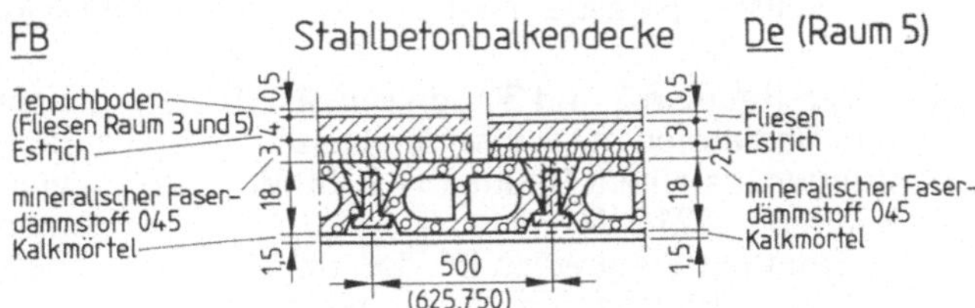

- AF und Glastüren mit Holzrahmen, Isolierglas mit 14 mm Luftzwischenraum, 1 flügelig, Fenster zum Öffnen, dicht, Glastüren in normaler Ausführung
- Rolladen jeweils $a \cdot l = 4$

10. Das Einfamilienhaus **2.**69 steht in normaler Lage in Berlin. Für die Räume 1 bis 6 im EG ist der Normwärmebedarf zu ermitteln. Das OG ist nicht ausgebaut (Dachausführung s. Baubeschreibung). Der Heizraum liegt unter Raum 3. Unter dem Wohnzimmer befindet sich ein Hobbyraum mit 20 °C Raumtemperatur. Die fehlenden Gebäudeinnentemperaturen sind den Tabellen **2.**52 bis **2.**54 zu entnehmen.

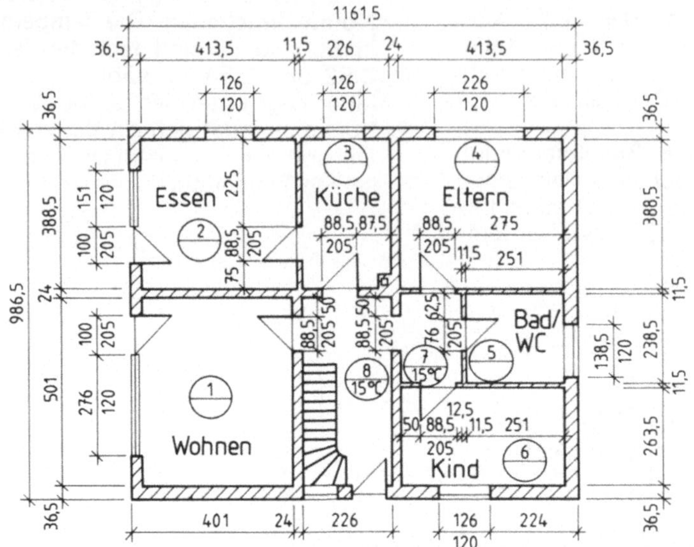

2.69 Einfamilienhaus (Maße in cm)

Baubeschreibung

- schwere Bauweise in normaler Lage in Berlin
- IT mit Schwelle
- AF und Glastüren mit Holzrahmen, Isolierglas mit 16 mm Luftzwischenraum, alle Fenster dicht und zum Öffnen, 1flügelig in den Räumen 2, 3, 5 und 6, 2flügelig (ohne Pfosten) in den Räumen 1 und 4, Glastüren in normaler Ausführung
- Rolladen jeweils $a \cdot l = 4$

- Geschoßhöhe 2,75 m
- Innenputz 1,5 cm Kalkmörtelputz
- Außenputz 2 cm Kalkzementmörtelputz
- Mauerwerk innen Lochziegel 1400 kg/m³
- Mauerwerk außen Gasbetonsteine 800 kg/m³
- HK-Nischen $k_{NHK} = k_{NAW}$
- Decke EG k_N 0,8 W/(m² · K)
- Dach R_k 0,4 m² · K/W, dicht
- FB EG k_N = 0,75 W/(m² · K)

11. In den Räumen 2 und 3 nach Bild **2.**70 sind Radiatoren mit folgenden Heizleistungen installiert: Raum 2 = 2250 W, Raum 3 = 2210 W.

   a) Ermitteln Sie jeweils für den gegebenen Bauzustand den tatsächlichen Normwärmebedarf nach der gültigen DIN 4701.

   b) Um wieviel % ist jeweils die Heizkörperleistung zu groß?

   c) Eine Gebäudesanierung soll eine weitere Reduzierung der erforderlichen Heizkörperleistung und Vorlauftemperatur bringen. Um wieviel % können folgende Maßnahmen im einzelnen den Normwärmebedarf beider Räume senken?

   - Ersetzen der eingebauten Fenster durch neue mit Holzrahmen und Isolierglas (12 mm Luftzwischenraum, gleichbleibende Teilung, zum Öffnen, dicht);

- Wärmedämmung der Kellerdecke von unten mit 3 cm PS-Schaum 030;
- Außendämmung mit 4 cm Mineralfaserdämmstoff 035 und vorgehängter, hinterlüfteter Fassade. (Beachten Sie: Außentemperatur = Temperatur im belüfteten Zwischenraum Tab. **2.54**; der Wärmeübergang außen erfolgt im belüfteten Zwischenraum $\rightarrow R_a$ nach Tab. **2.45**).
d) Wie kann die Heizkörperüberdimensionierung sinnvoll ausgenutzt werden?

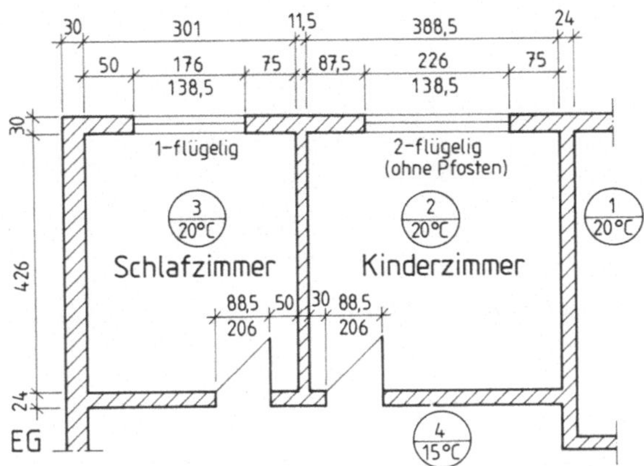

2.70 Altbausanierung (Maße in cm)

Baubeschreibung

- Einzelhaus, normale Lage, windschwache Gegend
- $t_a = -12\,°C$
- $t_{i\,UG} = 6\,°C$, $t_{i\,OG} = -4\,°C$
- $k_{N\,AW\,alt} = 1{,}28\ \mathrm{W/(m^2 \cdot K)}$
- $k_{N\,IW} = 1{,}55\ \mathrm{W/(m^2 \cdot K)}$
- $k_{N\,IT} = 2{,}0\ \mathrm{W/(m^2 \cdot K)}$
- $k_{N\,AF\,alt} = 3{,}2\ \mathrm{W/(m^2 \cdot K)}$
- $k_{N\,FB\,alt} = 1{,}24\ \mathrm{W/(m^2 \cdot K)}$
- $k_{N\,DE} = 1{,}38\ \mathrm{W/(m^2 \cdot K)}$
- Fenster alt: dicht, zum Öffnen
- Außentür alt: normale Ausführung
- Rolladen jeweils $a \cdot l = 4$
- IT ohne Schwelle
- Geschoßhöhe 2,78 m
- Raumhöhe 2,52 m

2.8.4 Norm-Gebäudewärmebedarf $\dot{Q}_{N\,Geb}$

Der Norm-Gebäudewärmebedarf $\dot{Q}_{N\,Geb}$ wird für die Auslegung des Wärmeerzeugers eines Gebäudes gebraucht. Es ist kleiner als die Summe aus dem Norm-Transmissions- plus Norm-Lüftungswärmebedarf aller Räume, weil der Norm-Lüftungswärmebedarf zum gleichen Zeitpunkt nur in einem Teil der Räume auftritt (wechselnde Windrichtung; ein Teil der Räume erhält warme Luft aus anderen Räumen – nicht kalte Außenluft). Man rechnet:

$\dot{Q}_{N\,Geb}$ = Summe des Norm-Transmissionswärmebedarfs plus die Hälfte des Norm-Lüftungswärmebedarfs aller Räume

$$\dot{Q}_{N\,Geb} = \sum \dot{Q}_T + \frac{1}{2} \sum \dot{Q}_L \qquad \text{in W}$$

Beispiel 2.22 Für ein Einfamilienhaus ergab die Wärmebedarfsberechnung für die einzelnen Räume folgende Werte:

Raum	1	2	3	4	5	6	7	8	9	10
$\dot{Q}_T$	2850	1800	1450	180	980	1320	450	1500	1210	1025
$\dot{Q}_L$	715	550	550	220	340	435	340	550	365	385

Ges.: $\dot{Q}_{NGeb}$

Lösung

$$\dot{Q}_{NGeb} = \sum \dot{Q}_T + \frac{1}{2} \sum \dot{Q}_L$$

$$\sum \dot{Q}_T = \dot{Q}_{T1} + \dot{Q}_{T2} + \cdots \dot{Q}_{T10}$$

$$\sum \dot{Q}_T = (2850 + 1800 + 1450 + 180 + 980 + 1320 + 450$$
$$+ 1500 + 1210 + 1025)\ W = 12765\ W$$

$$\frac{1}{2} \sum \dot{Q}_L = \frac{1}{2}\,(715 + 550 + 550 + 220 + 340 + 435 + 340 + 550 + 365$$
$$+ 385)\ W = 2225\ W$$

$$\dot{Q}_{NGeb} = 12765\ W + 2225\ W = \mathbf{14990\ W}$$

Aufgaben

12. Wie groß ist der Norm-Gebäudewärmebedarf, wenn für die beheizten Räume eines Gebäudes ein $\sum \dot{Q}_T = 22\,800$ W und ein $\sum \dot{Q}_L = 4700$ W berechnet wurden?

13. a) Bestimmen Sie den Norm-Gebäudewärmebedarf für ein Einfamilienreihenhaus, wenn folgende Werte vorliegen (s. Tabelle):

Raum	1	2	3	4
$\dot{Q}_T$	2200	1160	1450	1340
$\dot{Q}_L$	650	340	340	280
Raum	5	6	7	8
$\dot{Q}_T$	460	720	1310	880
$\dot{Q}_L$	230	230	420	230

b) Wieviel % beträgt der Anteil des Norm-Lüftungswärmebedarfs am Norm-Gebäudewärmebedarf?

Wärmebedarfsrechnungen führt man heute vielfach mit Computern durch. Entsprechende anwendergeführte Programme werden, nachdem das grundlegende Wissen zur Wärmebedarfsrechnung vermittelt ist, in begrenztem Umfang in der Computertechnik eingeführt.

3 Wärmeerzeugung

3.1 Verbrennung

3.1.1 Luftbedarf

Für die Verbrennung von Brennstoffen, die überwiegend aus Kohlenstoff und Wasserstoff bestehen, ist Sauerstoff erforderlich. Der Kohlenstoff verbrennt bei vollständiger Verbrennung zu Kohlendioxid: $C + O_2 \rightarrow CO_2$, der Wasserstoff verbrennt zu Wasser: $H_2 + {}^1/_2\,O_2 \rightarrow H_2O$.

Damit diese Verbrennung vollständig ablaufen kann, ist mindestens der theoretische Luftbedarf erforderlich, aus dem sich der theoretische CO_2-Wert bestimmen läßt. Um eine vollkommene Verbrennung zu erreichen, wird in der Praxis mit Luftüberschuß gefahren. Die Größe des Luftüberschusses läßt sich aus dem Verhältnis des theoretischen CO_2-Wertes und dem gesamten CO_2-Wert berechnen.

$$n \approx \frac{CO_{2\,max}}{CO_{2\,tats}} \qquad\qquad L_{tats} = n \cdot L_{th}$$

n = Luftüberschußzahl
$CO_{2\,max}$ = maximaler theoretischer CO_2-Gehalt des Brennstoffs in % (3.1)
$CO_{2\,tats}$ = tatsächlich gemessener CO_2-Gehalt des Brennstoffs in %

L_{tats} = tatsächlicher Luftbedarf in m^3/kg (feste und flüssige Brennstoffe) bzw. m^3/m^3 (gasförmige Brennstoffe)
L_{th} = theoretische Luftmenge in m^3/kg (feste und flüssige Brennstoffe) bzw. m^3/m^3 (gasförmige Brennstoffe, 3.1)

Tabelle 3.1   Theoretischer Luftbedarf und theoretischer CO_2-Gehalt von Brennstoffen

Brennstoff	theoretischer Luftbedarf L_{th} in m^3/kg (Gase in m^3/m^3)	theoretischer CO_2-Wert in %	Brennstoff	theoretischer Luftbedarf L_{th} in m^3/kg (Gase in m^3/m^3)	theoretischer CO_2-Wert in %
Holz	3,9	20,4	Stadtgas A	3,9	12,0
Koks	7,7	20,5	Ferngas B	4,3	10,0
Steinkohle	7,9	18,7	Erdgas L	7,8	11,5
Braunkohle	5,4	18,4	Erdgas H	9,9	12,5
Heizöl EL	11,1	15,5	Propan	23,5	13,6
Heizöl S	10,6	15,9	Butan	30,9	14,2

Beispiel 3.1   Die Abgasmessung einer Ölfeuerungsanlage ergibt einen CO_2-Wert von 12%. Wie groß sind a) die Luftüberschußzahl, b) der tatsächliche Luftbedarf?

Lösung   Geg.: $CO_{2\,tats} = 12\%$, $CO_{2\,max} = 15,5\%$; ges.: a) n, b) L_{tats}

a) $n = \dfrac{CO_{2\,max}}{CO_{2\,tats}} = \dfrac{15,5\%}{12\%} = 1,29 \,\hat{=}\, \textbf{29\%}$

Der tatsächliche Luftbedarf beträgt bei einer Luftüberschußzahl von 1,4 das 1,4fache des theoretischen Luftbedarfs, d.h. er liegt um 40% über dem theoretischen Luftbedarf.

b) $L_{tats} = n \cdot L_{th} = 1,29 \cdot 11,1\ m^3/kg = \textbf{14,32 m}^3\textbf{/kg}$

Aufgaben

1. Wieviel m³ Luft sind erforderlich, um a) 5 m³, b) 60 m³ Erdgas L zu verbrennen?

2. Wieviel m³ Luft sind zur Verbrennung von 4 m³ Butan a) theoretisch, b) bei Luftüberschuß von 40% erforderlich?

3. Vergleichen Sie den tatsächlichen Luftbedarf bei der Verbrennung von 25 kg a) Holz, b) Koks, c) Steinkohle, d) Braunkohle bei einem Luftüberschuß von 30%.

4. Bei der Verbrennung von 20 kg Heizöl EL wurden 250 m³ Luft gebraucht.
   a) Bestimmen Sie den Luftüberschuß in m³ und %.
   b) Wie groß ist der Luftbedarf bei einem Luftüberschuß von 20%?

5. Bei einem Gasheizkessel mit Brenner ohne Gebläse, eingestellt auf Erdgas H, wird ein CO_2-Gehalt von 8% gemessen. Wie groß sind a) die Luftüberschußzahl, b) der Luftüberschuß in %, c) der tatsächliche Luftbedarf?

6. Ein Gasheizkessel, der in der Minute 40 l Erdgas L verbrennt, steht in einem Heizraum von 50 m³ Rauminhalt.
   a) Wieviel m³ Luft braucht der Kessel bei einem Luftüberschuß von 25%?
   b) Wie lange kann der Brenner theoretisch arbeiten, wenn nur das Luftvolumen des Raumes für die Verbrennung zur Verfügung steht?

3.1.2 Heiz- und Brennwert

Bei der Verbrennung von Brennstoffen wird unterschiedlich viel Wärme frei. Es entstehen vorwiegend Kohlendioxid und Wasserdampf. Der Wasserdampf enthält noch eine beträchtliche Verdampfungsenergie, die bei konventionellen Heizkesseln nicht für Heizzwecke ausgenutzt wird. In neueren Kesselkonstruktionen (Brennwertkesseln) wird der Wasserdampf im Heizkessel kondensiert und die dabei frei werdende Kondensationswärme dem Heizungswasser zugeführt. Wir unterscheiden deshalb folgende Wärmewerte:

– **Der Heizwert** H_u eines Brennstoffs ist die Wärmemenge, die bei der Verbrennung von 1 kg festen oder flüssigen Brennstoffs bzw. 1 m³ eines gasförmigen Brennstoffs im Normzustand (1013 mbar, $t = 0\,°C$, trocken) freigesetzt wird. Die im Wasserdampf enthaltene Kondensationswärme bleibt unberücksichtigt.

– **Der Brennwert** H_o eines Brennstoffs ist die Wärmemenge, die bei der Verbrennung von 1 kg festen oder flüssigen Brennstoffs bzw. 1 m³ eines gasförmigen Brennstoffs im Normzustand freigesetzt wird, wobei die im Wasserdampf enthaltene Kondensationswärme berücksichtigt wird.

Tabelle **3.2** **Wärmewerte von Brennstoffen**

Brennstoff	Heizwert H_u	Brennwert H_o
Holz	4,2 kWh/kg	4,6 kWh/kg
Steinkohle	9,1 kWh/kg	9,9 kWh/kg
Koks	8,1 kWh/kg	8,9 kWh/kg
Heizöl EL	11,6 kWh/kg	12,6 kWh/kg
	10,0 kWh/l	10,8 kWh/l
Heizöl S	11,2 kWh/kg	11,7 kWh/kg
Stadtgas	4,5 kWh/m³	5,0 kWh/m³
Ferngas	4,9 kWh/m³	5,5 kWh/m³
Erdgas L	8,8 kWh/m³	9,8 kWh/m³
Erdgas H	10,4 kWh/m³	11,5 kWh/m³
Propan	26,2 kWh/m³	28,3 kWh/m³
Butan	34,6 kWh/m³	37,5 kWh/m³

– **Der Betriebsheizwert** H_{uB} bzw. Betriebsbrennwert H_{oB} gibt die Wärmemenge von 1 m³ Heizgas im Betriebszustand an (z. B. 25 °C, 1040 mbar), also in dem Zustand, wie der Brennstoff in den Kessel eingebracht wird.

Ist die erforderliche Menge des zu verbrennenden Brennstoffs bekannt, kann man die bei der Verbrennung frei werdende Wärmemenge Q_{zu}, die dem Heizkessel zugeführt wird, berechnen. Den einem Heizkessel zugeführten Wärmestrom $\dot{Q}_{zu}$ bezeichnet man auch als Wärmebelastung $\dot{Q}_B$.

$$Q_{zu} = m \cdot H_u \qquad\qquad Q_{zu} = m \cdot H_o$$
$$Q_{zu} = V \cdot H_u \qquad\qquad Q_{zu} = V \cdot H_o$$
$$Q_{zu} = V \cdot H_{uB} \qquad\qquad Q_{zu} = V \cdot H_{oB}$$
$$\dot{Q}_B = \frac{Q_{zu}}{t}$$

Q_{zu} = Wärmemenge in kWh
m = Masse des Brennstoffs in kg
V = Volumen des Brennstoffs in m³
H_u = Heizwert des Brennstoffs in kWh/kg bzw. kWh/m³ (**3.2**)
H_{uB} = Betriebsheizwert des Brennstoffs in kWh/m³

H_o = Brennwert des Brennstoffs in kWh/kg bzw. kWh/m³ (**3.2**)
H_{oB} = Betriebsbrennwert des Brennstoffs in kWh/m³
$\dot{Q}_B$ = Wärmebelastung des Heizkessels $\hat{=}$ zugeführte Wärmeleistung in kW
t = Zeit in h

Beispiel 3.2 Welche Wärmemenge kann aus 5 kg Heizöl EL ohne Berücksichtigung des Wasserdampfs freigesetzt werden?
Geg.: $m = 5$ kg, $H_u = 11{,}6$ kWh/kg; ges.: Q_{zu}

Lösung $Q_{zu} = m \cdot H_u = 5$ kg $\cdot$ 11,6 kWh/kg = **58 kWh**

Beispiel 3.3 Ein Gasbrenner verbrennt 4 m³ Erdgas L in 20 Minuten. Wie groß sind a) die entstandene Wärmemenge in kWh, bezogen auf H_u, b) die Wärmebelastung des Kessels in kW?
Geg.: $t = 20$ min $= 0{,}33$ h, $V = 4$ m³, $H_u = 8{,}8$ kWh/m³; ges.: a) Q_{zu}, b) $\dot{Q}_B$

Lösung a) $Q_{zu} = V \cdot H_u = 4$ m³ $\cdot$ 8,8 kWh/kg = **35,2 kWh**

b) $\dot{Q}_B = \dfrac{Q_{zu}}{t} = \dfrac{35{,}2 \text{ kWh}}{0{,}33 \text{ h}} = $ **106,67 kW**

Aufgaben

7. Berechnen Sie die Brennstoffmengen bei gleichem Wärmeinhalt im Vergleich zu Erdgas L.

	Brennstoff	1 m³ Erdgas L entspricht
a)	Holz	? kg
b)	Steinkohle	? kg
c)	Koks	? kg
d)	Heizöl EL	? kg
e)	Erdgas H	? m³
f)	Strom	? kWh

8. Berechnen Sie die Wärmemengen, die bei der Verbrennung folgender Brennstoffe frei werden:
   a) 40 kg Koks,
   b) 20 l Heizöl EL,
   c) 50 m³ Erdgas L,
   d) 12 t Steinkohle,
   e) 5,7 l Heizöl EL,
   f) 6,4 m³ Propan.

9. Ein Ölbrenner verbrennt je Stunde 15 kg Heizöl EL. Wie groß sind
   a) die bei einer insgesamt 5stündigen Brennerlaufzeit erzeugte Wärmemenge in kJ oder kW,
   b) die Wärmebelastung des Kessels?

10. Die Wärmebelastung eines gasbefeuerten Heizkessels beträgt 200 kW. Wieviel m³ Erdgas L müssen dem Brenner stündlich zugeführt werden?

11. In einem Feststoffkessel werden täglich durchschnittlich 600 kg Holz verheizt. Der Kessel wird durch einen Heizkessel mit Ölbrenner ersetzt. Wieviel kg (l) Heizöl würden bei gleicher Wärmebelastung stündlich gebraucht?

12. Berechnen Sie die erforderlichen Brennstoffmengen, um die gleiche Wärmemenge wie aus 1000 kg Heizöl zu gewinnen bei:
   a) Erdgas H, b) Stadtgas,
   c) Steinkohle, d) Koks.

13. In einem Heizkessel werden stündlich 7,8 m³ Erdgas L verbrannt. Wie groß ist die Wärmebelastung
   a) in einem konventionellen Heizkessel,
   b) in einem Brennwertkessel?

14. Laut Typenschild eines Gasheizkessels, betrieben mit Erdgas H, beträgt die Wärmebelastung 40 kW (**3**.3). Wie groß sind

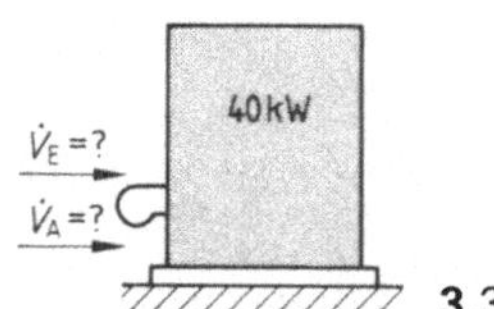

   a) der Einstellwert $\dot V_E$ in l/min,
   b) der Anschlußwert $\dot V_A$ in m³/h,
   c) der Einstellwert, wenn dieser Kessel durch einen Brennwertkessel mit 35 kW Wärmebelastung ersetzt wird,
   d) der Minderverbrauch an Gas in Prozent?

15. Ein Heizkessel wird mit einem Zweistoffbrenner Öl/Gas betrieben (**3**.4). Wie groß sind bei gleicher Wärmebelastung
   a) das zugeführte Gasvolumen in m³/h, wenn Erdgas L verbrannt wird,
   b) der Durchsatz an Heizöl EL in l/h?

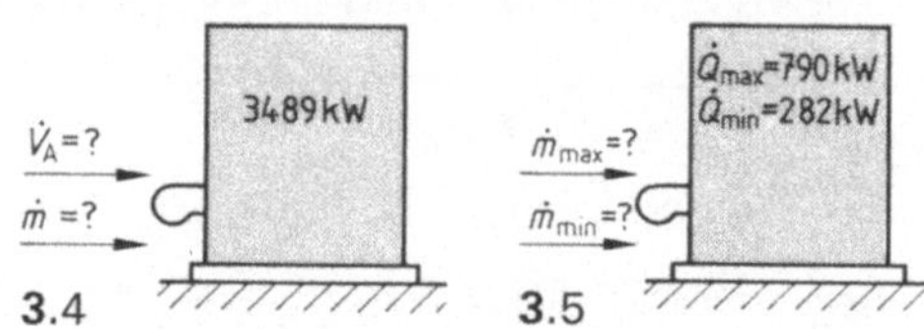

16. Ein modulierender Ölbrenner hat als Kleinlast eine Wärmeleistung von 282 kW und als Großlast eine Wärmeleistung von 790 kW. Bestimmen Sie den minimalen und maximalen Öldurchsatz in kg/h und l/h (**3**.5).

17. Ein Heizkessel mit einem stündlichen Verbrauch von 350 kg Koks wird durch einen Spezialkessel für Erdgas H ersetzt. Durch Wärmedämmaßnahmen am Gebäude kann die Wärmebelastung um 35% herabgesetzt werden. Wie groß ist der Gasvolumenstrom in m³/h, wenn der Betriebsheizwert H_{uB} 10,5 kWh/m³ beträgt?

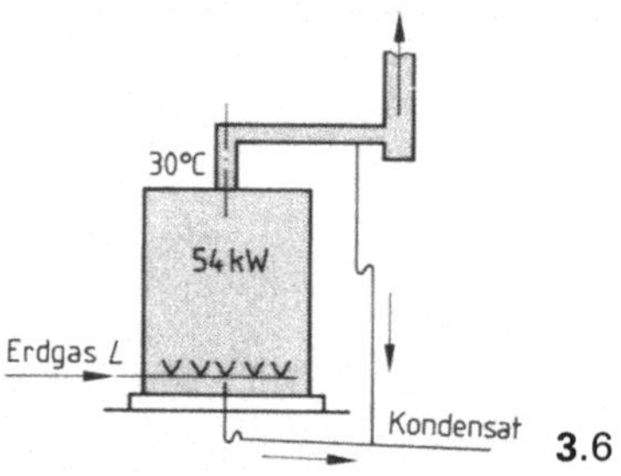

18. Die Wärmebelastung eines Brennwertkessels, betrieben mit Erdgas L, beträgt 54 kW. Bei einer Abkühlung der Abgase auf 30 °C ist die maximale Kondensatmenge 1,4 l/m³ Gas. Wieviel Liter Kondensat fallen bei jährlich 1500 Betriebsstunden an (**3**.6)?

3.2 Verbrennungskennwerte

3.2.1 Feuerungstechnischer Wirkungsgrad

Die bei der Verbrennung frei werdende Wärmemenge kann der Heizkessel nicht voll aufnehmen. Damit der Schornstein genügend Auftrieb hat und der Taupunkt nicht unterschritten wird, sollte die Abgastemperatur bei konventionellen Kesseln nicht unter 160 °C liegen. Diese heißen Abgase sind für die Abgasverluste verantwortlich.

Die Verluste lassen sich aus der Heizraum-, der Abgastemperatur sowie dem gemessenen CO_2- oder O_2-Gehalt angenähert nach der Siegertschen Formel berechnen (**3.7**).

3.7

Bei CO_2-Messung	Bei O_2-Messung
$q_A = (t_A - t_L) \left(\dfrac{A_1}{CO_2} + B \right)$	$q_A = (t_A - t_L) \left(\dfrac{A_2}{21 - O_2} + B \right)$

q_A = Abgasverlust in %
t_A = Abgastemperatur in °C
t_L = Verbrennungslufttemperatur in °C
A_1, A_2, B = Brennstoffbeiwerte (**3.8**)

CO_2 = gemessener CO_2-Gehalt im trockenen Abgas in %
O_2 = gemessener O_2-Gehalt im trockenen Abgas in %

Tabelle **3.8** **Brennstoffbeiwerte**

Brennstoff	Heizöl	Erdgas	Stadtgas	Kokereigas	Flüssiggas
Beiwerte					
A_1	0,50	0,37	0,35	0,29	0,42
A_2	0,68	0,66	0,63	0,60	0,63
B	0,007	0,009	0,011	0,011	0,008

Die Abgasverluste q_A treten bei Verbrennung gasförmiger oder flüssiger Brennstoffe nur während der Brennerlaufphase auf.

Beispiel 3.4 Wie groß ist der Abgasverlust eines Heizkessels, Brennstoff Heizöl EL, wenn eine Abgastemperatur von 230 °C, eine Heizraumtemperatur von 20 °C und ein CO_2-Gehalt von 10,2 % gemessen wurden?

Geg.: $q_A = 230 °C$, $t_L = 20 °C$, $CO_{2gem} = 10,2 \%$, $A_1 = 0,50$, $B = 0,007$; ges.: q_A

Lösung $q_A = (t_A - t_L) \cdot \left(\dfrac{A_1}{CO_2} + B \right) = (230 °C - 20 °C) \cdot \left(\dfrac{0,5}{10,2} + 0,007 \right) = \mathbf{11,76 \%}$

Beispiel 3.5 Die O_2-Messung bei einem Gaswasserheizer, beheizt mit Erdgas, ergab 11,7 %. Die Abgastemperatur betrug 135 °C, die Raumlufttemperatur 23 °C. Wie groß ist der Abgasverlust? (Alle Messungen erfolgten nach der Strömungssicherung)

Geg.: $t_A = 135 °C$, $t_L = 23 °C$, $O_2 = 11,7 \%$, $A_2 = 0,66$, $B = 0,009$; ges.: q_A

Lösung $q_A = (t_A - t_L) \cdot \left(\dfrac{A_2}{21 - O_2} + B \right) = (135 °C - 23 °C) \cdot \left(\dfrac{0,66}{21 - 11,7} + 0,009 \right)$

$q_A = \mathbf{8,96 \%}$

Der feuerungstechnische Wirkungsgrad gibt also an, wieviel Prozent des durch den Brennstoff zugeführten Wärmestroms $\dot{Q}_B$ an das Kesselwasser als Nutzwärme $\dot{Q}_N$ abgegeben wird. $\dot{Q}_B$ ergibt sich aus dem Heizwert des Brennstoffs.

$$\text{Abgasverlust } q_A = \frac{\dot{Q}_A}{\dot{Q}_B} \cdot 100$$

$$\text{feuerungstechnischer Wirkungsgrad } \eta_F = 100\% - q_A$$

$$\text{oder } \eta_F = \frac{\dot{Q}_N}{\dot{Q}_B} \cdot 100\%$$

η_F = feuerungstechnischer Wirkungsgrad in %
$\dot{Q}_A$ = Verlustwärmestrom im Abgas in kW
$\dot{Q}_N$ = Wärmeleistung des Heizkessels in kW (ausgenutzter Wärmestrom)

$\dot{Q}_B$ = Wärmebelastung des Heizkessels in kW (dem Kessel zugeführter Wärmestrom = Brennerleistung)
q_A = Abgasverluste in % (max. Werte s. Tab. 3.9)

Tabelle 3.9 **Maximale Abgasverluste nach der Bundesimmissionsschutzverordnung (BIMSchV)**

Nennwärmeleistung in kW	Verordnung 1.10.88			Übergangsregelung mit 5-Jahres-Frist	
	bis 31.12.82 errichtete Anlage	nach 1.1.83 errichtete Anlage	nach Inkrafttret. der VO errichtete Anlage	bis 31.12.78 errichtete Anlage	nach 1.1.79 bis 31.12.82 errichtete Anlage
ab 4 bis 25	15	14	12	18	16
von 25 bis 50	14	13	11	17	15
von 50 bis 120	13	12	10	16	14
über 120	13	12	10	15	13

Gilt nicht für Feuerungsanlagen
– bis 11 kW zur Beheizung eines Einzelraums
– bis 28 kW ausschließlich zur Brauchwassererwärmung

Bei Brennwertkesseln wird nicht nur der Heizwert eines Brennstoffs ausgenutzt, sondern auch noch Teile der Kondensationswärme des Wasserdampfs im Abgas. Durch den zusätzlich gewonnenen Anteil der Kondensationswärme können sich Wirkungsgrade von mehr als 100% ergeben. Bezieht man die eingesetzte Energie auf den Heizwert H_u, lassen sich 100% erreichen (**3.10**).

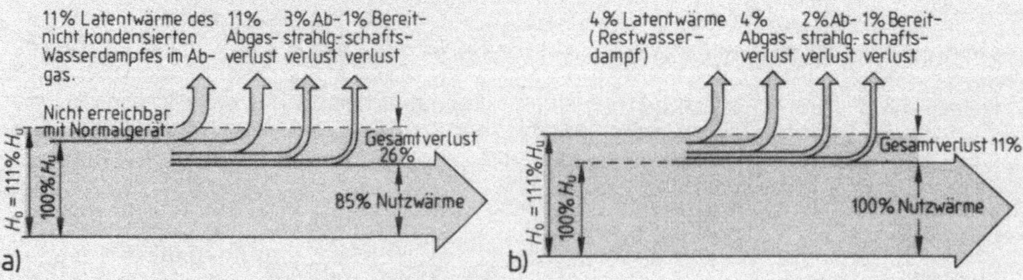

3.10 Energiebilanz a) ohne, b) mit Kondensation

106

Beispiel 3.6 Die Heizleistung eines konventionellen Heizkessels beträgt 90 kW. Wie groß ist der feuerungstechnische Wirkungsgrad, wenn die Wärmebelastung 98 kW beträgt?

Geg.: $\dot{Q}_N = 90$ kW, $\dot{Q}_B = 98$ kW; ges.: η_F

Lösung $\qquad \eta_F = \dfrac{\dot{Q}_N}{\dot{Q}_B} \cdot 100\% = \dfrac{90 \text{ kW}}{98 \text{ kW}} \cdot 100\% = \mathbf{91,8\%}$

Beispiel 3.7 In einem Brennwertkessel werden stündlich 15 m³ Erdgas H bei einem Betriebsheizwert H_{uB} von 10,5 kWh/m³ verfeuert. Die an das Kesselwasser abgegebene Wärmemenge beträgt 165 kW. Wie groß ist η_F bezogen auf H_{uB}?

Geg.: $\dot{V} = 15$ m³/h, $\dot{Q}_N = 150$ kW, $H_{uB} = 10,5$ kWh/m³; ges.: η_F

Lösung $\qquad \eta_F = \dfrac{\dot{Q}_N}{\dot{Q}_B} \cdot 100\%$

$\qquad\qquad\quad Q_{zu} = V \cdot H_{uB} = 15 \text{ m}^3/\text{h} \cdot 10,5 \text{ kWh/m}^3 = 157,5 \text{ kW}$

$\qquad\qquad\quad \dot{Q}_B = 157,5$ kW

$\qquad\qquad\quad \eta_F = \dfrac{165 \text{ kW}}{157,5 \text{ kW}} = \mathbf{104,8\%}$

Aufgaben

1. Wie groß ist der Abgasverlust eines Heizkessels, befeuert mit Heizöl EL, bei einer Abgastemperatur von 195 °C, einer Heizraumtemperatur von 19 °C und einem CO_2-Gehalt von 11,4% (**3.11**)?

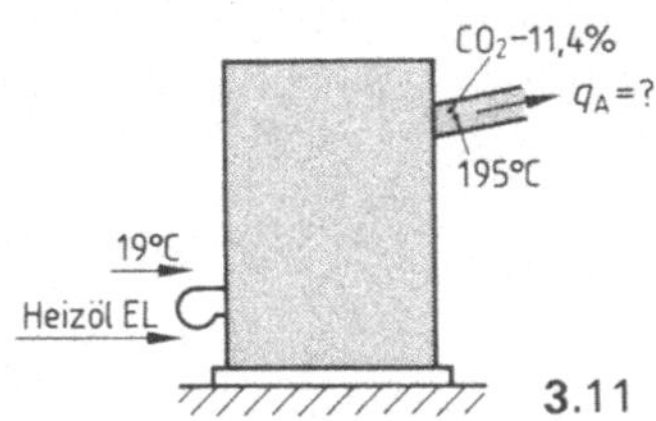

2. Berechnen Sie den Abgasverlust eines Heizkessels mit Gasgebläsebrenner (Erdgas H), wenn die Abgastemperatur 220 °C, die Raumtemperatur 20 °C und der CO_2-Gehalt 10,5% betragen.

3. Wie groß ist der Abgasverlust eines Durchlauf-Gaswasserheizers, befeuert mit Butangas, nachdem folgende Werte

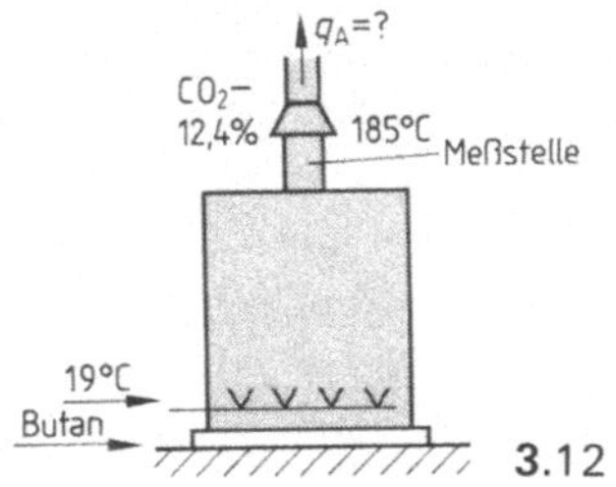

gemessen wurden: $t_A = 185$ °C, $t_L = 19$ °C, $CO_2 = 12,4\%$? (**3.12**)

4. Bei einem Heizkessel mit Gebläsebrenner für Heizöl EL wurden vor den Wartungsarbeiten an Brenner und Heizkessel gemessen: $t_A = 250$ °C, $t_L = 25$ °C, $CO_2 = 10,5\%$. Nach der Wartung wurden gemessen: $t_A = 195$ °C, $t_L = 25$ °C, $CO_2 = 12,4\%$ (**3.13**). Bestimmen Sie jeweils den Wirkungsgrad.

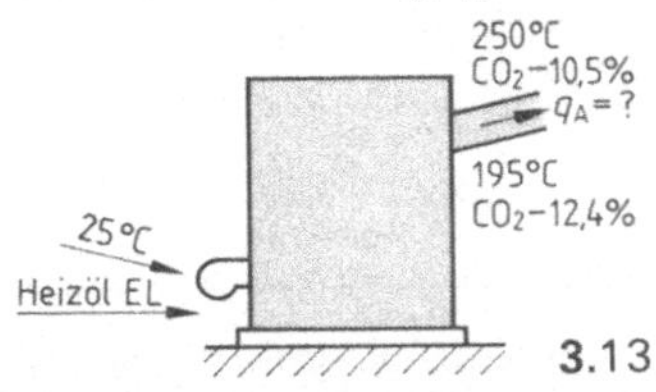

5. In einem Heizkessel mit atmosphärischem Brenner, befeuert mit Erdgas L, wird der Gasdurchsatz herabgesetzt. Dabei sinkt die Abgastemperatur von 240 °C auf 225 °C. Gleichzeitig verändert sich der CO_2-Gehalt von 10,5% auf 8,5%. Um wieviel Prozent hat sich der feuerungstechnische Wirkungsgrad gegenüber der ursprünglichen Einstellung geändert, wenn die Heizraumtemperatur mit 20 °C gleich geblieben ist?

6. Beim Betrieb einer Heizungsanlage traten Durchfeuchtungserscheinungen am Schornstein auf. Die Messung

der Abgastemperatur ergab einen Wert von 140 °C. Durch Einbau einer größeren Öldüse wurde die Abgastemperatur auf 200 °C angehoben. Die CO_2-Messung vor Änderung der Düse betrug 11%, nach dem Einbau 12,8%, die Raumtemperatur blieb unverändert 21 °C. Um wieviel Prozent hat sich der Abgasverlust verändert? (**3.14**)

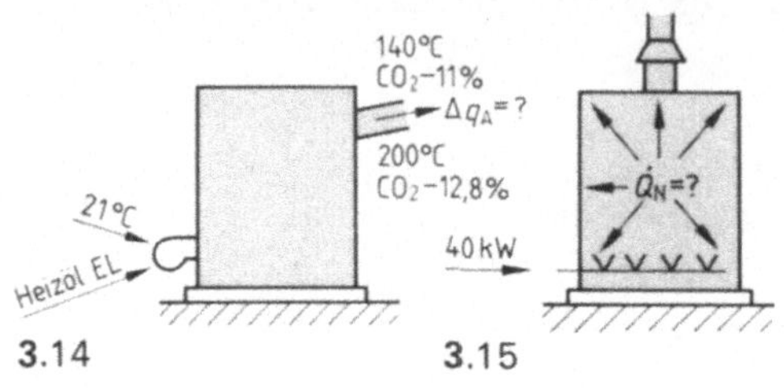

7. Die Wärmebelastung eines Brennwertkessels beträgt 40 kW, der berechnete feuerungstechnische Wirkungsgrad bezogen auf H_u 105%. Wie groß ist die Wärmeleistung dieses Kessels (**3.15**)?

8. Ein Heizkessel mit einer Wärmeleistung von 30 kW verbraucht je Minute 52,4 l Erdgas H, $H_{uB} = 10,5$ kWh/m³. Erfüllt er die Anforderungen der Bundesimmissionsschutzverordnung?

9. Ein direkt beheizter Warmwasserspeicher verbraucht je Stunde 3,3 m³ Erdgas H, $H_{uB} = 10,5$ kWh/m³, um 800 l Brauchwasser von 20 °C auf 55 °C aufzuheizen. Wie groß ist der Gerätewirkungsgrad?

10. Ein mit Heizöl EL befeuerter Kessel verbrennt stündlich 4,7 kg Heizöl bei einem feuerungstechnischen Wirkungsgrad von 92%. Wieviel Liter Wasser kann er stündlich von 60 °C auf 80 °C aufheizen?

3.2.2 Öldurchsatz und Düsenauswahl beim Ölbrenner

Der Öldurchsatz einer Brennerdüse muß auf die Wärmeleistung des Heizkessels abgestimmt sein. Der auf der Düse eingeprägte Zahlenwert gibt nach DIN 4790 den Nenndurchsatz in kg je Stunde an. Dieser Wert gilt für Heizöl EL bei einem Düsendruck von 7 bar und einer Viskosität von 3,4 mm²/s bei 20 °C. Höhere Drücke ergeben höhere Öldurchsätze. Durch Ölvorwärmung läßt sich die Viskosität herabsetzen, wodurch der Druck reduziert werden kann. (Vielfach steht für den Nenndurchsatz noch die Angabe US-Gallonen je Std. oder l/Std.)

$$1 \text{ US-gph} = 3,785 \text{ l/h} \qquad \dot{V} = \frac{\dot{Q}_N}{\varrho \cdot H_u \cdot \eta_k}$$

$\dot{V}$ = Öldurchsatz in US-gph, l/h, kg/h
$\dot{Q}_N$ = Wärmebelastung des Kessels in kW
ϱ = Dichte des Brennstoffs in kg/dm³ (Heizöl 0,83 bis 0,86 kg/dm³)

H_u = Heizwert des Brennstoffs in kWh/kg bzw. kWh/l (**3.2**)
η_K = Kesselwirkungsgrad in % (**3.18**)

Beispiel 3.8 Bestimmen Sie den Durchsatz einer Öldüse in l/h mit der Aufschrift 1,25.

Lösung 1,25 US-gph bei 7 bar · 3,785 l/h = **4,73 l/h**

Beispiel 3.9 Ein ölbefeuerter Heizkessel hat eine Wärmeleistung von 50 kW und einen Kesselwirkungsgrad von 85%. Bestimmen Sie den Öldurchsatz. Welche Düse ist bei einem Druck von 12 bar zu wählen?

Geg.: $\dot{Q}_n = 50$ kW, $H_u = 11,6$ kWh/kg, $\eta_k = 85\%$; ges.: $\dot{V}$

Lösung $\dot{V} = \dfrac{\dot{Q}_N}{\varrho \cdot H_u \cdot \eta_k} = \dfrac{50 \text{ kW}}{0,84 \text{ kg/dm}^3 \cdot 11,6 \text{ kWh/kg} \cdot 0,85} = \mathbf{6,04 \text{ dm}^3/h}$

Nach Diagramm **3.16** muß eine **1,2-US-Gallonen-Düse** gewählt werden.

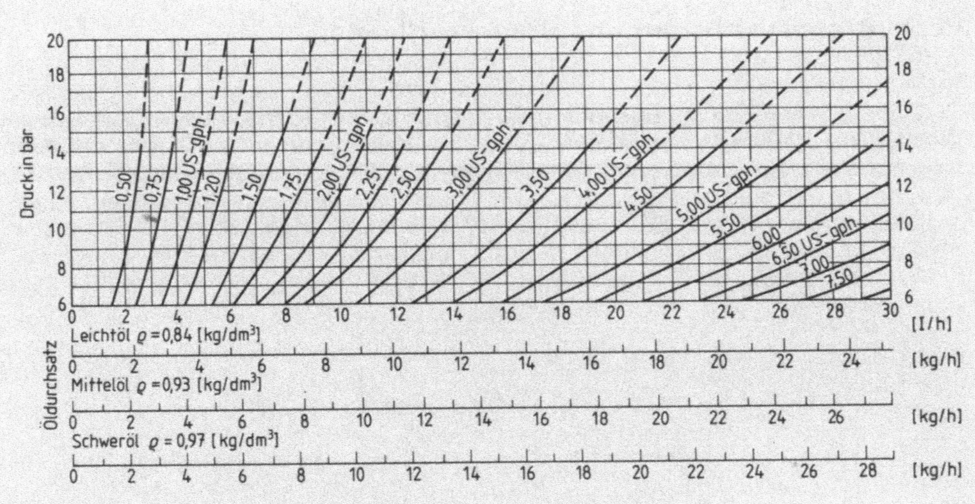

3.16 Abhängigkeit des Öldurchsatzes vom Zerstäubungsdruck

Aufgaben

11. Bestimmen Sie den Durchsatz von Brennerdüsen für Heizöl EL in l/h und kg/h bei 14 bar Pumpendruck.
    a) 0,50 US-gph
    b) 0,75 US-gph
    c) 1,50 US-gph
    d) 2,25 US-gph
    e) 3,50 US-gph
    f) 5,50 US-gph

12. Bestimmen Sie den Durchsatz einer Ölbrennerdüse für Heizöl EL in kg/h, wenn der Heizkessel eine Wärmeleistung von 75 kW und einen Kesselwirkungsgrad von 88% hat.

13. Wählen Sie eine geeignete Ölbrennerdüse, wenn der Heizkessel eine Wärmeleistung von 95 kW, einen Kesselwirkungsgrad von 82% hat und die Ölbrennerpumpe auf 13 bar eingestellt ist.

14. In einem Ölgebläsebrenner ist eine Düse 4,5 US-gph eingebaut; der eingestellte Öldruck beträgt 11 bar.
    a) Wie groß ist der Öldurchsatz in l/h und kg/h?
    b) Wie muß man den Öldruck verändern, um einen Öldurchsatz von 23 l/h zu erreichen?

15. In einem zweistufigen Ölgebläsebrenner übernehmen die erste Düse 30% und die zweite Düse 70% der Leistung. Bestimmen Sie jeweils die Öldurchsätze bei einem Öldruck von 12 bar, einer Wärmeleistung des Heizkessels von 300 kW und einem Kesselwirkungsgrad von 92% in der ersten und von 88% in der zweiten Stufe.

16. Ein Ölbrenner für Heizöl EL ist mit einem Durchsatz von 2,8 kg/h bei 10 bar eingestellt.
    a) Welche Leistung entwickelt er?
    b) Um wieviel kW und wieviel % steigt die Leistung, wenn der Druck auf 12 bar erhöht wird?

17. Ein Ölbrenner für Heizöl EL ist mit einer Düse 3,00 gph ausgerüstet und auf 12 bar Druck eingestellt.
    a) Welche Wärmeleistung wird dem Kessel zugeführt?
    b) Welche Wärmeleistung gibt der Kessel bei einem Wirkungsgrad von 88% ab?

109

3.2.3 Brennstoffbedarf und Brennstoffkosten

Grundlage zur Berechnung des maximalen Wärmebedarfs für ein Gebäude ist DIN 4701 (Norm-Wärmebedarf). Der zu berechnende Jahresbrennstoffbedarf hängt aber auch vom Gesamtwirkungsgrad η_{ges} der Heizungsanlage ab. Der Gesamtwirkungsgrad ist das Produkt aus feuerungstechnischem Wirkungsgrad, Verteilungswirkungsgrad (Verluste im Rohrnetz) und Bereitschaftswirkungsgrad (Stillstandsverluste). Er hängt u. a. von Größe und Alter der Heizungsanlage, der Wärmedämmung der Rohrleitungen und den Betriebsstunden ab. Ermittelt wird er über die Zeitdauer von einem Jahr.

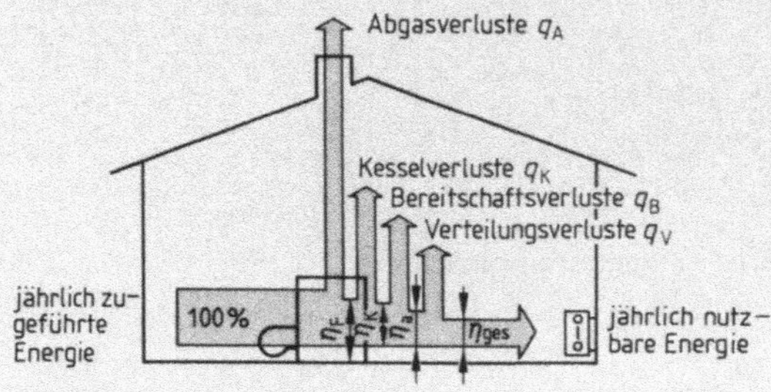

3.17 Gesamtwirkungsgrad der Anlage

$$\eta_{ges} = \eta_K \cdot \eta_B \cdot \eta_V = \eta_a \cdot \eta_V$$

η_{ges} = Wirkungsgrad der Gesamtanlage (3.17)
η_K = Kesselwirkungsgrad (3.18)
η_B = Bereitschaftswirkungsgrad (3.19)

η_V = Verteilungswirkungsgrad (3.20)
$\eta_a = \eta_K \cdot \eta_B$ = Jahresnutzungsgrad des Kessels (3.21)

Tabelle 3.18 **Mittlere Kesselwirkungsgrade η_K nach VDI 2067 für Kessel ab Baujahr 1979 bezogen auf H_u**

Kesselbauart	Leistung $\dot{Q}_N$ in kW	Betrieb ohne gleitende Kesseltemperatur			Betrieb mit gleitender Kesseltemperatur		
		feste Brenn-stoffe	Öl	Gas	feste Brenn-stoffe	Öl	Gas
Umlauf-Gas-Wasserheizer	< 37	–	–	0,86	–	–	0,87
Gaskessel (Brenner ohne Gebläse)	< 50	–	–	0,86	–	–	0,87
	50 bis 120	–	–	0,88	–	–	0,89
	120 bis 350	–	–	0,89	–	–	–
	350 bis 1200	–	–	0,89	–	–	–
Spezialkessel (auch mit Brenner mit Gebläse)	< 50	0,82	0,87	0,87	0,84	0,88	0,88
	50 bis 120	0,85	0,89	0,89	0,86	0,90	0,90
	120 bis 350	0,86	0,90	0,90	–	–	–
	350 bis 1200	0,86	0,90	0,90	–	–	–
Umstell- und Wechselbrandkessel	< 50	0,79	0,85	0,85	0,80	0,86	0,86
	50 bis 120	0,82	0,86	0,86	–	–	–

Werte gelten auch für Kessel mit Brauchwasserbereitung

Tabelle **3.19** **Mittlere Bereitschaftsverluste q_B für Kessel mit speicherlosem Durchlauferhitzer ab Baujahr 1979**

Kesselbauart	Leistung $\dot{Q}_N$ in kW	Betrieb ohne gleitende Kesseltemperatur Öl/Gas	Betrieb mit gleitender Kesseltemperatur Öl/Gas
Umlauf-Gas-Wasserheizer	< 37	0,01	0,01
Gaskessel (Brenner ohne Gebläse)	< 50 50 bis 120	0,02 0,015	0,015 0,01
Spezialkessel (Brenner mit Gebläse)	< 50 50 bis 120	0,02 0,015	0,015 0,01
Umstell- und Wechselbrandkessel	< 50 50 bis 120	0,03 0,015	0,02 –

Für Kessel mit Speicherwassererwärmung verschlechtert sich η_B um etwa 1%.

Tabelle **3.20** **Verteilungsnutzungsgrad η_V**

Art der Heizung	η_V
Stockwerksheizung – mit Einzelöfen – Wärmeerzeugung innerhalb der Wohnung Wärmeerzeugung im Gebäude (zentral) Blockheizung für mehrere Gebäude	 1,00 0,98 0,96 0,92 bis 0,94

Beispiel 3.10 Ein ölbefeuerter Heizkessel mit Warmwasserbereitung ohne gleitende Kesseltemperatur hat eine Wärmeleistung von 45 kW. Wie groß sind a) der Kesselwirkungsgrad, b) der Bereitschaftswirkungsgrad, c) der Verteilungswirkungsgrad, d) der Jahresnutzungsgrad der Anlage?

Geg.: $\dot{Q}_N = 45$ kW; ges.: a) η_K, b) η_B, c) η_V, d) η_{ges}

Lösung

a) $\eta_K = 0{,}87$ (**3.18**)

b) $\eta_B = 1 - 0{,}02 = 0{,}98 = 98\%$ (**3.19**)

c) $\eta_V = 0{,}96$ (**3.20**)

d) $\eta_{ges} = \eta_K \cdot \eta_B \cdot \eta_V = 0{,}87 \cdot 0{,}98 \cdot 0{,}96 = 0{,}818 = \mathbf{82\%}$

Tabelle **3.21** **Mittlere Jahresnutzungsgrade η_a von Kesselanlagen ohne Brauchwasserbereitung**

Leistung $\dot{Q}_N$ in kW	Betrieb ohne gleitende Kesseltemperatur				Betrieb mit gleitender Kesseltemperatur				Elektro-zentral-speicher	Elektro-kessel
	feste Brennstoffe	Öl	Gas ohne Gebläse	Gas mit Gebläse	feste Brennstoffe	Öl	Gas ohne Gebläse	Gas mit Gebläse		
Umlauf-Gas-Wasserheizer < 37	–	–	0,86	–	–	–	0,85	–	–	–
Kessel < 50	0,74	0,81	0,82	0,83	0,76	0,83	0,84	0,85	0,93	0,96
ab 50 bis 120	0,78	0,84	0,85	0,86	0,79	0,86	0,87	0,88	0,94	0,97
ab 120 bis 350	0,82	0,86	0,87	0,88	–	–	–	–	0,94	0,97
ab 350 bis 1200	0,82	0,86	0,87	0,88	–	–	–	–	0,95	0,98

Beispiel 3.11 Bestimmen Sie den Gesamtwirkungsgrad einer Heizungsanlage mit einem gasbefeuerten Heizkessel ohne Brauchwasserbereitung mit einer Wärmeleistung von 150 kW.

Geg.: $\dot{Q}_N = 150$ kW, $\eta_a = 0{,}86$ **(3.21)**, $\eta_V = 0{,}96$ **(3.20)**, ges.: η_{ges}

Lösung $\quad \eta_{ges} = \eta_a \cdot \eta_V = 0{,}86 \cdot 0{,}96 = 0{,}8256 \triangleq$ **82,56 %**

$$\text{Jahresbrennstoffverbrauch } B_a = \frac{b_a \cdot \dot{Q}_N \cdot 100\%}{H_u \cdot \eta_{ges}}$$

B_a = jährlicher Brennstoffverbrauch
in kg/a (feste Brennstoffe)
in l/a (flüssige Brennstoffe)
in m³/a (gasförmige Brennstoffe)
b_a = jährliche Vollnutzungsstunden in h/a
(3.22)

$\dot{Q}_N$ = Normwärmebedarf des Gebäudes in kW
H_u = Heizwert des Brennstoffs in kWh/kg, kWh/l oder kWh/m³
η_{ges} = Wirkungsgrad der Gesamtanlage
(3.17)

Tabelle **3.22** **Mittlere jährliche Vollbenutzungsstunden b_a in Stunden/Jahr (h/a)**

Gebäudeart	Vollbenutzungsstunden b_a in h/a
Einfamilienhaus (zentralgeregelt)	1553
Mehrfamilienhaus (zentralgeregelt)	1560
Mehrfamilienhaus (stockwerkgeregelt)	1468
Bürohaus	1508
Krankenhaus	1959
Schule (einschichtiger Betrieb)	1018
Schule (zweischichtiger Betrieb)	1130
Warmwasserbereitung (Zuschlag)	300

Beispiel 3.12 Wie groß ist der jährliche Brennstoffverbrauch eines ölbefeuerten Heizkessels mit gleitender Kesseltemperatur bei einem Norm-Gebäudewärmebedarf von 40 kW für ein zentralgeregeltes Mehrfamilienhaus?

Geg.: $\dot{Q}_N = 40$ kW, $\eta_K = 0{,}88$ **(3.18)**, $\eta_B = 0{,}98$ **(3.19)**, $\eta_V = 0{,}96$ **(3.20)**, $b_a = 1560$ h/a **(3.21)**; ges.: B_a

Lösung $\quad \eta_{ges} = \eta_K \cdot \eta_B \cdot \eta_V = 0{,}88 \cdot 0{,}98 \cdot 0{,}96 = 0{,}8279 \triangleq 83\%$

$$B_a = \frac{b_a \cdot \dot{Q}_N \cdot 100\%}{H_u \cdot \eta_{ges}} = \frac{1560 \text{ h/a} \cdot 40 \text{ kW} \cdot 100\%}{10 \text{ kWh/l} \cdot 82{,}79\%} = \textbf{7537 l/a}$$

Aufgaben

18. Bestimmen Sie den jährlichen Brennstoffbedarf für ein Einfamilienhaus mit einem Norm-Gebäudewärmebedarf von 25 kW, Kesselbetrieb ohne gleitende Kesseltemperatur ohne Brauchwasserbereitung, für folgende Brennstoffe:
   a) Heizöl EL,
   b) Erdgas $H_{uB} = 10{,}5$ kWh/m³ (Brenner ohne Gebläse),
   c) Koks.

19. Wie hoch ist der jährliche Brennstoffbedarf für ein mit Erdgas H ($H_{uB} = 10{,}5$ kWh/m³) beheiztes zentralgeregeltes Zweifamilienhaus (Brenner ohne Gebläse) mit gleitender Kesselwassertemperatur und Norm-Gebäudewärmebedarf von 36 kW mit Brauchwasserbereitung?

20. Bestimmen Sie die jährliche Brennstoffeinsparung für ein Mehrfamilienhaus mit zentraler Brauchwasserberei-

tung, beheizt mit Heizöl EL. Vor der Modernisierung betrug der Norm-Gebäudewärmebedarf 110 kW bei einem Gesamtwirkungsgrad der Heizungsanlage von 69%. Bei der Modernisierung wurde ein Spezialkessel (Ölgebläsebrenner, gleitende Kesseltemperatur) mit Brauchwasserbereitung und Wärmeleistung von 95 kW eingebaut.

21. Ein Schulgebäude (mehrschichtiger Betrieb) mit einem Norm-Gebäudewärmebedarf von 800 kW wird mit Koks beheizt. Wie groß ist der jährliche Brennstoffverbrauch bei einem Heizungsanlagen-Wirkungsgrad von 80%?

22. In einer Wäscherei mit insgesamt 280 Arbeitstagen im Jahr wird Dampf mit einem ölbefeuerten Dampfkessel erzeugt. Der Öldurchsatz beträgt 28 l/h. Wie hoch sind die Brennstoffkosten, wenn der Brenner täglich 8 Stunden läuft und der Liter Heizöl EL für 0,57 DM eingekauft wurde?

23. Ein Gas-Umlaufheizer hat einen Durchsatz von 1,8 m^3/h Erdgas H. Wie hoch sind die Brennstoffkosten im Monat (30 Tage), wenn das Gerät täglich 10 h in Betrieb ist und 1 m^3 Gas 0,63 DM kostet?

24. In einem Gas-Durchlaufwasserheizer werden 100 l Wasser von 10°C auf 50°C aufgeheizt. Der Gerätewirkungsgrad beträgt 87%, der Heizwert des Heizgases 10,5 kWh/m^3, der Gaspreis 0,60 DM/m^3. Wie hoch sind die Brennstoffkosten für die Aufheizung des Wassers?

25. Ein Mehrfamilienhaus mit zentraler Brauchwasserbereitung hat einen Norm-Gebäudewärmebedarf von 38 kW. Es wird mit einem Heizkessel (Öl) mit gleitender Kesseltemperatur beheizt.
a) Wie hoch sind der jährliche Brennstoffverbrauch?
b) Wievielmal muß ein Heizöllagerbehälter von 6000 l gefüllt werden?
c) Wie hoch sind die jährlichen Brennstoffkosten, wenn der Heizölpreis bei einer Abnahme ab 2500 l 68,7 DM/100 l beträgt?
d) Wie hoch ist die Wärmebelastung des Kessels bei einem feuerungstechnischen Wirkungsgrad von 85%?
e) Welche Düsengröße muß bei einem Pumpendruck von 11 bar eingebaut werden?

26. Mit einem Gas-Umlaufwasserheizer, eingestellt auf Erdgas H, werden 150 l Brauchwasser erwärmt. Die Kaltwassertemperatur beträgt 10°C, die Warmwassertemperatur 40°C. Das Gerät hat eine Nennwärmeleistung von 17,4 kW und eine Nennwärmebelastung von 20,9 kW. Bestimmen Sie
a) den Wirkungsgrad,
b) den Einstellwert in l/m,
c) die Laufzeit des Geräts für die Aufheizung der 150 l Brauchwasser,
d) die Brennstoffkosten bei $H_{uB} =$ 10,5 kWh/m^3 und einem Gaspreis von 0,40 DM/m^3.

3.3 Heizraum und Abgasanlagen

Schornstein. Der Schornstein soll die Abgase sicher über das Gebäude abführen und bei Feuerungen mit natürlichem Zug die erforderliche Verbrennungsluft ansaugen. Der nötige Schornsteinzug wird durch die Dichteunterschiede der heißen Abgase im Schornstein und der gleich hohen kalten Außenluftsäule bewirkt. Der Querschnitt hängt von der Nennwärmeleistung des Heizkessels und der Feuerungsart ab. Die ausführliche Berechnung nach DIN 4705 beruht auf Berechnungen von Abgasvolumen, Strömungswiderstand der Abgase durch Kessel, Abgasrohr und Schornstein. Vereinfacht läßt sich der Schornsteinquerschnitt mit Hilfe von Auslegungsdiagrammen von Schornsteinherstellern ermitteln (**3.23** bis

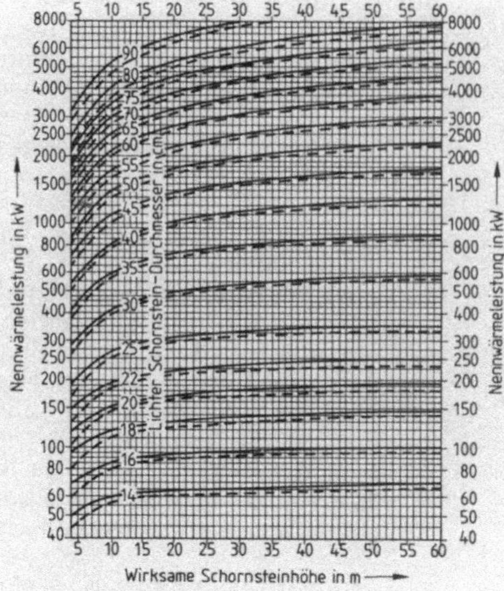

3.23 Öl-Gasfeuerung mit Gebläsebrenner, Überdruckkessel bei Abgastemperatur 190°C bis 180°C (– – –) und bei 190°C Abgastemperatur (——)

3.25). Beim Bemessen der Schornsteinquerschnitte sind folgende Werte zu beachten:

– wirksame Schornsteinhöhe,
– Nennwärmeleistung des Heizkessels,
– Feuerungsart.

Beispiel 3.13 Bestimmen Sie mit Hilfe der Diagramme die Schornsteingröße für folgende Bedingungen:
– Gaskessel mit Brenner ohne Gebläse,
– Erdgas H,
– Nennwärmeleistung 80 kW,
– Abgastemperatur nach der Strömungssicherung 180°C,
– wirksame Schornsteinhöhe 15 m.

Lösung Nach Diagramm 3.24 (gestrichelt) ist ein Schornstein mit 18 cm Durchmesser auszuwählen.

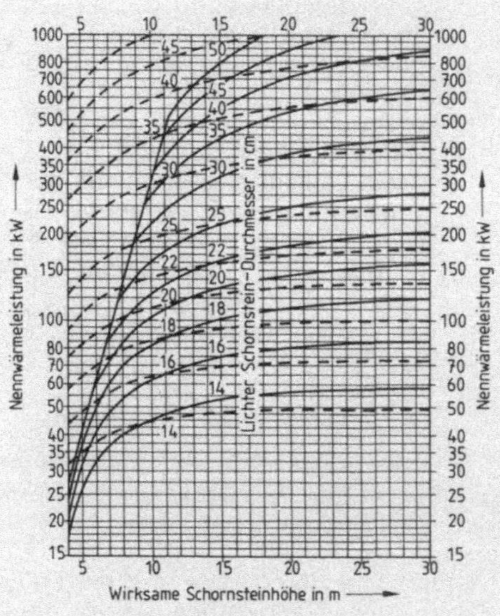

3.24 Gasspezialkessel mit Brenner ohne Gebläse (– – –), Öl-Gasfeuerung, Kessel mit Zugbedarf (——)

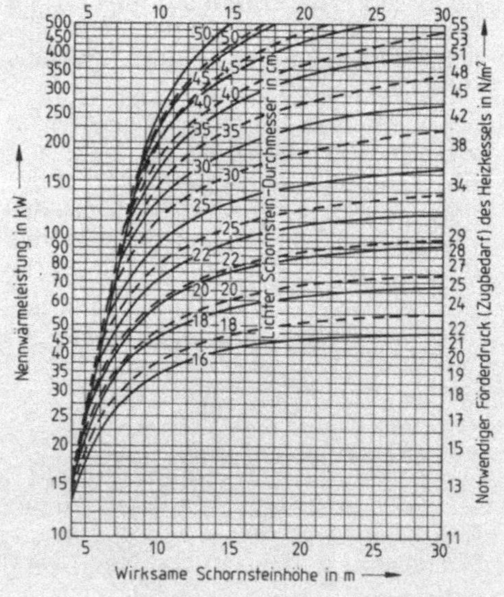

3.25 Holzfeuerung (– – –), Kohlefeuerung, Kessel mit Zugbedarf (——)

114

Querschnittsfläche für Zuluft- und Abluftkanäle eines Heizraums

Heizräume müssen durch Zuluft- und Abluftkanäle be- und entlüftet werden. Die Mindestquerschnitte sind bei natürlichem Zug:

– Zuluftschacht 300 cm^2 bei Kesselleistungen bis 50 kW; für jedes weitere kW sind 2,5 cm^2 erforderlich.

– Querschnittsflächen des Abluftkanals richten sich nach dem Volumenstrom. Dieser muß je kW Nennwärmeleistung mindestens 0,5 m^3/h betragen. Der lichte Querschnitt darf jedoch nicht kleiner als 180 cm^2 sein (Regelungen der Bundesländer beachten!). Bei flüssigen und festen Brennstoffen soll der Abluftschacht in einigen Bundesländern mindestens 25% des Schornsteinquerschnitts betragen, mindestens jedoch 200 cm^2.

Beispiel 3.14 Bestimmen Sie die Querschnitte für Zuluft- und Abluftöffnung einer Heizungsanlage mit Nennwärmeleistung von 80 kW. Lichter Querschnitt des Schornsteins = 18 cm.

Lösung Zuluftöffnung A = 300 cm^2 + 30 · 2,5 cm^2 = **375 cm^2**

$$\text{Abluftöffnung } A = 0{,}25 \cdot \pi \frac{d^2}{4} = 0{,}25 \cdot \pi \frac{18^2}{4} = \mathbf{64\ cm^2}$$

gewählt 200 cm^2

Aufgaben

1. Bestimmen Sie den Schornsteinquerschnitt für einen Heizkessel mit Zugbedarf, Brennstoff Erdgas H, Nennwärmeleistung 90 kW, Abgastemperatur am Kesselende 190 °C, wirksame Schornsteinhöhe 15 m.

2. Bestimmen Sie mit Hilfe der Diagramme **3**.23 bis **3**.25 den Schornsteinquerschnitt für einen Heizkessel mit 470 kW Nennwärmeleistung bei einer wirksamen Schornsteinhöhe von 25 m
   a) beim Überdruckkessel mit 190 °C Abgastemperatur (**3**.26 a),
   b) beim Gasspezialkessel mit Brenner ohne Gebläse (**3**.26 b).

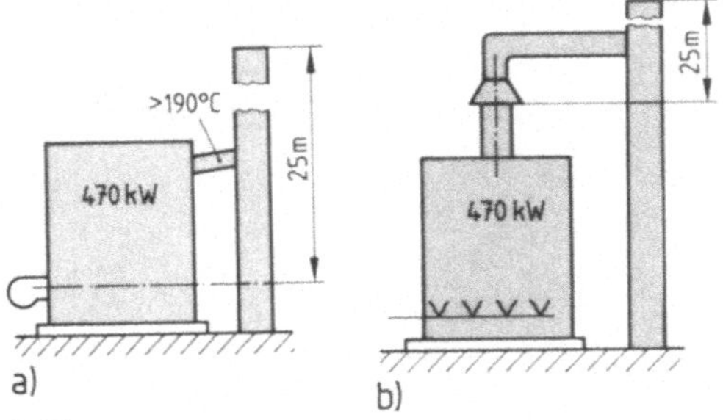

3.26

3. Bestimmen Sie den a) Schornsteinquerschnitt sowie b) die Abluft- und c) Zuluftquerschnitte im Heizraum für einen Niedertemperaturkessel mit Brenner ohne Gebläse, einer Nennwärmeleistung der Abgastemperatur von 95 °C und einer wirksamen Schornsteinhöhe von 18 m (**3**.27).

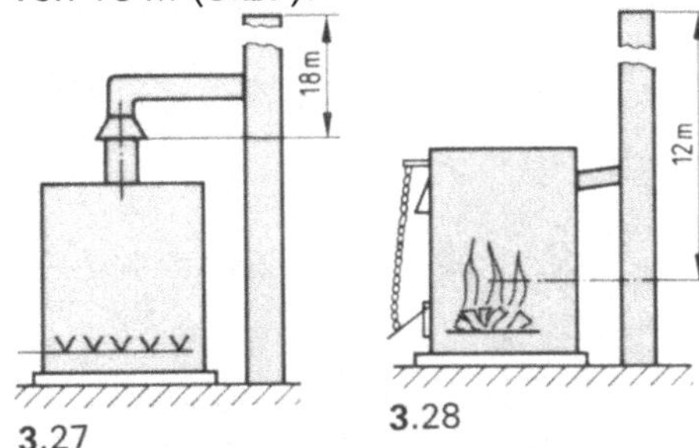

3.27   **3**.28

4. a) Auszulegen sind für eine bivalente Anlage die Schornsteine für einen Festbrennstoffkessel (befeuert mit Holz) und einen Ölkessel (normale Abgastemperatur) bei einer Nennwärmeleistung des Kessels von 50 kW und einer wirksamen Schornsteinhöhe von 12 m (**3**.28).
   b) Wieviel Prozent ist der Querschnitt des Schornsteins für die Feststoff-Feuerung größer?
   c) Für welche Leistungsbereiche sind die beiden Schornsteine bei dieser Höhe und dem jeweiligen Brennstoff ausgelegt?

5. Ein Heizkessel mit Kohlefeuerung
   (Nennwärmeleistung 50 kW) wird gegen einen Gasspezialkessel mit Brenner
   ohne Gebläse (Nennwärmeleistung
   42 kW) ausgetauscht. Prüfen Sie, auf
   welchen Schornsteinquerschnitt verändert werden muß, wenn die wirksame
   Schornsteinhöhe 10 m beträgt.

6. Für einen Heizraum mit ölbefeuerten
   Überdruckkessel mit normaler Abgastemperatur und einer Nennwärmeleistung von 70 kW sind die Querschnitte
   der Zuluft- und Abluftöffnung zu bestimmen. Wirksame Schornsteinhöhe
   8 m.

7. Projekt
   Für die Planung einer Heizungsanlage
   sind folgende Werte bekannt:
   – Mehrfamilienhaus
   – Kesselleistung 110 kW
   – Brennstoff Heizöl EL
   – angehobene Kesseltemperatur
   – Stockwerksregelung
   – Speicherwassererwärmung

alternativ:
– Brennstoff Erdgas H
  ($H_{uB} = 10$ kWh/m^3)
– Brenner ohne Gebläse
– gleitende Kesseltemperatur
– zentrale Regelung
– Brauchwassererwärmung nach dem
  Durchflußprinzip
– Abgastemperatur $>180\,°$C
– wirksame Schornsteinhöhe 15 m
Bestimmen Sie:
a) Brennstoffbedarf in kg (l)/Jahr bzw.
   m^3/Jahr,
b) Brennstoffkosten in DM/Jahr,
c) Größe von Öldüse in kg/h und Pumpendruck in bar,
d) Anschluß- und Einstellwert des Gas-
   brenners in m^3/h bzw. l/min,
e) Schornsteindurchmesser,
f) Zuluft- und Abluftschachtquer-
   schnitte.
Erkundigen Sie sich nach den aktuellen
Brennstoffpreisen.

4 Wärmeübertragung

4.1 Heizkörper

Die Wärmeleistung $\dot{Q}$ eines Heizkörpers kann bestimmt werden, wenn die Größe der Heizfläche, die k-Zahl sowie der Temperaturunterschied zwischen Raumtemperatur und mittlerer Heizkörpertemperatur bekannt sind. Die Wärmeleistung eines DIN-Radiators ergibt sich aus dem Produkt seiner Gliederzahl und der Normwärmeleistung $\dot{q}_n$. Die Normwärmeleistung der Heizkörper entnimmt man Tabellen, denen folgende Bedingungen zugrunde liegen: Vorlauftemperatur $t_v = 90\,°C$, Rücklauftemperatur $t_r = 70\,°C$, Raumtemperatur $20\,°C$. Weichen Vorlauf-, Rücklauf- und Raumtemperatur von den Normbedingungen ab, muß die Wärmeleistung mit einem Korrekturfaktor f korrigiert werden (**4.1**).

$$\text{Radiator } \dot{Q} = n \cdot \dot{q}_n \cdot f$$

$$\text{Plattenheizkörper } \dot{Q} = l \cdot \dot{q}_n \cdot f$$

$\dot{Q}$ = Wärmeleistung des Heizkörpers in W
$\dot{q}_n$ = Normwärmeleistung in W/Glied bzw. in W/m bei Plattenheizkörpern (**4.2** bis **4.4**)
f = Korrekturfaktor (ohne Einheit, **4.1**)
n = Zahl der Heizkörperglieder
l = Länge der Heizplatte in m

Tabelle **4.1** **Korrekturfaktor f bei normabweichender Heizkörper- oder Raumtemperatur**

mittlere Heizkörpertemperatur t_m in °C	Raumtemperatur t_i in °C				
	15	18	20	22	24
45	0,41	0,35	0,32	0,29	0,26
50	0,50	0,44	0,41	0,37	0,34
55	0,59	0,53	0,50	0,46	0,42
60	0,69	0,63	0,59	0,55	0,51
65	0,79	0,73	0,69	0,65	0,61
70	0,89	0,83	0,79	0,75	0,71
75	1,00	0,94	0,89	0,85	0,81
80	1,11	1,04	1,00	0,96	0,91

Tabelle **4.2** **Maße und Normwärmeleistungen für Gußradiatoren nach DIN 4703**

Bauhöhe h_1 in mm	Nabenabstand h_2	Bautiefe b in mm	Gewicht je Glied in g	Oberfläche je Glied in m²	Normwärmeleistung $\dot{q}_n$ in W/Glied mit Warmwasser	Sattdampf
280	200	250	4700	0,185	92	134
430	350	70	2300	0,09	55	80
		110	3200	0,128	70	102
		160	4300	0,185	93	135
		220	5900	0,255	122	177
580	500	70	3100	0,120	68	99
		110	4500	0,180	92	134
		160	5900	0,255	126	183
		220	7500	0,345	162	235
680	600	160	7000	0,306	147	214
980	900	70	5200	0,205	111	161
		160	9900	0,440	204	297
		220	13000	0,580	260	378

Tabelle **4**.3   **Maße und Normwärmeleistungen für Stahlradiatoren nach DIN 4703**

Bauhöhe h_1 in mm	Nabenabstand h_2 in mm	Bautiefe b in mm	Gewicht je Glied in g	Oberfläche je Glied in m²	Normwärmeleistung $\dot{q}_n$ in W/Glied
300	200	160	1020	0,105	50
		250	1540	0,160	77
450	350	110	1050	0,105	55
		160	1460	0,155	74
		220	1990	0,210	99
600	500	110	1370	0,140	73
		160	1960	0,205	99
		220	2680	0,285	128
1000	900	110	2320	0,240	122
		160	3300	0,345	157
		220	4530	0,480	204

Tabelle **4**.4

a)   **Normwärmeleistung von glattwandigen Plattenheizkörpern nach DIN 4703**

Bauhöhe in mm		200	300	400	500	600	700	800	900
$\dot{q}_n$ in $\frac{W}{m}$	einreihig	267	400	525	650	773	893	1010	1125
	zweireihig	454	673	881	1078	1263	1436	1599	1750
	dreireihig	641	946	1237	1506	1753	1979	2188	2357

b)   **Normwärmeleistung von senkrecht profilierten Plattenheizkörpern**

Bauhöhe in mm		200	300	400	500	600	700	800	900	1000
$\dot{q}_n$ in $\frac{W}{m}$	einreihig	294	425	556	684	810	935	1058	1180	1300
	zweireihig	500	727	945	1157	1360	1556	1744	1924	2093
	dreireihig	706	1029	1334	1630	1910	2177	2430	2668	2886

Bei Plattenheizkörpern mit glatter Vorderfront und rückwärtiger Vertikalprofilierung ist mit den Mittelwerten aus glatter und profilierter Platte zu rechnen. Nischeneinbau, Verkleidungen, falsche Anstriche und metallische Beschichtungen

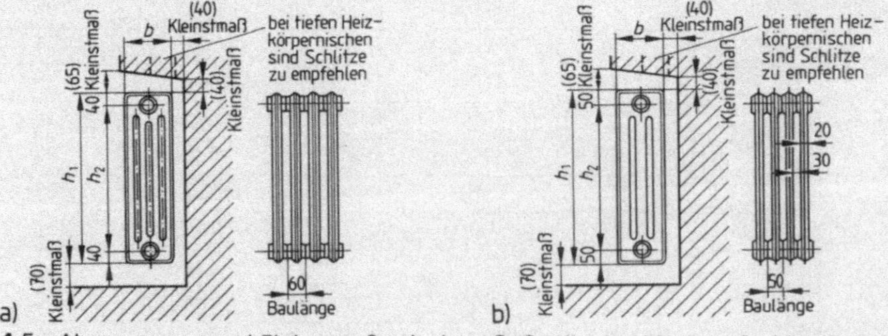

4.5   Abmessungen und Einbaumaße a) eines Gußradiators, b) eines Stahlradiators

vermindern die Wärmeleistung. Die in Bild **4.5** angegebenen Maße sind deshalb einzuhalten.

Beispiel 4.1 Wie groß ist die Wärmeleistung eines Stahlradiators 25/450/220 bei einer Vorlauftemperatur von 90 °C, Rücklauftemperatur 70 °C und Raumtemperatur 22 °C?

Geg.: $n = 25$ Glieder, $\dot{q}_n = 99$ kW/Glied, $t_v = 90\,°C$, $t_r = 70\,°C$, $t_l = 22\,°C$;

ges.: $\dot{Q}$

Lösung
$$t_m = \frac{t_v + t_r}{2} = \frac{90\,°C + 70\,°C}{2} = 80\,°C$$

$$f = 0{,}96 \text{ nach Tab. } \mathbf{4.1}\ t_l = 22\,°C$$

$$\dot{Q} = 25 \cdot 99 \cdot 0{,}96 = \mathbf{2376\ W}$$

Aufgaben

1. Eine Warmwasserheizungsanlage 80 °C/70 °C wird mit Stahlradiatoren ausgerüstet. Wie groß ist die Wärmeleistung, wenn folgender Heizkörper gewählt wurde: 30/600/160, Raumtemperatur 20 °C (**4.6**)?

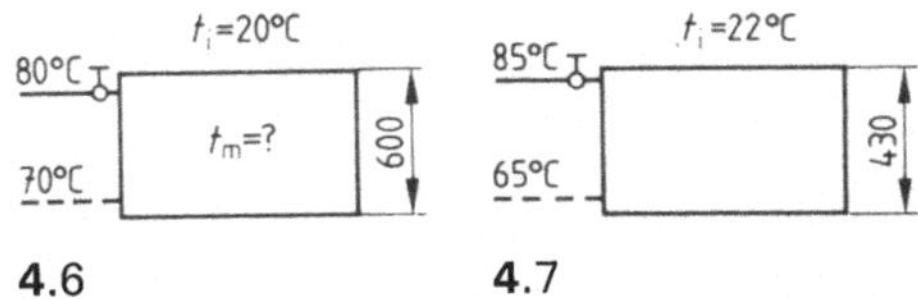

4.6   **4.7**

2. Berechnen Sie die Wärmeleistung eines Gußradiators DIN 4703−17/430/220. Die Vorlauftemperatur ist 85 °C, die Rücklauftemperatur 75 °C, die Raumtemperatur 22 °C (**4.7**).

3. Wie groß ist die Wärmeleistung eines einreihigen, glattwandigen Plattenheizkörpers mit 600 mm Bauhöhe und 2,50 m Länge? Die Vorlauftemperatur beträgt 90 °C, die Rücklauftemperatur 70 °C, die Raumtemperatur 24 °C.

4. Ein Plattenheizkörper wird mit Warmwasser 70 °C/50 °C betrieben. Die Raumtemperatur soll 20 °C betragen. Wie lang muß eine zweireihige vertikalprofilierte Platte bei einer Bauhöhe von 700 mm sein, wenn die Platte einen Wärmebedarf von 3600 W zu decken hat?

5. Eine Heizkörpernische ist 3,00 m lang. Wieviel Glieder a) eines Stahlradiators, b) eines Gußradiators können eingebaut werden, wenn rechts und links vom Heizkörper jeweils 12,5 cm Raum für Montagezwecke freibleiben sollen?

6. Eine Heizkörpernische ist 2,4 m lang und 0,75 m hoch. Bestimmen Sie einen Stahlradiator nach DIN 4703 für eine Wärmeleistung von 2500 W bei
   a) 90 °C Vorlauf-, 70 °C Rücklauf- und 20 °C Raumtemperatur,
   b) 75 °C Vorlauf-, 65 °C Rücklauf- und 20 °C Raumtemperatur,
   c) 75 °C Vorlauf-, 55 °C Rücklauf- und 20 °C Raumtemperatur
   die Gliederzahl, wenn die gleiche Bauhöhe und Bautiefe eingehalten werden soll. Beachten Sie die Normeinbaumaße und geben Sie jeweils etwa 12,5 cm Montageraum rechts und links vom Heizkörper hinzu.

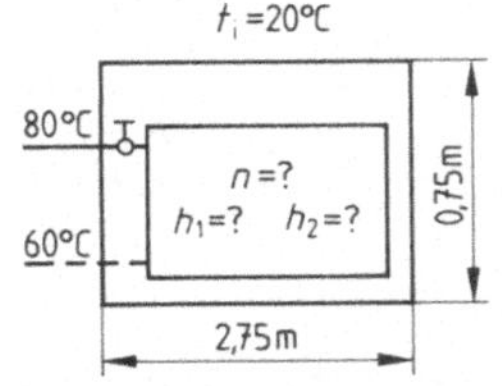

4.8

7. Eine Heizkörpernische hat 2,75 m Länge und 0,75 m Höhe (**4.8**).
   a) Wie groß muß die Bauhöhe für einen Stahlheizkörper gewählt werden?
   b) Wieviel Glieder können untergebracht werden?

c) Wie groß muß der Heizkörper gewählt werden, wenn infolge einer Heizungsverkleidung eine Leistungsminderung von 15% auftritt? Die Bautiefe soll 220 mm, die Vorlauftemperatur 80 °C, die Rücklauftemperatur 60 °C und die Raumtemperatur 20 °C betragen.

8. Für einen Radiator steht eine Heizkörpernische von 0,90 m Höhe, 2,20 m Länge und 0,25 m Tiefe zur Verfügung. Der Heizkörper soll vorn nicht überstehen, seitlich soll er zur Nische einen Abstand von mindestens 12,5 cm haben. Der Normwärmebedarf für diesen Raum beträgt 4000 W. Die Vorlauftemperatur soll 90 °C, die Rücklauftemperatur 70 °C, Raumtemperatur 22 °C sein.
   a) Welcher Gußradiator ist zu verwenden?
   b) Welcher Stahlradiator ist geeignet?
   c) Vergleichen Sie Baulänge, Gewicht und Oberfläche.

9. Ein GG-Radiator 32/580/110, der unter Normbedingungen betrieben wurde, soll durch einen St-Radiator 600/220 im Niedertemperaturbereich $t_\mathrm{V} = 60\,°\mathrm{C}$, $t_\mathrm{R} = 50\,°\mathrm{C}$ ersetzt werden. Die Raumtemperatur soll unverändert 20 °C betragen.
   a) Welche Heizleistung in W hatte der GG-Radiator?
   b) Wieviel Glieder muß der St-Radiator bei gleicher Heizleistung haben?
   c) Wie lang ist der St-Radiator?

10. Ein Radiator 30/580/110 wurde unter Normbedingungen betrieben. Infolge von Wärmedämmungen am Gebäude kann der Wärmebedarf um 40% verringert werden. Bestimmen Sie für einen Stahlradiator 600/110 bei einer Vorlauftemperatur von 60 °C, einer Rücklauftemperatur von 50 °C und unveränderter Raumtemperatur a) die Gliederzahl, b) die Baulänge.

4.2 Fußbodenheizung

Die flächenbezogene Heizleistung bei Fußbodenheizung beträgt $\dot{q}_\mathrm{F} = 11\ \mathrm{W/}$ $(\mathrm{m}^2 \cdot \mathrm{K})$. Für eine bestimmte Heizfläche und gegebene Temperaturdifferenz zwischen Fußbodenoberfläche und Raumluft ergibt sich eine Heizleistung von

$$\dot{Q} = A \cdot \dot{q}_\mathrm{F} \cdot (t_\mathrm{F} - t_\mathrm{i}) \,.$$

$\dot{Q}$ = Heizleistung der Fußbodenheizung in W
A = Heizfläche in m^2

$\dot{q}_\mathrm{F}$ = spezifische Heizleistung in $\mathrm{W/(m^2 \cdot K)}$
t_F = Fußbodentemperatur in °C
t_i = Raumtemperatur in °C

Beispiel 4.2 Ermitteln Sie die Heizleistung einer Fußbodenheizung in W, wenn die gesamte Fußbodenfläche mit $l = 4,5$ m und $b = 6,25$ m beheizt wird. Fußboden-Oberflächentemperatur = 25 °C, Raumtemperatur = 20 °C.

Geg.: $l = 4,5$ m, $b = 6,25$ m, $t_\mathrm{F} = 25\,°\mathrm{C}$, $t_\mathrm{i} = 20\,°\mathrm{C}$; ges.: $\dot{Q}$

Lösung $\dot{Q} = A \cdot \dot{q}_\mathrm{F} \cdot (t_\mathrm{F} - t_\mathrm{i}) = 4,5\ \mathrm{m} \cdot 6,25\ \mathrm{m} \cdot 11\ \dfrac{\mathrm{W}}{\mathrm{m}^2 \cdot \mathrm{K}} \cdot (25\,°\mathrm{C} - 20\,°\mathrm{C}) = \mathbf{1546,9\ W}$

1. Die Fußbodenfläche **4.9** wird zu $^2/_3$ beheizt. Der Wärmebedarf des Raumes beträgt 3050 W. Wieviel Prozent davon kann die Fußbodenheizung decken?

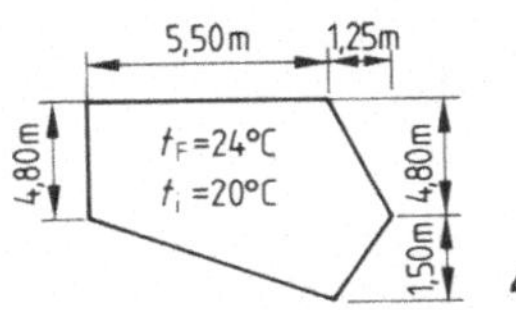

2. Die Fußbodenheizung eines Raumes soll bei $t_i = 20\,°C$ und $t_F = 23,5\,°C$ 1000 W abgeben, die Heizflächenlänge 6,5 m betragen. Welche Breite muß die Heizfläche haben?

3. Der Wärmebedarf das Raumes **4.10** beträgt 3000 W. $^1/_3$ davon soll die Fußbodenheizung decken.
   a) Wie groß ist die Leistung der Fußbodenheizung in W und kJ/s?
   b) Wieviel °C muß die Fußbodenoberfläche haben?
   c) Wieviel Glieder muß ein Radiator 600/110 zum Abdecken des Rest-

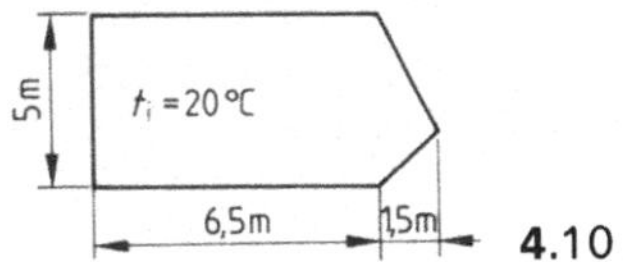

wärmebedarfs haben, wenn seine $t_v = 60\,°C$ und $t_R = 50\,°C$ sind?
   d) Wie lang wird der Radiator?

4. Der Normwärmebedarf für einen Wohnraum mit 30 m² beträgt bei $t_i = 20\,°C$ 3600 W. Er soll je zur Hälfte durch einen Stahlradiator 600/110 bei $t_v/t_R = 60\,°C/50\,°C$ und durch eine Fußbodenheizung gedeckt werden.
   a) Wieviel Glieder sind für den St-Radiator erforderlich?
   b) Welche Länge in m hat der Heizkörper?
   c) Wieviel W muß noch 1 m² Fußboden abgeben? ($\dot{q}_F = ?$ W/m²)
   d) Welche Oberflächentemperatur braucht der Fußboden bei $q_F = 11$ W/(m² · K)?

4.3 Rohrnetzberechnung bei der Pumpenwarmwasserheizung

Rohrnetzberechnungen sind durchzuführen

– bei der Planung von Neuanlagen zur Dimensionierung der Rohre und Regelarmaturen sowie zur Auslegung der Umwälzpumpe,

– um bei bestehenden Anlagen in Einzelfällen die Strömungsbedingungen nachzuprüfen.

Reibungswiderstände. Im Rohrnetz ergeben sich für das beim Wärmetransport zwischen Kessel und Verbraucher zirkulierende Heizungswasser durch Reibung Widerstände (Druckverluste Δp):

– an der Wand des geraden Rohres = Rohrwiderstand Δp_R,

– in Bögen, Querschnittsänderungen, Abzweigen, Kesseln und Heizkörpern sowie Absperrarmaturen (z.B. Schieber) = Einzelwiderstände Δp_E,

– in Regelarmaturen (z.B. HK-Armaturen wie Th-Ventile und Rücklaufverschraubungen, Mischer) = Regelungswiderstände Δp_V, Δp_{RLV}, Δp_{Mi}.

Diese Widerstände beeinflussen die Wasser- und somit auch die Wärmeverteilung sowie die Regelungsvorgänge im Heizungsnetz. Sie sind deshalb beim Berechnen der Rohrnetze und bei der Auswahl der Bauteile unter Berücksichtigung bestimmter hydraulischer, regelungstechnischer und wirtschaftlicher Vorgaben (z.B. v_{max}, Rohrwiderstand R je m, Regelungsverhalten von Ventilen, Rohrnetzkosten) zu ermitteln bzw. festzulegen.

Die Summe der in einem Heizkreis zu überwindenden Widerstände (Rohrnetzwiderstand Δp_{ges}) ergibt den für den Auslegungsvolumenstrom erforderlichen Differenzdruck der Umwälzpumpe Δp_P ($\rightarrow \Delta p_{ges} = \Delta p_P$).

4.3.1 Rohrnetzwiderstand eines einfachen Kreislaufs

Das Beispiel eines einfachen Kreislaufs ohne Verzweigungen, mit Rohrstrecken gleicher Größe, Übergangsstücken, Bögen, Regelventil, Wärmeerzeuger und -verbraucher soll uns in die Rohrnetzberechnung einführen.

Beispiel 4.3 Die im Heizkreis **4.**11 eingebaute Umwälzpumpe muß ausgetauscht werden. Die alte Pumpe wird als überdimensioniert angesehen, für die neue sollen die erforderlichen Pumpendaten – nämlich a) der Volumenstrom $\dot{V}$ und b) der Pumpendifferenzdruck Δp_P – nachgerechnet werden.

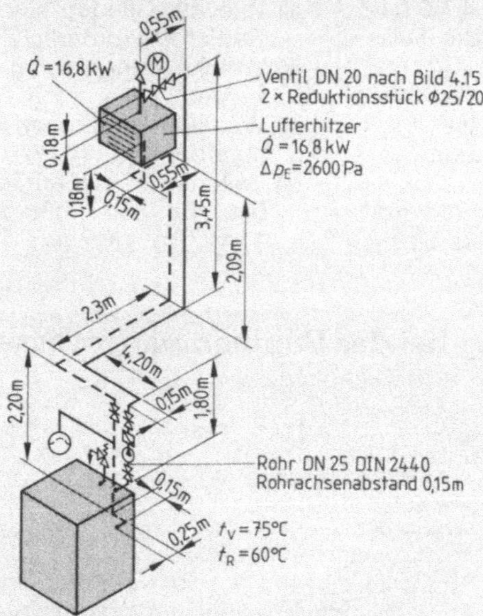

4.11
Heizkreis ohne Verzweigung

Lösung a) $\dot{V} \mathrel{\hat{=}} \dot{m} = \dfrac{\dot{Q}}{c \cdot \Delta t} = \dfrac{16\,800 \text{ W}}{1{,}16 \dfrac{\text{Wh}}{\text{kg} \cdot \text{K}} \cdot 15 \text{ K}} = 965{,}5 \text{ kg/h} = \mathbf{965{,}5 \text{ l/h}}$

($\dot{V}$ kann auch mit dem Diagramm **4.**20 auf S. 132 bestimmt werden.)

b) **Pumpendifferenzdruck = Rohrnetzwiderstand** $\Delta p_P = \Delta p_{ges}$

Die in Reihe angeordneten Widerstände eines Heizkreises addieren sich.

$\rightarrow$ **Δp_{ges} = Rohrwiderstände + Einzelwiderstände + Ventilwiderstand**

$$\Delta p_{ges} = \Sigma \Delta p_R + \Sigma \Delta p_E + \Delta p_V$$

Der Rohrwiderstand $\Sigma \Delta p_R$ des Heizkreises ergibt sich aus den Rohrwiderständen der einzelnen geraden Rohrstrecken mit gleichem $\varnothing$ und $\dot{V}$. In unserem Beispiel sind $\varnothing$ und $\dot{V}$ im gesamten Kreis gleich, so daß wir den Heizkreis zu einer Rohrstrecke zusammenfassen können, deren Widerstand abhängt

122

– von der Rohrlänge l_R, berechnet aus den Längen l_1, l_2 ... = Abstände der Rohrachsen-schnittpunkte **ohne Abzug** von Bögen und Einbaulängen der Armaturen;
– von der Rohrart, DN, $\dot{V}$ bzw. v – berücksichtigt durch den Rechenwert R = Widerstand (Druckgefälle) je m Rohrlänge in Pa/m (**4.13** auf S. 124).

Rohrwiderstand einer Rohrstrecke = Widerstand je m · Rohrlänge

$$\Delta p_R = R \cdot l_R \qquad \Delta p_R \text{ in Pa} \qquad R \text{ in Pa/m} \qquad l_R \text{ in m}$$

Lösung,
Fortsetzung

$l_R = l_1 + l_2 + \cdots l_{17}$

$l_R = (250 + 1800 + 150 + 4200 + 2300 + 3450 + 550 + 180 + 180 + 150 + 550 + 2090 + 2450 + 4200 + 550 + 2090 + 250)\ \text{mm} = 25\,100\ \text{mm}$

$R_{DN\,25} = 88$ Pa/m nach Tab. **4.13**

$\Delta p_R = 88$ Pa/m · 25,1 m = **2209 Pa** (im Beispiel $\Delta p_R = \Sigma\,\Delta p_R$)

Die Einzelwiderstände Δp_E von Bögen, Querschnittsänderungen, Abzwei-gungen, Geräten und Absperrarmaturen hängen ab von der Art und Größe des Bauteils sowie der Fließgeschwindigkeit. Für die Bestimmung dieser Widerstände geht man von Vergleichswerten aus, die in Versuchen ermittelt und zu Tabel-len zusammengefaßt wurden. Ein solcher Vergleichswert (Widerstandsbeiwert

Tabelle **4.12** ζ-**Werte von Einzelwiderständen**

Bauteil		Abkürzung	ζ-Wert
Kessel (Ein- und Austritt)		Ks	2,5[1]
Radiatoren		Ra	3[1]
Etagenbogen		EB	0,5
T-Stück gemeinsame Strecke		T	0
T-Stück Durchgang Vereinigung		T-DV	**0,5**[2]
Durchgang Trennung		T-DT	**0,5**[2]
Abzweig Vereinigung		T-AV	1[2]
Abzweig Trennung		T-AT	**1,5**[2]
Gegenlauf Vereinigung		T-GV	3[2]
Gegenlauf Trennung		T-GT	2[2]
Hosen-T		T-H	**1,5**
Reduktionsstück ⌀ klein zu groß		R↑	1
⌀ groß zu klein		R↓	0,5
Überbogen		Ü	1

	Knie Kn	Bogen 90° B	Absperr- schieber S	Rückschlag- klappe RK	Schrägsitz- ventil VS
DN 10	2,5	2	1,5	4	3,5
DN 15	2	1,5	1	3,5	3
DN 20	1,5	1	0,5	2	3
DN 25	1,5	1	0,5	2	3
DN 32	1	0,5	0,3	1,5	2,5
DN 40	1	0,5	0,3	1,5	2,5
DN 50	1	0,5	0,3	1	2

[1]) falls Herstellerangaben bekannt, werden sie verwendet
[2]) ohne Berücksichtigung der ⌀- und v-Änderung

Tabelle 4.13   Druckgefälle R bei WW-Heizungen mit Stahlrohren (Rauhigkeit 0,045 mm)

	Mittelschwere Gewinderohre DIN 2440							Nahtlose Stahlrohre DIN 2448				
DN d_i mm	10 12,5	15 16,0	20 21,6	25 27,2	32 35,9	40 41,8	50 53,0	44,5 × 2,6	57 × 2,9	76,1 × 2,9	88,9 × 3,2	108 × 3,6
R in Pa/m	v = Geschwindigkeit in m/s $\dot{m}$ = Wasserstrom in kg/h ($\hat{=}\ \dot{V}$ in l/h)											
1	0,03 13	0,04 25	0,04 56	0,05 103	0,06 213	0,07 318	0,08 592	0,06 270	0,07 541	0,09 1240	0,10 1884	0,11 3179
5	0,07 30	0,08 57	0,10 125	0,11 230	0,13 477	0,15 710	0,17 1323	0,14 604	0,17 1209	0,20 2772	0,22 4212	0,25 7108
10	0,10 42	0,11 80	0,14 177	0,16 325	0,19 674	0,21 1005	0,24 1872	0,20 855	0,23 1710	0,28 3920	0,31 5957	0,35 10053
15	0,12 51	0,14 98	0,17 217	0,19 398	0,23 825	0,25 1230	0,29 2292	0,24 1047	0,29 2094	0,35 4801	0,38 7296	0,43 12312
20	0,14 59	0,16 114	0,19 251	0,22 460	0,26 953	0,29 1421	0,34 2647	0,28 1209	0,33 2418	0,40 5544	0,44 8424	0,50 14217
25	0,15 66	0,18 127	0,21 280	0,25 514	0,30 1066	0,33 1588	0,38 2959	0,31 1351	0,37 2703	0,45 6199	0,50 9419	0,56 15895
30	0,17 72	0,19 139	0,24 307	0,27 563	0,32 1167	0,36 1740	0,41 3242	0,34 1480	0,40 2961	0,49 6790	0,54 10318	0,61 17412
35	0,18 78	0,21 150	0,25 332	0,29 608	0,35 1261	0,39 1880	0,45 3502	0,37 1599	0,44 3199	0,53 7334	0,59 11144	0,66 18807
40	0,19 84	0,22 161	0,27 354	0,31 650	0,37 1348	0,41 2009	0,48 3743	0,40 1709	0,47 3419	0,57 7841	0,63 11914	0,71 20105
45	0,20 89	0,24 170	0,29 376	0,33 690	0,40 1430	0,44 2131	0,51 3970	0,42 1813	0,50 3627	0,60 8316	0,66 12636	0,75 21325
⌐50⌐	0,21 94	0,25 180	0,30 396	0,35 727	0,42 1507	0,46 2246	0,53 4185	0,44 1911	0,52 3823	0,63 8766	0,70 13320	0,79 22478
60	0,23 103	0,28 197	0,33 434	0,39 796	0,46 1651	0,50 2461	0,58 4585	0,49 2093	0,57 4188	0,70 9603	0,77 14591	0,87 24624
70	0,25 111	0,30 213	0,36 469	0,42 860	0,50 1783	0,54 2658	0,63 4952	0,52 2261	0,62 4523	0,75 10372	0,83 15760	0,94 26597
⌐80⌐	0,27 118	0,32 227	0,38 501	0,44 919	0,53 1906	0,58 2842	0,67 5294	0,56 2417	0,66 4836	0,80 11088	0,89 16849	1,00 28433
90	0,29 126	0,34 241	0,41 532	0,47 975	0,56 2022	0,62 3014	0,72 5615	0,59 2564	0,70 5129	0,85 11761	0,94 17871	1,06 30158
100	0,30 132	0,36 254	0,43 560	0,50 1028	0,59 2131	0,65 3177	0,75 5919	0,63 2702	0,74 5407	0,90 12397	0,99 18837	1,12 31789
150	0,37 162	0,44 311	0,53 686	0,61 1259	0,72 2610	0,80 3891	0,92 7249	0,77 3310	0,90 6622	1,10 15183	1,21 23071	1,37 38934
200	0,43 187	0,50 359	0,61 793	0,70 1454	0,84 3014	0,92 4493	1,07 8370	0,89 3822	1,04 7646	1,27 17532	1,40 26640	1,58 44957
300	0,53 229	0,62 440	0,74 971	0,86 1780	1,03 3691	1,13 5503	1,31 10252	1,08 4681	1,28 9365	1,56 21473	1,72 32627	1,94 55061
500	0,68 296	0,79 568	0,96 1253	1,11 2298	1,32 4765	1,46 7104	1,69 13235	1,40 6043	1,65 12090	2,01 27721	2,22 42121	2,50 71083

Gestrichelte Werte s. Beispiel 4.8

ζ = Zeta, **4.12** auf S. 123) gibt für ein Bauteil an, wievielmal größer sein Widerstand im Vergleich zu dem eines bestimmten Teils (bei gleicher v) ist. ζ-Werte sind dimensionslose Zahlen.

Übung Bestimmen Sie die ζ-Werte für einen Bogen 90°–DN 20, ein Knie DN 10, eine Querschnittsänderung groß → klein, einen Schieber DN 25.

Den tatsächlich bei einer bestimmten Fließgeschwindigkeit auftretenden Druckverlust eines Einzelwiderstands mit dem Widerstandsbeiwert $\zeta = 1$, genannt z, entnehmen wir der Tabelle **4.14** oder berechnen ihn genau mit der Formel $z = \varrho/2 \cdot v^2$ (ϱ = Dichte in kg/m³, v = Fließgeschwindigkeit in m/s, z = Druckverlust eines Einzelwiderstands mit $\zeta = 1$ in N/m² = Pa).

Tabelle **4.14** **Geschwindigkeitsabhängiger Einzelwiderstand z für $\zeta = 1$**

Wassergeschwindigkeit v in m/s	z in Pa	Wassergeschwindigkeit v in m/s	z in Pa	Wassergeschwindigkeit v in m/s	z in Pa	Wassergeschwindigkeit v in m/s	z in Pa
0,08	3,1	0,19	17,7	0,4	78,4	0,62	188,4
0,09	4,0	0,2	19,6	0,42	86,4	0,64	200,7
0,1	4,9	0,22	23,7	0,44	94,9	0,66	213,4
0,11	5,9	0,24	28,2	0,46	103,7	0,68	226,6
0,12	7,1	0,26	33,1	0,48	112,9	0,7	240
0,13	8,3	0,28	38,4	0,5	122,5	0,75	276
0,14	9,6	0,3	44,1	0,52	132,5	0,8	314
0,15	11,0	0,32	50,2	0,54	142,9	0,85	354
0,16	12,5	0,34	56,6	0,56	153,7	0,9	397
0,17	14,2	0,36	63,5	0,58	164,8	0,95	442
0,18	15,9	0,38	70,8	0,6	176,4	1,0	490

$z = \varrho/2 \cdot v^2$; der Tabelle liegt eine Dichte von 980 kg/m³ zugrunde

Der Druckverlust von Einzelwiderständen mit beliebigem Widerstandsbeiwert ζ, gleich Δp_E bezeichnet, ergibt sich aus $\Delta p_E = \zeta \cdot z$.
Somit Δp_E in 3 Schritten: 1. ζ (Tab. **4.12**), 2. z (Tab. **4.13**), 3. $\Delta p_E = \zeta \cdot z$.
Für eine Rohrstrecke mit **konstanter** v werden die Druckverluste der Einzelwiderstände addiert. Dann ergibt sich für mehrere Einzelwiderstände:

$$\Sigma \Delta p_E = \Sigma \zeta \cdot z \qquad \qquad \zeta \text{ Tab. } \mathbf{4.12}$$
z für $\zeta = 1$ (**4.14**), $\Sigma \Delta p_E$ in Pa ohne Dezimale

$$\Sigma \Delta p_E = \Sigma \zeta \cdot \frac{\varrho}{2} \cdot v^2 \qquad$$
rechnerische Lösung mit Δp_E in Pa, ϱ in kg/m³, v in m/s

Beispiel 4.4 Ein Bogen 90° und ein Schieber je DN 20 werden mit 0,6 m/s durchströmt. Wie groß wird $\Sigma \Delta p_E$ in Pa?

Lösung Bogen 90°–DN 20 → $\zeta = 1$, Schieber DN 20 → $\zeta = 0,5$ → $\Sigma \zeta = 1,5$
$z_{v0,6} = 176,4$ Pa
$\Sigma \Delta p_E = \Sigma \zeta \cdot z = 1,5 \cdot 176,4$ Pa = **265 Pa**

Für unser Beispiel 4.3 bedeutet das:

Druckverluste der Einzelwiderstände des Heizkreises 4.11:

Widerstand	ζ-Wert	An-zahl	$\Sigma\zeta$	v in m/s	z für $\zeta = 1$ in Pa	$\Delta p_E = \Sigma\zeta \cdot z$ in Pa
Kessel	2,5	1	2,5	0,46	103,7	259 +
Bogen 90°	1	14	14	0,46	103,7	1452 +
Knie	1,5	1	1,5	0,46	103,7	156 +
Schieber	0,5	3	1,5	0,46	103,7	155 +
Rückschlagklappe	2	1	2	0,46	103,7	207 +
Reduktion $\varnothing\uparrow$	1	1	1	0,46	103,7	104 +
			22,5	·	103,7	= 2333
Reduktion $\varnothing\downarrow$	0,5	1	0,5	0,73	261	→ 130
Lufterhitzer	–	1	–			2600 Pa
						5063 Pa

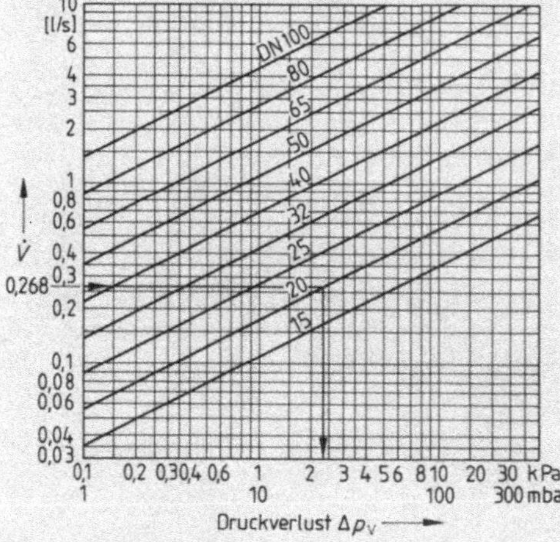

4.15 Dimensionierungsdiagramm für Motorventile

Der Ventilwiderstand Δp_V kann dem Bild **4.15** entnommen werden. $\dot V$ und Ventilgröße liegen im Beispiel fest. Der Druckabfall am Ventil beträgt 2380 Pa. So kommen wir zum Schluß unseres Beispiels 4.3:

Das gesamte Druckgefälle und somit der erforderliche Pumpendifferenzdruck Δp_P betragen

$$\Delta p_P = \Sigma\Delta p_R + \Sigma\Delta p_E + \Delta p_V$$
$$\Delta p_P = 2209\ \text{Pa} + 5063\ \text{Pa} + 2380\ \text{Pa}$$
$$\Delta p_P = \mathbf{9672\ Pa}$$

Der Anteil des Widerstands von Regelventilen am Widerstand eines Heizkreises sollte 25 bis 70% betragen. Hier ist er

$$\frac{100\% \cdot 2380\ \text{Pa}}{9672\ \text{Pa}} = 24{,}8\%.$$

Aufgaben

Rohrwiderstand ($\dot V$ in l/h $\hat{=}$ $\dot m$ in kg/h)

1. Durch ein Gewinderohr DIN 2440 sollen stündlich 1250 l Wasser fließen. Wie groß sind bei Verwendung eines Rohres DN 32, DN 25 bzw. DN 20
   a) die Fließgeschwindigkeit v in m/s nach Tab. **4.13**?
   b) das Druckgefälle R in Pa/m?
   c) das Druckgefälle Δp_R in einer 34,5 m langen Rohrstrecke?

2. In einem Warmwasserheizkreis werden bei einer Temperaturspreizung von 20 K 48,5 kW durch ein Rohr 44,5 × 2,6 DIN 2448 transportiert.
   a) Wie groß ist der Volumenstrom $\dot V$ in l/h nach Bild **4.20**?
   b) Wie groß ist die Fließgeschwindigkeit v in m/s nach Tab. **4.13**?
   c) Wie groß ist das Druckgefälle Δp_R in einer 4,2 m langen Rohrstrecke?

3. Durch ein nahtloses Stahlrohr $57 \times 2,9$ DIN 2448 strömen stündlich 3830 l Wasser. Der Druckabfall zwischen zwei Meßstellen einer geraden Strecke beträgt 1250 Pa. Wieviel m liegen die Meßstellen auseinander?

4. Welche Rohre sind zu verwenden, wenn bei einer Temperaturspreizung von a) 10 K, b) 15 K, c) 20 K jeweils ein Wärmestrom von 28 kW zu transportieren ist und das Druckgefälle maximal 120 Pa/m betragen darf? (Bei DN > 32 → Rohr nach DIN 2448)
   d) Welche tatsächlichen Widerstände in Pa ergeben sich jeweils in einer 3,5 m langen Rohrstrecke?

5. a) Welchen Volumenstrom in l/h kann ein Rohr $76,1 \times 2,9$ DIN 2448 bei einem Druckgefälle von 85 Pa/m transportieren?
   b) Wie groß ist die Fließgeschwindigkeit in m/s?

6. Eine 24 m lange gerade Rohrstrecke darf bei einem Volumenstrom von 4650 l/h einen Widerstand von maximal 2050 Pa haben.
   a) Welches Rohr ist nach DIN 2448 zu verwenden?
   b) Wie groß ist der tatsächliche Widerstand in Pa?

Einzelwiderstand

7. Ermitteln Sie die ζ-Werte und die Druckverluste Δp_E in Pa.

a)

DN	Schieber 10	20	Bogen 90° 15	25
v in m/s	0,3 / 0,6	0,6 / 0,72	0,45 / 0,68	0,37 / 1,2

b) 1 ———→ 2, 3 $v_1 = 0,45$ m/s, $v_2 = 0,38$ m/s, $v_3 = 0,32$ m/s

c) 2 ———→ 1, 3 $v_1 = 0,42$ m/s, $v_2 = 0,55$ m/s, $v_3 = 0,40$ m/s

d) 2 ———→ 3 ←———, 1 $v_1 = 0,6$ m/s, $v_2 = 0,55$ m/s, $v_3 = 0,62$ m/s   DN 20

8. Ermitteln Sie für den Wassererwärmer nach Bild 4.16 den Heizkreiswiderstand in Pa und mbar.

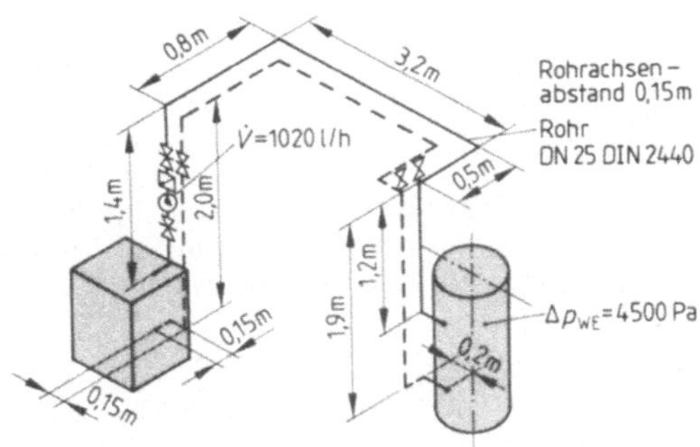

4.16   Heizkreis für Wassererwärmer

4.3.2   Auswahl von Heizkörperarmaturen in PWWH

Thermostatische Heizkörperventile. HK-Ventile haben in erster Linie eine regelungstechnische Aufgabe, d.h. durch Ändern der Ventilstellung (Hub) und damit des Durchflußwiderstands die HK-Leistung zu verändern. Um eine ausreichende Regelqualität sicherzustellen, müssen zwei Zielsetzungen verfolgt werden:

– Druckschwankungen im Netz sollten sich möglichst wenig am Ventil auswirken (Druckänderung → Volumenstromänderung → Hubänderung).

– Der Ventilhub bei den Auslegungsbedingungen der Anlage ($\dot{V}$ und Soll-Raumtemperaturen) sollte so groß sein, daß das Ventil bei einem Temperaturanstieg von 1 bis 3 K ganz schließt (→ Regelbereich bzw. Regeldifferenz des Ventils).

127

Ventilautorität. Das erste Ziel wird hinreichend verwirklicht, wenn der Ventilwiderstand im Vergleich zu den anderen Heizkreiswiderständen relativ groß ist. Er sollte im Betrieb unter Auslegungsbedingungen 30 bis 70% des gesamten rechnerischen Anlagen-(Heizkreis- oder Rohrnetz-)widerstands Δp_{ges} betragen. Dies gilt für Anlagen mit Pumpen, deren Kennlinien flach verlaufen (Regelfall). Sonst wird $\Delta p_{\text{ges}} = \Delta p_{\text{Pumpe max}}$ gesetzt. Das Verhältnis des Ventilwiderstands zum Rohrnetzwiderstand drückt man durch die Ventilautorität a aus.

> Die Ventilautorität a ist das Verhältnis aus dem Druckverlust am Ventil Δp_{V} zum Druckverlust im gesamten Heizkreis Δp_{ges}.
>
> $$a = \frac{\Delta p_{\text{V}}}{\Delta p_{\text{ges}}} \qquad (\approx 0{,}3 \text{ bis } 0{,}7)$$

Mit Hilfe der Ventilautorität läßt sich der erforderliche Ventilwiderstand bestimmen.

$$\rightarrow \Delta p_{\text{V}} = a \cdot \Delta p_{\text{ges}}$$

Für einen Heizkreis mit Heizkörper-Rücklaufverschraubung (RLV) ergibt sich:

$$\Delta p_{\text{V}} = a \cdot (\Sigma \Delta p_{\text{R}} + \Sigma \Delta p_{\text{E}} + \Delta p_{\text{RLV}} + \Delta p_{\text{V}}) \quad \text{und durch Umstellen:}$$

> $$\Delta p_{\text{V}} = \frac{a \cdot (\Sigma \Delta p_{\text{R}} + \Sigma \Delta p_{\text{E}} + \Delta p_{\text{RLV}})}{1 - a} \qquad (\;) = \text{Heizkreiswiderstand ohne Ventil}$$

Regeldifferenz. Ein bestimmter Ventilwiderstand läßt sich mit verschiedenen Ventilgrößen erreichen. Dabei müßte bei einem Ventil mit größerem Querschnitt der Ventilkegel weiter geschlossen sein, um bei gleichem Widerstand denselben

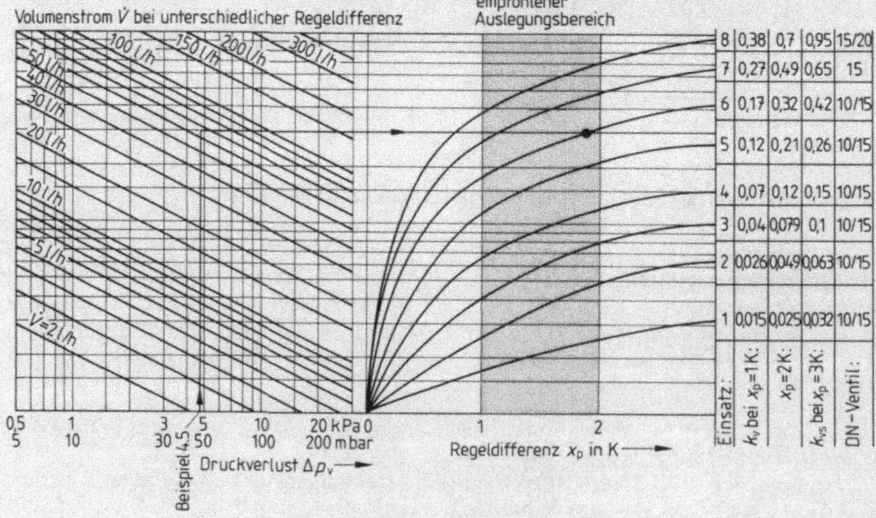

Einsatz:	k_{v} bei $x_{\text{p}}=1\,\text{K}$:	$x_{\text{p}}=2\,\text{K}$:	k_{vs} bei $x_{\text{p}}=3\,\text{K}$:	DN-Ventil:
8	0,38	0,7	0,95	15/20
7	0,27	0,49	0,65	15
6	0,17	0,32	0,42	10/15
5	0,12	0,21	0,26	10/15
4	0,07	0,12	0,15	10/15
3	0,04	0,079	0,1	10/15
2	0,026	0,049	0,063	10/15
1	0,015	0,025	0,032	10/15

4.17 Dimensionierungsdiagramm für Th-Ventile nach DIN 3841

128

Durchflußstrom zu haben. Wegen der Regelqualität und -stabilität sollte der Ventilhub im Betrieb unter Auslegungsbedingungen ja so groß sein, daß das Ventil beim Anstieg der Raumtemperatur um 1 bis 3 K (möglichst $\approx$ 2 K) ganz schließt. Da Th-Ventile bei Temperaturanstieg verhältnisgleich (proportional) schließen, nennt man den Stellbereich (Regelbereich oder mögliche Regeldifferenz x_p) auch P-Bereich oder P-Band. Die angestrebte Regeldifferenz x_p von 1 bis 3 K ($x_p < 1$ K $\rightarrow$ Regelung instabil, $x_p > 3$ K Regelung ungenau) ist unter Beachtung der Ventilautorität a durch entsprechend sorgfältige Ventilauswahl zu erreichen. Hierzu verwenden wir Herstellerdiagramme wie **4.17** und **4.18** oder k_v-Werte als Rechenwerte für die Armaturenauswahl.

k_{vs}-Wert = Durchfluß $\dot{V}$ in m³/h bei voll geöffneter Armatur und einem Druckabfall $\Delta p_v =$ 1 bar.

k_v-Wert = Durchfluß $\dot{V}$ in m³/h bei einer definierten Öffnung (z. B. $x_p = 2$ K P-Abweichung, s. unten) und $\Delta p_v = 1$ bar.

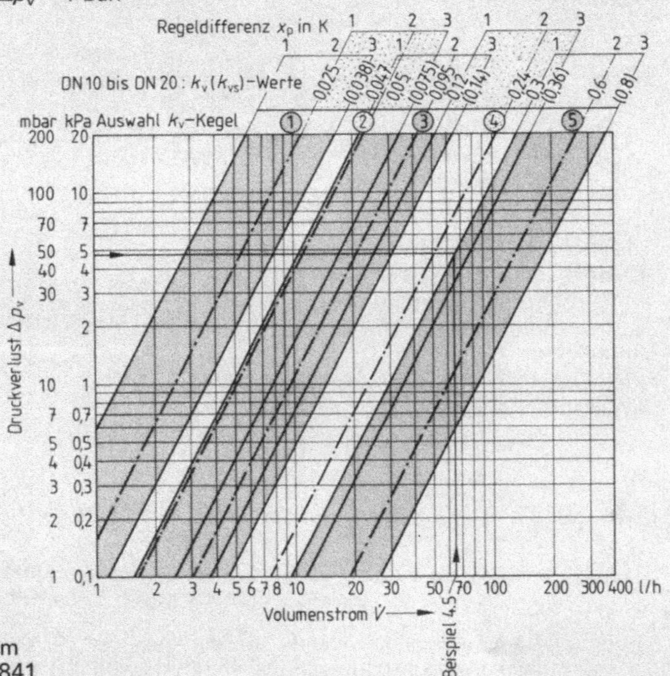

4.18
Dimensionierungsdiagramm
für Th-Ventile nach DIN 3841

Mit Hilfe des k_v-Wertes läßt sich für einen bestimmten $\dot{V}$ der Druckverlust Δp_v am Ventil berechnen.

$$\Delta p_v = \left(\frac{\dot{V}}{k_v}\right)^2 \cdot \Delta p_0 \qquad \text{(Dichte der Flüssigkeit vernachlässigt)}$$

$$\dot{V} = k_v \cdot \sqrt{\frac{\Delta p_v}{\Delta p_0}}$$

$\dot{V}$ = Auslegungsvolumenstrom in m³/h
k_v in m³/h, z. B. bei $x_p = 2$ K (P-Abweichung)
Δp_v in bar bei Auslegungsvolumenstrom und $x_p = 2$ K
Δp_0 = Bezugswert 1 bar

Ventile mit auswechselbaren k_v-Kegeln ermöglichen unterschiedliche Ventilquerschnitte und lassen somit eine gute Anpassung an die hydraulischen Erfordernisse zu. Solche Ventile haben meist auch eine Durchflußbegrenzung, um einen unzulässigen Anstieg einzelner Heizmittelströme zu vermeiden (z. B. in kesselnahen HK beim Aufheizen nach der Nachtabsenkung).

Ventilauswahl

Beispiel 4.5   In einem Heizungskreis wurden für den Rohrwiderstand und die Einzelwiderstände einschließlich HK-Rücklaufverschraubung 7200 Pa, für den Heizkörpervolumenstrom 65 l/h ermittelt. Wählen Sie ein Ventil mit einer Ventilautorität von $a \approx 0{,}4$ und einer Regeldifferenz $x_p = 1$ bis 3 K aus.

Geg.: $\Sigma\Delta p_R + \Sigma\Delta p_E + \Delta p_{RLV} = 7200$ Pa, $a \approx 0{,}4$, $x_p = 1$ bis 3 K; ges.: Ventilkegel und -größe

Lösung $\Delta p_v = \dfrac{7200 \text{ Pa} \cdot 0{,}4}{1 - 0{,}4} = \dfrac{7200 \text{ Pa} \cdot 0{,}4}{0{,}6} = 4800$ Pa

a) Im Diagramm **4.17** von $\Delta p_v = 4800$ Pa ausgehen, ↑ bis $\dot m = 65$ kg/h, waagerecht bis zur gewünschten Regeldifferenz $x_p = 1$ bis 3 K, Einsatz ablesen = 6, DN-Ventil = **10 oder 15** ($x_p \approx 1{,}8$ K)

b) Im Diagramm **4.18** von $\Delta p_v = 4800$ Pa ausgehen →, bei $\dot m = 65$ kg/h↑. Schnittpunkt im Bereich des zu wählenden Kegels 4, DN-Ventil = **10, 15 oder 20** ($x_p \approx 2{,}5$ K)

Heizkörper-Rücklaufverschraubungen (regulierbar) erleichtern Montagearbeiten und dienen zum Druckverlustabgleich von Heizkreisen (hydraulischer Abgleich). Den Druckverlust Δp_{RLV} bestimmt man mit Hilfe des Diagramms **4.19**.

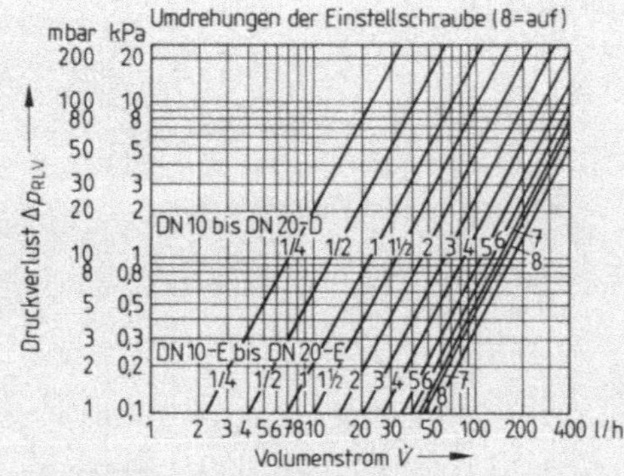

4.19 Durchflußkennlinien für regelbare Heizkörper-Rücklaufverschraubung

Beispiel 4.6   Ein Radiator hat einen Rücklaufanschluß DN 15. Es soll eine regelbare Durchgangsverschraubung verwendet werden. Der Volumenstrom beträgt 95 l/h.

a) Wie groß ist der Druckverlust Δp_{RLV} in Pa bei voll geöffneter Verschraubung?

b) Welche Einstellung (Umdrehungen der Einstellschraube) ist vorzunehmen, wenn zusätzlich 900 Pa abgedrosselt werden müssen?

Geg.: regelbare Rücklaufverschraubung DN 15-D (Durchgang) $\dot V = 95$ l/h; ges.: a) Δp_{RLV} in Pa, b) Umdrehungen der Einstellschraube bei 900 Pa Druckabgleich.

Lösung   a) Δp_{RLV} nach Diagramm **4.19** (Einstellung 8) = **400 Pa**

b) $\Delta p_{RLV\,ges} = 400$ Pa $+ 900$ Pa $= 1300$ Pa

Nach Diagramm bei $\dot V = 95$ l/h und $\Delta p_{RLV\,ges} = 1300$ Pa

4 Umdrehungen der Einstellschraube.

9. Ein Heizkreis, an dessen Strangende ein Radiator mit 1740 W Heizleistung angeordnet ist, wird mit $t_v = 70\,°C$ und $t_R = 55\,°C$ betrieben. Der Heizkreiswiderstand ohne Thermostatventil beträgt 6162 Pa.
   a) Bestimmen Sie die Ventildaten nach Diagramm **4.17**, wenn die Ventilautorität $a = 0,45$ und die Regeldifferenz 1 bis 2 K betragen.
   b) Mit welcher Regeldifferenz arbeitet das Ventil noch, wenn durch Druckanstieg im Heizkreis am Ventil ein Druckabfall von 13000 Pa entsteht?

10. Ein thermostatisches Heizkörperventil mit einem Auslegungsvolumenstrom von 40 l/h hat bei einem Heizkreiswiderstand von 10500 Pa die Ventilautorität $a = 0,1$.
    a) Welche Regeldifferenz entspricht dem Ventil mit einem Einsatz 7 nach Diagramm **4.17**?
    b) Durch Druckanstieg im Netz entsteht am Ventil ein Differenzdruck von 0,18 bar. Auf wieviel K verringert sich die Regeldifferenz?
    c) Auf wieviel Pa dürfte der Differenzdruck am Ventil ansteigen, damit die Regeldifferenz nicht unter 1 K abfällt?

11. In einem Heizkreis ist an der regelbaren Rücklaufverschraubung DN 15-E(ck) ein Differenzdrucküberschuß von insgesamt 1360 Pa abzubauen. Der Volumenstrom beträgt 65 l/h. Wieviel Umdrehungen sind nach Diagramm **4.19** an der Einstellschraube erforderlich?

12. Ein Heizkörper hat einen Volumenstrom von 92 l/h. Im Heizkreis beträgt der Druckverlust in den Rohrstrecken und den Einzelwiderständen einschließlich regulierbarer Rücklaufverschraubung DN 15-D (voll geöffnet) 6450 Pa. Der gesamte Heizkreiswiderstand soll 12500 Pa sein. Bestimmen Sie
    a) den erforderlichen Druckverlust für das thermostatische Heizkörperventil,
    b) die Ventilautorität a,
    c) den erforderlichen k_v-Kegel nach Diagramm **4.17** bzw. **4.18**,
    d) die P-Abweichung (Regeldifferenz x_p),
    e) die Einstellung an der Verschraubung nach Diagramm **4.19**, damit sich ein $x_p = 2$ K ergibt.
    f) Um wieviel % ändert sich die Ventilautorität?

13. In einem Heizkreis mit $\dot V = 75$ l/h wird ein Ventil nach Diagramm **4.17** mit Kegel 6 bei $x_p = 2$ K eingebaut. Ein Drucküberschuß von 1500 Pa wird an der Rücklaufverschraubung nicht abgedrosselt, so daß das Th-Ventil den Drucküberschuß abbauen muß. Auf welche Regeldifferenz x_p stellt sich das Ventil ohne Rücklaufdrosselung ein?

14. In ein HK-Th-Ventil nach Bild **4.18** mit einem Auslegungsvolumenstrom von 70 l/h, das mit dem Kegel 4 eine 2 K P-Abweichung hat, wird versehentlich a) Kegel 3, b) Kegel 5 eingebaut. Untersuchen Sie die P-Abweichungen (Regeldifferenzen x_p).

4.3.3 Mischerauswahl

Heizungsmischer brauchen für eine zufriedenstellende Regelqualität einen bestimmten Widerstand bzw. eine bestimmte Fließgeschwindigkeit der Mischströme. Deshalb wählt man Mischer nach Herstellerdiagramm und -empfehlung aus (4.20). Für die Mischerbestimmung müssen die Heizkreisleistung und die Temperaturspreizung zwischen Kesselvor- und Kesselrücklauf bzw. der Masse-(Volumen-)strom bekannt sein. Der Widerstand des Mischers ist dann zum übrigen Heizkreiswiderstand zu addieren.

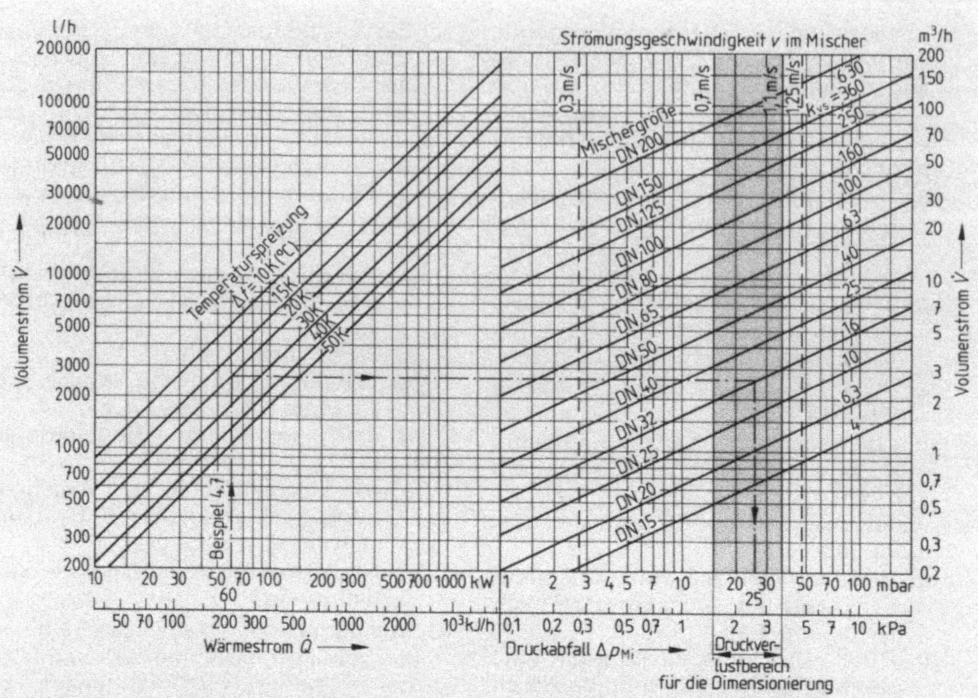

4.20 Dimensionierungsdiagramm für 3- und 4-Wegemischer

Beispiel 4.7 Für einen Heizkreis mit einer Leistung von 60 kW ist ein Vierwegemischer auszuwählen. Die Auslegungstemperaturen der Heizungsanlage betragen 80/60 °C.

Geg.: $\dot{Q}$ = 60 kW, t_V = 80 °C, t_R = 60 °C; ges.: DN-Mischer und Widerstand des Mischers.

Lösung Vom Wärmestrom ausgehen, ↑ bis Δt = 20 K, → bis eine Mischerkennlinie im Druckverlustbereich geschnitten wird (= Mischergröße), ↓ bis Druckverlust-skala (= Druckverlust).

Mischergröße **DN 32**

Druckverlust Δp_{Mi} = **25 mbar = 2,5 kPa**

Aufgaben

15. Bestimmen Sie für eine WW-Heizung mit 34,5 kW bei t_V = 80 °C und t_R = 60 °C mit Hilfe des Diagramms **4**.20
    a) die Mischergröße für einen Vierwegemischer,
    b) den Mischerwiderstand in mbar und Pa.

16. Eine Heizungsanlage mit 28 kW hat 2 Heizkreise. In den Heizkreis mit 12,5 kW soll ein Dreiwegemischer, in den zweiten Heizkreis ein Vierwegemischer eingebaut werden. Die Anlagenspreizung beträgt 15 K. Ermitteln Sie nach Diagramm **4**.20.
    a) die Mischergrößen,
    b) die Mischerwiderstände in mbar und Pa,
    c) die Strömungsgeschwindigkeit in den Mischern.

4.3.4 Rohrnetzberechnung bei verzweigtem Netz im Zweirohrsystem

Erforderliche Vorgaben

- Anlageplan (Rohrführung) in isometrischer Darstellung oder Grundriß und Strangschema,
- Heizkörperleistungen und Anlagenspreizung Δt ($\rightarrow$ welche Einflüsse auf Rohrnetz?),
- R_{max} für den ungünstigsten Heizkreis ≤ 100 (150) Pa/m oder verfügbarer Pumpendruck,
- v_{max}, z. B. $\ll 1$ m/s,
- Ventilkriterien (s. Abschn. 4.3.2).

Das Berechnungsverfahren führen wir an einem Beispiel durch.

Beispiel 4.8 Es sind die Rohre für die WW-Heizung **4.21** zu dimensionieren, die Heizkörperarmaturen zu bestimmen und der erforderliche Pumpendruck zu ermitteln. R_{max} für ungünstigsten Heizkreis $= 80$ Pa/m, Th-Ventile nach **4.17** mit $a \approx 0,55$ und $x_p = 1,2$ bis 2,5 K.

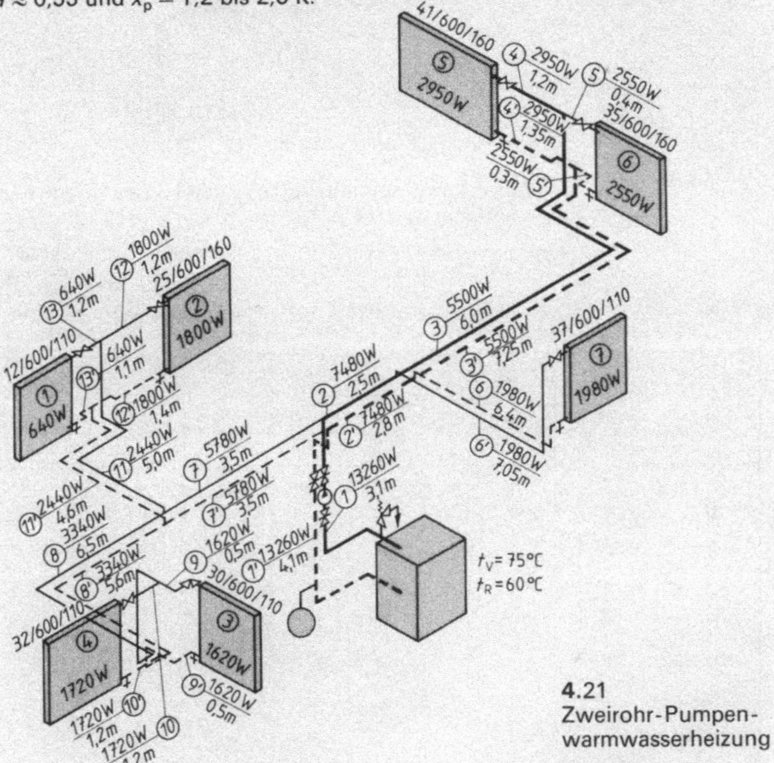

4.21
Zweirohr-Pumpen-
warmwasserheizung

Lösungs-schritte

1. Ungünstigsten Heizkreis aussuchen und Gesamtwiderstand ermitteln

a) Ungünstigsten Heizkreis (Kreis mit dem vom Kessel entferntesten Heizkörper 5 – im Beispiel Fettdruck) in Teilstrecken (TS) zerlegen und zwischen Kessel und Heizkörper fortlaufend numerieren (im Beispiel bereits geschehen).

TS = Rohrstrecke, die keinen Abzweig ($=$ konstanter $\dot{V}$) und eine konstante v (also keine Querschnittsänderung) hat.

b) Längen der TS ermitteln und in Anlagenplan eintragen.

c) Wärmestrom $\dot{Q}$ für die TS ermitteln und in Anlagenplan eintragen: $\dot{Q}_{TS} = \Sigma \dot{Q}_{HK}$, die über die betreffende TS versorgt werden.

d) Masseströme $\dot{m}$ für die TS bestimmen ($\dot{m} \triangleq \dot{V}$).

$$\dot{m}_{TS} = \frac{\dot{Q}_{TS}}{c \cdot \Delta t} \quad \text{oder Bild } \mathbf{4.20}$$

$$\dot{m}_{TS4} = \dot{m}_{TS4'} = \frac{2950\ \text{W}}{1,16\ \dfrac{\text{Wh}}{\text{kg} \cdot \text{K}} \cdot 15\ \text{K}} = 169,5\ \text{kg/h}$$

$$\dot{m}_{TS3} = \dot{m}_{TS3'} = \frac{5500\ \text{W}}{1,16\ \dfrac{\text{Wh}}{\text{kg} \cdot \text{K}} \cdot 15\ \text{K}} = 316,1\ \text{kg/h}$$

$$\dot{m}_{TS2} = \dot{m}_{TS2'} = \frac{7480\ \text{W}}{1,16\ \dfrac{\text{Wh}}{\text{kg} \cdot \text{K}} \cdot 15\ \text{K}} = 429,9\ \text{kg/h}$$

$$\dot{m}_{TS1} = \dot{m}_{TS1'} = \frac{13\,260\ \text{W}}{1,16\ \dfrac{\text{Wh}}{\text{kg} \cdot \text{K}} \cdot 15\ \text{K}} = 762,1\ \text{kg/h}$$

e) $\dot{Q}$- und $\dot{m}$-Werte sowie Längen l_R der TS des ungünstigsten Heizkreises in Formblatt eintragen (**4.22**).

| | Aus den Anlagenplänen | | | | | | | Rohrgrößen- und Druckverlustbestimmung | | | | |
| | | | l_R | $\cdot$ | R_{ist} = | Δp_R | | | | Einzelwiderstände | | |
TS	$\dot{Q}$ in W	$\dot{m}$ in kg/h	l_R in m	DN	R_{ist} in Pa/m	Δp_R in Pa	v in m/s	Anzahl/Art	$\Sigma\ \xi$		z für $\xi = 1$ in Pa	$\Delta p_E = \Sigma\ \xi \cdot z$ in Pa
1	13260	762,1	3,1	25	55	170	0,37	1 Ks 2 B-DN25 2 S-DN25	2,5 2 1	} 5,5	67,1	369
1'	13260	762,1	4,1	25	55	225	0,37	4 B-DN25 1 S-DN25	4 0,5	} 4,5	67,1	302
2	7480	429,9	2,5	20	59	147	0,33	1 T-GT	2	2	53,4	107
2'	7480	429,9	2,8	20	59	165	0,33	1 T-GV	3	3	53,4	160
3	5500	316,1	8,0	20	32	256	0,24	1 T-DT 3 B-DN20	0,5 3	} 3,5	28,2	99
3'	5500	316,1	7,25	20	32	232	0,24	3 B-DN20 1 T-DV	3 0,5	} 3,5	28,2	99
4	2950	169,5	1,2	15	45	54	0,24	1 T-GT 1 Ra	2 3	} 5	28,2	141
4'	2950	169,5	1,35	15	45	61	0,24	2 B-DN15 1 T-GV	3 3	} 6	28,2	169
					$\Sigma\ \Delta p_R$ =	1310					$\Sigma\ \Delta p_E$ =	1446

4.22 Formblatt Rohrnetzberechnung, HK 5

$\Delta t = 15\,^\circ\text{C}$, $R_{max} = 80\ \text{Pa/m}$ für ungünstigsten Heizkreis festgelegt.

f) Rohrgrößen (DN) sowie R_{ist} und v für TS 1 bis 4 und 1' bis 4' mit Hilfe der Tab. **4.13** unter Berücksichtigung von $R_{max} = 80$ Pa/m bestimmen und eintragen. Wie wir dabei vorgehen, soll für die TS 1 bzw. 1' aufgezeigt werden.

Wir gehen in der Tabelle von $R_{max} = 80$ Pa/m aus in Pfeilrichtung bis in die Rohrspalte mit $\dot{m} > \dot{m}_{TS1}$. In dieser Spalte lesen wir in der Kopfleiste DN ab. Dann gehen wir in Pfeilrichtung bis $\dot{m} = \dot{m}_{TS1} = 762{,}1$ kg/h (Zwischenwert) nach oben. Zu $\dot{m}_{TS1}$ ermitteln wir die Geschwindigkeit mit Hilfe der Nachbarwerte 0,35 und 0,39. In gleicher Weise bekommen wir in der ersten Spalte R_{ist} als Zwischenwert zwischen 50 und 60 Pa/m.

g) Rohrwiderstand $\Delta p_R = l_R \cdot R_{ist}$ für TS 1 bis 4 und 1' bis 4' berechnen.

h) Widerstandsbeiwerte für Einzelwiderstände bestimmen.
(Art $\rightarrow$ ζ-Wert nach Tab. **4.12**, Anzahl $\rightarrow$ $\Sigma\,\zeta$.)

i) Druckverluste der Einzelwiderstände z (mit $\zeta = 1$) nach Tab. **4.14** ermitteln.

j) Einzelwiderstände $\Delta p_E = \Sigma\,\zeta \cdot z$ für TS 1 bis 4 und 1' bis 4' ermitteln und in Formblatt eintragen. $\Sigma\,\Delta p_E$ bilden.

k) Druckverlust der HK-Rücklaufverschraubung Δp_{RLV} nach Diagramm **4.19** bestimmen und eintragen. (Eine etwas gedrosselte HK-Rücklaufverschraubung erleichtert manchmal den Druckabgleich bei anderen Heizkreisen.) $\rightarrow$ Gewählt DN 15-D. 7 Umdrehungen $\rightarrow$ $\Delta p_{RLV} = 1500$ Pa.

l) $\Sigma\,\Delta p_R + \Sigma\,\Delta p_E + \Delta p_{RLV}$ für den Heizkreis ermitteln: 1310 Pa + 1446 Pa + 1500 Pa = 4256 Pa.

m) Th-Ventil auswählen. Festgelegt sind $a = 0{,}55$ und $x_p \approx 1{,}2$ bis 2,5 K. $\rightarrow$ $\Delta p_v = 55\%$ von Δp_{ges}

$\Sigma\,\Delta p_R + \Sigma\,\Delta p_E + \Delta p_{RLV} = 4256$ Pa $\cong 45\%$

$$\Delta p_v = \frac{4256\text{ Pa} \cdot 55\%}{45\%} = 5202\text{ Pa}$$

Th-Ventil nach Bild **4.17** $\rightarrow$ DN 15 mit k_v-Kegel = 8 $\rightarrow$ $x_p = 2$ K

n) $\Delta p_{ges} = \Sigma\,\Delta p_R + \Sigma\,\Delta p_E + \Delta p_{RLV} + \Delta p_v = 1310$ Pa + 1446 Pa
$\qquad\qquad + 1500$ Pa + 5202 Pa $= \Delta p_p = 9458$ Pa

2. Abzweig-Teilkreise (Verzweigungsstrecken)

Die Rohrstrecken für die verbleibenden Heizkörper 1 bis 4 sowie 6 und 7 liegen zum dimensionierten Heizkreis in parallelgeschalteten Verzweigungen (**4.23**). So z. B.

Heizkörper 6 parallel zur Strecke A – HK 5 – B,
Heizkörper 7 parallel zur Strecke C – HK 5 – D,
Heizkörper 2 parallel zur Strecke E – HK 5 – F oder
Heizkörper 1 parallel zur Strecke G – HK 2 – H.

Für den Masse-(Volumen-) strom in Verzweigungsstrecken steht am Verteilungspunkt an jeder Strecke der gleiche Druck (vgl. Druckausbreitung in Flüssigkeiten) bzw. für die Verzweigungsstrecken (vom Verteilpunkt im Vorlauf bis zur Vereinigung im Rücklauf) der gleiche Differenzdruck (Druckabfall) wie für die schon berechnete Strecke zur Verfügung (**4.24**). Dieser Differenzdruck ist in der Ver-

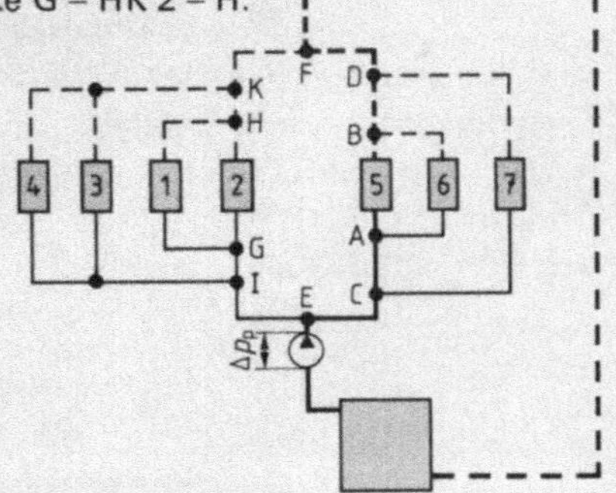

4.23 Parallelgeschaltete Heizkörper der Anlage 4.21

zweigungsstrecke für den Auslegungsvolumenstrom durch entsprechende Rohrdimensionierung, zweckmäßige Ventilauswahl und eine festzulegende Einstellung der HK-Rücklaufverschraubung abzubauen.

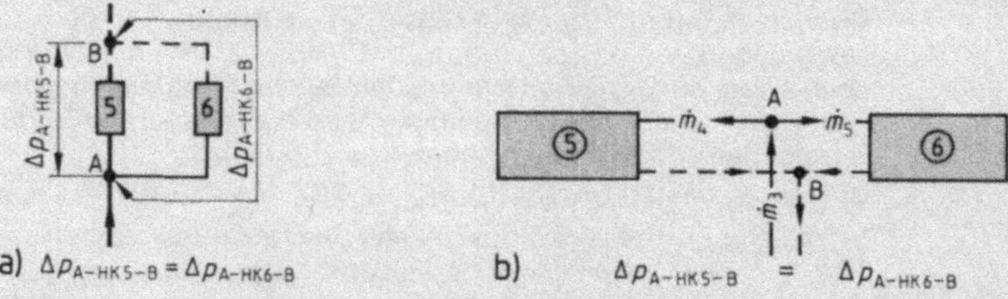

4.24 a) Differenzdruck in Verzweigungen, b) Heizkörperanbindung

In den noch nicht berechneten Verzweigungsstrecken muß das Rohr also im Gegensatz zum ungünstigsten Heizkreis nach einem festliegenden Δp für die Rohrstrecke dimensioniert werden. Das erforderliche Druckgefälle R je m zum Bestimmen der Rohrdimension kann größer sein als das für den Hauptkreis festgelegte, besonders für kurze Strecken in Kesselnähe. Sind parallele Ver-

Aus den Anlagenplänen			Rohrgrößen- und Druckverlustbestimmung								
			l_R ·		R_{ist} =	Δp_R		Einzelwiderstände			
TS	$\dot{Q}$ in W	$\dot{m}$ in kg/h	l_R in m	DN	R_{ist} in Pa/m	Δp_R in Pa	v in m/s	Anzahl/Art	$\Sigma\,\xi$	z für $\xi = 1$ in Pa	$\Delta p_E =$ $\Sigma\,\xi \cdot z$ in Pa
5	2550	146,6	0,4	15	33	13	0,2	1 T-GT 1 Ra	$\left.\begin{matrix}2\\3\end{matrix}\right\}$ 5	19,6	98
5'	2550	146,6	0,3	15	33	10	0,2	2 B-DN15 1 T-GV	$\left.\begin{matrix}3\\3\end{matrix}\right\}$ 6	19,6	118
					$\Sigma\,\Delta p_R = 23$					$\Sigma\,\Delta p_E =$	216

$\Sigma\,\Delta p_R + \Sigma\,\Delta p_E$ von HK 6 < $\Sigma\,\Delta p_R + \Sigma\,\Delta p_E$ von HK 5

→ entweder – DN verkleinern oder

– Δp_{RLV} durch Drosseln vergrößern oder

– Δp_V vergrößern (Ventilautorität wird größer → 57 %)

3. Möglichkeit am zweckmäßigsten

→ Δp_{RLV} am HK 6 wie bei HK 5 = 1500 Pa

→ Δp_V an HK 6 = 7127 Pa – 23 Pa – 216 Pa – 1500 Pa = 5388 Pa

→ Ventil DN 15: k_V-Kegel = 7

$x_p = 2$ K

4.25 Formblatt Rohrnetzberechnung, HK 6

**Lösungs-
schritte,**
Fortsetzung

zweigungsstrecken etwa gleich lang, gehen wir für die Rohrdimensionierung etwa vom gleichen R-Wert aus. Sonst setzen wir für die kürzere Strecke einen entsprechend höheren, für eine längere einen entsprechend niedrigeren Wert an.

Bei zu geringem Druckabbau in einer Verzweigungsstrecke können wir durch einen Lösungsansatz mit kleinerer Dimensionierung (höheres R) den Widerstand erhöhen oder durch Verstellen der HK-RLV bzw. größeren Ventilwiderstand (= größere Ventilautorität) den Drucküberschuß abbauen.

a) Dimensionierung Verzweigung mit HK 6 (**4.25**)

Δp über HK 6 = Δp über HK 5 = $\Delta p_{TS4\,u.\,4'} + \Delta p_v + \Delta p_{RLV}$
$\qquad = 425\ \text{Pa} + 5202\ \text{Pa} + 1500\ \text{Pa} = 7127\ \text{Pa}$

R angestrebt = 45 Pa/m

b) Dimensionierung Verzweigung mit HK 7 (**4.26**)

Δp über HK 7 = Δp über HK 5 = $\Delta p_{TS4\,u.\,4'} + \Delta p_v + \Delta p_{RLV} + \Delta p_{TS3\,u.\,3'}$
$\qquad = 7127\ \text{Pa} + 686\ \text{Pa} = 7813\ \text{Pa}$

R angestrebt = 40 bis 50 Pa/m

| | Aus den Anlagenplänen | | | | Rohrgrößen –und Druckverlustbestimmung | | | | | | |
| | | | l_R · R_{ist} = Δp_R | | | | | Einzelwiderstände | | | |
TS	$\dot{Q}$ in W	$\dot{m}$ in kg/h	l_R in m	DN	R_{ist} in Pa/m	Δp_R in Pa	v in m/s	Anzahl/Art	$\Sigma\,\xi$	z für $\xi = 1$ in Pa	$\Delta p_E = \Sigma\,\xi \cdot z$ in Pa
6	1980	113,8	7,05	10	74	522	0,26	1 T-AT 3 B-DN10 1 Ra	1,5 6 } 10,5 3	33,1	348
6'	1980	113,8	6,4	10	74	474	0,26	1 T-AV 3 B-DN10	1 } 7 6	33,1	232
					$\Sigma\,\Delta p_R$ = 996		+			$\Sigma\,\Delta p_E$ =	580

$$= 1576\ \text{Pa}$$

→ $\Delta p_V + \Delta p_{RLV}$ = 7830 Pa - 1576 Pa = 6237 Pa (Δ aufteilen auf Ventil und RL-Verschraubung. Δp_V HK7 > Δp_V HK5)

Lösungsansatz mit Ventil DN 10: k_V-Kegel 7 und x_p = 1,8 K

→ Δp_V = 5500 Pa (a etwas größer wie bei Ventil HK5)

Δp_{RLV} = 6237 Pa - 5500 Pa = 737 Pa

→ HK-RLV DN 10-D: 6 Umdrehungen

4.26 Formblatt Rohrnetzberechnung, HK 7

c) Dimensionierung Verzweigung HK 2 (TS 7, 7′, 11, 11′, 12, 12′; 4.27)

Δp über HK 2 = Δp über HK 5 = $\Delta p_{ges} - \Delta p_{TS1\,u.\,1'}$
= 9458 Pa − 671 Pa − 395 Pa = 8392 Pa

R angestrebt = 50 Pa/m

	Aus den Anlagenplänen				Röhrgrößen –und Druckverlustbestimmung						
			l_R ·		R_{ist} =	Δp_R		Einzelwiderstände			
TS	$\dot{Q}$ in W	$\dot{m}$ in kg/h	l_R in m	DN	R_{ist} in Pa/m	Δp_R in Pa	v in m/s	Anzahl/Art	$\Sigma\,\xi$	z für $\xi = 1$ in Pa	Δp_E = $\Sigma\,\xi \cdot z$ in Pa
7	5780	332,2	3,5	20	35	122	0,25	1 T-GT	2	30,7	61
7′	5780	332,2	3,5	20	35	123	0,25	1 T-GV	3	30,7	92
11	2440	140,2	5,0	15	31	155	0,19	1 T-AT 4 B-DN15	1,5 } 7,5 6	17,7	133
11′	2440	140,2	4,6	15	31	143	0,19	4 B-DN15 1 T-AV	6 } 7 1	17,7	124
12	1800	103,4	1,2	10	60	72	0,23	1 T-GT 1 Ra	2 } 5 3	26	130
12′	1800	103,4	1,4	10	60	84	0,23	2 B-DN10 1 T-GV	4 } 7 3	26	182
					$\Sigma\,\Delta p_R$ =	699		+		$\Sigma\,\Delta p_E$ =	722

= 1421 Pa

→ Δp_V + Δp_{RLV} = 8392 Pa − 1421 Pa = 6971 Pa (→ aufteilen auf Ventil und RL-Verschraubung)

a) Lösungsansatz mit Ventil DN 10: k_V - Kegel 7 und x_p = 1,8 K

Δp_V = 5200 Pa

→ Δp_{RLV} = 6971 Pa − 5200 Pa = 1771 Pa

→ HK-RLV DN10-D: 6 Umdrehungen

b) alternativ mit Δp_{RLV} ≈ min (7 Umdrehungen) = 550 Pa

Δp_V = 6971 Pa − 550 Pa = 6421 Pa

k_V-Kegel 7 und x_p = 1,5 K (a ≈ 68 %)

4.27 Formblatt Rohrnetzberechnung, HK 2

d) Dimensionierung Verzweigung HK 1 (**4.28**)

$$\Delta p \text{ über HK 1} = \Delta p \text{ über HK 2} = \Delta p_{\text{TS 12 u. 12'}} + \Delta p_v + \Delta p_{\text{RLV}}$$
$$= 202 \text{ Pa} + 266 \text{ Pa} + 6971 \text{ Pa} = 7439 \text{ Pa}$$

R angestrebt $= 40$ Pa/m

Aus den Anlagenplänen			l_R		R_{ist}	Δp_R		Rohrgrößen –und Druckverlustbestimmung			Einzelwiderstände	
TS	$\dot Q$ in W	$\dot m$ in kg/h	l_R in m	DN	R_{ist} in Pa/m	Δp_R in Pa	v in m/s	Anzahl/Art	$\Sigma\,\xi$		z für $\xi = 1$ in Pa	$\Delta p_E =$ $\Sigma\,\xi \cdot z$ in Pa
13	640	36,8	1,2	10	8	10	0,09	1 T-GT	2	5	4	20
								1 Ra	3			
13'	640	36,8	1,1	10	8	9	0,09	1 T-GV	3	7	4	28
								2 B-DN10	4			
					$\Sigma\Delta p_R =$	19		+			$\Sigma\Delta p_E =$	48

$$= 67 \text{ Pa}$$

→ $\Delta p_V + \Delta p_{\text{RLV}} = 7439 \text{ Pa} - 67 \text{ Pa} = 7372 \text{ Pa}$ (→ aufteilen auf Ventil und RL-Verschraubung)

→ Ventil DN10: mit a = 65 %   → Δp_V = 6148 Pa
     k_V – Kegel 5
     x_p = 1,3 K

→ Δp_{RLV} = 7372 Pa - 6148 Pa = 1224 Pa

→ HK - RLV DN 10 - D → 1,5 Umdrehungen

Ein kleinerer Ventilwiderstand ergäbe ein größeres x_p (weiter weg von der unteren Grenze x_p = 1,2), jedoch müßte die Rücklaufverschraubung weiter geschlossen werden.

4.28 Formblatt Rohrnetzberechnung, HK 1

Die Rohrstreckenberechnung für die HK 3 und 4 entspricht den Berechnungen für HK 2 und 1. Es wird daher auf die Berechnung verzichtet.

Vor- und Rücklaufteilstrecken kann man bei gleicher Rohrdimension auch jeweils zu einer Teilstrecke zusammenfassen.

Aufgaben

17. Für den Volumenstrom des Heizkörpers **4.**29 steht ein Differenzdruck von
6700 Pa zur Verfügung. Der Widerstand des Th-Ventils (nach Bild **4.**18)
soll 5800 Pa betragen. Bestimmen Sie
a) den k_v-Kegel für das Th-Ventil,
b) x_p-für das Th-Ventil,
c) die Rohrgrößen für die Anschlußleitungen,

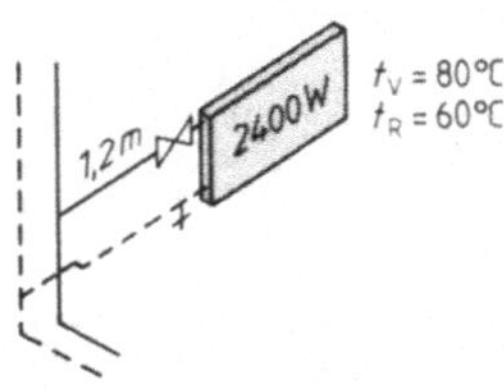

4.29 Heizkörperanschluß

d) die erforderliche Einstellung für die HK-Rücklaufverschraubung (E).

18. Bei der Warmwasserheizung **4**.30 führt der ungünstigste Heizkreis über HK11. Ermitteln Sie
a) die Wärme- und Volumenströme in allen Rohrstrecken,
b) die Rohrdimensionen für den ungünstigsten Heizkreis ($R \leq 100$ Pa/m),
c) den k_v-Kegel für das Th-Ventil (nach Bild **4**.17) am HK11 bei einer Ventilautorität $a \approx 0{,}6$, einer P-Abweichung $x_p \approx 1{,}2$ bis 2 K und einer HK-Rücklaufverschraubung in Eckausführung (Einstellung 7 Umdrehungen),
d) den erforderlichen Pumpendruck in Pa,
e) die Rohrgrößen, k_v-Kegel (nach Bild **4**.17) und Einstellungen der HK-Rücklaufverschraubungen (D-Ausführung) für die HK1 und 2.

19. a) Führen Sie die komplette Rohrnetz- und Druckverlustbestimmung für die Anlage **4**.21 durch, wenn die Vorlauftemperatur 70°C, die Rücklauftemperatur 50°C und die Ventilautorität $a \approx 0{,}6$ bei $x_p = 1{,}5$ bis 2,5 K betragen. (R für ungünstigsten Strang ≤ 100 Pa/m, Th-Ventile nach **4**.17)
b) Ermitteln Sie aus den TS-Längen des Rohrnetzes für die verschiedenen Rohrgrößen die erforderlichen Gesamtrohrlängen.
c) Stellen Sie die nötigen Th-Ventile mit k_v-Kegel und die Einstellungen der HK-Rücklaufverschraubungen zusammen.
d) Geben Sie die erforderliche Anzahl und Größe der Schieber für die Strang- und Pumpenabsperrung an.

20. Die Zweirohr-WW-Heizung **4**.31 ist mit $R_{max} = 120$ Pa/m im ungünstigsten Heizkreis, einer Ventilautorität $a \geq 0{,}45$ und einer P-Abweichung von $\approx 1{,}0$ bis 3,0 K zu dimensionieren (Th-Ventil nach **4**.18). Die maximale Fließgeschwindigkeit in den Rohren soll 0,7 m/s nicht überschreiten.

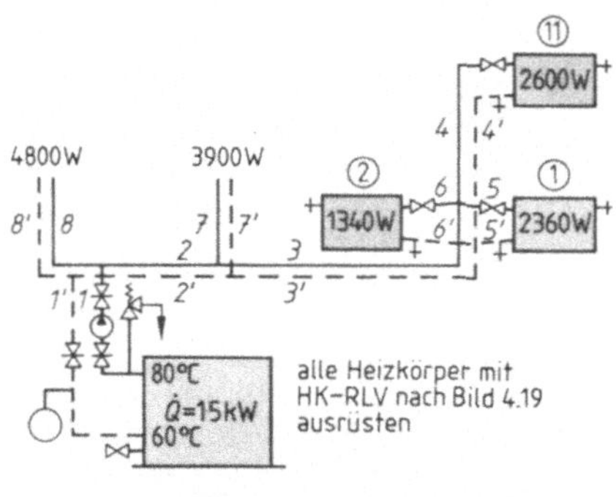

TS	l in m	Anzahl der Bögen
1	1,60	1
1'	2,50	1
2	3,10	1
2'	3,25	1
3	4,05	3
3'	3,55	3
4	2,90	1
4'	2,40	2
5	0,45	–
5'	0,30	1
6	0,35	–
6'	0,50	1

4.30 Warmwasserheizung

TS	l in m	Anzahl d. Bögen	TS	l in m	Anzahl d. Bögen
1	1,7	1	7	2,8	1
1'	2,6	1	7'	2,8	2
2	3,7	1	8	0,4	–
2'	3,9	1	8'	0,25	1
3	5,3	3	9	7,0	3
3'	4,8	3	9'	6,5	3
4	2,5	1	10	2,9	1
4'	2,5	3	10'	2,75	1
5	0,5	–	11	0,3	–
5'	0,35	2	11'	0,45	1
6	4,6	4	12	0,50	1
6'	4,1	4	12'	0,35	–

4.31 Warmwasserheizung

140

21. a) Zeichnen Sie zu der geschlossenen
    Zweirohr-WW-Heizung **4.32** ein
    einfaches Strangschema.
  b) Zeichnen Sie das Strangschema in
    isometrischer Darstellung.
  c) Dimensionieren Sie das Rohrnetz
    mit diesen Vorgaben: $t_v = 70\,°C$,
    $t_R = 55\,°C$, R_{max} im ungünstig-
    sten Heizkreis ≤ 100 Pa/m, v_{max}
$\leq 0,65$ m/s, $a \geq 0,4$, $x_p \approx 1,4$ bis
2,5 K (Th-Ventile nach **4.17**). Es
sind 2 Pumpen- und 1 Rücklauf-
Absperrschieber sowie nach der
Pumpe eine Rückschlagklappe und
an den Heizkörpern absperrbare
Rücklaufverschraubungen nach
Diagramm **4.19** einzubauen.

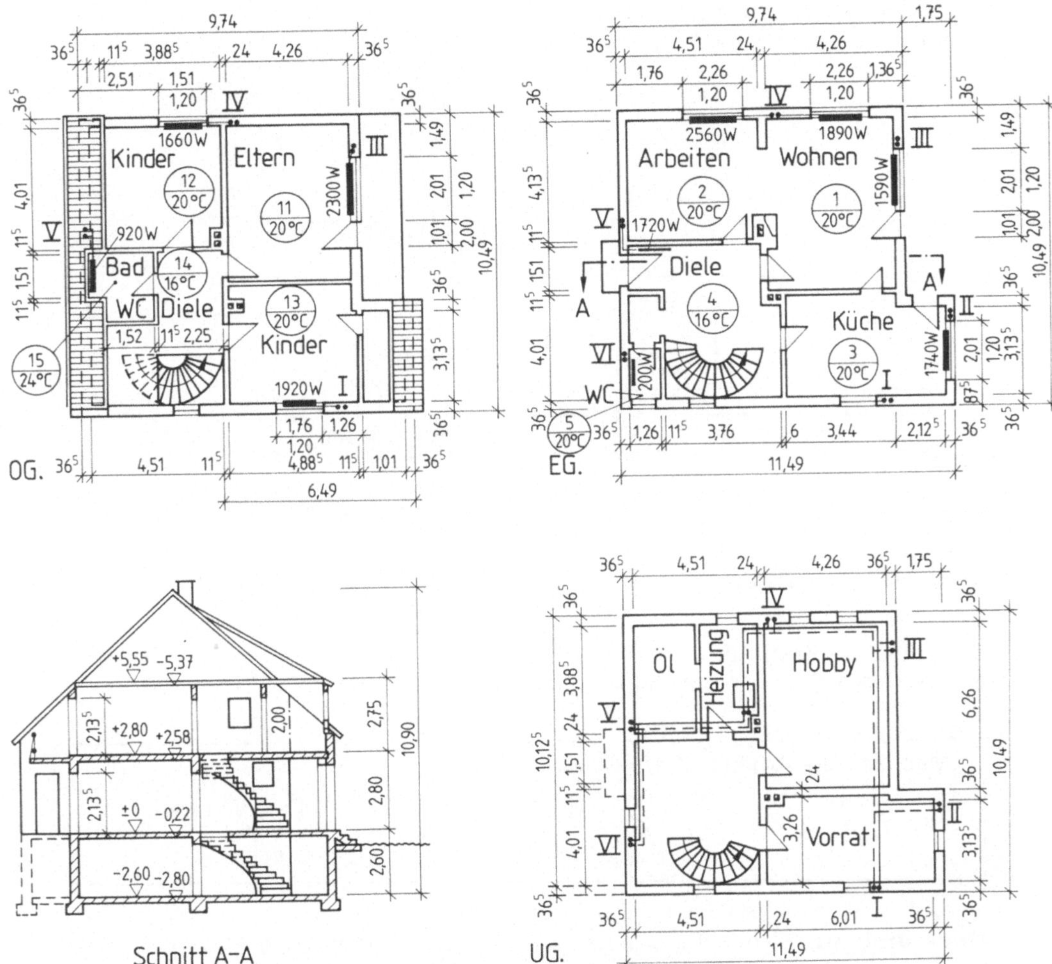

Wandabstand der Rohre 12 cm

Deckenabstand der Rohre im UG 15 cm

Rohrmittenabstand 10 cm

4.32 Grundriß und Höhenschnitt (Maße in cm bzw. m)

4.4 Mechanische Arbeit und Leistung

4.4.1 Mechanische Arbeit

Mechanische Arbeit W ist eine physikalische Größe. Sie wird verrichtet, wenn längs einer Wegstrecke durch eine Kraft ein Widerstand überwunden wird (**4.33**). Die mechanische Arbeit ist somit abhängig von

– der Größe der Kraft und
– dem zurückgelegten Weg.

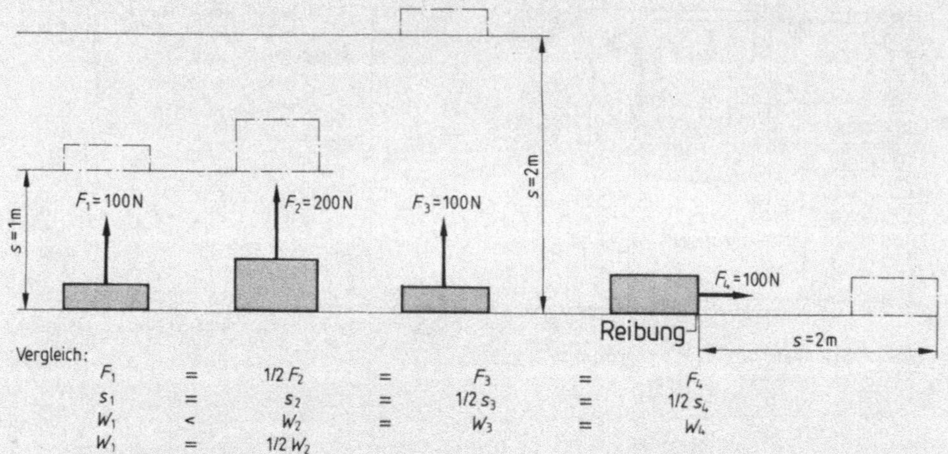

4.33 Mechanische Arbeit

Je größer die Kraft und bzw. der Weg sind, desto größer ist die mechanische Arbeit. Das bedeutet: Arbeit ist proportional der Kraft und dem Weg.

Mechanische Arbeit = Kraft · Weg

$$W = F \cdot s \qquad F = \frac{W}{s} \qquad s = \frac{W}{F}$$

W in Nm (J, kJ, Wh)
F in N
s in m

Umwandlung: 1 Nm = 1 J = 1 Ws (s. Einheiten Wärmemenge Abschn. 2.2.1).

Beispiel 4.9 Mit einem Werkstattkran wird ein 650 kg schwerer Behälter auf eine 1,4 m hohe Ladefläche gehoben. Welche mechanische Arbeit in Nm und Wh verrichtet der Kran? (1 kg $\hat{=}$ 10 N)
Geg.: $m = 650$ kg $\rightarrow F = 6500$ N, $s = 1,4$ m; ges.: W in Nm und Wh.

Lösung $W = F \cdot s = 6500$ N $\cdot$ 1,4 m = **9100 Nm = 2,528 Wh**

Aufgaben

1. Berechnen Sie die mechanische Arbeit einer Lkw-Hebevorrichtung in Nm und Wh, wenn a) ein Heizungskessel mit 205 kg, b) je ein Stahlrohr 108 × 3,6 × 3800 DIN 2448 und 139,7 × 4 × 2705 DIN 2448 um 1,35 m angehoben werden.

2. Ein Arbeiter holt mit einem Handwagen eine 60 kg schwere Materialkiste und hebt sie auf ein Transportfahrzeug. Welche Arbeit in Nm und Wh verrichtet er insgesamt, wenn er den Wagen zunächst mit einer Kraft von 190 N 22 m weit zieht und danach 0,8 m hochhebt?

3. Auf welche Höhe hebt ein Aufzug 6 St-Radiatoren 30/600/110, wenn er eine Arbeit von 3,92 Wh verrichtet?

4. Eine Pumpe fördert in einem offenen System nach Bild **4.34** 340 l Wasser auf eine Höhe von 3,5 m. Welche Arbeit in Nm und Wh verrichtet die Pumpe ohne Berücksichtigung der Rohrreibung? (1 l Wasser $\triangleq$ 1 kg $\triangleq$ 10 N)

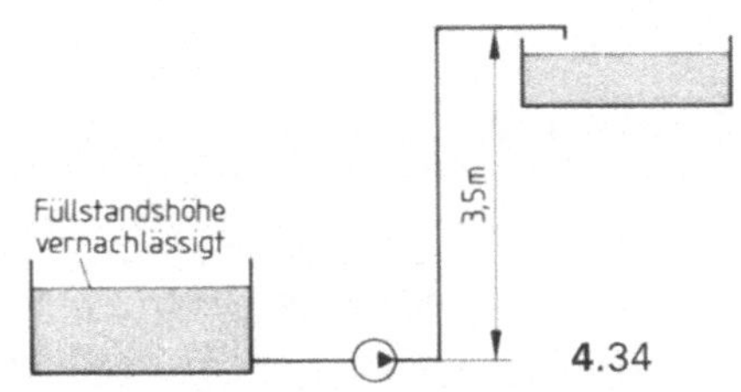

4.34

5. Eine Wasserpumpe saugt aus einem Brunnen aus 3,1 m Tiefe Wasser (**4.35**). Wieviel l Wasser fördert sie in einer Betriebsphase, wenn die verrichtete Arbeit 19,50 Wh beträgt? (Ermitteln Sie F, dann m und schließlich V; Rohrreibung nicht berücksichtigen.)

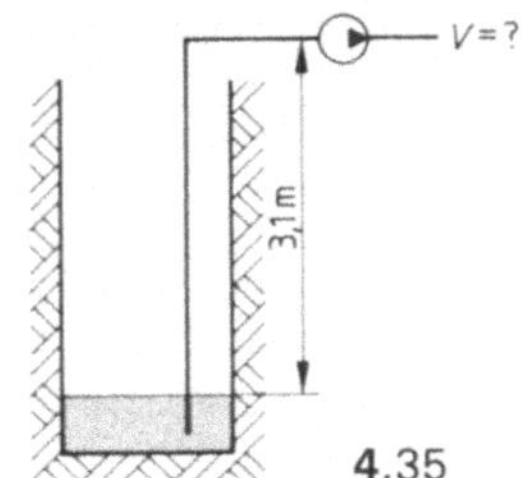

4.35

4.4.2 Mechanische Leistung

Beim Ermitteln der mechanischen Arbeit aus Kraft × Weg bleibt die zur Arbeitsverrichtung nötige Zeit außer acht. Bestimmen wir die mechanische Arbeit, die je Zeiteinheit verrichtet wird, erhalten wir die mechanische Leistung P.

$$\text{Mechanische Leistung} = \frac{\text{Arbeit}}{\text{Zeit}}$$

$$P = \frac{W}{t} = \frac{F \cdot s}{t} = F \cdot v \qquad W = P \cdot t \qquad t = \frac{W}{P}$$

P in Nm/s, W, kW
W in Nm, Wh (kWh)
t in s, h
F in N
v in m/s

Umwandlung:

$$1\,\frac{\text{Nm}}{\text{s}} = 1\,\frac{\text{J}}{\text{s}} = 1\,\text{W} \quad \text{(s. Einheiten Wärmestrom Abschnitt 2.2.2).}$$

Beispiel 4.10 Der Aufzug **4**.36 bringt beim Heben einer Last eine Kraft von 4250 N auf. Welche Leistung in Nm/s und kW erbringt der Aufzug ohne Berücksichtigung der Verluste, wenn er die Last in 8,5 s 3,8 m hoch hebt?

Geg.: $F = 4250$ N, $s = 3,8$ m, $t = 8,5$ s; ges.: P in Nm/s und kW.

Lösung

$$P = \frac{F \cdot s}{t} = \frac{4250\ \text{N} \cdot 3,8\ \text{m}}{8,5\ \text{s}} = 1900\ \frac{\text{Nm}}{\text{s}}$$
$$= 1,9\ \text{kW}$$

oder

$$P = F \cdot v \qquad v = \frac{s}{t} = \frac{3,8\ \text{m}}{8,5\ \text{s}} = 0,447\ \frac{\text{m}}{\text{s}}$$

$$P = 4250\ \text{N} \cdot 0,447\ \frac{\text{m}}{\text{s}} = 1900\ \frac{\text{Nm}}{\text{s}} = 1,9\ \text{kW}$$

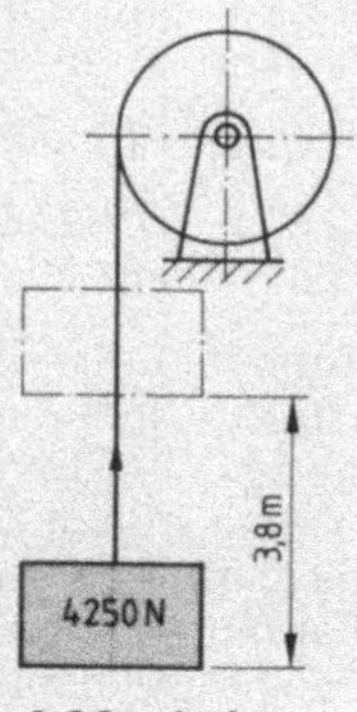

4.36 Aufzug

Aufgaben

6. Eine Schleifscheibe erzeugt bei einer Umfangsgeschwindigkeit von 25 m/s eine Schnittkraft von 80 N (**4**.37). Berechnen Sie die mechanische Leistung in Nm/s und W.

7. Ein Gabelstapler hebt einen Kessel mit einem Gewicht von 168 kg in 5 s um 1,1 m hoch. Ermitteln Sie die mechanische Leistung in Nm/s und W.

8. Ein Aufzug leistet 1,5 kW.
   a) Wieviel m hebt er eine 460 kg schwere Last in 12 s?
   b) Wie groß ist die Hubgeschwindigkeit in m/s?

9. Ein Hallenkran hat eine Leistung von 3,2 kW. Wie lange braucht er, um a) 670 kg um 2,2 m, b) 890 kg um 3,8 m hochzuheben?

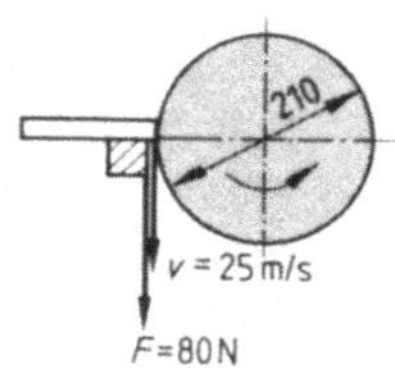

4.37 Schleifscheibe

4.4.3 Pumpenleistung

Aus den bekannten Formeln für die mechanische Leistung und den Druck können wir die Formel für die Pumpenleistung herleiten.

$$P = \frac{F \cdot s}{t}; \quad p\ \text{bzw.}\quad \Delta p = \frac{F}{A} \;\rightarrow\; F = \Delta p \cdot A \;\rightarrow\; P = \frac{\Delta p \cdot A \cdot s}{t} = \frac{\Delta p \cdot V}{t}$$

$$\boxed{\begin{array}{ll} P = \Delta p_\text{p} \cdot \dot{V} & \\[2mm] \Delta p_\text{p} = \dfrac{P}{\dot{V}} \qquad \dot{V} = \dfrac{P}{\Delta p_\text{p}} & \end{array}}$$

$P \quad$ = Pumpenleistung in Nm/s = W, (kW)
Δp_p = Differenz(Förder-)druck der Pumpe in N/m^2
$\dot{V} \quad$ = Volumenstrom in m^3/s

Beispiel 4.11 Eine Heizungsumwälzpumpe fördert bei einem Differenzdruck von 230 mbar 1450 l Wasser in der Stunde. Welche Leistung in Nm/s und W erbringt die Pumpe?

Geg.: $\Delta p_\mathrm{p} = 230\ \mathrm{mbar} = 23\,000\ \mathrm{N/m^2}$, $\dot{V} = 1450\ \mathrm{l/h} = \dfrac{1,45}{3600}\ \mathrm{m^3/s}$; ges.: P in Nm/s und W.

Lösung $P = \Delta p_\mathrm{p} \cdot \dot{V} = 23\,000\ \dfrac{\mathrm{N}}{\mathrm{m^2}} \cdot \dfrac{1,45}{3600}\ \dfrac{\mathrm{m^3}}{\mathrm{s}} = \mathbf{9{,}26\ Nm/s = 9{,}26\ W}$

Aufgaben

10. Eine Pumpe fördert in einem offenen System (**4**.34) stündlich 2500 l Wasser auf eine Höhe von 3,5 m.
    a) Mit welchem Druck in bar und in $\mathrm{N/m^2}$ muß die Pumpe arbeiten, wenn der Strömungswiderstand vernachlässigt wird?
    b) Welche Leistung in W gibt die Pumpe ab?

11. Der Volumenstrom in einer PWW-Heizung beträgt 2100 l/h. Die Pumpe muß mit einem Differenzdruck von 19 000 Pa den Rohrnetzwiderstand überwinden. Wieviel W beträgt die Pumpenleistung?
    (Beachten Sie: Die Pumpe braucht in einem Ringsystem nicht den hydrostatischen Druck, sondern nur den Rohrnetzwiderstand zu überwinden.)

12. Eine Umwälzpumpe arbeitet bei einer Leistungsabgabe von 12 W gegen einen Rohrnetzwiderstand von 22 000 Pa.
    Wie groß ist der Volumenstrom in $\mathrm{m^3/h}$ und l/h?

13. Wieviel Pa darf der Rohrnetzwiderstand betragen, wenn eine Umwälzpumpe bei 8,5 W 1750 l/h umwälzen soll?

14. Eine Umwälzpumpe muß stündlich 1500 l Wasser gegen einen Rohrnetzwiderstand von 140 mbar umwälzen.
    a) Welche Leistung in W erbringt die Pumpe?
    b) Welchen Druck in Pa könnte die Pumpe bei 10% höherer Leistung und einem Volumenstrom von 1800 l/h erzeugen?

15. In einer Heizungsanlage beträgt der Druckverlust in den Rohren 0,095 bar, in den Einzelwiderständen, in der HK-Rücklaufverschraubung und im Thermostatventil 0,11 bar. Das Anlagenvolumen von 520 l wird stündlich viermal umgewälzt. Welche Leistung in W gibt die Pumpe an das Wasser ab?

16. Eine Umwälzpumpe fördert 1800 l/h.
    a) Wie groß ist der erforderliche Druck in Pa, $\mathrm{N/cm^2}$, $\mathrm{N/m^2}$, bar und mbar bei $l_\mathrm{R} = 45\ \mathrm{m}$, $R = 120\ \mathrm{Pa/m}$, $\Sigma \Delta p_\mathrm{E} + \Delta p_\mathrm{V} + \Delta p_\mathrm{RLV} = 6800\ \mathrm{Pa}$?
    b) Welche Leistung in W erbringt die Pumpe?

17. In einer WW-Heizung werden stündlich 1450 l Wasser umgewälzt. Der Rohrnetzwiderstand ergibt sich aus den Widerständen der geraden Rohrstrecken mit 85 mbar, der Einzelwiderstände einschließlich HK-Rücklaufverschraubung mit 40 mbar und des Thermostatventils, das eine Ventilautorität von 0,4 hat.
    a) Welchen Differenzdruck in Pa muß die Pumpe erbringen?
    b) Wieviel W beträgt die Pumpenleistung?
    c) Wie groß ist die Strömungsgeschwindigkeit nach der Pumpe in einem Rohr DN 25 DIN 2440?

18. In einer WW-Heizung beträgt die Wassergeschwindigkeit nach der Pumpe in einem Rohr 44,5 × 2,6 DIN 2448 0,5 m/s. Ermitteln Sie
    a) den Volumenstrom in l/h und $\mathrm{m^3/h}$,
    b) die Pumpenleistung in W bei einem Rohrnetzwiderstand von 175 mbar,

c) den Wärmestrom in W bei einer Vorlauftemperatur von 60 °C und einer Rücklauftemperatur von 50 °C.

19. Berechnen Sie für die Anlage **4.38**
    a) den Volumenstrom der Pumpe in l/h und m³/h,
    b) den Rohrnetzwiderstand in mbar, wenn die Pumpe 12 W leistet.

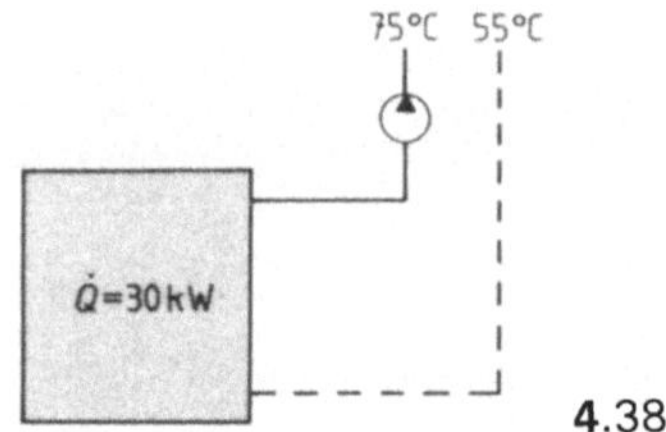

4.38

4.4.4 Pumpenwirkungsgrad

Mechanische Arbeit und Leistung lassen sich nicht ohne Verluste übertragen. Ein Teil der einer Pumpe zugeführten Arbeit bzw. Leistung geht dem eigentlichen Zweck (der Wasserumwälzung) aufgrund elektrischer und mechanischer Zusammenhänge durch Wärme verloren (4.39). Nur die mechanische Arbeit bzw. Leistung, die zur Wasserumwälzung an das Heizungswasser abgegeben wird, ist zweckwirksam. In Bild 4.39 werden 60 W zugeführt, aber nur 15 W für die beabsichtigte Wirkung abgegeben.

Das Verhältnis von zugeführter zu abgegebener Leistung (bzw. Arbeit) bezeichnet man als Wirkungsgrad η.

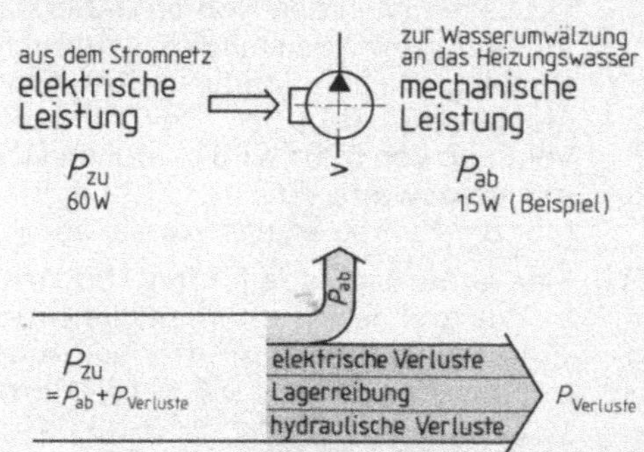

4.39 Pumpenwirkungsgrad

$$\text{Wirkungsgrad} = \frac{\text{abgegebene Leistung}}{\text{zugeführte Leistung}} \qquad \eta = \frac{P_{ab}}{P_{zu}} \qquad \eta \text{ in } \% = \frac{P_{ab}}{P_{zu}} \cdot 100\%$$

$$P_{ab} = \eta \cdot P_{zu} \qquad P_{zu} = \frac{P_{ab}}{\eta} \qquad P_{ab} \text{ immer} < P_{zu} \qquad \eta \text{ immer} < 1 \text{ bzw.} < 100\%$$
$$\eta \text{ ohne Einheit}$$

Beispiel 4.12 Das Typenschild einer Umwälzpumpe gibt bei 40 W Leistungsaufnahme 8 W Leistungsabgabe an. Wie groß ist der Wirkungsgrad η?
Geg.: $P_{zu} = 40$ W, $P_{ab} = 8$ W; ges.: η.

Lösung $\eta = \dfrac{P_{ab}}{P_{zu}} = \dfrac{8\ \text{W}}{40\ \text{W}} = \mathbf{0{,}2}$

Aufgaben

20. Wie groß ist der Wirkungsgrad einer Umwälzpumpe, wenn sie 110 W aufnimmt und 25 W abgibt?

21. Welche Leistung in W gibt eine Pumpe, die 60 W aufnimmt, bei einem Wirkungsgrad von 0,2 ab?

22. Berechnen Sie die Leistungsaufnahme einer Pumpe in W, die einen Wirkungsgrad von 0,18 hat und 14,4 W abgibt.

23. Eine Umwälzpumpe nimmt eine Leistung von 75 W auf. Sie wälzt bei ei-

146

nem Rohrnetzwiderstand ($\hat{=}$ Pumpendruck) von 214 mbar stündlich 1850 l Wasser um.

a) Wie groß ist der Wirkungsgrad in %?

b) Wie groß ist die Verlustleistung in W?

c) Wieviel Energie (Arbeit) in Wh geht in 1 Monat (30 Tage mit durchschnittlich 18 Betriebsstunden/Tag) verloren?

d) Wie groß ist der gesamte Energieverbrauch der Pumpe im Monat?

24. Eine Umwälzpumpe hat eine elektrische Anschlußleistung von 75 W. Welchen Rohrnetzwiderstand in Pa kann sie bei einem Volumenstrom von 2050 l/h und einem Wirkungsgrad von 0,16 überwinden?

25. Ermitteln Sie

a) die Leistungsaufnahme einer Umwälzpumpe in W, wenn bei einem Wirkungsgrad von 0,2 stündlich 3450 l Wasser umgewälzt werden und sich der Rohrnetzwiderstand aus folgenden Angaben berechnet: $R = 110$ Pa/m, $l_R = 54$ m, $\Sigma \Delta p_E +$ Δp_{RLV} (= Summe Druckverlust der Einzelwiderstände und HK-Rücklaufverschraubung) = 2680 Pa, Δp_V (Druckverlust Th-Ventil) = 3860 Pa, Δp_{Mi} (Druckverlust Mischer) = 3500 Pa.

b) die Strömungsgeschwindigkeit im Vorlaufstrang nach der Pumpe, wenn ein Rohr $57 \times 2,9$ DIN 2448 eingebaut wird.

26. Wieviel l Wasser kann eine Versorgungspumpe stündlich auf eine Höhe von 3,5 m fördern (4.34), wenn bei einer Leistungsaufnahme von 500 W der Wirkungsgrad 0,31 und der Rohrnetzwiderstand 230 mbar betragen?

4.4.5 Pumpenauswahl, hydraulische Rückwirkungen

Heizungsumwälzpumpen müssen einen bestimmten Volumenstrom im Heizungsnetz umwälzen, wobei der Rohrnetzwiderstand durch den Differenzdruck der Pumpe zu überwinden ist. Beide Werte müssen für die Pumpenauswahl bekannt sein.

Der Volumenstrom ergibt sich durch Umstellen der bekannten Formel

$$\dot{Q} = \dot{m} \cdot c \cdot \Delta t$$

$$\rightarrow \dot{m} = \frac{\dot{Q}}{c \cdot \Delta t_{(V-R)}} \qquad \dot{m} \hat{=} \dot{V}.$$

Der Differenzdruck der Pumpe wird durch Ermitteln des Rohrnetzwiderstands mittels der Rohrnetzberechnung (Abschn. 4.3) bestimmt.

Pumpenkennlinie. Volumenstrom und Differenzdruck der Pumpe stehen in einem bestimmten Zusammenhang, der durch die Pumpenkennlinie dargestellt wird. Jeder Pumpentyp und jede Pumpengröße haben eine nur für sie gültige Kennlinie (4.40), auf der im Schnittpunkt mit der aktuellen Rohrnetzkennlinie auch bei sich ändernden Betriebsverhältnissen der Betriebspunkt liegt (s. Fachkunde, Abschn. 4.9.2).

Pumpen für Zweirohrsysteme sollten eine flache Kennlinie haben, damit bei einer Volumenstromdrosselung an einem Heizkörper der Druckanstieg klein bleibt. Ein Druckanstieg bewirkt eine Veränderung der hydraulischen Ströme (Wasservolu-

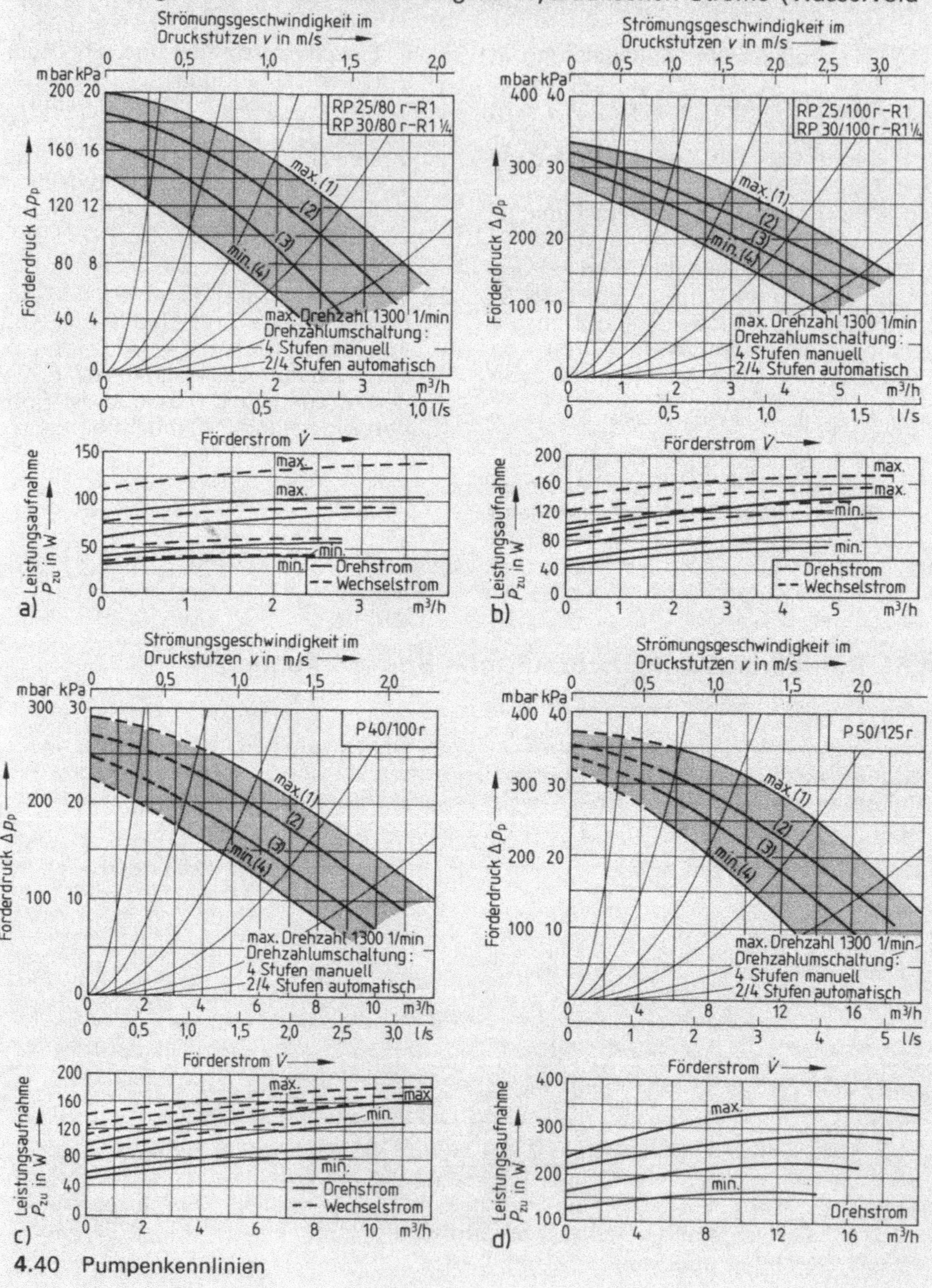

4.40 Pumpenkennlinien

148

menströme). Der maximale Differenzdruck am Thermostatventil sollte auf nicht mehr als 0,2 bis 0,3 bar ansteigen. Bei kleinen Anlagen läßt sich dies durch entsprechende Pumpenauswahl sicherstellen.

Auswahldaten

– Volumenstrom $\dot{V}$

– Differenzdruck Δp_{ges} (Rohrnetz) $= \Delta p_{P(umpe)}$

Auswahlregeln

– Pumpen mit flacher Kennlinie für Zweirohrsysteme

– $\Delta p_{P\,max}$ bei kleinen Anlagen 0,2 bis 0,3 bar

– Pumpen eher kleiner als zu groß auswählen (Sollbetriebspunkt eher über als unter der Kennlinie)

– Regelbare Pumpen, wenn sich Betriebsverhältnisse wesentlich verändern

– Betriebspunkt im mittleren Bereich der Kennlinie(n)

Beispiel 4.13 Für eine Zweirohr-WW-Heizung wurden ein Volumenstrom von 1700 l/h und ein Rohrnetzwiderstand von 11 800 Pa ermittelt.

a) Welche Umwälzpumpe eignet sich?

b) Bestimmen Sie $\dot{V}_{ist}$, $\Delta p_{P\,ist}$, P_{ab} sowie P_{zu} (nach Diagramm bei Wechselstrom) und η, wenn die Pumpe auf der nächsthöheren oder -niedrigeren Stufe betrieben wird und die Rohrnetzkennlinie durch den Sollbetriebspunkt verläuft.

c) Welche maximalen Werte kann Δp_P erreichen?

Geg.: $\dot{V}_{soll} = 1700$ l/h, $\Delta p_{P\,soll} = 11\,800$ Pa; ges.: a) Pumpentyp und -größe, b) $\dot{V}_{ist}$, $\Delta p_{P\,ist}$, P_{ab}, P_{zu}, η für die nächsthöhere und -niedrigere Stufe, c) $\Delta p_{P\,max}$

Lösung a) **RP 25/80 r–R 1** nach Diagramm **4.40**

b) **Stufe 2**

$\dot{V}_{ist} = 1800$ l/h, $\Delta p_{P\,ist} = 13\,500$ Pa

$$P_{ab\,ist} = \Delta p_{P\,ist} \cdot \dot{V}_{ist} = 13\,500\,\frac{N}{m^2} \cdot \frac{1,8}{3600}\,\frac{m^3}{s} = 6,75\,Nm/s = \mathbf{6,75\ W}$$

$P_{zu\,ist}$ nach Diagramm **4.40 a** = **77 W**

$$\eta = \frac{P_{ab\,ist}}{P_{zu\,ist}} = \frac{6,75\,W}{77\,W} = \mathbf{0,088}$$

Stufe 3

$\dot{V}_{ist} = 1650$ l/h, $\Delta p_{P\,ist} = 10\,800$ Pa

$$P_{ab\,ist} = \Delta p_{P\,ist} \cdot \dot{V}_{ist} = 10\,800\,\frac{N}{m^2} \cdot \frac{1,65\,m^3}{3600\,s} = 4,95\,Nm/s = \mathbf{4,95\ W}$$

$P_{zu\,ist}$ nach Diagramm **4.40 a** = **58 W**

$$\eta = \frac{P_{ab\,ist}}{P_{zu\,ist}} = \frac{4,95\,W}{58\,W} = \mathbf{0,085}$$

c) Stufe 2: $\Delta p_{P\,max} = \mathbf{18\,500\ Pa}$

Stufe 3: $\Delta p_{P\,max} = \mathbf{16\,500\ Pa}$

Aufgaben

27. Bestimmen Sie für eine Zweirohr-WW-Heizung mit einem Volumenstrom von 900 l/h und einem Rohrnetzwiderstand von 11 500 Pa
   a) Pumpentyp und -größe,
   b) Betriebsstufe,
   c) $\dot{V}_{ist}$, Δp_{Pist} und P_{abist},
   d) P_{zuist} für Wechselstrom,
   e) η,
   f) Δp_{Pmax}

28. In einer WW-Heizung sollen bei einem Rohrnetzwiderstand von 20 000 Pa stündlich 3,2 m³ Wasser umgewälzt werden. Zur Wahl stehen eine Pumpe RP 30/100 r – R1¼ und P 40/100 r. Bestimmen Sie für beide Pumpen
   a) die für die Auslegungswerte geeignete Betriebsstufe,
   b) $\dot{V}_{ist}$, Δp_{Pist} und P_{ab},
   c) P_{zuist} für Drehstrom,
   d) η,
   e) Δp_{Pmax} auf der min.-Stufe.

29. Eine WW-Heizung mit $\dot{Q} = 44$ kW wird mit einer Temperaturspreizung von 15 K betrieben. Die Rohrnetzberechnung hat einen Widerstand von 20 000 Pa ergeben. In die Anlage wird eine Pumpe RP 30/100 r – R1¼ eingebaut.
   a) Welcher Pumpendifferenzdruck stellt sich auf der Stufe 2 bei unveränderter Rohrnetzkennlinie ein?

   b) Wieviel l/h beträgt der Volumenstromüberschuß?
   c) Wieviel W beträgt die Leistungsaufnahme in Stufe 2 und 4 bei Drehstrom bzw. Wechselstrom?
   d) Mit welchem Wirkungsgrad arbeitet die Pumpe in Stufe 2 und 4 bei Dreh- und Wechselstrom?

30. In eine WW-Heizung, für die ein Rohrnetzwiderstand von 250 mbar und ein Volumenstrom von 12 500 l/h ermittelt wurden, wird eine Pumpe P 50/125 r eingebaut.
   a) Übertragen Sie das Pumpendiagramm und zeichnen Sie durch den Sollbetriebspunkt die Rohrnetzkennlinie ein.
   b) Welche Volumenströme und Differenzdrücke stellen sich beim Umschalten der Pumpe in die Betriebsstufen 1 und 4 ein, solange jeweils die Rohrnetzkennlinie durch den Auslegungspunkt der Anlage zugrunde liegt?
   c) Welcher Differenzdruck stellt sich auf der Stufe 1 ein, wenn die Th-Ventile so lange drosseln, bis sich wieder der Nennvolumenstrom eingestellt hat?
   d) Mit welchen Wirkungsgraden arbeitet die Pumpe auf der Stufe 1 bzw. 4, wenn der Volumenstrom jeweils auf 10 m³/h gedrosselt ist?

Hydraulische Rückwirkungen durch und auf Th-Ventile

31. Für eine WW-Heizung wurden ein Volumenstrom von 1600 l/h und ein Rohrnetzwiderstand von 18 000 Pa bei einer Ventilautorität $a = 0,4$ ermittelt. In die Anlage wird eine Pumpe RP 30/80 r – R1¼ eingebaut.
   a) Übertragen Sie das Pumpendiagramm und zeichnen Sie den Sollbetriebspunkt ein.
   b) Welche Betriebswerte (Druck und Volumenstrom) stellen sich auf der Pumpenstufe 1 ein, solange die Rohrnetzkennlinie durch den Auslegungspunkt der Anlage zugrunde

liegt (Th-Ventile in „Auslegungsstellung")?
   c) Wie müssen die Th-Ventile aufgrund der sich ergebenden Raumtemperaturabweichung reagieren, damit die Heizkörper mit dem erforderlichen Volumenstrom durchströmt werden?
   d) Welcher Volumenstrom und Differenzdruck stellen sich durch die Reaktion der Th-Ventile ein? (Wenn die Th-Ventile ansprechen, verschiebt sich der Betriebspunkt auf der Pumpenkennlinie.)

e) Um wieviel Pa ändert sich der Differenzdruck am Ventil gegenüber der Berechnung? (In den Rohrstrecken und Einzelwiderständen entsprechen die Widerstände denen der Berechnung für den Auslegungsvolumenstrom.)

f) Welche Ventilautorität ergibt sich? (s. Abschn. 4.3.2)

32. In einer WW-Heizung soll eine Umwälzpumpe P 40/100r gegen einen Rohrnetzwiderstand von 19 000 Pa stündlich 4,5 m^3 Wasser umwälzen. Bei der Ventilauslegung wurde eine Ventilautorität von 0,45 zugrunde gelegt. Auf welche Werte ändert sich die Ventilautorität, wenn die Pumpe a) auf Stufe 2, b) auf Stufe 3 betrieben wird?

33. Beim Rohrnetz der WWH **4.41** liegen für den ungünstigsten Strang mit HK 1 folgende Widerstände fest: $\Sigma \Delta p_R + \Sigma \Delta p_E + \Delta p_{RLV} = 10\,500$ Pa, $\Delta p_v = 3500$ Pa mit k_v-Kegel 7 nach Bild **4.17** (alternativ 8000 Pa mit k_v-Kegel 6).

a) Ermitteln Sie für die Auslegungsbedingungen der Anlage die Ventil-

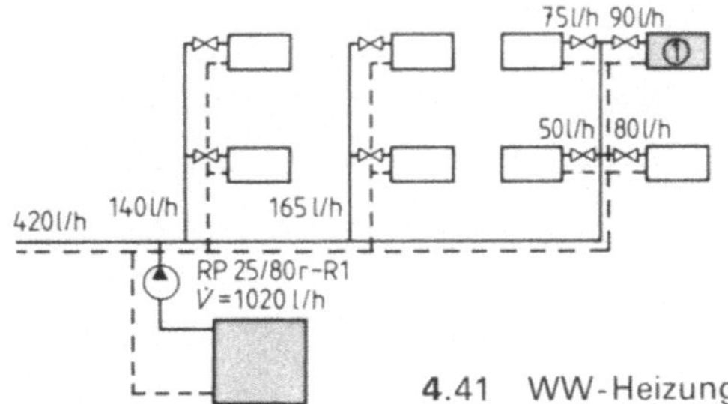

4.41 WW-Heizung

autorität und die Regeldifferenz am Th-Ventil des HK 1.

b) In der Übergangszeit ist zeitweise nur der HK 1 geöffnet. Bestimmen Sie, wenn für den HK 1 der Nennwasserstrom zugrunde gelegt wird,
— den Pumpendruck beim Betrieb auf Stufe 1 bzw. 4,
— den Differenzdruck am Th-Ventil, wenn die gesamte Rohrstrecke beim Nennwasserstrom des HK 1 nur 1200 Pa Differenzdruck verbraucht,
— die verbleibende Regeldifferenz am Th-Ventil.

4.5 Mischwasser (Mischtemperatur)

In heizungs- und raumlufttechnischen Anlagen sind regelungstechnische Einrichtungen aus Komfort-, Bedienungs- und Energiespargründen unverzichtbar. Dabei übernehmen vielfach Mischvorgänge eine wichtige Rolle, um bestimmte Betriebsbedingungen zu erreichen oder sicherzustellen. Mischvorgänge sind in der WW-Heizung bei Drei- und Vierwegemischern, Rücklauftemperaturanhebung, Regelstationen mit Bypässen und bei Einrohrheizungen von Bedeutung. Physikalische Zusammenhänge bei Mischvorgängen von Wärmeträgern s. Bild **4.42**.

Durch Berechnungen lassen sich die Massen-(Volumen-)ströme und Wassertemperaturen ermitteln sowie fachkundliche Zusammenhänge aufzeigen.

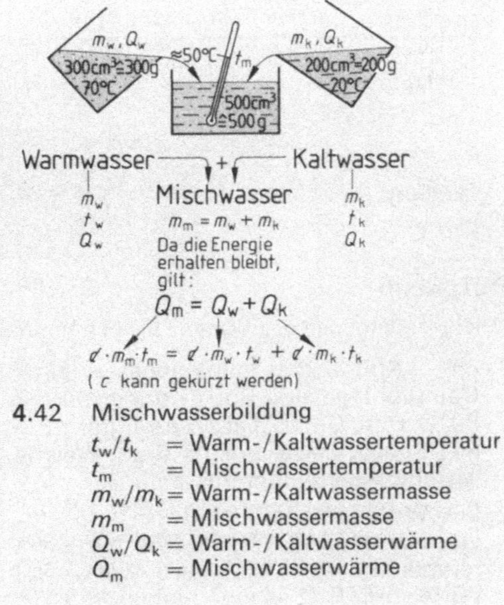

4.42 Mischwasserbildung

t_w / t_k = Warm-/Kaltwassertemperatur
t_m = Mischwassertemperatur
m_w / m_k = Warm-/Kaltwassermasse
m_m = Mischwassermasse
Q_w / Q_k = Warm-/Kaltwasserwärme
Q_m = Mischwasserwärme

Temperaturbestimmung. Durch Umstellen ergeben sich die Formeln für Misch-, Warm- und Kaltwassertemperatur.

$$t_m = \frac{m_w \cdot t_w + m_k \cdot t_k}{m_m} \qquad t_w = \frac{m_m \cdot t_m - m_k \cdot t_k}{m_w} \qquad t_k = \frac{m_m \cdot t_m - m_w \cdot t_w}{m_k}$$

t_m liegt stets zwischen t_w und t_k, und zwar näher bei t_w, wenn $m_w > m_k$.

Massenbestimmung. Zum Bestimmen der Wassermassen betrachten wir die Energieverschiebungen bei Mischvorgängen (**4.43**).

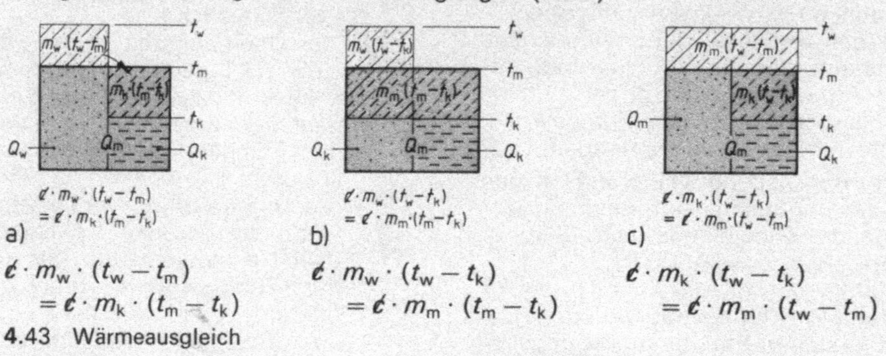

$$c \cdot m_w \cdot (t_w - t_m) = c \cdot m_k \cdot (t_m - t_k)$$

a)

$$c \cdot m_w \cdot (t_w - t_k) = c \cdot m_m \cdot (t_m - t_k)$$

b)

$$c \cdot m_k \cdot (t_w - t_k) = c \cdot m_m \cdot (t_w - t_m)$$

c)

4.43 Wärmeausgleich

$$m_w = m_k \cdot \frac{t_m - t_k}{t_w - t_m} \qquad m_w = m_m \cdot \frac{t_m - t_k}{t_w - t_k} \qquad m_k = m_m \cdot \frac{t_w - t_m}{t_w - t_k}$$

$$m_k = m_w \cdot \frac{t_w - t_m}{t_m - t_k}$$

Beispiel 4.14   Für den Mischvorgang **4.42** wollen wir rechnerisch die Mischtemperatur ermitteln.

Geg.: $m_w = 300$ g, $t_w = 70\,°C$, $m_k = 200$ g, $t_k = 20\,°C$; ges.: t_m.

Lösung $t_m = \dfrac{m_w \cdot t_w + m_k \cdot t_k}{m_m} = \dfrac{0,3\text{ kg} \cdot 70\,°C + 0,2\text{ kg} \cdot 20\,°C}{0,5\text{ kg}} = \dfrac{2,5\text{ kg} \cdot °C}{0,5\text{ kg}} = \mathbf{50\,°C}$

Aufgaben

(Dichteänderungen des Wassers bleiben unberücksichtigt → 1 kg Wasser $\hat{=}$ 1 l Wasser)

1. Im Kondensatsammelgefäß einer Dampfanlage sind 350 l Kondensat mit 80 °C. Dem Gefäß fließen zur Ergänzung 40 l Speisewasser mit 15 °C zu. Welche Mischwassertemperatur stellt sich ein?

2. Ein WW-Speicher liefert 160 l Warmwasser mit 50 °C. Welche Mischwassertemperatur stellt sich ein, wenn 40 l Wasser mit 8 °C dazugegeben werden?

3. Der BW-Erwärmer eines Kombikessels faßt 110 l. Die Temperatur vor der Wasserentnahme beträgt 58 °C.
   a) Welche Temperatur würde sich im BW-Erwärmer nach der Entnahme von 15 l mit 58 °C einstellen, wenn Wasser mit 12 °C nachfließt und eine Wasservermischung im Speicher erfolgt?

152

b) Wieviel l Kaltwasser mit 12°C müssen einer Speicherfüllung mit 58°C aufgeheiztem Wasser dazugemischt werden, damit Mischwasser mit 38°C entsteht?
c) Wieviel l Mischwasser ergeben sich?

Dreiwege-Mischeinrichtungen (Schaltungen)

5. Zur Regelung der Wassertemperaturen in Heizungskreisen werden vielfach Mischer oder Bypass-Schaltungen eingesetzt. Bild **4.44** zeigt eine WW-Heizung mit Dreiwegemischer.

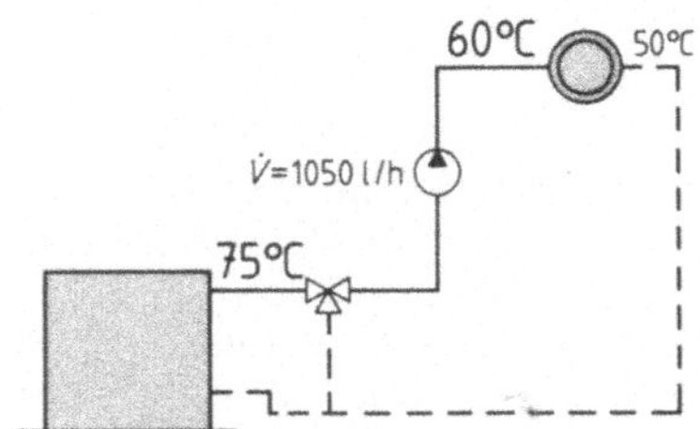

4.44 Dreiwegemischer

a) Übertragen Sie die Skizze und zeichnen Sie mit Pfeilen die Strömungsrichtung in den einzelnen Teilstrecken ein.
b) Kennzeichnen Sie den Mischpunkt.
c) In welchen Rohrstrecken strömen WW, KW und MW zum bzw. vom Mischpunkt?
d) In welchen Teilstrecken sind die Temperaturen gleich?
e) In welchen Teilstrecken sind die Massen-(Volumen-)ströme gleich?
f) Wie groß ist der Mischwasserstrom in l/h?
g) Wie groß ist der Volumenstrom im Heizungsrücklauf in l/h?
h) Wieviel l/h strömen im Kesselvorlauf?
i) Wieviel l/h strömen im Bypass?
k) Wieviel l/h strömen im Kesselrücklauf?
l) Wie groß sind die Volumenströme im Kesselvorlauf und im Bypass, wenn der Mischer ganz auf bzw. ganz zu ist?

4. Ein Reinigungsbehälter soll 120 l Wasser mit 52°C aufnehmen. Wieviel l Warmwasser mit 60°C und Kaltwasser mit 11°C sind erforderlich?

6. In der Pumpen-WW-Heizung mit Dreiwegemischer **4.45** wälzt die Pumpe im Heizkreis 3400 l Wasser in der Stunde um. Im Dreiwegemischer werden 62% des Rücklaufwassers mit Kesselvorlaufwasser gemischt. Welche Temperatur hat der Heizungsvorlauf?

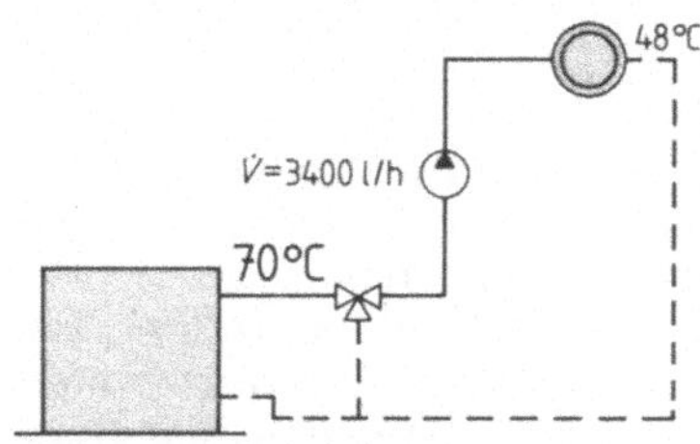

4.45 Dreiwegemischer

7. In einem Dreiwegemischer werden stündlich 690 l Kesselvorlaufwasser mit 65°C mit 420 l Heizungsrücklaufwasser gemischt. Die momentane Heizleistung beträgt 16 kW.
a) Welche Temperatur hat das Heizungsrücklaufwasser?
b) Welche Mischtemperatur ergibt sich im Heizungsvorlauf?

8. Die WW-Heizung eines Gewächshauses ist zur Rücklauftemperaturanhebung mit einer Beimischpumpe ausgerüstet (**4.46**). Während der Übergangszeit werden im Heizkreis 2000 l/h umgewälzt. Die Beimischpumpe fördert

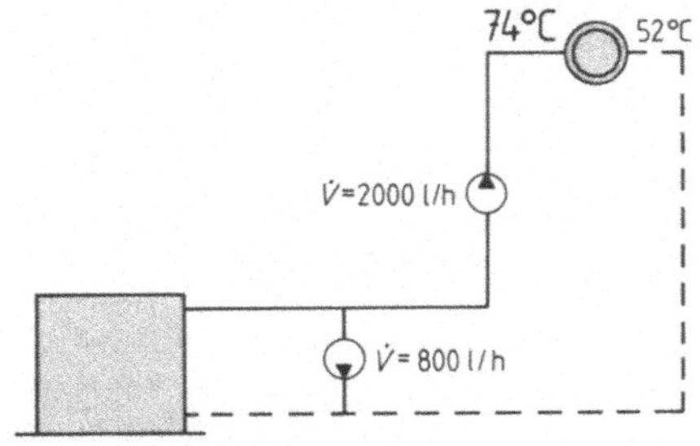

4.46 Beimischpumpe

800 l/h mit einer Temperatur von 74 °C
zum Rücklauf.
a) Wieviel Wasser in l/h strömt im Kesselrücklauf?
b) Welche Kesselrücklauftemperatur stellt sich ein, wenn die Heizungsrücklauftemperatur 52 °C beträgt?
c) Wie groß müßte die Beimischmenge sein, wenn die Kesselrücklauftemperatur 58 °C sein müßte?

9. a) Berechnen Sie für die Regelstation einer FB-Heizung nach Bild **4.47** die Volumenströme $\dot{V}_1$ und $\dot{V}_2$ in l/h.
   b) Welche Wärmeleistung in kW hat die FB-Heizung?

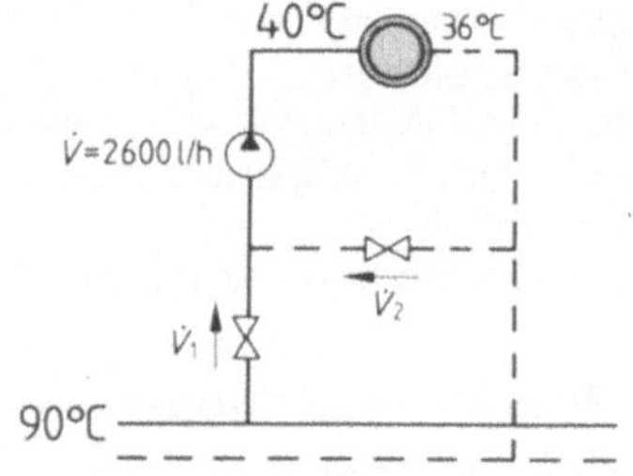

4.47 Regelstation

10. a) Übertragen Sie Bild **4.48** und tragen Sie die Wasserströme mit Pfeilen ein.
    b) Benennen Sie WW-, KW- und MW-Ströme.
    c) In welchen Rohrstrecken sind die Wasserströme gleich?
    d) Berechnen Sie, wieviel Kesselvorlaufwasser in l/h der Mischer zum Heizungsvorlauf führen muß.
    e) Wieviel Heizungsrücklaufwasser in l/h geht zum Kesselrücklauf?

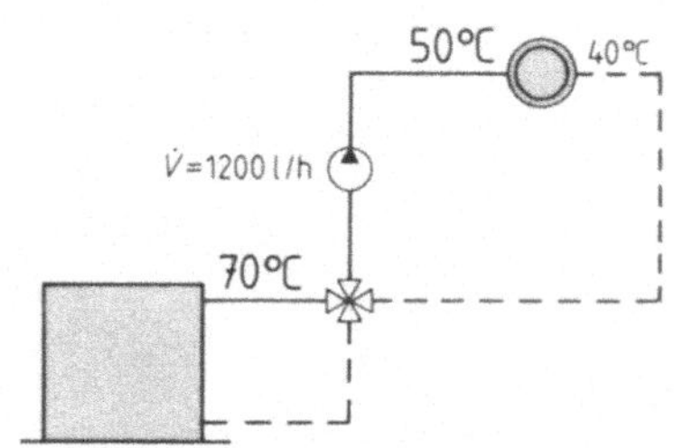

4.48 Vierwegemischer

f) Welche Kesselrücklauftemperaturen ergeben sich, wenn im Kesselkreislauf 500 (700) l/h strömen und vom Heizungsrücklauf jeweils 400 l/h zum Kesselrücklauf fließen?

11. In einem Vierwegemischer strömen im Kesselvorlauf 820 l Wasser je Stunde, von denen 320 l/h im Mischer zum Heizungsvorlauf fließen. Vom Heizungsrücklauf mischen sich 610 l/h dazu.
    a) Welche Heizungsvorlauftemperatur ergibt sich, wenn die Kesselvorlauftemperatur 72 °C und die Heizungsrücklauftemperatur 44 °C betragen?
    b) Welche Kesselrücklauftemperatur ergibt sich?
    c) Um wieviel °C wird die Rücklauftemperatur zum Kessel angehoben?
    d) Welche momentane Heizleistung in kW erbringt die Anlage?
    e) Zu wieviel % ist die Anlage ausgelastet, wenn der Kessel eine Nennleistung von 22 kW hat?

154

Mischvorgänge bei Einrohrheizungen

12. In einer älteren Einrohrheizung sind die Heizkörper nach Bild **4**.49 reitend montiert.
    a) Übertragen Sie die Skizze und tragen Sie für den 1. Heizkörper den Mischpunkt sowie mit Pfeilen den Kalt-, Warm- und Mischwasserstrom ein.
    b) Welche Temperaturen haben der Kalt- und der Warmwasserstrom?
    c) Wie groß ist der Mischwasserstrom in l/h?
    d) Berechnen Sie die Vorlauftemperatur für den 2. Heizkörper.
    e) Welche Wärmeleistung in W gibt der 1. Heizkörper ab?

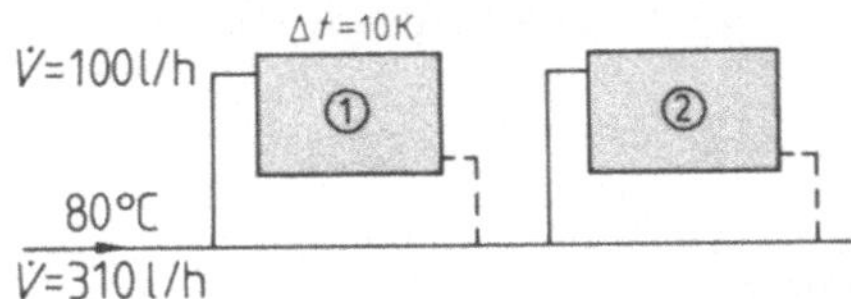

4.49 Einrohranschlüsse

13. Der Heizkörper **4**.50 gibt 2320 W ab. Welche Temperatur ergibt sich nach dem Mischpunkt?

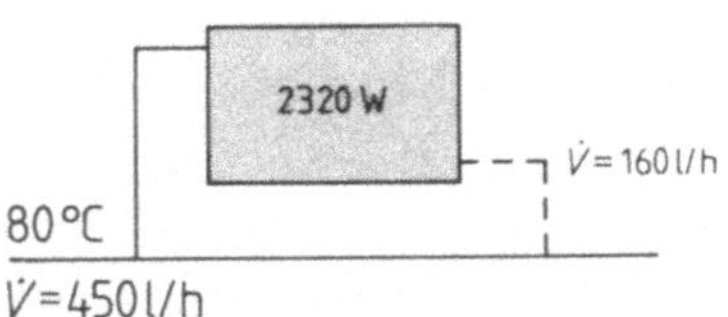

4.50 Einrohranschluß

14. In der Ringleitung der Einrohrheizung **4**.51 strömen stündlich 420 l Wasser. Durch beide Heizkörper mit je 1980 W strömen 155 l/h. Welche Temperaturen

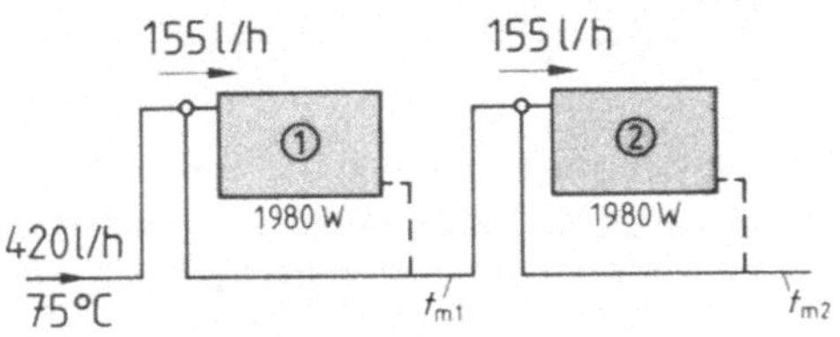

4.51 Dreiwege-Einrohranschlüsse

t_{m1} und t_{m2} ergeben sich nach den beiden Heizkörpern, wenn die Temperatur am Anfang der Ringleitung 75 °C beträgt?

15. Ermitteln Sie für den Heizkörper mit Einrohrverteiler **4**.52

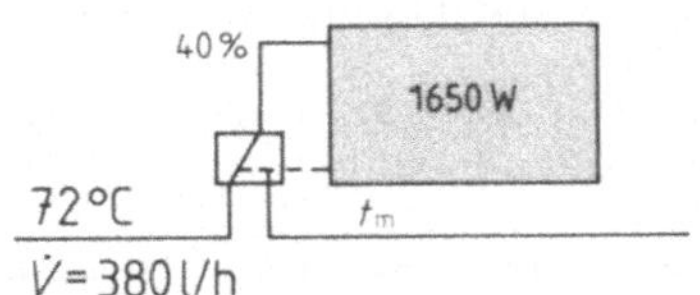

4.52 Einrohrverteiler

    a) den Wasserstrom durch den Heizkörper in l/h,
    b) den Wasserstrom im Bypass in l/h,
    c) den Temperaturabfall im Heizkörper,
    d) die Temperatur t_m nach dem Einrohrverteiler.

16. Bei der Einrohrheizung **4**.53 sollen die Temperaturen am Anfang und am Ende der Ringleitung 75 bzw. 60 °C betragen.
    a) Wie groß muß der Volumenstrom in l/h in der Ringleitung sein?
    b) Wie groß sind die Heizkörpervolumenströme, wenn das Wasser jeweils um 10 °C abkühlt?
    c) Welche Vorlauftemperaturen ergeben sich für die Heizkörper 2 und 3?

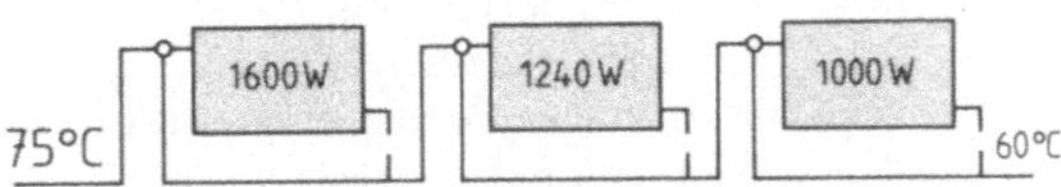

4.53 Dreiwege-Einrohranschlüsse

17. Einem Raum werden stündlich 900 m³ Luft zugeführt. In der Mischkammer werden ⅓ der Abluft mit Frischluft gemischt.
    Welche Lufttemperatur ergibt sich in der Mischkammer, wenn die Frischluft − 5 °C und die Abluft + 23 °C haben? (Dichteunterschiede unberücksichtigt lassen)

18. Für die WW-Niedertemperaturheizung **4.54** mit Wärmepumpe und Speicher sind für die gegebene Betriebssituation zu ermitteln:

a) der Volumenstrom in l/h, der über die Bypass-Leitung zum Mischer geführt werden muß,

b) die Wärmeleistung des Heizkreises in W,

c) die Wärmeleistung, die für das Laden des Speichers zur Verfügung steht,

d) die Laufzeit der Wärmepumpe in Stunden und Minuten, bis der Speicher geladen ist, wenn gleichzeitig mit der Leistung von b) geheizt wird,

e) die Heizzeit mit dem Speicher in Stunden und Minuten (ohne Wärmepumpe) bei der Heizleistung von b), wenn der Speicher ganz aufgeheizt ist.

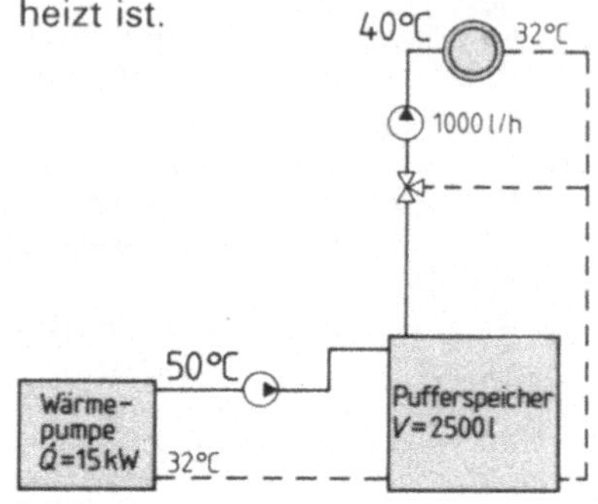

4.54 Wärmepumpenanlage

4.6 Ausdehnungsgefäße, Gasflaschen

4.6.1 Ausdehnungsgefäße für die WW-Heizung

WW-Heizungen brauchen Ausdehnungsgefäße, um Volumenausdehnungen des Heizungswassers ausgleichen zu können. Offene Ausdehnungsgefäße findet man heute noch in alten Anlagen; in neuen Anlagen sind sie allenfalls noch bei Feststoff-Feuerungen vertretbar. Meist werden Membran-Ausdehnungsgefäße eingesetzt.

Berechnung von offenen Ausdehnungsgefäßen. Da offene Ausdehnungsgefäße eine freie Ausdehnungsmöglichkeit haben, steht das gesamte Gefäßvolumen bis zum Überlaufanschluß für die Aufnahme von Wasser zur Verfügung. Das Gefäßvolumen richtet sich nach dem Ausdehnungsvolumen, das vom Anlagevolumen und der Wassererwärmung abhängt.

Bei einer Betriebstemperatur von 90 °C kann man mit einer Ausdehnung von 4% rechnen. Damit eine gewisse Wasserreserve im Ausdehnungsgefäß vorhanden ist, wählt man das Gefäß 2 × 4% des Anlagevolumens.

$$V_{\text{off.AG}} = 2 \cdot 0,04 \cdot V_{\text{Anlage}} \qquad \text{Erwärmung bis 90 °C}$$

Berechnungen am Membranausdehnungsgefäß. Die Größe von geschlossenen Ausdehnungsgefäßen wird in der Praxis vielfach nur näherungsweise bestimmt (s. Fachkunde Tab. **4.41**). Eine Berechnung der Größe und das Aufzeigen von fachkundlichen Zusammenhängen sind mit dem Gasgesetz von Boyle-Mariotte (s. Fachkunde Abschn. 1.3) möglich. Nach Boyle-Mariotte gilt:

$$\frac{p_{abs1} \cdot V_1}{T_1} = \frac{p_{abs2} \cdot V_2}{T_2}$$

p_{abs1}, p_{abs2} = absolute Gasdrücke in bar
V_1, V_2 = Gasvolumina in l
T_1, T_2 = Gastemperatur in K

Die Masse des Gases ist dabei im Zustand 1 und 2 gleich. Ist eine Größe bei beiden Zuständen gleich groß, fällt sie aus der Gleichung heraus (kürzen).

Beispiel 4.15 Das Membranausdehnungsgefäß **4.55** hat ein Volumen von 35 l und wird mit einem Überdruck p_{e1} = 1 bar in eine geschlossene Anlage eingebaut. Im Betrieb steigt der Überdruck auf p_{e2} = 2,5 bar. Die Gefäßtemperatur bleibt gleich.

a) Auf welches Volumen wird der Stickstoff zusammengepreßt? b) Wieviel l Wasser nimmt das Gefäß dabei auf?

Geg.: $V_1 = 35\,l$, $p_{e1} = 1$ bar $\rightarrow$ $p_{abs1} = 2$ bar, $p_{e2} = 2,5$ bar $\rightarrow$ $p_{abs2} = 3,5$ bar; ges.: a) V_2, b) $V_{Wasseraufnahme} = \Delta V$.

4.55 Membranausdehnungsgefäß

Lösung

$$\frac{p_{abs1} \cdot V_1}{\cancel{T_1}} = \frac{p_{abs2} \cdot V_2}{\cancel{T_2}}$$

a) $V_2 = \dfrac{p_{abs1} \cdot V_1}{p_{abs2}} = \dfrac{2\,bar \cdot 35\,l}{3,5\,bar} = 20\,l$

b) $\Delta V = V_1 - V_2 = 35\,l - 20\,l = \mathbf{15\,l}$

Aufgaben

1. Ermitteln Sie die mögliche Wasseraufnahme in l für ein 50-l-Membranausdehnungsgefäß, wenn es in einer Anlage nach DIN 4751 Teil 2 eingebaut wird, und zwar mit einem Vordruck von a) 0,5 bar, b) 1,0 bar, c) 1,5 bar. Das Gefäß erwärmt sich im Betrieb nicht.

2. Das Manometer einer abgeschalteten WW-Heizung zeigt einen Druck von 1,0 bar an. Der Stickstoff hat bei diesem Betriebszustand ein Volumen von 28 l. Wieviel l Heizungswasser drückt ins Ausdehnungsgefäß, wenn im Betrieb der Überdruck auf 1,5 bar ansteigt?

3. Eine geschlossene WW-Heizung mit einem 25-l-Ausdehnungsgefäß verliert bei konstanter mittlerer Betriebstemperatur 120 cm^3 Wasser am Tag. Nach wieviel Tagen fällt der Druck von 2,5 bar auf den Vordruck von 1 bar ab?

4. Das Volumen des Ausdehnungsgefäßes einer geschlossenen WW-Heizung hat 35 l. Das Gefäß wurde mit einem Vordruck von 1 bar eingebaut. Im Betrieb erhöht sich beim Anstieg der mittleren Wassertemperatur von 50°C auf 70°C der Überdruck im Ausdehnungsgefäß (erwärmt sich nicht) von 1,6 auf 2,0 bar.

a) Ermitteln Sie das Gasvolumen bei den Überdrücken von 1,6 und 2,0 bar.

b) Um wieviel l hat sich das Wasser beim Erwärmen von 50°C auf 70°C ausgedehnt?

c) Wieviel kg Heizungswasser enthält die Anlage, wenn $v_{50°C} = 1,012$ dm^3/kg und $v_{70°C} = 1,0227$ dm^3/kg betragen?

5. Welche Gefäßgröße ist für eine geschlossene WW-Heizung nach DIN 4751 T2 bei einem Anlagevolumen von 500 l notwendig, wenn die Wasseraufnahme des Gefäßes 3,8% des Anlagenvolumens und der Vordruck des Gefäßes

1,1 bar betragen? (Die Gefäßtemperatur bleibt konstant, V_2 kann durch $V_1 - \Delta V$ ersetzt werden.)

6. Ein geschlossenes 25-l-Membranausdehnungsgefäß wird mit einem Vordruck von 0,8 bar eingebaut.
   a) Wieviel l Wasser kann das Gefäß maximal aufnehmen, wenn es sich im Betrieb nicht erwärmt?
   b) Wieviel l Wasser kann es bei einer Gefäßerwärmung von 15 °C auf 60 °C maximal aufnehmen?
   c) Um wieviel l verringert sich die mögliche Wasseraufnahme durch die Erwärmung (falsche Rohrführung der Ausdehnungsleitung)?

4.6.2 Sauerstoff-Flaschen

Die Gasgesetze lassen sich auch bei Sauerstoff-Flaschen anwenden, um den Flascheninhalt, den Sauerstoffverbrauch oder den Druckabfall bei der Gasentnahme bzw. den Druckanstieg bei Erwärmung zu berechnen.

Sauerstoffinhalt = Volumen des Sauerstoffs, wenn er sich bei konstanter Temperatur auf den Luftdruck entspannt (**4.56**). Es gilt:

$$\frac{p_{abs1} \cdot V_1}{\cancel{T_1}} = \frac{p_{abs2} \cdot V_2}{\cancel{T_2}} \rightarrow V_2 = \frac{p_{abs1} \cdot V_1}{p_{abs2}}$$

$$\searrow$$
$$1 \text{ bar}$$

$$\boxed{V_2 = p_{abs1} \cdot V_1}$$

V_2 = Sauerstoffinhalt in l
p_{abs1} = absoluter Flaschendruck in bar
V_1 = Flaschenvolumen in l/bar

Beispiel 4.16   Das Inhaltsmanometer einer 40-l-Sauerstoff-Flasche zeigt einen Druck von 65 bar an. Wieviel l Sauerstoff enthält die Flasche?

Geg.: $V_1 = 40$ l, $p_{e1} = 65$ bar $\rightarrow p_{abs1} = 66$ bar; ges.: V_2.

Lösung $V_2 = p_{abs1} \cdot V_1 = 66$ bar $\cdot$ 40 l/bar = **2640 l**

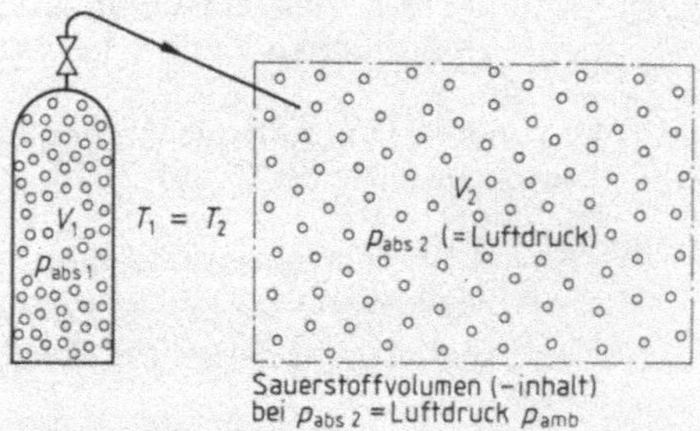

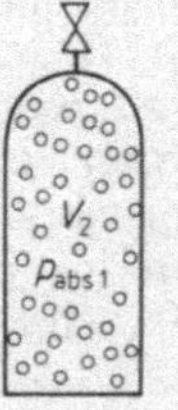

4.56   Sauerstoffinhalt   4.57   Sauerstoffentnahme

Sauerstoffverbrauch ΔV = Änderung des Flascheninhalts bei der Entnahme (**4.57**) bei konstanter Temperatur:

$$\Delta V = V_2 \qquad\quad - V_{2'}$$
$$\Delta V = p_{abs1} \cdot V_1 - p_{abs1'} \cdot V_1$$

$$\Delta V = \underbrace{(p_{abs1} - p_{abs1'})}_{\Delta p} \cdot V_1$$
$$ \Delta p \qquad\quad \cdot V_1$$

ΔV	= Sauerstoffverbrauch (Entnahme) in l
$V_2, V_{2'}$	= Sauerstoffinhalt vor bzw. nach der Entnahme in l
V_1	= Flaschenvolumen in l
$p_{abs1}, p_{abs1'}$	= absoluter Flaschendruck vor bzw. nach der Entnahme in bar
Δp	= Druckabfall durch Entnahme in bar

$$\boxed{\Delta V = \Delta p \cdot V_1}$$

Beispiel 4.17 Das Manometer einer 50-l-Sauerstoff-Flasche zeigt einen Druck von 85 bar an.

a) Wieviel l Sauerstoff können entnommen werden, bis die Manometeranzeige auf 2,5 bar gefallen ist?

b) Wieviel l Sauerstoff enthält die Flasche dann noch?

Geg.: $V_1 = 50$ l, $p_{e1} = 85$ bar, $p_{e1'} = 2,5$ bar $\rightarrow \Delta p = 82,5$ bar, $p_{abs1'} = 3,5$ bar; ges.: a) ΔV, b) $V_{2'}$.

Lösung a) $\Delta V = \Delta p \cdot V_1 = 82,5$ bar $\cdot 50$ l/bar $= \mathbf{4125\ l}$

b) $V_{2'} = p_{abs1'} \cdot V_1 = 3,5$ bar $\cdot 50$ l/bar $= \mathbf{175\ l}$

Aufgaben

7. Das Manometer einer 40-l-Sauerstoff-Flasche zeigt einen Druck von 105 bar an.
   a) Wieviel l Sauerstoff sind gegenüber dem gefüllten Zustand mit 150 bar bereits entnommen worden?
   b) Wieviel l Sauerstoff kann der Flasche noch entnommen werden, bis der Flaschendruck auf den atmosphärischen Druck gefallen ist?

8. Ein Heizungsbauer will feststellen, ob ihm der Inhalt einer 50-l-Sauerstoff-Flasche für eine 5,5 Stunden dauernde Schweißarbeit ausreicht, wenn er mit einem Verbrauch von 500 l/h rechnet.
   a) Welchen Differenzdruck muß er für die Schweißarbeit noch zur Verfügung haben?
   b) Welchen Druck muß das Manometer noch anzeigen, wenn für die Schweißarbeit bis zu einer Druckanzeige von 2,5 bar Sauerstoff entnommen werden kann?

9. Um wieviel bar fällt der Druck in einer 40-l-Sauerstoff-Flasche mehr ab als in einer 50-l-Flasche, wenn 820 l Sauerstoff entnommen werden?

10. Eine 40-l-Sauerstoff-Flasche hat noch einen Überdruck von 6 bar.
   a) Wieviel l Sauerstoff enthält die Flasche (einschließlich Inhalt bei atmosphärischem Druck)?
   b) Um wieviel bar steigt der Druck in der Flasche, wenn aus einer anderen Flasche 1200 l Sauerstoff nachgefüllt werden?

11. a) Wieviel l Acetylen braucht ein Heizungsbauer an einem 8-Stunden-Tag bei einem Mischungsverhältnis Sauerstoff : Acetylen = 1 : 1, wenn 3,5 Stunden mit einem Sauerstoffverbrauch von 300 l/h und 4,5 Stunden mit 500 l/h gearbeitet wird?
   b) Auf wieviel bar fällt der Druck in einer 50-l-Sauerstoff-Flasche, wenn das Manometer vor Arbeitsbeginn 125 bar anzeigt?

12. Das Manometer einer 40-l-Sauerstoff-Flasche zeigt bei einer Temperatur von 10 °C einen Druck von 150 bar an. Um wieviel bar steigt der Druck, wenn sich die Flasche durch Sonneneinstrahlung auf 65 °C erwärmt?

5 Heißwasser- und Dampfheizungen

Heißwasser- und Dampfanlagen finden vorwiegend in der Industrie und Fernwärmeversorgung Verwendung. Für die zentrale Gebäudeheizung werden fast nur Warmwassersysteme vorgesehen.

5.1 Druck in Heißwasseranlagen

Bei Heißwasserheizungen ist der Zusammenhang zwischen Temperatur und Druck von größter sicherheitstechnischer Bedeutung. Damit an keinem Punkt der Anlage Dampfbildung auftreten kann, muß der Systemdruck an jeder Stelle über dem Verdampfungsdruck der jeweiligen Heißwassertemperatur liegen. Die Dampfbildung macht sich durch starke Wasserschläge bemerkbar, die unter Umständen zu Schäden an den Anlagenteilen führen.

Der Systemdruck an der niedrigsten Stelle der Anlage setzt sich zusammen aus

    dem der Heißwasser-Vorlauftemperatur entsprechenden Verdampfungsdruck p_{eD}
+ Sicherheitszuschlag von mindestens 0,5 bar (Δp_S)
+ statischen Höhenunterschied der Anlage (Δp_{stat})
+ Druckverlust $\Sigma\,(l \cdot R + Z)$ im ungünstigsten Stromkreis $\cdot$ ($\Delta p_{l \cdot R + Z}$).

Differenzdruck $\Delta p = \Delta p_S + \Delta p_{stat} + \Delta p_{l \cdot R + Z}$ in bar

Überdruck am Druckmesser $=$ Verdampfungsdruck $+$ Differenzdruck

$$p_e = p + \Delta p \text{ in bar}$$

Beispiel 5.1   Die Heißwasser-Fernheizungsanlage **5.1** wird mit einer Vorlauftemperatur von 140 °C und einer Rücklauftemperatur von 60 °C betrieben. Der Druckverlust $\Sigma\,(l \cdot R + Z)$ beträgt 5500 mbar.

a) Um wieviel bar muß auf der Höhe des Druckmessers (Manometers) der Anlagendruck über dem Verdampfungsdruck des Heißwassers liegen?

b) Welcher Überdruck p_e in bar muß am Druckmesser herrschen, um mit Sicherheit ein Verdampfen des Heißwassers zu verhindern?

Geg.: Heißwasser-Vorlauftemperatur 140 °C $=$ Verdampfungsdruck p_{eD} von $\approx$ 2,6 bar, $\Delta p_S = 0{,}5$ bar, $\Delta p_{l \cdot R + Z} = 5{,}5$ bar, $\Delta p_{stat} = 1{,}55$ bar; ges.: a) Δp in bar, b) p_e auf Druckmesserhöhe in bar

Lösung   a) $\Delta p = \Delta p_S + \Delta p_{stat} + \Delta p_{R \cdot l + Z} = 0{,}5$ bar $+ 1{,}55$ bar $+ 5{,}5$ bar $=$ **7,55 bar**

         b) $p_{eD} = p + \Delta p = 2{,}6$ bar $+ 7{,}55$ bar $=$ **10,15 bar**

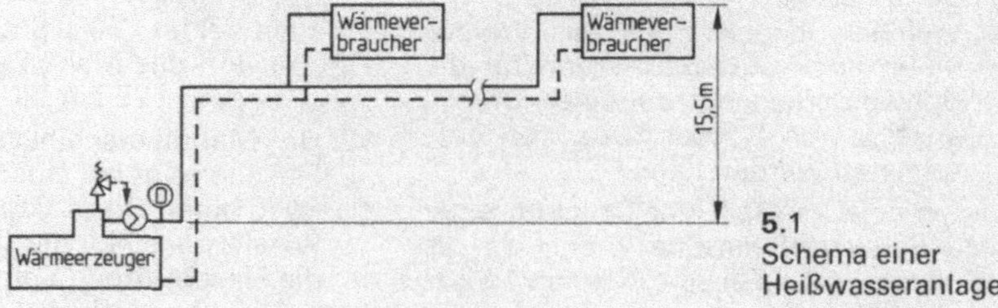

5.1
Schema einer
Heißwasseranlage

Aufgaben

1. Der Wärmeerzeuger einer Heißwasserheizung ist die tiefste Stelle der Anlage. Der höchste Heizkörper liegt 18 m darüber. Er wird mit 130°C Vorlauf- und 70°C Rücklauftemperatur gefahren. Der Druckverlust $\Sigma(l \cdot R + Z)$ liegt bei 200 kPa.
   a) Um wieviel bar muß der Anlagendruck über dem Verdampfungsdruck des Heißwassers liegen, wenn der Sicherheitszuschlag 0,7 bar beträgt?
   b) Welcher Überdruck p_e in bar muß am Druckmesser des Heißwasserkessels herrschen?

2. Bei einem Blockheizwerk bildet der Heißwasserkessel den höchsten Punkt der Anlage, die mit den Temperaturen 130°C/60°C betrieben wird. Der Sicherheitszuschlag soll 0,6 bar betragen, der Druckverlust $\Sigma(l \cdot R + Z)$ liegt bei 4,2 bar. Statische Höhe 18 m.
   a) Um wieviel bar muß am höchsten und am tiefsten Punkt der Anlage der Druck über dem Verdampfungsdruck des Heißwassers liegen?
   b) Welchen Überdruck in bar muß der Druckmesser am Heißwassererzeuger anzeigen?
   c) Bei welchem Druck p_e in bar am Heißwasserkessel fängt das Heißwasser an zu verdampfen?

5.2 Berechnen der Heizkörpergrößen bei Heißwasser

Bei geringen Differenzen zwischen Vorlauf- und Rücklauftemperaturen werden die Heizkörpergrößen genauso berechnet wie bei Warmwasser, wenn die Temperaturen von den Normbedingungen abweichen.

> Normbedingungen: Vorlauf $= 90°C$, Rücklauf $= 70°C$,
> Raumtemperatur $t_i = 20°C$

Wenn andere Temperaturen gegeben sind und kleine Temperaturspreizungen vorliegen, muß der bereits bekannte Temperaturberichtigungsfaktor f_1 berechnet werden.

$$f_1 = \left(\frac{\Delta t}{\Delta t_N}\right)^{1,3} \qquad \dot{q} = q_N \cdot \left(\frac{\Delta t}{\Delta t_N}\right)^{1,3} \qquad \dot{q} = q_N \cdot f_1 \qquad \dot{Q} = \dot{q}_N \cdot f_1 \qquad \dot{Q} = \dot{q} \cdot n$$

Δt und Δt_N in K $\qquad \dot{q}$, $\dot{q}_N$ und $\dot{Q}$ in W $\qquad f_1$ ohne Einheit

Δt = mittlere Heizkörpertemperatur – Raumtemperatur, abweichend von den Normalbedingungen (z. B. $t_V = 130°C$, $t_R = 100°C$, $t_i = 20°C$ → $\Delta t = \dfrac{130°C + 100°C}{2} - 20°C = 95$ K)

Δt_N = mittlere Heizkörpertemperatur – Raumtemperatur bei Normbedingungen (z. B. $t_V = 90°C$, $t_R = 70°C$, $t_i = 20°C$ → $\Delta t = \dfrac{90°C + 70°C}{2} - 20°C = 60$ K)

$\dot{q}_N$ = Wärmeleistung je Glied bei Normbedingungen
$\dot{q}$ = Wärmeleistung je Glied, abweichend von den Normbedingungen
n = Anzahl der Heizkörperglieder

Beispiel 5.2 Die Temperaturen in einer Heißwasseranlage betragen im Vorlauf 130 °C und im Rücklauf 100 °C, die Raumtemperatur 20 °C. Welche Wärmeleistung in kW gibt ein Gußradiator 20/580/110 ab?

Geg.: $t_V = 130\,°C$, $t_R = 100\,°C$, $t_i = 20\,°C$, $q_N = 92\,W$, $n = 20$, $\Delta t_N = 60\,K$; ges.: $\dot{Q}$ in kW

Lösung

$$\Delta t = \frac{t_V + t_R}{2} - t_i = \frac{130\,°C + 100\,°C}{2} - 20\,°C = 95\,K$$

$$f_1 = \left(\frac{\Delta t}{\Delta t_N}\right)^{1,3} = \left(\frac{95\,K}{60\,K}\right)^{1,3} = 1,82$$

$$\dot{Q} = \dot{q} \cdot n = \dot{q}_N \cdot f_1 \cdot n = 92\,\text{W/Glied} \cdot 1,82 \cdot 20\,\text{Glieder} = \textbf{3,35 kW}$$

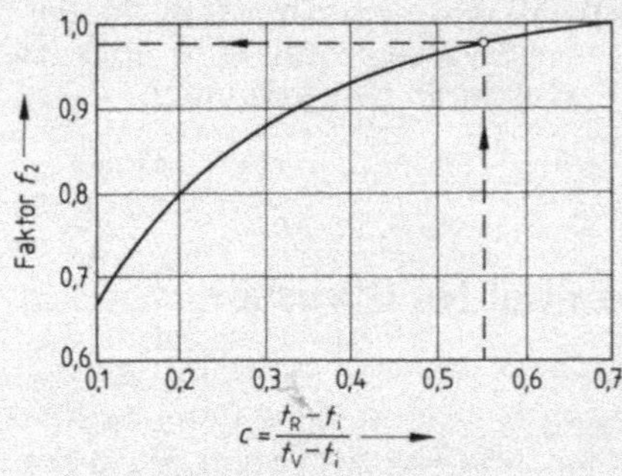

Wenn die Temperaturdifferenzen größer sind, wie es bei Heißwasseranlagen üblich ist, muß ein zweiter Temperaturberichtigungsfaktor f_2 zum Berechnen der Wärmeleistung berücksichtigt werden. Wir entnehmen ihn dem Diagramm **5.2**.

5.2 Temperaturberichtigungsfaktor f_2

f_2 ist einzusetzen, wenn das Verhältnis $\quad c = \dfrac{t_{\text{Rücklauf}} - t_{\text{Raum}}}{t_{\text{Vorlauf}} - t_{\text{Raum}}} < 0,7$ ist.

$$\dot{Q} = \dot{Q}_N \cdot f_1 \cdot f_2$$

Beispiel 5.3 Eine Heißwasser-Fernheizung wird mit einem Vorlauf von 130 °C und einem Rücklauf von 70 °C betrieben. $t_i = 20\,°C$.

a) Berechnen Sie den Temperaturberichtigungsfaktor f_1.

b) Prüfen Sie, ob f_2 beim Berechnen der Heizkörper-Wärmeleistung berücksichtigt werden muß. Wie groß ist f_2 in diesem Fall?

c) Welche Wärmeleistung in kW gibt ein Heizkörper ab, der bei Normbedingungen 2000 W leistet?

Geg.: $t_{\text{Vorlauf}} = 130\,°C$, $t_{\text{Rücklauf}} = 70\,°C$, $t_{\text{Raum}} = t_i = 20\,°C$, $\dot{Q}_N = 2000\,W$; ges.: f_1, f_2, $\dot{Q}$ in kW

Lösung

a) $$\Delta t = \frac{130\,°C + 70\,°C}{2} - 20\,°C = 80\,K$$

$$f_1 = \left(\frac{\Delta t}{\Delta t_N}\right)^{1,3} = \left(\frac{80\,K}{60\,K}\right)^{1,3} = \textbf{1,45}$$

b) $$c = \frac{t_R - t_i}{t_V - t_i} = \frac{70\,°C - 20\,°C}{130\,°C - 20\,°C} = \frac{50\,K}{110\,K} = 0,45 < 0,7$$

$f_2 = \textbf{0,95}$ aus Diagramm **5.2** muß berücksichtigt werden.

c) $$\dot{Q} = \dot{Q}_N \cdot f_1 \cdot f_2 = 2000\,W \cdot 1,45 \cdot 0,95 = \textbf{2,755 kW}$$

162

Für die Beheizung von Wohn- und Aufenthaltsgebäuden sollte man keine Heißwasseranlagen vorsehen, weil sie physiologische und hygienische Nachteile
haben.

Aufgaben

1. In einem Blockheizwerk wird mit 120°C Vorlauf- und 100°C Rücklauftemperatur gefahren. Raumtemperatur 20°C.
   a) Ermitteln Sie den Temperaturberichtigungsfaktor f_1.
   b) Welche Wärmeleistung in kW gibt ein Gußradiator 30/580/110 ab?

2. Eine Werkstatt ($t_i = 18°C$) hat einen Wärmebedarf von 8500 W und wird mit Heißwasser 130°C/100°C beheizt. Wieviel Stahlradiatorenglieder 1000/110 sind für die Wärmebedarfsdeckung einzubauen?

3. Ein Plattenheizkörper gibt bei Normbedingungen 3500 W ab. Nachträglich wird er an eine Heißwasser-Fernheizung 130°C/70°C angeschlossen. Die Raumtemperatur beträgt 20°C.
   a) Berechnen Sie f_1 und f_2.
   b) Welche Wärmeleistung gibt der Heizkörper ab, wenn er an die Fernheizung angeschlossen ist?

4. Der Rippenrohr-Heizkörper eines Waschraums ($t_i = 24°C$) ist an eine Heißwasserheizung 140°C/80°C angeschlossen. Nach Herstellerunterlagen gibt es bei Normbedingungen 10 kW ab.
   a) Wie groß sind f_1 und f_2?
   b) Welche Wärmeleistung in kW gibt der Heizkörper tatsächlich ab?

5. Eine Pkw-Großgarage soll auf 15°C gehalten werden. Sie hat einen Wärmebedarf von 21 kW. Zum Beheizen sind vier gleich große Stahlradiatoren 1000/110 vorgesehen, die an eine Heißwasseranlage 120°C/80°C angeschlossen werden sollen. Berechnen Sie die erforderliche Gliederzahl je Heizkörper.

5.3 Berechnen der Heizkörpergrößen bei Dampf

Die Ermittlung der Heizkörpergröße geschieht im Prinzip wie bei Warmwasserheizungen. Nur gibt es bei Dampf keine Vorlauf- und Rücklauftemperatur, denn der einströmende Dampf und das ausfließende Kondensat haben meist fast gleiche Temperaturen.

Bei Gußradiatoren nach DIN 4720 und DIN 4703 entnehmen wir die Heizleistung je Glied der Tab. **4.2**. Dabei ist zu beachten, daß sich diese Leistungen auf Normbedingungen beziehen (d. h. Dampftemperatur = 100°C, Raumtemperatur = 20°C). Sie gelten somit für Niederdruckdampf, bei dem man grundsätzlich von 100°C Dampftemperatur und Δt_N von 80 K ausgeht.

Beispiel 5.4 Ein Gußradiator 580/220 für eine Werkstatt ($t_i = 20°C$) soll 5000 W abgegeben. Wieviel Glieder muß er haben, wenn Niederdruckdampf von $p_e = 0,1$ bar zur Verfügung steht?

Geg.: $\dot{Q} = 5000$ W, $\dot{q} = 235$ W/Glied; ges.: n

Lösung $\dot{Q} = \dot{q}_N \cdot n \Rightarrow n = \dfrac{\dot{Q}}{\dot{q}_N} = \dfrac{5000 \text{ W}}{235 \text{ W/Glied}} = 21,3 = \mathbf{22 \text{ Glieder}}$

Werden die Radiatoren mit Hochdruckdampf betrieben, müssen wir die Normleistung $\dot{q}_N$ der Tabelle umrechnen.

$$\dot q = \dot q_N \cdot f, \quad f = \left(\frac{\Delta t}{\Delta t_N}\right)^{1,3} \quad \dot q = \dot q_N \cdot \left(\frac{\Delta t}{\Delta t_N}\right)^{1,3} \quad \dot Q = \dot q \cdot n = \dot q_N \cdot \left(\frac{\Delta t}{\Delta t_N}\right)^{1,3} \cdot n$$

Δt = Temperaturdifferenz zwischen Dampf- und Raumtemperatur, zutreffend bei Hochdruckdampf und Raumtemperaturen, abweichend von 20 °C

Δt_N = 80 K = 100 °C Verdampfungstemperatur − 20 °C Raumtemperatur

Beispiel 5.5 Welche Wärmeleistung in W gibt ein Gußradiator 20/980/160 ab, der mit Dampf von $p_e = 2$ bar beheizt wird? $t_i = 20$ °C

Geg.: 20 Glieder 980/160, $p_e = 2$ bar $\hat{=}$ 133,5 °C Verdampfungstemperatur, $t_i = 20$ °C, $\Delta t_N = 80$ K, $q_N = 297$ W; ges.: $\dot Q$ in W

Lösung $\Delta t = 133{,}5\,°C - 20\,°C = 113{,}5\,°C$

$$f = \left(\frac{\Delta t}{\Delta t_N}\right)^{1,3} = \left(\frac{113{,}5\ \text{K}}{80\ \text{K}}\right)^{1,3} = 1{,}58$$

$$\dot Q = \dot q \cdot n = \dot q_N \cdot f \cdot n = 297\ \text{W/Glied} \cdot 1{,}58 \cdot 20\ \text{Glieder} = \mathbf{9385\ W}$$

Aufgaben

1. Der Wärmebedarf $\dot Q_N$ eines Lagerraums beträgt 6,5 kW bei $t_i = 20$ °C. Er soll mit einem niederdruckdampfbeheizten Gußradiator 580/160 gedeckt werden. Wieviel Glieder muß der Radiator haben?

2. Ein Umkleideraum, der auf 20 °C gehalten werden soll, hat einen Wärmebedarf von 11,5 kW. Wieviel Glieder muß ein Gußradiator 980/220 haben, wenn für die Beheizung Niederdruckdampf von $p_e = 0{,}1$ bar zur Verfügung steht?

3. Für die Beheizung eines Werkstattbüros ($t_i = 20$ °C) ist HDD (Hochdruckdampf) von $p_e = 1{,}5$ bar vorhanden. Der Wärmebedarf beträgt 6 kW. Er soll mit einem Gußradiator 580/110 gedeckt werden.
   a) Wie groß ist Δt in K?
   b) Berechnen Sie f.
   c) Ermitteln Sie die Wärmeleistung je Glied in W.
   d) Wieviel Glieder muß der Radiator haben?

4. Ein Gußradiator 50/580/110 wird mit Niederdruckdampf von $p_e = 0{,}1$ bar betrieben. Welche Wärmeleistung in kW gibt der Radiator bei 15 °C Raumtemperatur ab?

5. Eine kleine Fertigungshalle soll mit dampfbeheizten Gußradiatoren auf 18 °C gehalten werden. Wärmebedarf 28 kW, Beheizung mit Hochdruckdampf von $p_e = 3$ bar.
   a) Ermitteln Sie Δt in K.
   b) Berechnen Sie den Temperaturberichtigungsfaktor.
   c) Welche Wärmeleistung in W gibt ein Gußradiatorglied 980/70 ab?
   d) Wieviel Glieder 980/70 sind für die Wärmebedarfsdeckung erforderlich?

6. Der Wärmebedarf eines Waschraums ($t_i = 24$ °C) beträgt 15 kW. Wieviel Gußradiatoren-Glieder 980/160 werden bei Verwendung von Hochdruckdampf ($p_e = 3$ bar) benötigt?

5.4 Auswahl von Kondensatableitern

Die Größenbestimmung wird am Beispiel von Bimetall-Kondensatableitern aufgezeigt.

Bei Bimetall-Kondensatableitern hängt die Dampfflußmenge in kg/h vom Differenzdruck (Δp im Kondensatableiter) und der Unterkühlungstemperatur des Kondensats ab. Je größer der Durchsatz, desto größer ist der Druckverlust Δp (Differenzdruck). Die Unterkühlung gibt das Auslegungsdiagramm **5.3** als Temperaturdifferenz an. Die Unterkühlung Δt gibt also an, um wieviel K die Kondensattemperatur unter der Verdampfungstemperatur liegt.

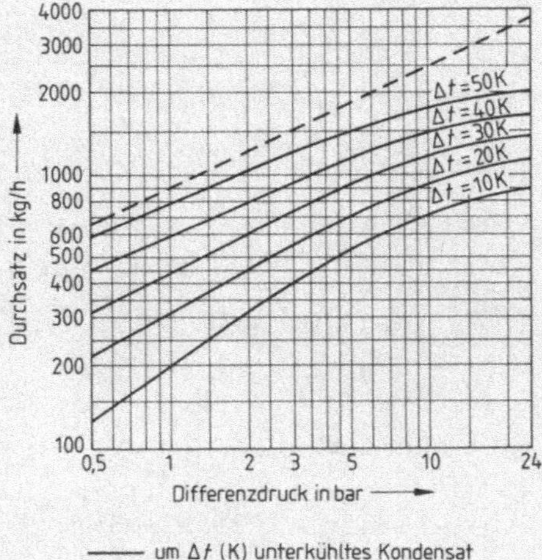

5.3 Auswahldiagramm für Bimetall-Kondensatableiter

Beispiel 5.6 Ein mit Dampf betriebener Lufterhitzer gibt eine Wärmeleistung von 95 kW ab. Es steht Sattdampf von $p_e =$ 4 bar zur Verfügung. Das Kondensat verläßt den Lufterhitzer mit 10 K unter der Verdampfungstemperatur.

a) Wie groß ist der Dampfverbrauch des Lufterhitzers in kg/h?

b) Wie groß ist die Verdampfungstemperatur, und mit welcher Temperatur verläßt das Kondensat den Lufterhitzer?

c) Bei welchem Differenzdruck Δp wird die anfallende Kondensatmenge in einem Bimetall-Kondensatableiter angeführt?

Geg.: $\dot{Q} = 95$ kW, $p_e = 4$ bar, $\Delta t = 10$ K, Verdampfungstemperatur = 151,8°C; ges.: Dampfverbrauch in kg/h, t_{Dampf} in °C, t_{Kond} in °C, Δp in bar

Lösung

a) $\dot{Q} = \dot{m} \cdot r \Rightarrow \dot{m} \cdot \dfrac{\dot{Q}}{r} = \dfrac{95\,000\ \text{W}}{585\ \text{Wh/kg}} = \mathbf{162\ kg/h}$

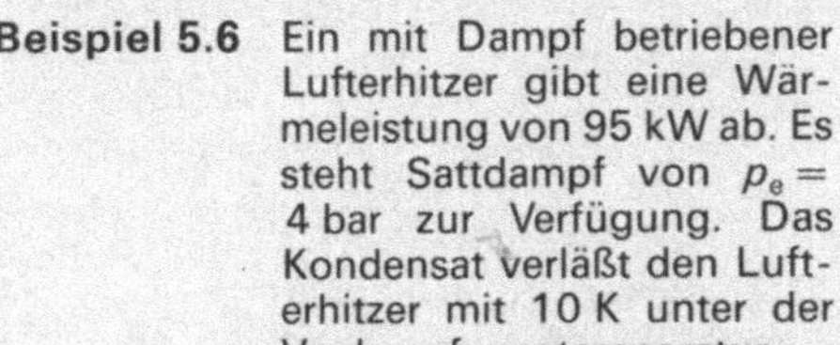

b) Der Wasserdampftafel in der Fachkunde entnehmen wir eine Verdampfungstemperatur von 151,8°C bei $p_e = 4$ bar.

Kondensattemperatur = 151,8°C − 10 K = **141,8°C**

c) Dem Diagramm **5.3** entnehmen wir bei einem Durchsatz von 162 kg/h und Kurve $\Delta t = 10$ K einen Differenzdruck Δp von $\approx$ **0,75 bar.**

Aufgaben

1. Die Wärmeleistung eines dampfbeheizten Lufterhitzers beträgt 100 kW. Er wird mit Sattdampf von $p_e = 2{,}5$ bar versorgt. Die Kondensattemperatur liegt 20 K unter der Verdampfungstemperatur. Die Kondensatableitung soll mit einem Bimetallableiter erfolgen.
   a) Wie groß ist die stündlich anfallende Kondensatmenge?
   b) Welchen Differenzdruck Δp in bar hat der Kondensatableiter?

2. Eine mit Dampf ($p_e = 5$ bar) versorgte Bügelmaschine hat einen Dampfdurchsatz von 350 kg/h. Wie groß ist der Differenzdruck in einem Bimetall-Kondensatableiter, wenn die Kondensatunterkühlung 10 K beträgt?

5.5 Rohrnetzberechnung von Dampfleitungen

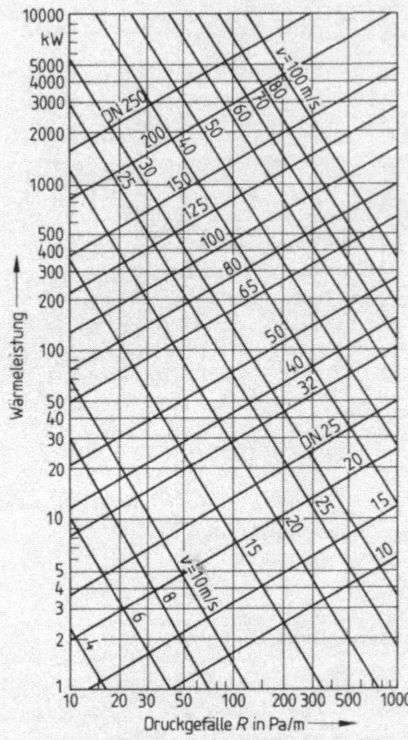

5.4 Diagramm für *R*-Wert- und Durchmesserbestimmung von Niederdruckdampfleitungen

Hier gelten die gleichen Gesetzmäßigkeiten wie bei den Rohrleitungen für Wasserheizungen oder Lüftungskanälen. Der Druckverlust Δp wird in jedem Fall nach der Gleichung $R \cdot l + Z = \Delta p$ berechnet.

Niederdruckdampfheizungen bis p_e 1 bar. Der Dampfdruck im Kessel ist so zu wählen, daß er für den Druckverlust im ungünstigsten Stromkreis ausreicht. Für Heizkörperventile und Kondensatableiter wird ein pauschaler Druckverlust von 2000 Pa angenommen. Bei der vorläufigen Berechnung nimmt man zur *R*-Wertbestimmung den Druckverlust $Z = \Delta p_E$ in den Einzelwiderständen mit 33% an. Die Durchmesser der einzelnen Teilstrecken entnehmen wir dem Diagramm **5.4**. Der weitere Rechengang ist gleich dem für Warmwasserheizungen.

Die Rohrdurchmesser der Kondensatleitungen werden nach Tab. **5.5** bestimmt.

Tabelle **5.5**   **Durchmesser der Kondensatleitungen für Dampfanlagen**

DN I. $\varnothing$ = lichter $\varnothing$	Dem Dampf entzogene Wärmemenge zur Bildung des Kondenswassers in kW				
	Trockene Leitung		Nasse Leitung		
	waagerecht mit Gefälle	lotrecht	$l \leq 50$ m	$l > 50$ u. < 100 m	$l > 100$ m
15	4,5	7	32	21	10
20	17,5	25	81	52	29
25	32,5	49	145	93	46
32	79	115	315	200	100
40	120	180	435	290	133
50	250	370	750	510	250
(57) I. $\varnothing$	365	550	1100	720	365
60	495	740	1450	990	500
65	580	870	1750	1220	580
(76) I. $\varnothing$	700	1050	2150	1450	700
80	870	1300	2600	1750	870
(88) I. $\varnothing$	1050	1570	3100	2100	1050
90	1280	1920	3600	2300	1280
100	1450	2150	4000	2800	1450

Beispiel 5.7 Für das Schema **5.6** einer NDD-Heizung sind die Durchmesser der Dampf- und trockenen Kondensatleitungen sowie der Druckverlust im ungünstigsten Stromkreis zu ermitteln. Dampfdruck im Kessel 0,05 bar = 5000 Pa. Druckverlust des Heizkörperventils und des Kondensatableiters 2000 Pa.

Geg.: Kesseldruck = 5000 Pa, Δp Heizkörperventil und Kondensatableiter = 2000 Pa, Δp Dampfleitung und Kessel = 3000 Pa, Entfernung zum ungünstigsten Heizkörper 22 = 28 m, für $R \cdot l = \Delta p_R$ zur Verfügung 67% von 3000 Pa = 2000 Pa, R für Heizkörper 22 = 2000 Pa/28 m = 71 Pa/m

Ges.: Rohr-$\varnothing$ und $\Sigma (R \cdot l + Z) = \Delta p$ der Dampfleitung sowie $\varnothing$ der Kondensatleitung

5.6 Schema einer Niederdruckdampfanlage

ζ-Werte aus Tab. **4.12**, ϱ für Dampf 0,6 kg/m³ aus Wasserdampftabelle

Lösung Durchmesser und Druckverlust der Dampfleitung werden mit einem Berechnungsformular ermittelt (**5.7**)

Die Durchmesser der trockenen Kondensatleitungen bestimmen wir nach Tab. **5.6**:

Teilstrecke	1	2	3	4	5
DN	25	25	20	20	15

Aus dem Rohrplan					Nachrechnung											Unterschied	
Teil-strecke	Wärme-menge	Gedachte Wärme-menge bei einer Temp.-Absenkung von …..°C	Länge der Teil-strecke l	Vor-läu-figer Rohr-durch-messer d	mit vorläufigem Rohrdurchmesser					mit geändertem Rohrdurchmesser						IR o−h	Z q−k
					v	R	IR	$z\zeta$	Z	d	v	R	IR	$z\zeta$	Z		
Nr.	W	$\frac{kg}{h}$	m	mm	$\frac{m}{s}$	$\frac{Pa}{m}$	Pa	$\frac{Pa}{m}$	Pa	mm	$\frac{m}{s}$	$\frac{Pa}{m}$	Pa	$\frac{Pa}{m}$	Pa	Pa	Pa
a	b	c	d	e	f	g	h	i	k	l	m	n	o	p	q	r	s
Dampfleitung zum ungünstigsten Heizkörper 22																	
Δp zur Verfügung = 3000 Pa $\Rightarrow$ R = 71 Pa/m																	
1	43000	--	6	50	15	37	222	3,8	256								
2	31000	--	7	40	17	60	420	2,0	173								
3	23000	--	6	32	17	70	420	2,0	173								
4	9000	--	5	20	18	150	750	3,5	340								
5	4000	--	4	20	8,5	38	152	3,5	76								
							1964	+	1018	=	2982 Pa verbraucht						
											3000 Pa stehen zur Verfügung						

5.7 Berechnungsformular

Aufgaben (Lösung mit Diagramm **5.**4)

1. In einer NDD-Leitung DN 50 soll eine Wärmeleistung von 80 kW strömen. Ermitteln Sie den R-Wert in Pa/m und die Strömungsgeschwindigkeit in m/s.

2. Eine NDD-Leitung soll 100 kW Wärmeleistung transportieren, wobei die Strömungsgeschwindigkeit 20 m/s nicht überschritten werden soll. Welche Nennweite ist zu wählen, und wie groß ist die dazu gehörige Dampfgeschwindigkeit?

3. Eine NDD-Leitung ist 15 m lang, hat eine Nennweite von DN 32 und 3,5 ζ-Werte. Wie groß ist der Druckverlust $l \cdot R + Z = \Delta p$ in der Leitung, wenn darin 30 kW transportiert werden?

4. Der Dampfbefeuchter einer Klimaanlage braucht 200 kW in Form von Niederdruckdampf. Die Leitung vom Dampferzeuger zum Befeuchter ist 20 m lang und hat Einzelwiderstände in Höhe von 5 ζ-Werten.
   a) Welche Nennweite muß die Leitung haben, wenn die maximale Dampf-

geschwindigkeit 40 m/s betragen darf?
   b) Wie groß ist der Druckverlust $l \cdot R + Z = \Delta p$ in der Dampfleitung?

5. Für die NDD-Anlage **5.**8 sind die Durchmesser der Dampf- und trockenen Kondensatleitung sowie der Druckverlust zum ungünstigsten Heizkörper zu bestimmen. Es steht ein Kesseldampfdruck von 0,04 bar zur Verfügung. Der Druckverlust im Heizkörperventil und Kondensatableiter beträgt 2000 Pa.

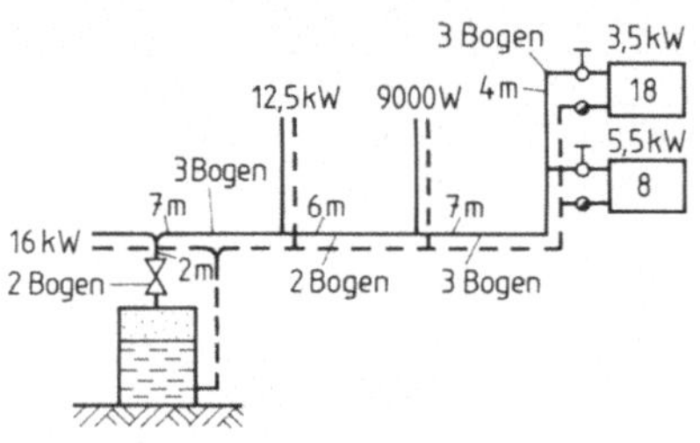

5.8 NDD-Anlage

Hochdruckdampfanlagen über p_e 1 bar. Der Druck $\Sigma(R \cdot l + Z) = \Delta p$, der in der Dampfleitung verbraucht werden darf, ergibt sich aus dem Anfangsdruck p_A (Druck im Kessel oder am Dampfverteiler) und dem Enddruck p_E, der am Ende des Dampfverbrauchers noch vorhanden sein muß. p_E hängt ab von der Art des Dampfverbrauchers, vom Kondensatableiter usw.

Wir wollen hier nur die vorläufige Rohrnetzberechnung durchführen und die Druckverluste $Z = \Delta p_E$ in den Einzelwiderständen schätzen. Ein einfaches Beispiel zeigt den Rechengang.

Beispiel 5.8 In dem Hochdruckdampf-Rohrnetz **5.**9 beträgt p_e im Dampferzeuger 4 bar, an den Dampfverbrauchern A, B und C ist ein Überdruck von 1,5 bar erforderlich. Für den ungünstigsten Dampfverbraucher A sind die Nennweiten der Dampfleitungen nach der vorläufigen Berechnung zu ermitteln. Der Druckverlust $Z = \Delta p_E$ in den Einzelwiderständen wird mit 20% des gesamten Druckverlusts angenommen.

Geg.: $p_A = 4$ bar, $p_E = 1,5$ bar, $p_A - p_E = \Delta p = 4$ bar $-$ 1,5 bar $= 2,5$ bar, $Z = \Delta p_E = 20\%$ von 2,5 bar; ges.: Nennweiten der Teilstrecken 1, 2 und 3, durchschnittlicher R-Wert

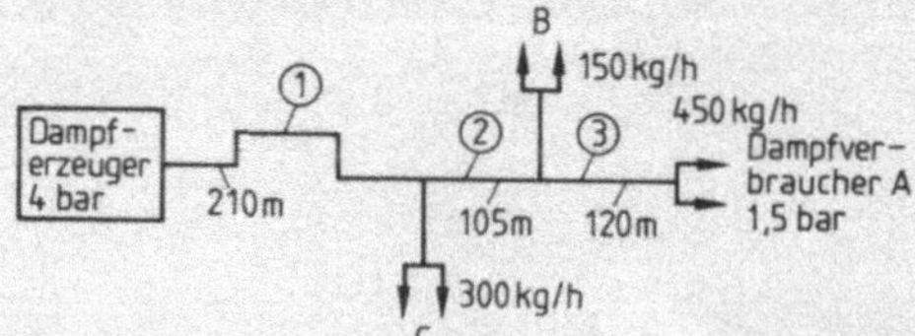

5.9
Schema einer
Hochdruckdampfanlage

| **Lösung** | Mit dem Diagramm **5**.10 ergibt sich |

$$R = \frac{250\,000 \text{ Pa} \cdot 0,8}{435 \text{ m}} = 460 \text{ Pa/m}.$$

Teil-strecke	Rohrlänge in m	Dampfmenge in kg/h	mittlerer Druck in bar	Rohrdurch-messer DN
1	210	900	3,4	65
2	105	600	2,5	50
3	120	450	1,8	50

Der mittlere Dampfdruck in den Teilstrecken kann geschätzt werden.

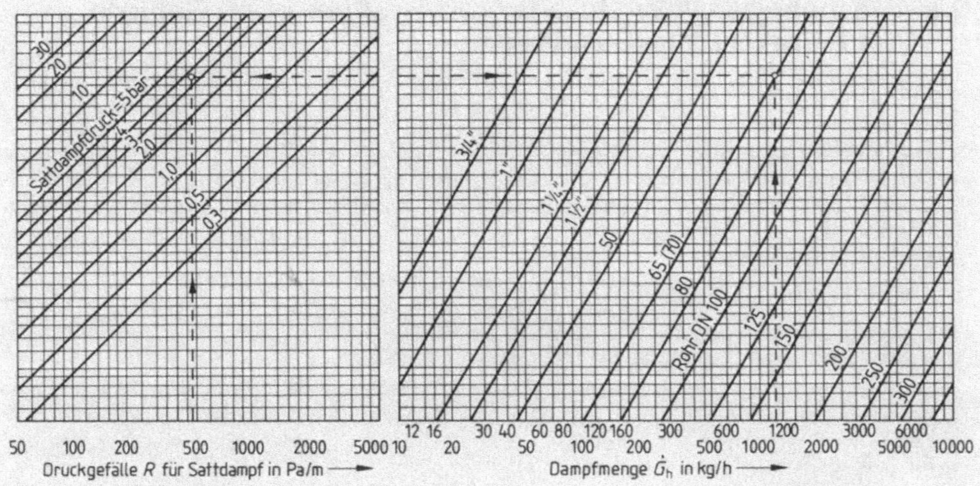

5.10   Diagramm für R-Wert- und Durchmesserbestimmung von Hochdruckdampf-leitungen

Aufgaben (Lösung mit Diagramm **5**.10)

6. Durch eine Leitung strömen 200 kg/h Dampf mit einem mittleren Druck von 2 bar und einem R-Wert von 400 Pa/m. Welche Nennweite muß die Dampfleitung haben?

7. In einer Dampfleitung DN 25 strömen stündlich 50 kg Dampf mit einem mittleren Druck von 2 bar. Wie groß ist der R-Wert in Pa/m?

8. In einer Dampfleitung DN 32 herrschen ein mittlerer Druck von 3 bar und ein R-Wert von 700 Pa/m. Welche Dampfmenge in kg/h strömt in der Leitung?

9. Das Hochdruckdampf-Rohrnetz **5**.11 hat einen Anfangsdruck von 3 bar und einen Enddruck von 1 bar. Für den Dampfverbraucher A sind die Nennweiten der Dampfleitung zu bestimmen, wobei für den Druckverlust $Z = \Delta p_E$ in den Einzelwiderständen 25% angenommen wurden.

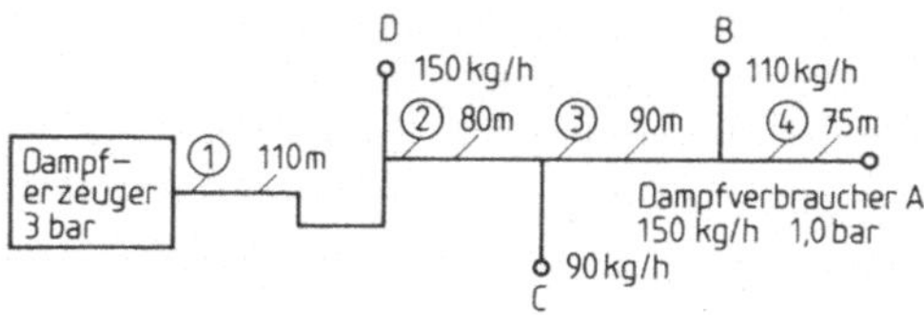

5.11   HDD-Anlage

6 Wassererwärmungsanlagen (Brauchwassererwärmung)

Geräte für nur eine Entnahmestelle (Einzelgeräte) werden in diesem Buch nicht behandelt, weil für Zentralheizungs- und Lüftungsbauer nur mittlere und größere Wassererwärmungsanlagen von Bedeutung sind. Außerdem sind für Einzelgeräte im Normalfall keine Berechnungen erforderlich.

6.1 Gasbeheizte WW-Bereiter mit Brenner ohne Gebläse und direkter Wassererwärmung

Die Warmwasserleistung solcher Geräte reicht in der Regel für die Versorgung von Wohnungen sowie Ein- und Zweifamilienhäusern aus. Bei größerem WW-Bedarf (z. B. in Mehrfamilienhäusern, Hotels, Krankenhäusern, Hallenbädern, Gewerbebetrieben) bevorzugt man aus wirtschaftlichen Gründen indirekte Wassererwärmungsanlagen.

Wichtige physikalische Größen für die Berechnung:

Die Wärmebelastung $\dot{Q}_B$ einer Gasverbrauchseinrichtung ist der Wärmestrom in kW, der in der zugeführten Gasmenge je Zeiteinheit enthalten ist.

Die Nennwärmebelastung $\dot{Q}_{NB}$ ist die vom Hersteller auf dem Geräteschild angegebene maximale Wärmebelastung in kW, die bei der Einstellung nicht überschritten werden darf.

Die Wärmeleistung $\dot{Q}_L$ ist der Wärmestrom in kW, der von der Gasverbrauchseinrichtung für Betriebszwecke nutzbar gemacht wird.

Die Nennwärmeleistung $\dot{Q}_{NL}$ ist der bei der Nennwärmebelastung für den Betriebszweck nutzbar gemachte Wärmestrom in kW.

Der Wärmewert *H* ist die Sammelbezeichnung für die Brennwerte und Heizwerte nach TRGI.

Der Brennwert H_o ist die Wärme, die bei vollständiger Verbrennung von 1 m³ Gas (im Normzustand) frei wird, wobei das bei der Verbrennung entstandene Wasser flüssig vorliegt.

Der Heizwert H_u eines Gases ist die Wärme, die bei vollständiger Verbrennung von 1 m³ Gas (im Normzustand) frei wird, wobei das bei der Verbrennung entstandene Wasser dampfförmig vorliegt.

Der Betriebsbrennwert H_{oB} unterscheidet sich vom Brennwert dadurch, daß der Kubikmeter Gas auf den Betriebszustand bezogen wird.

Der Betriebsheizwert H_{uB} unterscheidet sich vom Heizwert dadurch, daß der Kubikmeter Gas auf den Betriebszustand bezogen wird.

6.1.1 Durchfluß- und Combi-Gaswasserheizer

Vor der Inbetriebnahme solcher Geräte ist vom Fachmann der Einstellwert zu ermitteln.

Der Einstellwert E ist der Gasdurchfluß in l/min oder l/h, auf den die Brenner der Gasverbrauchseinrichtungen eingestellt werden müssen, um die erforderliche Wärmebelastung zu erzielen.

$$\text{Einstellwert} = \frac{\text{Wärmebelastung}}{\text{Betriebsheizwert}} \qquad E = \frac{\dot{Q}_B}{H_{uB}} \qquad \text{in } \frac{kW}{kWh/m^3} = \frac{m^3}{h}$$

Die m^3/h müssen noch in l/min umgerechnet werden, um einen praktikablen Wert zu erhalten. Das Einstellen erfolgt mit Gaszähler und Stoppuhr oder über den Gasanschlußdruck. Die Werte hierfür sind den Firmenunterlagen zu entnehmen.

Beispiel 6.1 Ein Durchfluß-Gaswasserheizer hat eine Wärmebelastung von 33,1 kW. Das zur Verfügung stehende Erdgas hat einen Betriebsheizwert von 8,4 kWh/m³. Berechnen Sie den Einstellwert in l/min.

Geg.: $\dot{Q}_B = 31{,}3$ kW, $H_{uB} = 8{,}4$ kWh/m³, ges.: E in l/min.

Lösung $\quad E = \dfrac{\dot{Q}_B}{H_{uB}} = \dfrac{31{,}1 \text{ kW}}{8{,}4 \text{ kWh/m}^3} = 3{,}702 \dfrac{m^3}{h} = 3{,}702 \dfrac{l}{h} = \dfrac{3702 \text{ l/h}}{60 \text{ min/h}} = \mathbf{61{,}7 \text{ l/min}}$

Über den Einstellwert berechnet man automatisch auch den Anschlußwert in m^3/h. Im Beispiel 6.1 beträgt er 3,702 m³/h. Dieser Wert ist Grundlage für die Durchmesserberechnung der Gasanschlußleitung.

Der für die betriebswirtschaftliche Betrachtungsweise sehr wichtige Wirkungsgrad η einer Gasverbrauchseinrichtung ist das Verhältnis des für den Betriebszweck nutzbar gemachten zum aufgewendeten Wärmestrom.

$$\text{Wirkungsgrad} = \frac{\text{Wärmeleistung}}{\text{Wärmebelastung}} \qquad \eta = \frac{\dot{Q}_L}{\dot{Q}_B} \qquad \text{in \%}$$

Beispiel 6.2 Auf dem Typenschild eines Gaswasserheizers stehen die Angaben Wärmebelastung 26,8 kW, Wärmeleistung 22,7 kW. Welcher Wirkungsgrad stellt sich bei diesem Gerät ein?

Geg.: $\dot{Q}_B = 26{,}8$ kW, $\dot{Q}_L = 22{,}7$ kW; ges.: η in %.

Lösung $\quad \eta = \dfrac{\dot{Q}_L}{\dot{Q}_B} = \dfrac{22{,}7 \text{ kW}}{26{,}8 \text{ kW}} = 0{,}847 \triangleq \mathbf{84{,}7\%}$

Aufgaben

1. Warum muß beim Berechnen des Einstell- und des Anschlußwerts der Betriebsheizwert H_{uB} eingesetzt werden?

2. Ein Durchfluß-GWH hat eine maximale Wärmebelastung von 26,7 kW. Wie groß muß der Einstellwert in l/min sein, wenn Erdgas mit einem Betriebsheizwert von 8,3 kWh/m³ zur Verfügung steht?

3. Der Einstellwert eines Gaswasserheizers beträgt 42 l/min, das zur Verfügung stehende Erdgas hat einen Betriebsheizwert von 8200 Wh/m³. Wie groß ist die Wärmebelastung des Geräts in kW?

4. Ein mit Propan ($H_{uB} = 26$ kWh/m^3) betriebener Gaswasserheizer gibt bei einem Wirkungsgrad von 90% eine Wärmeleistung von 24 W ab.
   a) Wie groß ist die Wärmebelastung in kW?
   b) Ermitteln Sie den Anschlußwert in kg/h, bei $\varrho = 1,97$ kg/m^3.
   c) Berechnen Sie den Einstellwert in l/min.

5. Auf dem Geräteschild eines Combi-GWH sind die Wärmebelastung mit 27,3 kW und die Wärmeleistung mit 24 kW angegeben. Mit welchem durchschnittlichen Wirkungsgrad in % wird das Gerät betrieben?

6. Ein Flüssiggas-GWH hat einen Anschlußwert von 2,1 kg/h bei einem H_{uB} von 13 kWh/kg, einer Dichte von 1,97 kg/m^3 und einem Wirkungsgrad von 89%.
   a) Wie groß ist die Wärmebelastung des Geräts in kW?
   b) Welche Wärmeleistung in kW und kcal/h gibt das Gerät ab?
   c) Wie groß ist der Einstellwert in l/min?

7. Ein Gaswasserheizer bringt eine Warmwasserleistung von 13,5 l/min bei einer Wassererwärmung um 25 K und einem Wirkungsgrad von 88%.
   a) Wie groß sind die Wärmeleistung und Wärmebelastung in kW?
   b) Wie groß sind der Anschlußwert in m^3/h und der Einstellwert in l/min, wenn der Betriebsheizwert des Erdgases 8,2 kWh/m^3 beträgt?

Ermitteln der Brennstoffmenge und Brennstoffkosten. Bei Erdgas wird die Brennstoffmenge V_B in m^3, bei Flüssiggas die Brennstoffmenge m_B in kg angegeben!

$$\text{Brennstoffmenge} = \frac{\text{Wärmebelastung} \cdot \text{Betriebszeit}}{\text{Betriebsheizwert}}$$

$$V_B\,(m_B) = \frac{\dot{Q}_B \cdot t}{H_{uB}} = \frac{Q_B}{H_{uB}} \qquad \text{in} \quad \frac{\text{kW} \cdot \text{h}}{\text{kWh/m}^3\,(\text{kg})} = \text{m}^3\,(\text{kg})$$

$$\text{Brennstoffkosten} = \text{Brennstoffmenge} \cdot \text{Preis je m}^3\,(\text{Preis je kg})$$

$$\text{Brennstoffkosten} = V_B\,(m_B) \cdot \frac{\text{DM}}{\text{m}^3} \quad \text{oder} \quad \frac{\text{DM}}{\text{kg}}$$

Beispiel 6.3 Die Wärmebelastung eines Durchfluß-GWH beträgt 27 kW. Es steht Erdgas mit einem H_{uB} von 8,3 kWh/m^3 zur Verfügung. Wieviel m^3 Gas verbraucht das Gerät in 20 h Betriebszeit?

Geg.: $\dot{Q}_B = 27$ kW, $t = 20$ h, $H_{uB} = 8,3$ kWh/m^3; ges.: V_B in m^3,

Lösung $V_B = \dfrac{\dot{Q}_B \cdot t}{H_{uB}} = \dfrac{27\,\text{kW} \cdot 20\,\text{h}}{8,3\,\text{kWh/m}^3} = \mathbf{65,06\ m^3}$

Beispiel 6.4 Ein Wannenbad mit 160 l Inhalt und einer Wassererwärmung von 10°C auf 40°C wird mit Erdgas ($H_{uB} = 8,3$ kWh/m^3) bereitet.

a) Wieviel m^3 Erdgas sind für das Wannenbad erforderlich, wenn der Gerätewirkungsgrad 90% beträgt?

b) Wie hoch sind die Brennstoffkosten hierfür, wenn 1 m^3 Erdgas 0,40 DM kostet?

Geg.: $m = 160$ l, $\Delta t = 30$ K, $c = 1,163$ Wh/kg $\cdot$ K, $\eta = 90\%$, $H_{uB} = 8,3$ kWh/m^3, Gaspreis $= 0,40$ DM/m^3; ges.: a) Brennstoffmenge V_B in m^3, b) Brennstoffkosten in DM.

Lösung

a) $Q_L = m \cdot c \cdot \Delta t = 160 \text{ kg} \cdot 1{,}163 \, \dfrac{\text{Wh}}{\text{kg} \cdot \text{K}} \cdot 30 \text{ K} = 5582 \text{ Wh}$

$Q_B = \dfrac{Q_L}{\eta} = \dfrac{5582 \text{ Wh}}{0{,}9} = 6202 \text{ Wh}$

$V_B = \dfrac{Q_B}{H_{uB}} = \dfrac{6202 \text{ Wh}}{8300 \text{ Wh/m}^3} = \mathbf{0{,}747 \ m^3}$

b) $\text{Brennstoffkosten} = V_B \cdot \text{Preis} = 0{,}747 \text{ m}^3 \cdot 0{,}40 \, \dfrac{\text{DM}}{\text{m}^3} = \mathbf{0{,}30 \ DM}$

Aufgaben

8. Ein Durchfluß-GWH hat eine jährliche Betriebszeit von etwa 350 h bei einer Wärmeleistung von 22,7 kW und einem Wirkungsgrad von 87%. Das Gerät wird mit Flüssiggas $H_{uB} = 13 \text{ kWh/kg}$ betrieben.
Wieviel kg Flüssiggas werden jährlich gebraucht, und wie hoch sind die Brennstoffkosten, wenn 1 kg Flüssiggas 0,60 DM kostet?

9. Eine Dusche, die von einem GWH versorgt wird, ist 1,5 h ohne Unterbrechung in Betrieb. Ihre Wärmebelastung beträgt 22 kW, $H_{uB} = 8{,}3 \text{ kWh/m}^3$.
Wieviel m³ Erdgas werden in dem Zeitraum von 1,5 h gebraucht?

10. Der Erdgasverbrauch eines Durchfluß-GWH beträgt in 0,5 h 1,5 m³.
Wie groß ist die Wärmebelastung des Geräts in kW, wenn H_{uB} 8,4 kWh/m³ ist?

11. Ein Durchfluß-GWH hat eine Wärmeleistung von 24 kW, einen Wirkungsgrad von 89% und einen Flüssiggasverbrauch von 10 kg bei einem H_{uB} von 13 kWh/kg.
Wieviel Stunden ist das Gerät in Betrieb gewesen?

6.1.2 Speicher-Gaswasserheizer

Diese Geräte werden meist mit den Speicherinhalten 130 l, 160 l, 190 l und 300 l hergestellt. Gegenüber Durchfluß-GWH haben sie den Vorteil, daß gleichzeitig mehrere Entnahmestellen versorgt werden können. Nachteilig sind die schlechteren Jahresnutzungsgrade, bedingt durch die höheren Stillstandsverluste.

Die Berechnung von Anschlußwert, Einstellwert, Wirkungsgrad, Brennstoffmenge und Brennstoffkosten erfolgt nach den gleichen Gesetzmäßigkeiten wie bei Durchfluß-GWH.

Berechnen der Aufheizzeit. In der Regel wird der Speicherinhalt von 10 °C auf 60 °C erwärmt. Die Aufheizzeit t ermitteln wir durch Umstellen der Grundgleichung.

$$\dot{Q}_L = \frac{m \cdot c \cdot \Delta t}{t} = \frac{Q_L}{t} \;\Rightarrow\; t = \frac{m \cdot c \cdot \Delta t}{\dot{Q}_L} = \frac{Q_L}{\dot{Q}_L} \qquad \text{in} \;\; \frac{\text{kg} \cdot \dfrac{\text{Wh}}{\text{kg} \cdot \text{K}} \cdot \text{K}}{\text{W}} = \text{h}$$

Beachten Sie: Für die Wassererwärmung steht nur die nutzbare Wärmeleistung $\dot{Q}_L$ zur Verfügung!

Aufgaben

12. Die Wärmeleistung eines 300-l-Speichers beträgt 14,5 kW. Der Speicherinhalt soll von 10 °C auf 50 °C erwärmt werden. Wie groß ist die Aufheizzeit in Minuten?

13. Ein Speicher-GWH mit 300 l Inhalt hat eine Wärmeleistung von 14,5 kW und einen Wirkungsgrad von 85%. Das Wasser wird von 10 °C auf 60 °C erwärmt.
    a) Wie groß ist die Aufheizzeit in Minuten?
    b) Wie groß ist die Wärmebelastung?
    c) Wie groß ist der Einstellwert in l/min bei $H_{uB} = 8{,}1$ kWh/m³?

14. Der Speicher-GWH eines Einfamilienhauses hat 160 l Inhalt und eine Wärmeleistung von 6,85 kW. Die Wassererwärmung erfolgt von 10 °C auf 65 °C.

    a) In wieviel Minuten wird der Speicherinhalt erwärmt?
    b) Wie groß ist die Wärmebelastung bei $\eta = 84\%$?
    c) Wie groß ist der Anschlußwert in m³/h bei $H_{uB} = 28{,}5$ MJ/m³?

15. Die Aufheizzeit eines 160-l-Speicher-GWH beträgt 80 min bei einer Wärmebelastung von 7,6 kW und einem Wirkungsgrad von 85%.
    a) Auf welche Speichertemperatur wird das Kaltwasser in 80 Minuten erwärmt?
    b) Wieviel m³ Gas ($H_{uB} = 7$ Mcal/m³; alte Einheit → umrechnen!) sind für die Speichererwärmung auf die in a) berechnete Speichertemperatur erforderlich?

6.2 Zentrale Wassererwärmungsanlagen (indirekte Systeme)

In diesen Anlagen erfolgt die Wassererwärmung meist indirekt in Kombination mit der Raumwärmeversorgung (Zentralheizung). Sie werden für Wohn- und Zweckgebäude errichtet, die viele Entnahmestellen und somit einen großen Warmwasserbedarf haben (z. B. größere Wohnhäuser, auch Einfamilienhäuser, Hotels, Schwimmbäder, Krankenhäuser, Waschräume für Gewerbe und Industrie, Sporthallen). Die Nutzung von alternativen Energiequellen, wie Solarwärme, Wärmepumpen, Wärmerückgewinnung, ist nur mit indirekten Speicheranlagen wirtschaftlich sinnvoll.

Überhaupt steht bei zentralen Wassererwärmungssystemen das Speicherprinzip im Vordergrund, weil hier im Gegensatz zu Durchflußsystemen mit geringen Anschlußwärmeleistungen hohe Warmwasserleistungen erzielt werden und gleichzeitig mehrere WW-Entnahmestellen versorgt werden können.

6.2.1 Berechnen des WW-Wärmebedarfs für Wohngebäude nach DIN 4708 T1 bis 3

Für die Größenbestimmung von zentralen Warmwasser-Erwärmungsanlagen für Wohnungen hat der Spitzenbedarf in Abhängigkeit von der Zeit große Bedeutung. Untersuchungen haben ergeben, daß in Wohngebäuden die absolute Entnahmespitze an Sonntagen zwischen 10 und 11 Uhr im Winterhalbjahr auftritt. Im Sommer liegen die sonntäglichen Entnahmemengen erheblich niedriger. Aufgrund mehrerer Verbrauchsmessungen hat man ein Berechnungsverfahren entwickelt.

Grundlage der Berechnung ist die Einheitswohnung bzw. Normalwohnung. Dieser Begriff ist wie folgt definiert:

- Durchschnittlich 3,5 Bewohner (Belegungszahl),
- 4 Räume (Nebenräume wie Küche, Diele, Flur, Bad und Abstellräume zählen nicht dazu),
- sanitäre Ausstattung: 1 Badewanne 140 l im Bad $\triangleq$ 5820 Wh, 1 Waschbecken im Bad, 1 Spüle in der Küche (die letzten beiden bleiben beim Berechnen unberücksichtigt).

> Die Normalwohnung hat bezüglich des Warmwasserverbrauchs die Bedarfskennzahl 1. Andere Wohnungsgrößen, Belegungszahlen und sanitäre Ausstattungen werden auf Normalwohnungen umgerechnet.

Für die Berechnung von Bedarfskennzahlen für Wohnungen sollten folgende Unterlagen und Angaben zur Verfügung stehen.

- Grundrißpläne des Wohngebäudes, mindestens im Maßstab 1:100, in die alle sanitären Einrichtungsgegenstände eingezeichnet sind. Den Grundrißplänen entnimmt man:
- die Anzahl der Wohnungen und (nach statistischen Durchschnittswerten) die darin lebenden Personen,
- die Lebensgewohnheiten (Standard- oder Komfortansprüche der Personen, die in den Wohnungen leben),
- den Warmwasserverbrauch der Entnahmestellen.

Die Bedarfskennzahl N berechnet man mit Hilfe eines Formulars **6.5** (s. Beispiel 6.6). Darauf trägt man ein in

Spalte 1: laufende Nummer der Wohnungen, die nach Raumzahl und Umfang der sanitären Einrichtungen gleich sind;

Spalte 2: Anzahl der Räume r je Wohnung (aus den Bauzeichnungen entnehmen);

Spalte 3: Zahl der Wohnungen bzw. Wohnungseinheiten n;

Spalte 4: Belegungszahl p nach Angaben des Bauherrn oder durchschnittliche Belegungszahl aus Tab. **6.1**;

Spalte 5: Ergebnis der Multiplikation $n \cdot p$ (der Spalten 3 und 4);

Spalte 6: Anzahl der Zapfstellen z, die zum Berechnen der Bedarfskennzahl N je Wohnung zu berücksichti-

Tabelle **6.1** Belegungszahlen von Wohnungen

Raumzahl r	Belegungszahl p
1, 1½, 2	2,0
2½	2,3
3	2,7
3½	3,1
4	3,5
4½	3,9
5	4,3
5½	4,6
6	5,0
6½	5,4
7	5,6

Sind in dem Wohngebäude überwiegend 1- und/oder 2-Zimmer-Wohnungen vorhanden, wird p für diese Wohnungen um 0,5 erhöht.

gen sind. Auswahl der Zapfstellen nach Tab. **6**.2 (Normalausstattung) oder Tab. **6**.4 (Komfortausstattung). Komfortausstattung liegt vor, wenn andere oder umfangreichere Einrichtungen als für Normalausstattung vorgesehen sind;

Spalte 7: Kurzbezeichnung der in Spalte 6 eingetragenen Zapfstellen z aus Tab. **6**.3 entnehmen. W_v = Wärmemenge in Wh für einen Zapfvorgang (Entnahmevorgang);

Spalte 8: Zapfstellenbedarf W_v in Wh (aus Tab. **6**.3) der in Spalte 6 und 7 eingesetzten Zapfstellen;

Spalte 9: Ergebnis der Multiplikation $z \cdot W_v$ (Spalte 6 und 8);

Spalte 10: Ergebnis der Multiplikation $n \cdot p \cdot z \cdot W_v$ (Spalte 5 und 9).

Die in Spalte 10 eingetragenen Werte sind zu addieren. Die Summe ist der Warmwasserwärmebedarf aller Wohnungen. Dividieren wir diesen Wert durch den Warmwasserwärmebedarf für eine Normalwohnung $(3,5 \cdot 5820 \text{ Wh} = 20370 \text{ Wh})$, erhalten wir die Bedarfskennzahl N (s. Gleichung auf dem Berechnungsformular).

$$N = \frac{\Sigma\,(n \cdot p \cdot \Sigma\,W_v)}{3,5 \cdot 5820 \text{ Wh}}\,; \quad \text{z. B. } N = \frac{183\,330 \text{ Wh}}{3,5 \cdot 5820 \text{ Wh}} = 9 \text{ [ohne Einheit]}$$

$N = 9$ sagt aus, daß der WW-Bedarf 9 Normalwohnungen entspricht.

Der aus den Firmenunterlagen auszusuchende Warmwasserbereiter muß im Beispiel 6.6 die Leistungskennzahl N_L von mindestens 9 haben.

Tabelle **6**.2 **Normalausstattung**

Ausstattung je Wohnung	bei Bedarfsermittlung einzusetzen
Bad 1 Badewanne 1600 nach DIN 4471 **oder** 1 Brausekabine 1 Waschtisch	} 1 Badewanne 1600 nach DIN 4471 bleibt unberücksichtigt
Küche 1 Küchenspüle	bleibt unberücksichtigt

Tabelle **6**.3 **Zapfstellenbedarf W_v**

Zapfstelle	Kurzzeichen	l je Benutzung[1])	W_v Wh	W_v kcal
Badewanne 1600 nach DIN 4471	NB 1	140	5820	5000
	NB 2	160	6510	5600
Kleinraumwanne, Stufenwanne	KB	120	4890	4200
Großraumwanne (1800 × 750 mm)	GB	200	8720	7500
Brausekabine, Normalbrause	BRN	40	1630	1400
– Luxusbrause	BRL	75	3020	2600
– 1 Kopf- und 2 Seitenbrausen	BRK	100	4070	3500
– zusätzlich Einzelbrausekopf	BR	30	1160	1000
Waschtisch	WT	17	700	600
Bidet	BD	20	810	700
Handwaschbecken	HT	9	350	300
Küchenspüle	SP	30	1160	1000

Brausekabine wird nur berücksichtigt, wenn Badezimmer und Brausekabine räumlich getrennt sind. Benutzungszeit 6 Minuten.

[1]) Bei Badewannen gleichzeitig Nutzinhalt. Weicht der Nutzinhalt erheblich ab, berechnet man W_v nach der Formel $c \cdot V \cdot \Delta t$.

176

Tabelle **6.4** **Komfortausstattung**

Ausstattung je Wohnung	bei Bedarfsermittlung einzusetzen
Bad Badewanne[1])	wie vorhanden
Brausekabine[1])	wie vorhanden, einschließlich Zusatzeinrichtungen, wenn gleichzeitige Benutzung möglich ist
Waschstisch, Bidet	bleiben unberücksichtigt
Küche Küchenspüle	bleibt unberücksichtigt
Gästezimmer Badewanne	wie vorhanden, mit 50% des Zapfstellenbedarfs
oder Brausekabine	wie vorhanden, einschließlich Zusatzeinrichtung mit 100% des Zapfstellenbedarfs
Waschtisch, Bidet	mit je 100% des Zapfstellenbedarfs

[1]) Größe abweichend von der Normalausstattung

Tabelle **6.5** **Reinigungsstellen je 100 Benutzer für Gewerbe- und Industrie-waschräume (Richtwerte)**

Betriebsart	Arbeitsbedingungen		
	gewöhnlich	außergewöhnlich	
wenig schmutzend	15	–	
mäßig schmutzend	20	–	2 Reinigungsstellen ≙ 1 Dusche
stark schmutzend	25	25	1 Reinigungsstelle ≙ 1 Dusche

Tabelle **6.6** **Richtwerte für Wassererwärmungsanlagen in Hallenbädern nach VDI 2089**

Wasserfläche in m²	Duschen	Wasserleistung je Dusche in kg/s	in l/min	Verbrauch je Person in l normal	max.	Auslauf-temperatur
bis 150	10					
151 bis 450	20	0,13 bis 0,20	8 bis 12	80	150	max. 42 °C
je weitere 150	10 zus.					

Duschen Benutzungs-zeit in min/h[1])	Ausfluß je Dusche in l/min	Benutzungszeit in min je Person bei 80 bis 150 l
35 bis 45	8	10 bis 18,75
30 bis 40	10	8 bis 15
25 bis 35	12	6,75 bis 12,5

[1]) Bei wirtschaftlichen Duschanlagen mit regulierbaren Duschköpfen für einmalige Mengeneinstellung und Selbstschluß-vorrichtungen kann von der jeweils niedrigsten Benutzungszeit ausgegangen werden.

Beispiel 6.6 Für ein Mehrfamilienhaus ist die Bedarfskennzahl N einer zentralen Wassererwärmungsanlage zu berechnen.

8 × 3,5-Zimmer-Wohnungen; sanitäre Einrichtungen: 1 Badewanne 140 l, 1 Waschtisch, 1 Küchenspüle

10 × 4-Zimmer-Wohnungen; sanitäre Einrichtungen: 1 Badewanne 160 l, 2 Waschtische räumlich getrennt, 1 Spüle

4 × 5-Zimmer-Wohnungen; sanitäre Einrichtungen: 1 Badewanne 160 l, 1 Brause 40 l räumlich getrennt von der Wanne, 2 Waschtische räumlich getrennt, 1 Spüle, 1 Bidet

Lösung

<table>
<tr><td colspan="11">Warmwasserbedarf
zentral versorgter Wohnungen</td><td>Projekt–Nr.: 1
Blatt–Nr.: 1</td></tr>
<tr><td colspan="12">Ermittlung der Bedarfskennzahl N zur Größenbestimmung des Speicher–Wassererwärmers

Projekt: Mehrfamilienhaus Meyer

Bemerkungen:</td></tr>
</table>

1	2	3	4	5	6	7	8	9	10	11
Lfd. Nr. der Wohnungsgruppen	Raumzahl r	Wohnungszahl n	Belegungszahl p	$n \cdot p$	Zahl z	Kurz–beschreibung	Bedarf [Wh] W_v	Zapfstellenzahl x Zapfstellenbedarf [Wh] $z \cdot W_v$	[Wh] $n \cdot p \cdot \Sigma W_v$	Bemerkungen
Rechnungs-gang:			Spalte:	3·4				6·8	5·9	
1	3,5	8	3,1	24,8	1	NB 1	5820	5820	144336	
2	4,0	10	3,5	35,0	1	NB 2	6510	6510	277850	
					1	WT	700	700	24500	
3	5,0	4	4,3	17,2	1	NB 2	6510	6510	111972	
					1	BRN	1630	1630	28036	
					1	WT	700	700	12040	

<table>
<tr><td>$\Sigma n =$ 22</td><td></td><td>$\Sigma (n \cdot p \cdot \Sigma W_v) =$</td><td>598734</td></tr>
</table>

$$N = \frac{\Sigma (n \cdot p \cdot \Sigma W)}{3{,}5 \cdot 5820} = \frac{598734 \text{ Wh}}{20370 \text{ Wh}} = 29{,}4 \qquad \boxed{\approx 30}$$

Erkenntnis: Der Warmwasserbedarf des 22-Familienhauses entspricht dem Bedarf von 30 Einheitswohnungen.

6.7

Aufgaben

1. Ermitteln Sie für ein Wohnhaus mit folgenden Wohnungsgrößen und sanitären Einrichtungen die Bedarfskennzahl N:
   $10 \times$ 3-Zimmer-Wohnungen (1 Badewanne 140 l, 1 Waschtisch, 1 Spüle), $5 \times$ 3,5-Zimmer-Wohnungen (1 Badewanne 160 l, 2 Waschtische räumlich getrennt, 1 Spüle, 1 Bidet).

2. In einem Wohnhaus befinden sich:
   $8 \times$ 2,5-Zimmer-Wohnungen (1 Brausekabine 75 l, 2 Waschtische in einem Raum, 1 Spüle, 1 Bidet)
   $10 \times$ 3,5-Zimmer-Wohnungen (1 Badewanne 160 l, 1 Brause 40 l, Wanne und Brause in einem Raum, 2 Waschtische räumlich getrennt, 1 Spüle, 1 Bidet)
   $6 \times$ 5-Zimmer-Wohnungen (1 Badewanne 160 l, 1 Brause 75 l räumlich getrennt, 2 Waschtische in einem Raum, 1 Handwaschbecken, 1 Spüle, 2 Bidets räumlich getrennt)
   Berechnen Sie nach DIN 4708 für das Wohnhaus die Bedarfskennzahl N.

3. Ein Wohngebäude für Werksangehörige hat folgende Wohnungsgrößen und Sanitärausstattungen:
   $12 \times$ 2-Zimmer-Wohnungen (1 Brause 75 l, 1 Waschtisch, 1 Spüle, 1 Bidet)
   $14 \times$ 3,5-Zimmer-Wohnungen (1 Badewanne 140 l, 1 Waschtisch, 1 Handwaschbecken, 1 Spüle, 1 Bidet)
   Wie groß ist die Bedarfskennzahl N für die zentrale Warmwasserbereitung?

4. Ein komfortables Einfamilienhaus ist wie folgt mit sanitären Einrichtungen ausgestattet.
   Familienbadezimmer: 1 Badewanne 160 l, 1 Brause 75 l, 2 Waschtische, 1 Bidet
   Gästebadezimmer: 1 Brause 75 l, 1 Waschtisch, 1 Bidet
   Mit welcher Bedarfskennzahl N muß der Warmwasserbereiter ausgesucht werden?

6.2.2 Warmwasser-Erwärmungsanlagen für Zweckgebäude

Zweckgebäude sind alle Gebäudearten, die nicht als Wohnhäuser genutzt werden. Hier gehen wir nur auf einige häufig vorkommende Zweckgebäude ein. Dazu gehören Gewerbe-/Industriebauten, Hallenbäder und Hotels. Da es bis heute noch kein genormtes Berechnungsverfahren für Zweckgebäude gibt, muß man auf gesammelte Erfahrungsgrundlagen zurückgreifen, die zum Teil tabellarisch erfaßt sind.

Probleme beim Berechnen von Warmwasser-Erwärmungsanlagen für Zweckgebäude:

- Wieviel Reinigungsstellen in Form von Waschplätzen, Duschen (Brausen) und Badewannen müssen für ein bestimmtes Gebäude oder einen bestimmten Betrieb vorgesehen werden?
- Wieviel der vorhandenen Reinigungsstellen werden gleichzeitig genutzt? Dies wird im Gleichzeitigkeitsfaktor φ erfaßt.
- Zu welchem Zeitpunkt und über welchen Zeitraum wird die maximale Warmwassermenge gebraucht (Spitzenbedarf)?
- Welche Speichergröße ist aus Gründen der Betriebswirtschaftlichkeit und Energieeinsparung optimal?

Eine angenäherte Lösung dieser Probleme ist nur unter Verwendung von Erfahrungswerten möglich.

Allgemeine Berechnungsgrundlagen für Zweckgebäude

Hauptziel dieser Berechnungen ist die Größenbestimmung des Warmwasserspeichers. Um dieses Ziel zu erreichen, sind Zwischenberechnungen erforderlich.

Warmwasser-Wärmebedarf Q_{WB}. Dazu müssen bekannt sein:

– Zahl und Durchflußmenge in l/min der WW-Entnahmestellen und Temperatur, auf die das Wasser erwärmt werden soll.

– Zeitdauer der maximalen Wasserentnahme (Spitzenbedarf).

$$Q_{WB} = \dot{m} \cdot c \cdot \Delta t_{Zapf} \cdot t_z \qquad \left[Wh = \frac{kg}{h} \cdot \frac{Wh}{kg \cdot K} \cdot k \cdot h \right]$$

Q_{WB} = WW-Wärmebedarf in Wh
$\dot{m}$ = Durchflußmenge meist in l/min (umrechnen in l/h)
c = spezifische Wärme in $\dfrac{Wh}{kg \cdot K}$

Δt_{Zapf} = Temperaturdifferenz zwischen Kalt- und Warmwasser in K
t_z = Zeitdauer der Warmwasserentnahme (Zapfzeit) in h

Beispiel 6.7 In einem Waschraum sind 5 Duschen je 13 l/min gleichzeitig und ohne Unterbrechung 30 Minuten in Betrieb. Wie groß ist der Warmwasser-Wärmebedarf Q_{WB} in kWh, wenn das Wasser von 10 °C auf 38 °C erwärmt wird?
Geg.: $\dot{m} = 5 \cdot 13$ l/min $= 65$ l/min $= 3900$ l/h, $\Delta t = 28$ K, $t_z = 0{,}5$ h; ges.: Q_{WB} in kWh. Hinweis: $1\,l \triangleq 1\,kg$

Lösung $Q_{WB} = \dot{m} \cdot c \cdot \Delta t \cdot t_z = 3900\,\dfrac{kg}{h} \cdot 1{,}163\,\dfrac{Wh}{kg \cdot K} \cdot 28\,K \cdot 0{,}5\,h = 63\,500\,Wh$

$Q_{WB} = \mathbf{63{,}5\ kWh}$

Unter Kesselleistung $\dot{Q}_K$ versteht man die Wärmeleistung in kW, die für die Speichererwärmung zur Verfügung steht.

Der Wärmeinhalt des Speichers Q_{Sp} gibt die Wärmemenge in kWh an, die nötig ist, um den Wasserinhalt von 10 °C auf in der Regel 60 °C zu erwärmen.

Unter Aufheizzeit t_{Auf} versteht man die Zeit in h, die bei gegebener Kesselleistung erforderlich ist, um den Speicherinhalt auf die gewünschte Temperatur (meist 60 °C) zu erwärmen.

Um den Wärmeinhalt des Speichers ausrechnen zu können, muß die Kesselleistung angenommen oder vorgegeben werden.

> Wärmeinhalt des Speichers bei gegebener Kesselleistung
>
> $$Q_{Sp} = Q_{WB} - \dot{Q}_K \cdot t_z \qquad\qquad\qquad \text{in kWh} - kW \cdot h = kWh$$
>
> Weil die Kesselleistung auch während des Zapfvorgangs für die Speichererwärmung zur Verfügung steht, muß $\dot{Q}_K \cdot t_z$ von Q_{WB} abgezogen werden.

Beispiel 6.8 Eine Duschanlage hat einen Warmwasser-Wärmebedarf von 63,5 kWh bei einer Zapfzeit von 30 min. Wie groß muß der Wärmeinhalt des Speichers in kWh sein, wenn eine Kesselleistung von 44 kW bereitgestellt wird?
Geg.: $Q_{WB} = 63{,}5$ kWh, $\dot{Q}_K = 44$ kW, $t_z = 0{,}5$ h; ges.: Q_{Sp} in kWh.

Lösung $Q_{Sp} = Q_{WB} - \dot{Q}_K \cdot t_z = 63{,}5\,kWh - 44\,kW \cdot 0{,}5\,h = \mathbf{41{,}5\ kWh}$

Wenn der Wärmeinhalt Q_{Sp} bekannt ist, läßt sich die Aufheizzeit des Speicherinhalts nach folgender Beziehung ermitteln:

$$t_{\text{Auf}} = \frac{Q_{\text{Sp}}}{\dot{Q}_{\text{K}}} \qquad \text{in } \frac{\text{kWh}}{\text{kW}} = \text{h}$$

Aus der Gleichung geht hervor: je größer $\dot{Q}_{\text{K}}$, desto kleiner ist die Aufheizzeit und umgekehrt.

Beispiel 6.9   Ein Speicher mit einem Wärmeinhalt von 41,5 kWh wird mit 44 kW Kesselleistung erwärmt. Wie groß ist die Aufheizzeit in Stunden und Minuten?

Geg.: $Q_{\text{Sp}} = 41{,}5$ kWh, $\dot{Q}_{\text{K}} = 44$ kW; ges.: t_{Auf} in h und min.

Lösung $t_{\text{Auf}} = \dfrac{Q_{\text{Sp}}}{\dot{Q}_{\text{k}}} = \dfrac{41{,}5 \text{ kWh}}{44 \text{ kW}} = \mathbf{0{,}94 \text{ h} = 56{,}4 \text{ min}}$

Ermitteln des Speicherinhalts V

Der Speicherinhalt in Liter (Speichergröße) ist im wesentlichen von dem ermittelten Wärmeinhalt des Speichers und der maximalen Speicherwassertemperatur abhängig. Sie liegt meist bei 60 °C.

Außerdem ist ein Zuschlagfaktor für den „toten Raum" unter dem Heizregister im Speicher zu berücksichtigen, weil das dort befindliche Wasser nicht auf die eingestellte Temperatur erwärmt wird.

Zuschlagsfaktor für stehende Speicheranordnung $b = 1{,}05$ für liegende Speicheranordnung $b = 1{,}10$

Stehende Speicher sind den liegenden vorzuziehen, weil man bei ihnen von einer Schichtenspeicherung ausgehen kann. D. h., das zufließende Kaltwasser vermischt sich nur geringfügig mit dem vorhandenen Warmwasser.

$$V_{\text{Sp}} = \frac{Q_{\text{Sp}} \cdot b}{c \cdot \Delta t_{\text{Sp}}} \qquad \text{in } \frac{\text{Wh} \cdot 1{,}05}{\dfrac{\text{Wh}}{\text{kg} \cdot \text{K}} \cdot \text{K}} = \text{kg} \triangleq \text{Liter}$$

Q_{Sp} = Wärmeinhalt des Speichers in Wh
b = Zuschlagsfaktor für „toten Raum", bei stehender Anordnung 1,05, liegend 1,10
c = spezifische Wärme
Δt_{Sp} = Differenz zwischen Kaltwasser- und Warmwassertemperatur im Speicher

Beispiel 6.10   Für den Wärmeinhalt eines stehenden Speichers wurden 41,5 kWh ermittelt. Welchen Inhalt in Liter muß der Speicher haben, wenn das Wasser von 10 °C auf 60 °C zu erwärmen ist?

Geg.: $Q_{\text{Sp}} = 41{,}5$ kWh $= 41\,500$ Wh, $b = 1{,}05$, $\Delta t = 50$ K; ges.: Speicherinhalt V in l.

Lösung $V_{\text{Sp}} = \dfrac{Q_{\text{Sp}} \cdot b}{c \cdot \Delta t} = \dfrac{41\,500 \text{ Wh} \cdot 1{,}05}{1{,}163 \dfrac{\text{Wh}}{\text{kg} \cdot \text{K}} \cdot 50 \text{ K}} = 749 \text{ kg} \approx \mathbf{750 \text{ l}}$

Berechnungsbeispiele für Zweckgebäude

In Waschräumen für Gewerbe- und Industrie-Gebäude richtet sich die Zahl der Reinigungsstellen nach dem Verschmutzungsgrad des Betriebs (**6.5**).

Die Reinigungsstellen in Form von Wasch- und Brausestellen sind in einem angemessenen Verhältnis aufzuteilen. Am sinnvollsten ist eine Absprache mit der Betriebsleitung.

Beispiel 6.11 Ein mäßig schmutzender Industriebetrieb hat 100 Beschäftigte. Nach Tab. **6**.5 sind die Reinigungsstellen so aufgeteilt, daß in 45 Minuten 20 Dusch- und 80 Waschvorgänge stattfinden. Je Duschvorgang werden 50 l Wasser von 35 °C und je Waschvorgang 20 l Wasser von 35 °C gebraucht.

a) Wie groß ist Q_{WB} in kWh?

b) Wie groß sind Q_{Sp} in kWh und t_{Auf} in h, wenn eine Kesselleistung von 60 kW zur Verfügung steht?

c) Welche Speichergröße in l ist bei stehender Anordnung und 60 °C Speichertemperatur einzubauen? (t kalt = 10 °C)

Geg.: 20 · Duschen je 50 l von 35 °C, 80 · Waschen je 20 l von 35 °C, t_{Zapf} = 45 min = 0,75 h, $\dot{Q}_K$ = 60 kW, t_{Sp} = 60 °C, t_{kalt} = 10 °C; ges.: Q_{WB}, t_{Auf}, Q_{Sp}, V_{Sp}.

Lösung

a) $Q_{WB} = m \cdot c \cdot \Delta t$

$m = 20 \cdot 50\,l + 80 \cdot 20\,l = 2600\,l$

$$Q_{WB} = 2600\,kg \cdot 1{,}163\,\frac{Wh}{kg \cdot K} \cdot 25\,K = 75595\,Wh = \textbf{75,6 kWh}$$

b) $Q_{Sp} = Q_{WB} - \dot{Q}_K \cdot t_z = 75{,}6\,kWh - 60\,kW \cdot 0{,}75\,h = \textbf{30,6 kWh}$

$$t_{Auf} = \frac{Q_{Sp}}{\dot{Q}_K} = \frac{30{,}6\,kWh}{60\,kW} = \textbf{0,51 h}$$

c) $$V_{Sp} = \frac{Q_{Sp} \cdot b}{c \cdot \Delta t_{Sp}} = \frac{30600\,Wh \cdot 1{,}05}{1{,}163\,\dfrac{Wh}{kg \cdot K} \cdot 50\,K} = 553\,kg \cong \textbf{553 l}$$

Für Hallenbäder kann der Warmwasserverbrauch nach der VDI-Richtlinie 2089 ermittelt werden (**6**.6). Es sollten wirtschaftliche Duschanlagen installiert werden, d. h., die Duschen sind mit Selbstschlußarmaturen auszustatten, um den Wasserverbrauch niedrig zu halten.

Beispiel 6.12 Für ein Hallenbad sind 20 Duschen je 12 l/min vorgesehen. Als Zapftemperatur werden 38 °C angenommen. Die tägliche Öffnungszeit beträgt im Schnitt 10 h, die Benutzungszeit der Duschen liegt bei 25 min/h, d. h. Gleichzeitigkeitsfaktor = 0,42.

a) Ermitteln Sie Q_{WB} in kWh (Kaltwassertemperatur = 10 °C).

b) Wie groß ist Q_{Sp} in kWh bei 170 kW Kesselleistung?

c) Welche Speichergröße in l ist bei liegender Anordnung einzubauen, wenn die Speichertemperatur 60 °C beträgt?

Geg.: 20 Duschen je 12 l/min, φ = 0,42, t_z = 10 h, t_{Zapf} = 38 °C, Δt_{Zapf} = 28 K, $\dot{Q}_K$ = 170 kW, Δt_{Sp} = 50 °C; ges.: Q_{WB} in kWh, Q_{Sp} in kWh, V_{Sp} in l.

Lösung

a) $Q_{WB} = m \cdot c \cdot \Delta t \cdot t_z$

$\dot{m} = 20 \cdot 12\,l/min \cdot 60\,min/h \cdot 42 = 6048\,l/h$

$$Q_{WB} = 6048\,\frac{kg}{h} \cdot 1{,}163\,\frac{Wh}{kg \cdot K} \cdot 28\,K \cdot 10\,h = \textbf{1969,5 kWh}$$

b) $Q_{Sp} = Q_{WB} - \dot{Q}_K \cdot t_z = 1969{,}5\,kWh - 170\,kW \cdot 10\,h = \textbf{269,5 kWh}$

c) $$V_{Sp} = \frac{Q_{Sp} \cdot 1{,}1}{c \cdot \Delta t_{Sp}} = \frac{269500\,Wh \cdot 1{,}1}{1{,}163\,\dfrac{Wh}{kg \cdot K} \cdot 50\,K} = 5098\,kg \cong \textbf{5098 l}$$

Bei Hotels und ähnlichen Zweckgebäuden muß der Warmwasserbedarf mehr oder weniger mit Hilfe von Erfahrungswerten ermittelt werden. Man kann davon ausgehen, daß morgens zwischen 7.00 und 9.00 Uhr der Spitzenbedarf an Warmwasser auftritt.

Beispiel 6.13   In einem Hotel sind 100 Duschen installiert (Durchflußmenge 11 l je Minute und Dusche). Bei einer Duschzeit von 5 bis 10 min und der Annahme, daß einige Duschen in der Zapfzeit von 7.00 bis 9.00 Uhr zweimal benutzt werden, ist davon auszugehen, daß im Durchschnitt 6 Duschen 2 Stunden lang ohne Unterbrechung in Betrieb sind.

a) Wie groß ist Q_{WB} in kWh bei 38 °C Zapftemperatur?

b) Wie groß sind Speicherwärmemenge in kWh bei einer Kesselleistung von 60 kW und die Aufheizzeit in h?

c) Berechnen Sie die Speichergröße in l bei 60 °C Speichertemperatur und stehender Anordnung.

Geg.: $\dot{m} = 6 \cdot 11 \text{ l/min} \cdot 60 \text{ min/h} = 3960 \text{ l/h}$, $\Delta t_{Zapf} = 28$ K, $t_z = 2$ h, $\dot{Q}_K = 60$ kW, $\Delta t_{Sp} = 50$ K; ges.: Q_{WB} in kWh, Q_{Sp} in kWh, V_{Sp} in l, t_{Auf} in h

Lösung

a) $Q_{WB} = \dot{m} \cdot c \cdot \Delta t_{Zapf} \cdot t_z = 3960 \dfrac{l}{h} \cdot 1{,}163 \dfrac{Wh}{kg \cdot K} \cdot 28 \text{ K} \cdot 2 \text{ h}$

$Q_{WB} = \textbf{257,9 kWh}$

b) $Q_{Sp} = Q_{WB} - \dot{Q}_K \cdot t_z = 257{,}9 \text{ kWh} - 60 \text{ kW} \cdot 2 \text{ h} = \textbf{137,9 kWh}$

$$t_{Auf} = \frac{Q_{Sp}}{\dot{Q}_K} = \frac{137{,}9 \text{ kWh}}{60 \text{ kW}} = \textbf{2,3 h}$$

c) $V_{Sp} = \dfrac{Q_{Sp} \cdot b}{c \cdot \Delta t_{Sp}} = \dfrac{137\,900 \text{ Wh} \cdot 1{,}05}{1{,}163 \dfrac{Wh}{kg \cdot K} \cdot 50 \text{ K}} = 2490 \text{ kg} \triangleq \textbf{2500 l}$

Aufgaben

5. Ein Waschraum ist mit 22 Waschplätzen je 8 l/min ausgestattet, die mit einem Gleichzeitigkeitsfaktor von 70% 40 Minuten lang benutzt werden. Die Zapftemperatur wird auf 35 °C geregelt. Wie hoch ist der Warmwasser-Wärmebedarf in kWh?

6. In einem Hotel wird im Verlauf von 1,8 h 48× je 60 l von 38 °C geduscht und 22× gebadet, je Wanne 160 l von 40 °C. Welcher Warmwasser-Wärmebedarf in Wh tritt auf?

7. Zwei Spülautomaten für die Flaschenreinigung in einer Brauerei erfordern jeweils 120 l Warmwasser von 45 °C in 5 Minuten. Die beiden Automaten sind täglich 5 Stunden in Betrieb.
   a) Wie groß ist der Warmwasser-Wärmebedarf je Arbeitstag in MWh?
   b) Welche Wärmemenge in kWh muß das Speicherwasser aufnehmen, wenn 50 kW Kesselleistung zur Verfügung stehen?
   c) Ermitteln Sie die Aufheizzeit in Stunden.

8. Für 3 Duschen je 13 l Warmwasser von 38 °C je Minute steht ein Q_{WB} von 100 kWh zur Verfügung. Wieviel Minuten können die 3 Duschen mit dem gegebenen Wärmebedarf gleichzeitig benutzt werden?

9. Eine Reihenwaschanlage hat einen Warmwasser-Wärmebedarf von 85 kWh und eine Benutzungszeit von 42 Minuten.
   a) Ermitteln Sie den Wärmeinhalt des Speichers, wenn 50 kW Kesselleistung bereitgestellt werden.
   b) In wieviel Stunden wird der Speicherinhalt aufgeheizt?

10. Fünf Badewannen je 160 l von 41 °C
werden gleichzeitig in 15 Minuten
gefüllt.
   a) Welcher Warmwasser-Wärmebedarf in kWh und MJ ist erforderlich?
   b) Wie groß sind der Wärmeinhalt des Speichers in kWh und die Aufheizzeit in h bei einer Kesselleistung von 20 kW?

11. In einem Waschraum sind folgende sanitären Einrichtungen gleichzeitig 1,5 Stunden ohne Unterbrechung in Betrieb: 4 Duschen je 12 l/min $t_{Zapf} = 36\,°C$ und 10 Waschplätze je 8 l/min $t_{Zapf} = 35\,°C$.
   a) Welcher Wärmebedarf in MWh ist erforderlich?
   b) Berechnen Sie den Wärmeinhalt des Speichers in kWh und die Aufheizzeit in Minuten bei 50 kW Kesselleistung.

12. Der Waschraum einer Sporthalle ist mit 5 Duschen je 10 l/min und $t_{Zapf} = 37\,°C$ ausgestattet. Die Duschen werden 30 Minuten mit einem Gleichzeitigkeitsfaktor von 0,8 benutzt.
   a) Ermitteln Sie den Wärmebedarf in kJ und kWh für die Wassererwärmung.
   b) Welcher Speicher-Wärmeinhalt in kWh ergibt sich bei 40 kW Kesselleistung?
   c) Bestimmen Sie die Speichergröße in l bei stehender Anordnung und 60 °C Speichertemperatur.

13. Ein Speicher mit 110 kWh Wärmeinhalt wird mit einer Kesselleistung von 50 kcal/h erwärmt (alte Einheit → umrechnen). Wie groß ist die Aufheizzeit in Stunden?

14. Ein liegender Speicher hat einen Wärmeinhalt von 93 kWh. Bestimmen Sie den Speicherinhalt in l, wenn eine Speichertemperatur von 60 °C gefordert wird.

15. Ein Waschraum ist wie folgt ausgerüstet:
15 Duschen je 0,2 l/s, $t_{Zapf} = 38\,°C$, $\varphi = 70\%$;
30 Mischbatterien für Reihenwaschanlage je 0,14 l/s, $t_{Zapf} = 35\,°C$, $\varphi = 80\%$.
Die Benutzungszeit aller Zapfstellen beträgt 36 Minuten.
   a) Berechnen Sie den Warmwasser-Wärmebedarf in kWh.
   b) Welchen Gesamtinhalt in l müssen stehende Speicher haben, wenn eine Kesselleistung von 0,3 MW zur Verfügung steht? $t_{Sp} = 60\,°C$
   c) Wie hoch ist die Aufheizzeit in h?

16. Die Wassererwärmungsanlage für ein Hotel muß so ausgelegt werden, daß in der Zeit von 7.00 bis 9.00 Uhr $75 \times$ geduscht und $30 \times$ gebadet werden kann. Je Dusche sind 60 l von 38 °C und je Wanne 160 l von 42 °C erforderlich.
   a) Welche Wärmemenge in kWh und GJ ist für die Wassererwärmung aufzubringen?
   b) Ermitteln Sie den Wärmeinhalt des Speichers in kWh und Mcal sowie die Aufheizzeit in Stunden bei 95 kW Kesselleistung.
   c) Welches Speichervolumen in l ist bei liegender Anordnung und 70 °C Speichertemperatur erforderlich?

17. Einem liegenden Speicher mit 4000 l Inhalt und 70 °C steht eine Kesselleistung von 340 kW zur Verfügung.
   a) Wieviel Duschen je 13 l/min von 36 °C können mit dieser Anlage 8 Stunden lang in Dauerbetrieb versorgt werden? Zu Beginn ist der Speicher aufgeladen.
   b) Wieviel Stunden können mit dem aufgeladenen Speicher 1 Stunde lang, gleichzeitig und ohne weitere Wärmezufuhr vom Kessel versorgt werden?

7.1 Thermische Behaglichkeit

Wie die Übersicht zeigt, hängt die thermische Behaglichkeit der Personen in Gebäuden mit RLT-Anlagen von bestimmten Einflußgrößen ab.

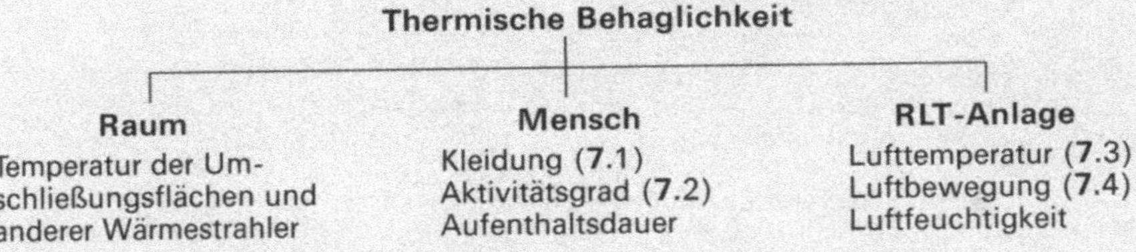

Tabelle 7.1 Wärmeleitwiderstand R der Kleidung in $\dfrac{m^2 \cdot K}{kW}$

ohne Kleidung	0
leichte Sommerkleidung	80
mittlere Kleidung	160
warme Kleidung	240

Tabelle 7.2 Gesamtwärmeabgabe $\dot{Q}_{ges}$ je Person in W (Anhaltswerte)

Aktivitäts-Tätigkeitsbeispiel		$\dot{Q}_{ges}$
I	sitzende Tätigkeit (z. B. Lesen und Schreiben)	100
II	leichte Tätigkeit im Stehen, Labortätigkeit, Maschinenschreiben	150
III	mäßig schwere körperliche Tätigkeit	200
IV	schwere körperliche Tätigkeit	> 250

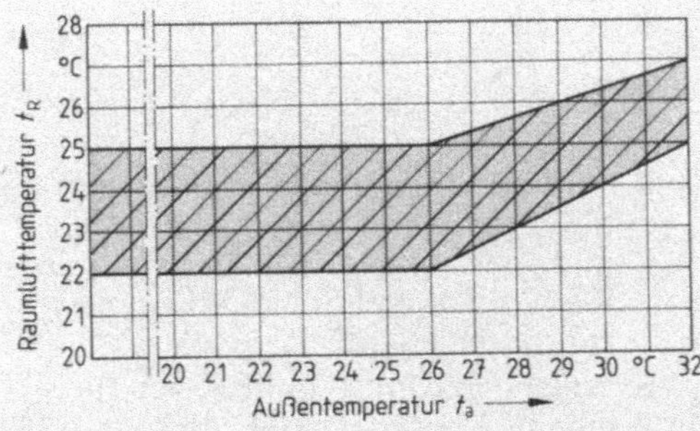

7.3 Bereich der behaglichen Raumlufttemperaturen

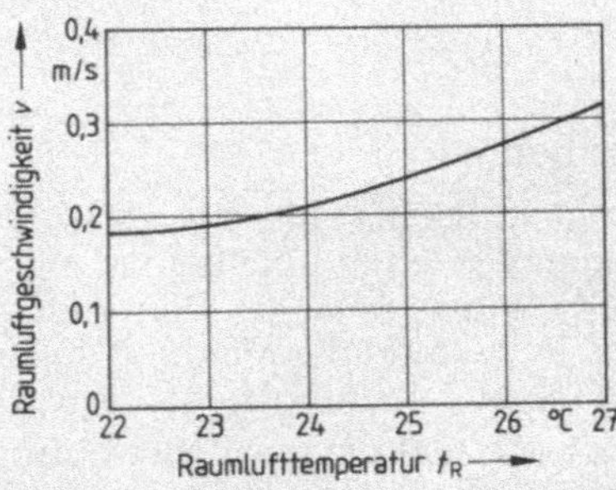

7.4 Obere Zulässigkeitskurve für behagliche Raumluftgeschwindigkeiten

Die Einflußgrößen stehen in Beziehung zueinander. So kann die zulässige Luftbewegung

– um 0,04 m/s angehoben werden, wenn sich der Aktivitätsgrad (Art der Tätigkeit) um 50 W erhöht;

– um 0,04 m/s verändert werden, wenn sich der Wärmeleitwiderstand der Kleidung um 80 m^2 · K/kW erhöht oder verringert;

– um 0,04 m/s verändert werden, wenn sich die mittlere Temperatur der Raumumschließungsflächen um 4 K erhöht oder verringert.

Beispiel 7.1 Klassenraum

Aktivitätsgrad I $\qquad\qquad\qquad\quad$ $\dot{Q} = 100$ kW (**7.2**)
mittlere Kleidung $\qquad\qquad\qquad$ $R = 160$ m^2 · K/W (**7.1**)
gewählte Raumlufttemperatur $\quad$ $t_R = 22\,°C$
zulässige Raumlufttemperatur $\quad$ $v = \mathbf{0{,}18}$ **m/s** (**7.4**)

Beispiel 7.2 Kaufhaus

Aktivitätsgrad II $\qquad\qquad\qquad$ $\dot{Q} = 150$ kW (**7.2**)
leichte Sommerkleidung $\qquad\quad$ $R = 80$ m^2 · K/W (**7.1**)
gewählte Raumlufttemperatur $\quad$ $t_R = 24\,°C$
zulässige Raumluftbewegung $\quad$ $v = 0{,}215$ m/s (**7.4**) + 0,04 m/s
(Akt.-Grad II) − 0,04 m/s (leichte Kleidung) = **0,215 m/s**

Beispiel 7.3 Warmbetrieb (Härterei)

Aktivitätsgrad III $\qquad\qquad\qquad$ $\dot{Q} = 200$ kW (**7.2**)
mittlere Kleidung $\qquad\qquad\qquad$ $R = 160$ m^2 · K/W (**7.1**)
mittlere Temperatur der
Umschließungsflächen $\qquad\qquad$ $t_U = 30\,°C$
gewählte Raumlufttemperatur $\quad$ $t_R = 26\,°C$
zulässige Raumluftbewegung $\quad$ $v = 0{,}275$ m/s (**7.4**) + 2 · 0,04 m/s
(Akt.-Grad III) + 0,04 m/s (höhere t_U) = **0,395 m/s**

Je geringer die Raumlufttemperatur, die mittlere Temperatur der Umschließungsflächen, der Aktivitätsgrad und der Wärmeleitwiderstand der Kleidung sind, desto kleiner ist auch die zulässige Luftbewegung im Aufenthaltsbereich.

Aufgaben

1. Ermitteln Sie die zulässige Raumluftbewegung in einem Hallenbad bei $t_R = 27\,°C$ und $t_U = 23\,°C$. Den Aktivitätsgrad und die Art der Kleidung sollen Sie nach Ihrer Erfahrung selbst festlegen.

2. Wie hoch darf die maximale Luftbewegung in einem Kino bei $t_R \approx t_U = 24\,°C$, Aktivitätsgrad I und leichter Sommerkleidung sein?

3. In einer Fabrikhalle für Warmbehandlung sind $t_R = 25\,°C$ und $t_U = 28{,}5\,°C$ bei mittlerer Kleidung. Der Aktivitätsgrad ist zu schätzen. Wie groß darf die Luftbewegung im Aufenthaltsbereich sein?

4. In einer Messehalle beträgt die Luftbewegung im Aufenthaltsbereich 0,22 m/s bei $t_R \approx t_U = 22\,°C$ und mittlerer Kleidung. Welcher Aktivitätsgrad wurde zugrunde gelegt?

5. Welche maximale Luftbewegung darf in einem Konferenzraum bei $t_R = 25\,°C$, $t_U \approx t_R$, mittlerer Kleidung und sitzender Tätigkeit herrschen?

7.2 Berechnungsgrundlagen für Lüftungsanlagen

Einteilung der RLT-Anlagen. Zur besseren Überschaubarkeit geben wir die Einteilung nach DIN 1946 in reduzierter Form wieder. Freie Lüftungssysteme lassen wir wegen der geringen Bedeutung außer acht.

DIN 1946 T1 (Entwurf Sep. 1986) unterscheidet raumlufttechnische Anlagen

nach der Außenlufterneuerung
- Anlagen mit Lüftungsfunktion (mit Außenluft = Außenluftbetrieb)
- Anlagen ohne Lüftungsfunktion (ohne Außenluft = Umluftbetrieb)

nach der thermischen Behandlung der Zuluft
- Anlagen ohne Luftbehandlungsfunktion
- Anlagen mit einer, zwei, drei oder vier Luftbehandlungsfunktionen

Kurzzeichen:

H heizen	B befeuchten
K kühlen	E entfeuchten
	O ohne Luftbehandlung

nach der Luftart
- Anlagen mit Lüftungsfunktion durch Ab- bzw. Fortluft (Zuluft strömt über Fenster-, Tür- und andere Fugen frei nach)
- Anlagen mit Lüftungsfunktion durch Zuluft (Außen- oder Mischluft)
- Anlagen ohne Lüftungsfunktion (nur Umluft)

Kurzzeichen (nicht in DIN 1946 enthalten):

O (engl. outside air) Außenluft   E (engl. exhaust air) Fortluft   R (engl. return air) Umluft

nach dem Anlagentyp
- Abluftanlage, die nur Abluft maschinell fördert
- Lüftungsanlage mit Lüftungsfunktion, ohne oder mit einer thermodynamischen Luftbehandlung
- Umluftanlage ohne Lüftungsfunktion, ohne oder mit einer thermodynamischen Luftbehandlung
- Teilklimaanlage mit oder ohne Lüftungsfunktion, mit zwei oder drei thermodynamischen Luftbehandlungen
- Klimaanlage mit oder ohne Lüftungsfunktion, mit vier thermodynamischen Luftbehandlungen

Am häufigsten sind Anlagen mit der Luftbehandlungsfunktion Heizen. Deshalb steht die Berechnung der Anlagentypen H–AU (Heizen/Außenluft) und H–MI (Heizen/Mischluft) im Vordergrund.

7.2.1 Außenluftbedarf

RLT-Anlagen müssen aus mehreren Gründen mit Außenluft betrieben werden (Sauerstoffversorgung, Luftreinigung und -erneuerung). Wir ermitteln den Außenluftbedarf nach dem Mindest-Außenluftstrom, nach der MAK-Wert-Methode oder der Luftwechselzahl.

Außenluftbedarf für Aufenthaltsräume nach dem Mindest-Außenluftstrom. Hierbei wird der Außenluftstrom $\dot{V}_{AU}$ nach der Anzahl der gleichzeitig anwesenden Personen und der Raumnutzung bestimmt (**7.5**).

Tabelle **7.5**   **Mindest-Außenluftstrom nach DIN 1946 T 2 in** $\dfrac{m^3}{\text{Person} \cdot h}$

$\dot{V}_{AU}$	Raumart
50	Großraumbüro
40	Gaststätte
30	Einzelbüro, Kantine, Konferenz-, Ruhe-, Pausen-, Klassenraum, Hörsaal, Hotel-zimmer
20	Theater, Kino, Konzert-, Fest-, Lesesaal, Messehalle, Verkaufsraum, Museum, Turn- und Sporthalle mit Zuschauerplätzen
	Bei zusätzlicher Luftbelästigung muß der Außenluftstrom um 20 m³/(Person · h) erhöht werden.

Außenluftstrom $\dot{V}_{AU}$ = Personenzahl · Mindest-Außenluftstrom $\dot{V}_{AU\,min}$
in m³/h

Beispiel 7.4   Wie groß muß der Außenluftstrom in m³/h für einen Klassenraum sein, in dem 25 Schüler Platz finden?

Geg.: Personenzahl = 25, Mindest-Außenluftstrom nach Tab. **7.5** = 30 m³/h je Person; ges.: $\dot{Q}_{AU}$.

Lösung $\dot{V}_{AU}$ = Personenzahl · Mindest-Außenluftstrom

$$\dot{V}_{AU} = 25 \text{ Personen} \cdot \frac{30 \text{ m}^3}{\text{Person} \cdot h} = \textbf{750 m}^3\textbf{/h}$$

Bei den Maximalwerten der Außentemperatur – z.B. $-14\,°C$ im Winter (DIN 4701) und 32 °C im Sommer (VDI 2078) – kann der Mindest-Außenluftstrom je Person um 50% verringert werden, um Energie zu sparen. Wir merken uns:

Bei einer Außenlufttemperatur zwischen 0 °C und 26 °C sollte immer mit vollem (100%) Außenluftstrom gefahren werden.

Beispiel 7.5   In einem Pausenraum halten sich maximal 150 Personen auf. Wie groß muß der Außenluftstrom bei $-14\,°C$ mindestens sein, wenn im Raum stark geraucht wird?

Geg.: Personenzahl = 150, Mindest-Außenluftstrom = 30 m³/h je Person + 20 m³/h je Person fürs Rauchen = 50 m³/h je Person. Bei $-14\,°C$ nur 50% davon = 25 m³/h je Person; ges.: $\dot{V}_{AU}$.

Lösung $\dot{V}_{AU} = 150 \text{ Personen} \cdot \dfrac{25 \text{ m}^3}{\text{Person} \cdot h} = \textbf{3750 m}^3\textbf{/h}$

188

Aufgaben

1. Eine Sporthalle (Rauchverbot) bietet 5000 Menschen Platz. Ermitteln Sie den Außenluftstrom bei $t_R = 5\,°C$.

2. Eine Gaststätte, in der stark geraucht wird, hat 90 Plätze. Wie groß muß der Außenluftstrom a) bei $t_a = 0\,°C$, b) bei $t_a = 32\,°C$ sein?

3. In einem Supermarkt können sich maximal 200 Kunden aufhalten. Die installierte RLT-Anlage kann im Höchstfall stündlich 4500 m^3 Außenluft fördern. a) Wieviel m^3 Außenluft/h stehen jedem Kunden, b) wieviel m^3 Außenluft/h und Person stehen zur Verfügung, wenn bei $t_a = -10\,°C$ mit 65% des Außenluftstroms gefahren wird?

4. In einem Großraumbüro, in dem zum Teil geraucht wird, arbeiten bei voller Besetzung 105 Angestellte. Bestimmen Sie den Außenluftstrom a) bei $t_a = 5\,°C$, b) $t_a = 22\,°C$, c) $t_a = -14\,°C$, d) $t_a = 32\,°C$.

5. Die Mensa einer Berufsschule bietet 200 Schülern Platz. Mit welchem Außenluftstrom in m^3/h muß bei einer Außenlufttemperatur von $+15\,°C$ gefahren werden, wenn das Rauchen nicht erlaubt ist?

Außenluftbedarf für gewerbliche Räume nach der MAK-Wert-Methode. Meist handelt es sich um gewerbliche Räume wie Fabrikhallen und Labors, in denen die Raumluft durch gesundheitsschädliche Gase, Dämpfe, Stäube oder Keime (Bakterien, Viren) verunreinigt wird. In der MAK-Wert-Tabelle (**maximale Arbeitsplatz-Konzentration** gesundheitsschädlicher Stoffe) sind alle Schadstoffe aufgeführt, die sich als Luftbeimengungen gesundheitsschädlich auf den Menschen auswirken (**7.6**).

Tabelle **7.6 MAK-Werte** (Auswahl)

Stoff	MAK		Stoff	MAK	
	in ppm[1])	in mg/m^3		in ppm[1])	in mg/m^3
Aceton	1000	2400	Chlordioxid	0,1	0,3
Ammoniak	50	35	Kohlendioxid	5000	9000
Asbestfeinstaub		2	Kohlenoxid	30	33
Benzol	8	26	Nicotin	0,07	0,5
Blei		0,1	Quecksilber	0,01	0,1
Butan	1000	2350	Schwefeldioxid	2	5
Chlor	0,5	1,5	Zinkoxid (Rauch)		5

[1]) ppm = parts (Teile) per Million, z. B. cm^3/m^3

> Die MAK-Werte geben an, wie hoch die Schadstoffanreicherung in der Raumluft bei achtstündiger Arbeitszeit maximal sein darf.

Durch Zuführen einer bestimmten Menge schadstoffarmer Außenluft (evtl. filtern) und die damit verbundene Lufterneuerung bzw. -mischung wird sichergestellt, daß der zulässige Schadstoffgehalt in der Raumluft nicht überschritten wird. Der nötige Außenluftstrom $\dot{V}_{AU}$ hängt von Art und Menge $\dot{K}$ des Schadstoffs, vom MAK-Wert K_R und dem Schadstoffgehalt der Außenluft K_{AU} ab.

$$\dot{V}_{AU} = \frac{\dot{K}}{K_R - K_{AU}} \qquad\qquad \text{in } m^3/h$$

$\dot{K}$ = Schadstoffstrom (-menge) in cm^3/h bei Gasen, in mg/h bei Stäuben. Erfassen schwierig, am besten vom Betrieb angeben.

K_R = zulässige Schadstoffkonzentration der Raumluft (7.6) in ppm (**parts per million**); 1 ppm $\triangleq 1$ cm^3/m^3

K_{AU} = Schadstoffkonzentration in der Außenluft, bei der Umweltbehörde zu erfragen (bei vielen Stoffen = 0).

$$m^3/h = \frac{cm^3/h}{cm^3/m^3 - cm^3/m^3} = \frac{cm^3 \cdot m^3}{cm^3 \cdot h} \qquad m^3/h = \frac{mg/h}{mg/m^3 - mg/m^3} = \frac{mg \cdot m^3}{mg \cdot h}$$

Beispiel 7.6 In der Fertigungshalle eines Batterieherstellers gehen stündlich 5 g Bleistaub an die Hallenluft über. In der Außenluft befindet sich kein Bleistaub. Wie groß muß der Außenluftstrom sein, damit die zulässige Schadstoffkonzentration in der Halle nicht überschritten wird?

Geg.: $\dot{K} = 5$ g/h = 5000 mg/h, $K_{AU} = 0$, $K_R = 0{,}1$ mg/m^3 aus Tab. 7.6; ges.: $\dot{V}_{AU}$.

Lösung $\dot{V}_{AU} = \dfrac{\dot{K}}{K_R - K_{AU}} = \dfrac{5000 \text{ mg/h}}{0{,}1 \text{ mg/m}^3 - 0 \text{ mg/m}^3} = \dfrac{5000 \text{ mg/h}}{0{,}1 \text{ mg/m}^3} = \mathbf{50\,000 \ m^3/h}$

> Je kleiner die zulässige Schadstoffkonzentration im Raum (MAK-Wert) und je größer die Schadstoffkonzentration in der Außenluft sind, desto größer ist der erforderliche Außenluftstrom.

Beispiel 7.7 Bei der Herstellung von Kunststoffkleber werden in einem Raum stündlich 7,5 m^3 Acetondämpfe frei. In der Außenluft befindet sich kein Aceton. Bestimmen Sie nach der MAK-Wert-Methode den erforderlichen Außenluftstrom.

Geg.: $\dot{K} = 7{,}5$ m^3/h = 7500 dm^3/h = 7 500 000 cm^3/h, $K_R = 1000$ ppm = 1000 cm^3/m^3 = 1 dm^3/m^3, $K_{AU} = 0$; ges.: $\dot{V}_{AU}$.

Lösung $\dot{V}_{AU} = \dfrac{\dot{K}}{K_R - K_{AU}} = \dfrac{7500 \text{ dm}^3/h}{1 \text{ dm}^3/m^3 - 0 \text{ dm}^3/m^3} = \dfrac{7500 \text{ dm}^3/h}{1 \text{ dm}^3/m^3} = \mathbf{7500 \ m^3/h}$

Aufgaben

6. In einem Labor für Mineralöle wird Benzol (krebserregend!) analysiert. Dabei gehen stündlich 36 dm^3 Benzoldampf an die Raumluft über. Die Außenluft enthält 0,1 ppm Benzol. Wie groß muß der Außenluftstrom mindestens sein, um die Laboranten vor Gesundheitsschäden zu schützen?

7. Beim Schweißen von verzinkten Stahlrohren gehen an die Werkstatt 45 g Zinkoxidrauch in der Stunde über. K_{AU} = 0. Mit welchem Außenluftstrom muß die RLT-Anlage gefahren werden?

8. Im Raucherzimmer eines Krankenhauses nimmt die Raumluft stündlich 77 cm^3 Nikotinrauch auf. Welcher Außenluftstrom ist dem Zimmer zuzuführen?

9. In einer Tiefgarage laufen im Schnitt 3 Pkw. Einer erzeugt stündlich 0,5 m^3 CO. Nach der Garagenordnung beträgt K_R für CO 100 ppm. Die Außen-

luft enthält 5 ppm CO. Berechnen Sie den Außenluftstrom nach der MAK-Wert-Methode.

10. Bei der Herstellung von Quecksilberthermometern gehen stündlich 0,25 dm³ Quecksilberdampf an die Luft der Fertigungshalle über. In der Außenluft befinden sich 0,004 ppm Quecksilber. Welcher Außenluftstrom ist der Halle zuzuführen?

Außenluftbedarf nach der Luftwechselzahl. Diese Berechnungsmethode ist einfach, aber ungenau, und sollte daher nur bei einfachen RLT-Anlagen verwendet werden (z. B. bei Lagerhallen, Werkstätten mit geringen Schadstoffquellen). In der Regel dient die Luftwechselzahl LW zur Kontrolle der nach anderen Methoden ermittelten Außenluftströme, zumal ein 3- bis 4facher Luftwechsel eine gute Raumdurchspülung sichert.

Die Luftwechselzahl LW sagt aus, wie oft das Raumvolumen in einer Stunde durch Außenluft erneuert wird. Sie ist also das Verhältnis zwischen Außenluftmenge je Stunde und Raumvolumen. Es sind reiche Erfahrungswerte, die für die einzelnen Raumgruppen mit großer Schwankungsbreite in Tabellen aufgeführt sind (s. Metallfachkunde 5, Tab. **11**.16).

$$\text{Luftwechselzahl} = \frac{\text{Außenluftstrom je h}}{\text{Raumvolumen}} \qquad LW = \frac{\dot{V}_{AU}}{V_R} \quad \text{in} \quad \frac{m^3/h}{m^3} = \frac{1}{h}$$

Die Luftumwälzzahl LU darf nicht mit der Luftwechselzahl verwechselt werden, denn bei RLT-Anlagen im Umluftbetrieb findet zwar eine Luftumwälzung, aber kein Luftwechsel statt. Die LU ist das Verhältnis der Zuluftmenge je Stunde zum Raumvolumen. Die Zuluft kann sich bekanntlich aus Außenluft, Umluft oder Mischluft zusammensetzen.

$$\text{Luftumwälzzahl} = \frac{\text{Zuluftstrom je h}}{\text{Raumvolumen}} \qquad LU = \frac{\dot{V}_{ZU}}{V_R} \quad \text{in} \quad \frac{m^3/h}{m^3} = \frac{1}{h}$$

Beispiel 7.8 Eine Werkstatt ohne nennenswerte Schadstoffquellen ist 20 m lang, 10,5 m breit und 4 m hoch. Wie groß ist der Außenluftstrom, wenn nach der Tabelle eine Luftwechselzahl von 4 h⁻¹ gewählt wird?

Geg.: $V_R = 20\ m \cdot 10{,}5\ m \cdot 4\ m = 840\ m^3$, $LW = 4\ h^{-1}$; ges.: $\dot{V}_{AU}$.

Lösung $LW = \dfrac{\dot{V}_{AU}}{V_R} \Rightarrow \dot{V}_{AU} = LW \cdot V_R = 4\,\dfrac{1}{h} \cdot 840\ m^3 = \mathbf{3360\ m^3/h}$

Beispiel 7.9 Die RLT-Anlage für eine Lagerhalle fördert einen Außenluftstrom von 21 700 m³/h. Die Halle hat die Abmessungen 40 m · 35 m · 5 m. Wie hoch ist der stündliche Luftwechsel in der Halle?

Geg.: $\dot{V}_{AU} = 21\,700\ m^3/h$, $V_R = 40\ m \cdot 35\ m \cdot 5\ m = 7000\ m^3$; ges.: LW.

Lösung $LW = \dfrac{\dot{V}_{AU}}{V_R} = \dfrac{21\,700\ m^3/h}{7000\ m^3} = \mathbf{3{,}1\,\dfrac{1}{h}}$

Aufgaben

11. Einer Kantine, die 2500 m³ Rauminhalt hat, werden stündlich 17500 m³ Außenluft zugeführt. Wie groß ist die Luftwechselzahl?

12. Der Umkleideraum einer Schwimmhalle hat ein Volumen von 700 m³. Mit welchem Außenluftstrom muß die RLT-Anlage betrieben werden, wenn eine Luftwechselzahl von 7 h^{-1} angenommen wird?

13. Eine Ausstellungshalle (90 m lang, 50 m breit, 4 m hoch) hat einen stündlichen Zuluftbedarf von 99000 m³. Der Außenluftanteil beträgt 50% von $\dot{V}_{ZU}$. Wie groß sind
a) die Luftwechselzahl,
b) die Luftumwälzzahl?

14. Ein Kino mit Rauchverbot hat 2000 m³ Raumvolumen und bietet 400 Personen Platz.

a) Wie groß muß der Außenluftstrom sein, wenn aus der Tab. **11**.16 der Fachkunde der Mittelwert angenommen wird?
b) Welche Außenluftmenge steht stündlich jedem Kinobesucher bei voller Besetzung zur Verfügung?

15. Die RLT-Anlage für eine Großküche (Grundfläche 110 m², Höhe 3,5 m) ist für einen Außenluftstrom von 6930 m³/h ausgelegt. Der Zuluftstrom ist um 40% größer als $\dot{V}_{AU}$.
a) Mit welcher Luftwechselzahl wird die Anlage betrieben?
b) Wie oft wird das Raumvolumen stündlich umgewälzt?

7.2.2 Reiner Außenluftbetrieb

Nach DIN 1946 können Lüftungsanlagen nur mit Außenluft oder Mischluft (Außen- bzw. Umluft) betrieben werden.

Im reinen Außenluftbetrieb gibt es keine Möglichkeit, der Außenluft Umluft beizumischen ($\dot{V}_{AU} = \dot{V}_{ZU}$; **7.7**). Solche Anlagen sind nur für reine Lüftungsaufgaben mit Wärmerückgewinnung wirtschaftlich vertretbar. Der Wärmebedarf des Raumes kann durch stationäre Heizflächen gedeckt werden. Um Zugerscheinungen zu vermeiden, muß die Zulufttemperatur mindestens auf Raumtemperatur erwärmt werden. Mit Außenluftanlagen kann der Wärmebedarf aber auch ganz oder teilweise gedeckt werden.

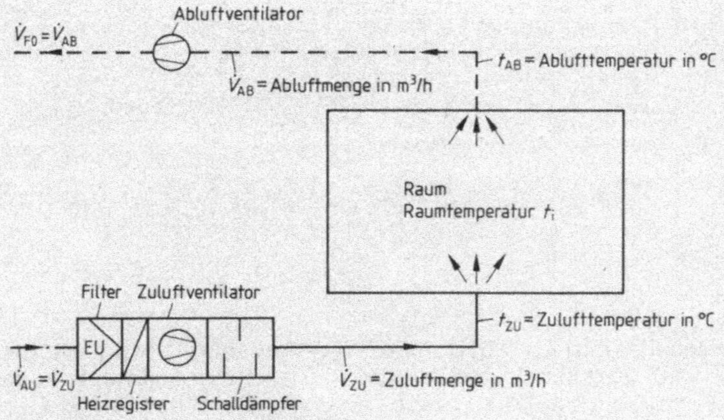

7.7 Lüftungsanlage im Außenluftbetrieb (H−AU)

Wärmeleistung des Heizregisters $\dot{Q}_{Reg}$, wenn nur gelüftet wird:

$$\dot{Q}_{Reg} \cdot \dot{V}_{AU} \cdot c \cdot (t_{ZU} - t_{AU}) \qquad \dot{Q}_{Reg} \text{ in kW} \quad \dot{V}_{AU} \text{ in m}^3/\text{h} \quad c \text{ in } \frac{Wh}{m^3 \cdot K}$$

$$t_{ZU} = t_i = \text{Raumlufttemperatur}$$

Die spezifische Wärmemenge der Luft c hängt vorrangig von der temperaturbedingten Dichte ϱ ab. Auf die Masse bezogen, beträgt sie zwischen − 20 °C und 50 °C.

$$1 \frac{kJ}{kg \cdot K} \hat{=} 0{,}28 \frac{Wh}{kg \cdot K} \qquad\qquad c \text{ je m}^3 = 0{,}28 \frac{Wh}{kg \cdot K} \cdot \varrho$$

Beispiele 7.11 c bei $0\,°C = 0{,}28 \dfrac{Wh}{kg \cdot K} \cdot 1{,}27 \dfrac{kg}{m^3} = 0{,}355 \dfrac{Wh}{m^3 \cdot K}$

c bei $10\,°C = 0{,}28 \dfrac{Wh}{kg \cdot K} \cdot 1{,}22 \dfrac{kg}{m^3} = 0{,}341 \dfrac{Wh}{m^3 \cdot K}$

In der Praxis setzt man für c je m³ den Mittelwert $0{,}35 \dfrac{Wh}{m^3 \cdot K}$ ein.

t_{ZU} = Temperatur, mit der die Zuluft in den Raum geblasen wird.

t_{AU} = Temperatur der Außenluft nach DIN 4701 (z. B. für Hannover − 14 °C). Da diese Temperatur an manchen Wintertagen unterschritten wird, sollte man t_{AU} mit 3 °C bis 5 °C unter − 14 °C annehmen.

Beispiel 7.12 Die Lüftungsanlage für eine Werkstatt saugt 10 000 m³/h Luft von − 16 °C an bei einer Innentemperatur von 20 °C $t_{AU} = t_i$). Wie groß muß die Wärmeleistung des Heizregisters in kW sein?
Geg.: $\dot{V}_{AU} = 10\,000$ m³/h, $t_{AU} = -16\,°C$, $t_{ZU} = 20\,°C$, $c = 0{,}35$ Wh/(m³ · K); ges.: $\dot{Q}_{Reg}$ in kW.

Lösung $\dot{Q} = \dot{V}_{AU} \cdot c \cdot (t_{ZU} - t_{AU}) = 10\,000 \text{ m}^3/\text{h} \cdot 0{,}35 \dfrac{Wh}{m^3 \cdot K} \cdot [20\,°C - (-16\,°C)]$

$\dot{Q} = 126\,000$ W = **126 kW**

Beispiel 7.13 Das Heizregister für die Lüftungsanlage eines Labors hat eine Wärmeleistung von 98 kW. Außenluft $= -15\,°C$, $t_i = t_{Zu} = 20\,°C$. Wieviel m³ Luft können stündlich erwärmt werden?

Geg.: $\dot{Q}_{Reg} = 98$ kW, $t_{AU} = -15\,°C$, $t_{ZU} = 20\,°C$; ges.: $\dot{V}_{AU}$.

Lösung $\dot{Q} = \dot{V}_{AU} \cdot c \cdot (t_{ZU} - t_{AU}) \Rightarrow$

$$\dot{V}_{AU} = \frac{\dot{Q}}{c \cdot (t_{ZU} - t_{AU})} = \frac{98\,000\ \text{W}}{0{,}35\ \text{Wh}/(\text{m}^3 \cdot \text{K}) \cdot [20\,°C - (-15\,°C)]} = \mathbf{8000\ m^3/h}$$

Aufgaben

16. Eine Messehalle mit $t_i = 18\,°C$ muß stündlich mit 20000 m³ Außenluft versorgt werden, die bei $-14\,°C$ angesaugt wird. Welche Wärmeleistung in kW muß das Heizregister haben?

17. Das Heizregister einer Lüftungsanlage hat eine Wärmeleistung von 49 kW bei $t_{AU} = -15\,°C$ und $t_i = t_{ZU} = 20\,°C$. Welche Außenluftmenge wird erwärmt?

18. Durch ein Heizregister mit 73,5 kW Leistung strömen stündlich 7000 m³ Außenluft. Mit welcher Temperatur wird die Außenluft angesaugt, wenn $t_i = 20\,°C$ beträgt?

19. Eine Turnhalle wird stündlich mit 12000 m³ Außenluft von $-12\,°C$ versorgt. Welche Wärmeleistung in kW muß das Heizregister haben, wenn $t_i = 20\,°C$ ist?

20. Wärmeleistung eines Heizregisters 92 kW. Wieviel m³ Außenluft von $-10\,°C$ lassen sich damit stündlich auf $22\,°C$ erwärmen?

Wärmeleistung des Heizregisters, wenn gelüftet und der Wärmebedarf des Raumes gedeckt wird. Damit die Zuluft Wärme an die Raumluft abgibt, also den Wärmebedarf ganz oder teilweise deckt, muß die Zulufttemperatur t_{ZU} höher sein als die Raumlufttemperatur t_i.

> Nur wenn $t_{ZU} > t_i$ ist, wird mit der Lüftungsanlage auch geheizt.

Die Wärmeleistung des Heizregisters erhöht sich um den Anteil des Wärmebedarfs $\dot{Q}_T$. Da RLT-Anlagen in den Räumen meist einen Überdruck aufbauen, entsteht kein Lüftungswärmebedarf $\dot{Q}_L$. Im Zweifelsfall ist $\dot{Q}_L$ zu berücksichtigen.

> $\dot{Q}_{Reg} = \dot{V}_{AU} \cdot c \cdot (t_i - t_{AU}) + \dot{Q}_T$ $\dot{Q}_T =$ Transmissionswärmebedarf nach DIN 4701

Beispiel 7.14 Ein Heizregister soll stündlich 15000 m³ Außenluft von $-14\,°C$ auf $20\,°C$ erwärmen und zusätzlich einen Wärmebedarf $\dot{Q}_T$ von 78,75 kW decken. Welche Wärmeleistung muß das Register haben?

Geg.: $\dot{V}_{AU} = 15000$ m³/h, $t_{AU} = -14\,°C$, $t_i = 20\,°C$, $\dot{Q}_T = 78{,}75$ kW; ges.: $\dot{Q}_{Reg}$ in kW.

Lösung $\dot{Q}_{Reg} = \dot{V}_{AU} \cdot c \cdot (t_i - t_{AU}) + \dot{Q}_T$

$\dot{Q}_{Reg} = 15000$ m³/h $\cdot$ 0,35 Wh/(m³ $\cdot$ K) $\cdot [20\,°C - (-14\,°C)] + 78{,}75$ kW

$\dot{Q}_{Reg} = \mathbf{257{,}25\ kW}$

Ermitteln der Zulufttemperatur. Wenn mit der Lüftungsanlage auch geheizt werden soll, sind meist t_{AU} und t_i, $\dot{V}_{AU}$ und $\dot{Q}_T$ bekannt. Unbekannt ist die Zulufttemperatur t_{ZU}. Von ihr wissen wir nur, daß sie größer als t_i sein muß.

Die Lufterwärmung im Heizregister können wir uns in zwei Stufen vorstellen:

– **1. Stufe** Erwärmung der Außenluft auf Raumtemperatur (Lüftung),
– **2. Stufe** Erwärmung der Raumtemperatur auf Zulufttemperatur (Wärmebedarf).

Wir erkennen, daß die Temperaturerhöhung von t_i auf t_{ZU} vom Wärmebedarf $\dot{Q}_T$ abhängt.

$$\dot{Q}_T = \dot{V}_{AU} \cdot c \cdot (t_{ZU} - t_i) \;\Rightarrow\; t_{ZU} = \frac{\dot{Q}_T}{\dot{V}_{AU} \cdot c} + t_i$$

$\dot{Q}_T$ setzen wir in W ein, weil c in $Wh/(m^3 \cdot K)$ angegeben wird.

Beispiel 7.15 Wie groß muß die Zulufttemperatur bei den im Beispiel 7.14 angegebenen Werten sein, um den Wärmebedarf von 78,75 kW mit der Lüftungsanlage zu decken?

Geg.: $\dot{Q}_T = 78{,}75$ kW, $t_i = 20\,°C$, $\dot{V}_{AU} = 15\,000$ m³/h; ges.: t_{ZU}.

Lösung $\qquad t_{ZU} = \dfrac{\dot{Q}_T}{\dot{V}_{AU} \cdot c} + t_i = \dfrac{78\,750\ \text{W}}{15\,000\ \text{m}^3/\text{h} \cdot 0{,}35\ \text{Wh}/(\text{m}^3 \cdot \text{K})} + 20\,°C$

$\qquad t_{ZU} = 15\ \text{K} + 20\,°C = \mathbf{35\,°C}$

Aufgaben

21. In der Lüftungszentrale soll eine Außenluftmenge von 9000 m³/h von $-18\,°C$ auf $t_i = 20\,°C$ erwärmt werden. Zusätzlich ist von dem Heizregister ein Wärmebedarf $\dot{Q}_T$ von 31 kW aufzubringen. Wie groß muß die Wärmeleistung des Heizregisters sein?

22. Der Wärmebedarf $\dot{Q}_T$ für eine Turnhalle beträgt 50 kW. Aufbringen soll ihn eine Lüftungsanlage, die mit 7500 m³/h Außenluft betrieben wird. Mit welcher Zulufttemperatur muß gefahren werden, wenn $t_i = 20\,°C$ beträgt?

23. Ein Heizregister erwärmt stündlich 10 000 m³ Außenluft von $-15\,°C$ auf $t_{ZU} = 34\,°C$ bei $t_i = 20\,°C$.

a) Wieviel kW muß das Register für den Lüftungsbetrieb aufbringen?
b) Wie groß ist der Wärmebedarf des Raumes in kW (Heizbetrieb)?

24. Die Wärmebedarfsberechnung für eine Fabrikhalle hat bei $t_i = 20\,°C$ 320 kW ergeben. Sie soll mit einer Lüftungsanlage gedeckt werden, die mit 40 000 m³/h Außenluft von $-14\,°C$ betrieben wird. Berechnen Sie die erforderliche Zulufttemperatur.

25. Eine Außenluftanlage soll den Wärmebedarf von 45 kW decken. Mit welcher Zulufttemperatur ist bei 20°C Raumtemperatur zu fahren?

7.2.3 Mischluftbetrieb

Hierbei werden Außen- und Umluft gemischt ($\dot{V}_{ZU} = \dot{V}_{AU} + \dot{V}_{UM}$). Das Mischungsverhältnis läßt sich in Abhängigkeit von der Außentemperatur und der Raumluftverunreinigung stufenlos verändern. Nach DIN 1946 kann man den

Außenluftstrom bei Außentemperaturen unter 0 °C zur Energieeinsparung verringern. Bei extremen Außentemperaturen (z. B. −18 °C) darf die Absenkung höchstens 50 % des Mindest-Außenluftstroms je Person betragen. Die gleichen Bedingungen gelten für den Kühlbetrieb im Sommer. Für Räume mit starker Luftverunreinigung (z. B. Tabakrauch) ist der Mindest-Außenluftstrom je Person um 20 m³/h zu erhöhen.

Die meisten RLT-Anlagen werden im Mischluftbetrieb gefahren, weil sie zugleich lüften (Lufterneuerung) und heizen (7.8). Auch hier können wir uns die Lufterwärmung im Heizregister in zwei Stufen vorstellen:

– **1. Stufe** Erwärmung der Mischluft auf Raumtemperatur (Lüftung),

– **2. Stufe** Erwärmung der Mischluft von Raum- auf Zulufttemperatur (Heizen).

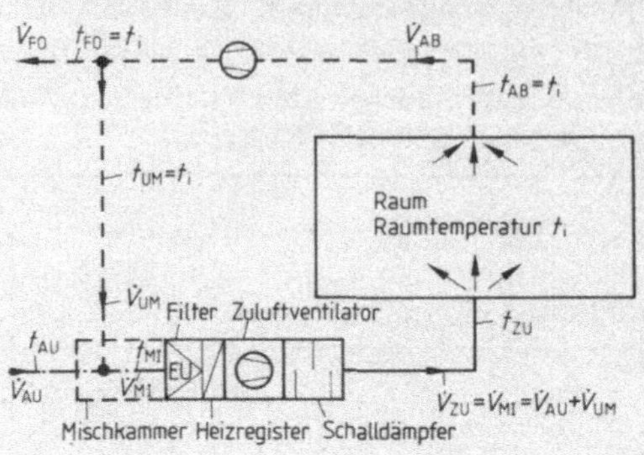

7.8 Lüftungsanlage im Mischluftbereich (H–UM)

Gegeben sind $\dot{V}_{AU}$, t_{AU} und t_i sowie $\dot{Q}_T$, gesucht werden die Mischlufttemperatur t_{MI}, die Wärmeleistung des Heizregisters sowie die Zulufttemperatur t_{ZU}, wenn der Zuluftstrom $\dot{V}_{ZU}$ bekannt ist, oder der Zuluftstrom $\dot{V}_{ZU}$, wenn t_{ZU} bekannt ist. Dabei sind folgende Bedingungen einzuhalten:

– Die Mindestaußenluft muß stets gewährleistet sein (im Extremfall ist $\dot{V}_{ZU} = \dot{V}_{AU}$).

– Aus Gründen der Hygiene und Behaglichkeit darf t_{ZU} bestimmte Werte nicht überschreiten. So in Aufenthaltsräumen (Komfortanlagen) $t_{ZU\,max} \approx 40$ bis 45 °C, in Industrieanlagen ≈ 45 bis 65 °C.

Die maximale Zulufttemperatur ist abhängig von der Art und Anordnung der Gitter, der Luftführung im Raum, Raumtiefe und -höhe sowie Qualität der Regelung.

Die Mischlufttemperatur t_{MI} ergibt sich aus der Mischungsgleichung

$$t_{MI} = \frac{\dot{V}_{AU} \cdot t_{AU} + \dot{V}_{UM} \cdot t_i}{\dot{V}_{AU} + \dot{V}_{UM}} \qquad \begin{array}{l} t_i = t_{UM} \\ \dot{V}_{MI} = \dot{V}_{ZU} = \dot{V}_{AU} + \dot{V}_{UM} \end{array}$$

Beispiel 7.16 In der Mischkammer einer RLT-Anlage werden stündlich 6000 m³ Außenluft von −15 °C und 4000 m³ Umluft von 20 °C gemischt. Welche Mischungstemperatur ergibt sich?

Geg.: $\dot{V}_{AU} = 6000$ m³/h, $t_{AU} = -15$ °C, $\dot{V}_{UM} = 4000$ m³/h, $t_{UM} = t_i = 20$ °C; ges.: t_{MI}.

Lösung

$$t_{MI} = \frac{\dot{V}_{AU} \cdot t_{AU} + \dot{V}_{UM} \cdot t_i}{\dot{V}_{AU} + \dot{V}_{UM}} = \frac{6000\ \text{m}^3/\text{h} - 15\,°\text{C} + 4000\ \text{m}^3/\text{h} \cdot 20\,°\text{C}}{6000\ \text{m}^3/\text{h} + 4000\ \text{m}^3/\text{h}}$$

$$t_{MI} = \frac{-90\,000\ \text{m}^3/\text{h} \cdot °\text{C} + 80\,000\ \text{m}^3/\text{h} \cdot °\text{C}}{10\,000\ \text{m}^3/\text{h}} = \frac{-10\,000\ \text{m}^3/\text{h} \cdot °\text{C}}{10\,000\ \text{m}^3/\text{h}} = -1\,°\text{C}$$

Aufgaben

26. Welche Mischlufttemperatur ergibt sich, wenn stündlich 10 000 m³ Außenluft mit $t_{AU} = -12\,°C$ und 15 000 m³ Umluft mit $t_i = 18\,°C$ gemischt werden?

27. Im Mischluftbetrieb beträgt der Zuluftstrom $\dot{V}_{ZU}$ 12 000 m³/h. Er teilt sich in 35 % Außenluft ($t_{AU} = -14\,°C$) und 65 % Umluft ($t_i = 20\,°C$) auf. Berechnen Sie t_{MI}.

28. In der Mischkammer einer RLT-Anlage wird eine Temperatur von 6,5 °C gemessen. Gefahren wird mit Außenluft von $-15\,°C$ und Umluft von 21 °C. Wie groß sind Außen- und Umluftstrom, wenn $\dot{V}_{ZU}$ 10 000 m³/h beträgt?

29. In einer Mischkammer werden stündlich 8000 m³ Außenluft von $-10\,°C$ mit 3500 m³ Umluft von 20 °C gemischt. Welche Mischtemperatur ergibt sich?

30. Die Mischlufttemperatur einer RLT-Zentrale beträgt 8 °C bei $-10\,°C$ Außen- und 20 °C Umlufttemperatur. Mit welcher Außen- und Umluftmenge in m³/h wird gefahren, wenn die Zuluftmenge 15 000 m³/h ist?

Die Wärmeleistung des Heizregisters setzt sich aus den Anteilen Lüftung und Heizung zusammen (**7.9**).

$$\dot{Q}_{Reg} = \underbrace{\dot{V}_{ZU} \cdot c \cdot (t_i - t_{MI}) + \dot{V}_{ZU} \cdot c \cdot (t_{ZU} - t_i)}_{\dot{V}_{ZU} \cdot c \cdot (t_{ZU} - t_{MI})}$$

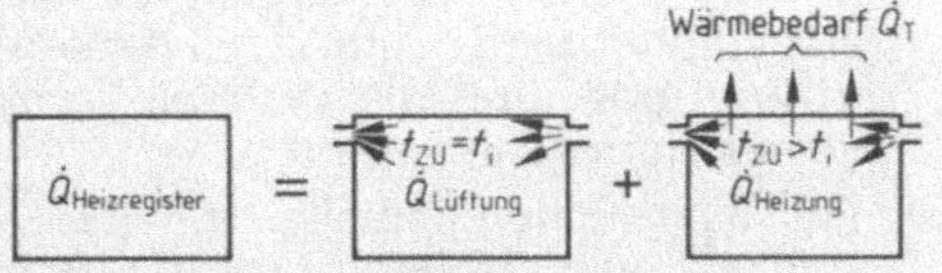

7.9 Wärmeleistung des Heizregisters

Die Zulufttemperatur erhalten wir bei gegebenem Zuluftstrom $\dot{V}_{ZU}$ in Abhängigkeit von $\dot{Q}_T$ nach der Formel

$$\dot{Q}_T = \dot{V}_{ZU} \cdot c \cdot (t_{ZU} - t_i) \;\Rightarrow\; t_{ZU} = \frac{\dot{Q}_T}{\dot{V}_{ZU} \cdot c} + t_i$$

Beispiel 7.17 Eine RLT-Anlage fährt im Mischluftbetrieb mit einem Zuluftstrom von 18 000 m³/h. Mit der Anlage soll der Wärmebedarf $\dot{Q}_T = 92$ kW einer Halle gedeckt werden. Wie groß muß t_{ZU} bei $t_i = 18\,°C$ sein?

Geg.: $\dot{V}_{ZU} = 18\,000$ m³/h, $\dot{Q}_T = 92$ kW, $t_i = 18\,°C$; ges.: t_{ZU}.

Lösung $\quad t_{ZU} = \dfrac{\dot{Q}_T}{\dot{V}_{ZU} \cdot c} + t_i = \dfrac{92\,000\ \text{W}}{18\,000\ \text{m}^3/\text{h} \cdot 0{,}35\ \text{Wh}/(\text{m}^3 \cdot \text{K})} + 18\,°C$

$t_{ZU} = 14{,}6\ \text{K} + 18\,°C = \mathbf{32{,}6\,°C}$

Der Zuluftstrom ergibt sich bei festgelegter Zulufttemperatur in Abhängigkeit von $\dot{Q}_T$ nach dieser Formel:

$$\dot{Q}_T = \dot{V}_{ZU} \cdot c \cdot (t_{ZU} - t_i) \;\Rightarrow\; \dot{V}_{ZU} = \frac{\dot{Q}_T}{c \cdot (t_{ZU} - t_i)}$$

Beispiel 7.18 Der Wärmebedarf einer Aula beträgt 84 kW. Er soll ganz von der Lüftungsanlage gedeckt werden, die mit einer Zulufttemperatur von 35 °C betrieben wird. Welche Zuluftmenge ist bei $t_i = 20\,°C$ erforderlich?

Geg.: $\dot{Q}_T = 84$ kW, $t_{ZU} = 35\,°C$, $t_i = 20\,°C$; ges.: $\dot{V}_{ZU}$.

Lösung

$$\dot{V}_{ZU} = \frac{\dot{Q}_T}{c \cdot (t_{ZU} - t_i)} = \frac{84\,000\ \text{W}}{0,35\ \text{Wh}/(\text{m}^3 \cdot \text{K}) \cdot (35\,°C - 20\,°C)}$$

$$\dot{V}_{ZU} = \frac{84\,000\ \text{W}}{5,25\ \text{Wh}/\text{m}^3} = \mathbf{16\,000\ m^3/h}$$

Aufgaben

31. In der RLT-Anlage für eine Pausenhalle ($t_i = 18\,°C$) werden 8000 m³/h Außenluft ($t_{AU} = -16\,°C$) mit 4000 m³/h Umluft gemischt. Außerdem soll die Anlage den Wärmebedarf von 41 kW aufbringen.
    a) Welche Temperatur stellt sich in der Mischkammer ein?
    b) Mit welcher Zulufttemperatur muß gefahren werden, um $\dot{Q}_T$ zu decken?
    c) Wie groß muß die Wärmeleistung des Heizregisters sein?

32. Für eine Schwimmhalle ($t_i = 28\,°C$) sind $\dot{Q}_T$ von 102 kW und $\dot{V}_{ZU}$ von 21 000 m³/h vorgegeben. Um $\dot{Q}_T$ zu decken, muß mit welcher Zulufttemperatur gefahren werden.

33. Für die Lüftungsanlage eines Konferenzraums ist aus Behaglichkeitsgründen $t_{ZU} = 34\,°C$ vorgegeben. Mit welchem Zuluftstrom ist zu fahren, wenn $\dot{Q}_T$ 25 kW und t_i 20 °C betragen?

34. Die Lüftungsanlage für eine Bibliothek wird im Winter unter diesen Voraussetzungen betrieben: $\dot{Q}_T = 31$ kW, $t_i = 20\,°C$, $t_{ZU} = 34\,°C$, $t_{AU} = -14\,°C$, Mischungsverhältnis $\dot{V}_{AU} : \dot{V}_{UM} = 3:2$.
    a) Wie groß muß der Zuluftstrom sein?
    b) Mit wieviel m³ Außen- und Umluft wird stündlich gefahren?
    c) Wie groß ist die Mischlufttemperatur?
    d) Wie groß muß die Wärmeleistung des Heizregisters sein?

35. In einer Lüftungsanlage betragen die Mischtemperatur 4 °C, die Raumtemperatur 20 °C, die Zulufttemperatur 38 °C und $\dot{V}_{ZU}$ 20 000 m³/h.
    a) Welche Wärmeleistung in kW muß das Heizregister haben?
    b) Wieviel Prozent der Wärmeleistung entfallen auf die Lüftung und die Heizung?

7.3 Berechnungsgrundlagen für Umluftanlagen

Beim Umluftbetrieb wird die gesamte Abluft über die Umluftzentrale wieder dem Raum zugeführt. Da keine Außenluft angesaugt wird, arbeiten diese Anlagen ohne Lüftungsfunktion. Sie eignen sich deshalb nicht für Aufenthaltsräume und werden darum seltener als Lüftungsanlagen ausgeführt. Ihr Anwendungsbereich liegt allenfalls in gewerblichen und industriellen Bauten.

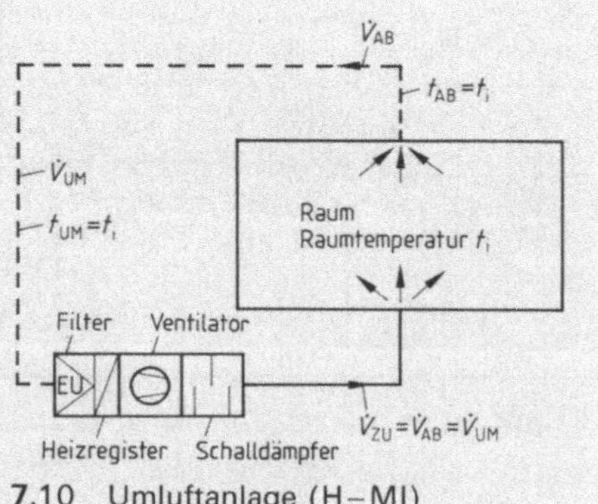

7.10 Umluftanlage (H–MI)

Bei Umluftanlagen gibt es vier Funktionstypen: H-UM, K-UM, B-UM und E-UM. Wir behandeln den am häufigsten vorkommenden Typ H-UM, die reine Luftheizungsanlage (**7.10**).

> Die Wärmeleistung des Heizregisters ist gleich dem Wärmebedarf $\dot{Q}_T$, weil keine Lüftungsfunktion vorhanden ist. $\dot{Q}_{Reg} = \dot{Q}_T$
>
> Ansaugtemperatur des Ventilators $= t_{UM} = t_i$

Unbekannte Größen sind entweder $\dot{V}_{ZU} = \dot{V}_{AB\ (\text{Abluftmenge in } m^3/h)} = \dot{V}_{UM}$ oder t_{ZU}. Wir berechnen sie durch Umstellen der Grundgleichung.

$$\dot{Q}_T = \dot{V}_{ZU} \cdot c \cdot (t_{ZU} - t_i) \;\Rightarrow\; \dot{V}_{ZU} = \frac{\dot{Q}_T}{c \cdot (t_{ZU} - t_i)} \quad \text{oder} \quad t_{ZU} = \frac{\dot{Q}_T}{\dot{V}_{ZU} \cdot c} + t_i$$

Beispiel 7.19 Der Wärmebedarf $\dot{Q}_T = 105$ kW für eine Lagerhalle soll von einer Umluftanlage gedeckt werden ($t_i = 18\,°C$).

a) Wie groß muß der Zuluftstrom sein, wenn die Zulufttemperatur mit $40\,°C$ festgelegt wurde?

b) Welche Zulufttemperatur ergibt sich, wenn der berechnete Zuluftstrom um 15% verringert wird?

Geg.: $\dot{Q}_T = 105$ kW, $t_i = 18\,°C$, a) $t_{ZU} = 40\,°C$, b) t_{ZU} bei geringerem $\dot{V}_{ZU}$; ges.: a) $\dot{V}_{ZU}$, b) t_{ZU}.

Lösung

a) $\dot{V}_{ZU} = \dfrac{\dot{Q}_T}{c \cdot (t_{ZU} - t_i)} = \dfrac{105\,000\ \text{W}}{0{,}35\ \text{Wh}/(m^3 \cdot K) \cdot (40\,°C - 18\,°C)} = \mathbf{13\,636\ m^3/h}$

b) $t_{ZU} = \dfrac{\dot{Q}_T}{\dot{V}_{ZU} \cdot c} + t_i$ $\qquad \dot{V}_{ZU} = 13\,636\ m^3/h \cdot 0{,}85 = 11\,591\ m^3/h$

$$t_{ZU} = \frac{105\,000\ \text{W}}{11\,591\ m^3/h \cdot 0{,}35\ \text{Wh}/(m^3 \cdot K)} + 18\,°C = 25{,}9\ K + 18\,°C$$

$t_{ZU} = \mathbf{43{,}9\,°C}$

Aufgaben

1. Die Umluftanlage einer Waschhalle hat einen Luftstrom von $5000\ m^3/h$ ($t_i = 15\,°C$). Mit welcher Zulufttemperatur muß gefahren werden, damit der Wärmebedarf von 32 kW aufgebracht wird?

2. Um einen Abstellraum auf $t_i = 15\,°C$ zu halten, ist ein Wärmebedarf von 13 kW nötig. Mit welchem Zuluftstrom ist zu fahren, wenn die Zulufttemperatur mit $31\,°C$ vorgegeben ist?

3. Eine Umluftanlage H-UM soll eine Werkstatt ($t_i = 18\,°C$) beheizen. Sie wird mit einem Zuluftstrom von $11\,000\ m^3/h$ und einer Zulufttemperatur von $29\,°C$ betrieben. Berechnen Sie Wärmebedarf und Wärmeleistung des Heizregisters.

4. Eine Umluftanlage wird unter folgenden Bedingungen betrieben: $\dot{Q}_T = 45$ kW, $t_{ZU} = 35\,°C$, $\dot{V}_{ZU} = 7150\ m^3/h$. Welche Lufttemperatur wird in der zu beheizenden Halle erreicht?

5. In einer Umluftanlage wird die Luftmenge von $10\,000\ m^3/h$ gefördert. Wie groß muß die Zulufttemperatur sein, um den Wärmebedarf von 30 kW zu decken?

7.4 Kühllast, Be- und Entfeuchtungslast

Kühlen, Be- und Entfeuchten kommen hauptsächlich in Teilklima- und Klimaanlagen vor.
Lüftungs- und Umluftanlagen, mit denen nur gekühlt bzw. be- und entfeuchtet wird, werden
selten gebaut und deshalb hier nicht eigens behandelt.

Ebenso wie wir den Wärmebedarf als Heizlast bezeichnen, können wir den Kühl-
bedarf auch Kühllast, den Be- und Entfeuchtungsbedarf auch Be- und Entfeuchtungslast nennen.

7.4.1 Kühllastberechnung nach VDI 2078

Für den Winter muß der Wärmebedarf (Heizlast) berechnet werden, um dem
Raum den nötigen Wärmestrom zuzuführen. Für den Sommer oder wenn große
Wärmequellen im Raum sind, berechnen wir die Kühllast, um dem Raum den
nötigen Wärmestrom zu entziehen.

> Die Kühllast ist die Wärmemenge, die dem Raum stündlich zu entziehen ist,
> damit die Raumtemperatur den vorgegebenen Wert nicht überschreitet.
>
> Damit dem Raum Wärme entzogen werden kann, muß die Zulufttemperatur
> niedriger als die Raumlufttemperatur sein.

Die Kühllastberechnung ist maßgebend für die Kühlleistung, den Zuluftstrom, die
Abmessungen und Kosten des Kanalträgers sowie die Auslegung der Kälteanlage.

Kühllastberechnung

innere Wärmequellen $\dot{Q}_I$
- Wärmeabgabe des Menschen $\dot{Q}_M$
- Beleuchtungswärme $\dot{Q}_B$
- Maschinen- und Gerätewärme $\dot{Q}_N$
- Wärmeaufnahme beim Stoffdurchsatz durch den Raum $\dot{Q}_G$

äußere Wärmequellen $\dot{Q}_{AU}$
- Transmissionswärme aus nichtklimatisierten Nachbarräumen $\dot{Q}_R$
- Wärmedurchgang durch Außenwände und Dächer $\dot{Q}_W$
- Wärmedurchgang durch Fenster $\dot{Q}_F$

Die Kühllast setzt sich also aus mehreren inneren und äußeren Wärmequellen zusammen. Es handelt sich hierbei um eine **trockene** Kühllast $\dot{Q}_{Ktr}$. D. h., es werden
nur Wärmequellen berücksichtigt, die zur Temperaturerhöhung beitragen.

$$\text{gesamte trockene Kühllast}\quad \dot{Q}_{Ktr} = \underbrace{\dot{Q}_M + \dot{Q}_B + \dot{Q}_N + \dot{Q}_G}_{\text{innere Kühllast}} + \underbrace{\dot{Q}_R + \dot{Q}_W + \dot{Q}_F}_{\text{äußere Kühllast}}$$

In der **feuchten** Kühllast $\dot{Q}_{Kf}$ werden feuchte Wärmequellen zusammengefaßt.
Dazu gehört z. B. die Wasserdampfabgabe des Menschen.

> Die feuchte Kühllast erhöht die Feuchtigkeit der Raumluft, aber nicht die
> Temperatur der Raumluft.

Die Wärmeabgabe des Menschen hängt vom Aktivitätsgrad und von der Raumlufttemperatur ab (**7.11**).

Tabelle **7.11** **Wärmeabgabe des menschlichen Körpers in Watt je Person**

Aktivitätsgrad	Raumlufttemperatur in °C	18	20	22	23	24	25	26
physisch nicht tätig	$\dot{Q}_{Mtr}$	100	95	90	85	75	75	70
	$\dot{Q}_{Mf}$	25	25	30	35	40	40	45
	$\dot{Q}_{Mges}$	125	120	120	120	115	115	115
mittelschwere Arbeit	$\dot{Q}_{Mges}$	270	270	270	270	270	270	270
	$\dot{Q}_{Mtr}$	155	140	120	115	110	105	95

Beispiel 7.20 Ein Kino faßt 400 Personen, die Raumlufttemperatur soll im Sommer 25 °C betragen. Welchen trockenen Wärmestrom in kW geben die Menschen ab?

Geg.: 400 Personen, physisch nicht tätig, $t_i = 25$ °C, Wärmeabgabe/Person nach Tab. **7.11** $\dot{q}_M = 75$ W; ges.: $\dot{Q}_M$ in kW.

Lösung $\dot{Q}_M = \dot{q}_{Mtr} \cdot$ Personen $= 75$ W/Personen $\cdot$ 400 Personen $= 30\,000$ W $=$ **30 kW**

Aufgaben

1. Die Temperatur in einem Konferenzsaal, in dem 180 Personen Platz finden, soll 24 °C nicht überschreiten. Welcher trockene Wärmestrom in kW wird bei voller Besetzung an die Saalluft abgegeben?

2. In einer Fabrikationshalle üben 350 Personen eine mittelschwere Tätigkeit aus. Die Hallentemperatur soll im Sommer maximal 26 °C betragen. Wie groß ist der trockene Wärmestrom in kW, den die Menschen abgeben?

3. In einem Hörsaal mit 500 Plätzen geben die Studenten bei voller Belegung 42,5 kW trockenen Wärmestrom ab. Welche Saaltemperatur liegt der Wärmeabgabe zugrunde, wenn man davon ausgeht, daß die Hörer physisch nicht tätig sind?

4. Welchen trockenen Wärmestrom in kW geben 25 Schüler ab, die in einem Klassenraum bei 20 °C Raumtemperatur sitzen?

5. Welchen feuchten Wärmestrom in kW geben die 25 Schüler in dem Klassenraum der Aufgabe 4 ab?

Die Beleuchtungswärme kann je nach Raumnutzung beachtliche Werte annehmen, weil Beleuchtungskörper den größten Teil der zugeführten elektrischen Energie in Wärme umwandeln. Die Lichtausbeute ist verhältnismäßig gering.

$$\dot{Q}_B = P \cdot l_1 \cdot l_2 \cdot s_B$$

$P =$ gesamte elektrische Anschlußleistung aller Leuchten einschließlich Verlustleistungen der Vorschaltgeräte. Die Beleuchtungsstärke wird in Lux angegeben. Sie hängt von der Tätigkeit ab, die im Raum ausgeübt wird. In einer Gaststätte braucht man z. B. etwa 120 Lux, in einer Uhrmacherwerkstatt 2000 Lux.

Je größer die Beleuchtungsstärke ist, desto größer muß die Anschlußleistung sein. Diese wird grundsätzlich vom Elektriker angegeben.

Beispiel 7.21   Spezifische Anschlußleistung $p = 80\ W/m^2$ Raumfläche, Raumfläche $A =$ 100 m^2

$$P = 80\ W/m^2 \cdot 100\ m^2 = 8000\ W = \textbf{8 kW}$$

$l_1 =$ Gleichzeitigkeitsfaktor. Er gibt an, ob die Beleuchtung zur Zeit der maximalen Kühllast ganz oder teilweise eingeschaltet ist.

Beispiel 7.22   Raumfläche 100 m^2. Davon werden 80 m^2 beleuchtet. Für die restlichen 20 m^2 reicht das Tageslicht aus.

$$l_1 = \frac{80\ m^2}{100\ m^2} = \textbf{0,8}$$

$l_2 =$ Restwärmefaktor. Es gibt an, welcher Anteil der Leuchtenleistung tatsächlich in die Kühllastberechnung eingeht. Bei Abluftleuchten (Klimaleuchten 7.12) wird die Wärme zum Teil mit der Abluft nach draußen befördert und gelangt somit nicht in den Raum, wo sie die Kühllast erhöhen würde. Die l_2-Faktoren zeigt Tabelle 7.13. Bei Leuchten ohne Absaugung beträgt $l_2 = 1$.

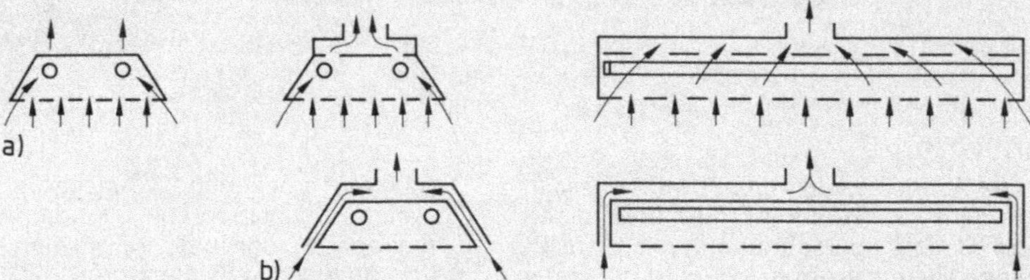

7.12   Schema von Abluftleuchten nach VDI 2078
a) durchlüftete, b) umlüftete Leuchten

Tabelle **7.13**   **Anhaltswerte für den Restwärmefaktor l_2**

Absaugung	Leuchte	Luftdurchsatz je 100 W Anschlußleistung in $\dfrac{m^3}{h \cdot 100\ W}$			
		20	30	50	100
über Decken-hohlraum	durchlüftet	0,50	0,45	0,40	0,35
	umlüftet	0,65	0,60	0,55	0,45
durch nicht isolierte Kanäle	durchlüftet	0,45	0,40	0,35	0,30
	umlüftet	0,60	0,55	0,50	0,40
durch isolierte Kanäle	durchlüftet	0,40	0,35	0,30	0,25
	umlüftet	0,55	0,50	0,45	0,40

Beispiel 7.23   Eingebaut werden umlüftete Abluftleuchten mit einem Luftdurchsatz von 50 m^3/(h $\cdot$ 100 W). Absaugung durch isolierte Kanäle. Aus Tab. **7.13** entnehmen wir:

$$l_2 = \textbf{0,45}$$

$s_B =$ Speicherfaktor (7.14). Er berücksichtigt, daß die Leuchten nicht 24 Stunden am Tag eingeschaltet sind. Denn nach Einschalten der Beleuchtung wird die Leuchtenwärme zunächst in den Wänden, Decken, Fußböden und Einrichtungsgegenständen gespeichert, bevor sie an die Raumluft übergeht und als Kühllast wirksam wird.

202

Tabelle 7.14 **Speicherfaktor s_B für Beleuchtungswärme**

Gebäudetyp	Leuchten-anordnung	Zeitraum nach Einschalten der Beleuchtung in h				nach Ausschalten der Beleuchtung in h		
Unbelüftete Leuchten								
Bauart I (wenig speichernd)	frei hängend	**bis 2** 0,8	**2 bis 8** 0,9	**>8** 1,0		**bis 2** 0,1	**2 bis 6** 0	**>6**
	in Decke ein- oder angebaut	0,75				0,2		0
Bauart II (stärker speichernd)	frei hängend	**bis 2** 0,85	**2 bis 8** 0,9	**8 bis 16** 0,95	**>16** 1,0	**bis 6** 0,1	**>6** 0	
	in Decke ein- oder angebaut	0,7	0,8	0,9		0,15	0,1	
Abluftleuchten		**bis 2** 0,6	**2 bis 8** 0,75	**8 bis 16** 0,9	**>16** 1,0	**bis 6** 0,15	**>6** 0,1	

Bei 20 h je Tag beträgt s_B für jede Stunde = 1. Bei Leuchten mit reiner Zuluftkühlung ist $s_B = 1$.

Beispiel 7.24 In einem Gebäude Bauart I (wenig speichernd) sind unbelüftete Leuchten freihängend montiert. 4 Stunden nach dem Einschalten ergibt sich ein Restwärmefaktor

$$s_B = \mathbf{0{,}9}.$$

Beispiel 7.25 In einem 200 m² großen Zeichensaal beträgt die Anschlußleistung für die Beleuchtung 50 W/m². Vorgesehen sind durchlüftete Abluftleuchten, die an nicht isolierte Kanäle angeschlossen werden. Luftdurchsatz 50 m³/(h · 100 W). 50 m² des Saales erhellt das Tageslicht ausreichend. Die maximale Kühllast tritt 7 Stunden nach Einschalten der Beleuchtung auf. Wie groß ist die Beleuchtungswärme in kW zur Zeit der maximalen Kühllast?

Geg.: $P = p \cdot A = 50\ \text{W/m}^2 \cdot 200\ \text{m}^2 = 10\,000\ \text{W} = 10\ \text{kW}$,

$$l_1 = \frac{150\ \text{m}^2}{200\ \text{m}^2} = 0{,}75,\quad l_2 = 0{,}35\ (\text{Tab. } 7.13),\quad s_B = 0{,}75\ (\text{Tab. } 7.14);$$

ges.: $\dot{Q}_B$ in kW.

Lösung $\dot{Q}_B = P \cdot l_1 \cdot l_2 \cdot s_B = 10\ \text{kW} \cdot 0{,}75 \cdot 0{,}35 \cdot 0{,}75 = \mathbf{1{,}97\ kW}$

Durch den Einbau von Abluftleuchten wurde die Beleuchtungswärme erheblich verringert.

Aufgaben

6. Eine klimatisierte Fabrikationshalle hat eine Grundfläche von 950 m². Die Leuchten sind unbelüftet, haben eine Anschlußleistung von 35 W/m² Grundfläche, sind an die Decke angebaut und zu 100% dauernd eingeschaltet. Das Gebäude ist wenig speichernd. Die maximale Kühllast tritt um 16 Uhr auf. Arbeitsbeginn 6 Uhr. Wie groß ist die Beleuchtungswärme in kW zur Zeit der maximalen Kühllast?

7. Wie groß ist die Beleuchtungswärme bei den gleichen Voraussetzungen wie in Aufgabe 6, wenn nicht unbelüftete Leuchten, sondern durchlüftete Abluftleuchten mit einem Luftdurchsatz von 50 m³/h · 100 W eingebaut werden? Anschluß an nicht isolierte Kanäle.

8. Ein Büroraum mit 90 m² wird im Sommer gekühlt und ist deswegen mit umlüfteten Abluftleuchten ausgestattet.

Sie haben einen Luftdurchsatz von 100 m³/h · 100 W und eine Anschlußleistung von 50 W/m². Zur Zeit der maximalen Kühllast (14 Uhr) sind 20% der Leuchten ausgeschaltet. Arbeitsbeginn ist 7.30 Uhr. Wie groß ist die Beleuchtungswärme in kW um 14 Uhr? Bauart Absaugung über Deckenhohlraum.

9. Wie groß ist die Beleuchtungswärme in kW um 12 Uhr in einem Klassenraum unter diesen Bedingungen? Unbelüftete Leuchten, Anschlußleistung 40 W/m², Einschaltzeit 8 bis 15 Uhr, Bauart II, Fläche 80 m², alle Leuchten eingeschaltet und frei hängend.

10. Ein 100 m² großer Zeichensaal ist mit unbelüfteten Leuchten ausgestattet; Anschlußleistung 45 W/m². Die Beleuchtung ist von 7 bis 17 Uhr zu 75% eingeschaltet. Um welche Uhrzeit tritt die maximale Beleuchtungswärme auf, wenn es sich um eine leichte Bauart handelt. Leuchten in Decke eingebaut.

Maschinen- und Gerätewärme $\dot{Q}_N$. Hier ist der gesamte Wärmestrom zu berücksichtigen, den Maschinen, Geräte und Apparate umsetzen. Bei elektrischen Einrichtungen sind die Anschlußleistung, der Belastungs- und der Gleichzeitigkeitsfaktor vom Betrieb bzw. Bauherrn zu erfragen.

$$\dot{Q}_N = \sum \left(\frac{P \cdot a_1 \cdot a_2}{\eta} \right)$$

P = Nennleistung der Maschine
η = Wirkungsgrad des Antriebsmotors (7.15)
a_1 = Belastungsfaktor der Maschine, zu schätzen oder zu erfragen
a_2 = Gleichzeitigkeitsfaktor. Da meist mehrere Maschinen im Raum aufgestellt sind, berücksichtigt er den Leistungsanteil der im Mittel eingeschalteten Maschinen.

Tabelle 7.15 **Wirkungsgrad η für Drehstrom-Asynchronmotoren**

Nennleistung in kW	η für Motoren mit Kurzschlußläufer in %	Schleifringläufer in %
0,2	63	–
0,5	70	–
0,8	73	–
1,1	77	–
1,5	79	77
2,2	80	80
3,0	81	82
5,5	85	85
7,5	86	87
15,0	89	89
22,0	91	90
40,0	92	91

Wärmeaufnahme beim Stoffdurchsatz durch den Raum $\dot{Q}_G$. Werden höher temperierte Materialien (z. B. Werkstücke aus der Härterei) in einen klimatisierten Raum gebracht, geben sie dort Wärme ab und erhöhen die Kühllast. Im umgekehrten Fall können gekühlte Teile die Kühllast verringern. Der abgegebene Wärmestrom ergibt sich aus der bekannten Gleichung

$$\dot{Q}_G = \dot{m} \cdot c \, (t_E - t_A).$$

$\dot{m}$ = Masse des Stoffes je Zeit, die in den Raum gebracht oder aus ihm entfernt wird
c = mittlere spezifische Wärme
t_E, t_A = Eintritts- bzw. Austrittstemperatur

Beispiel 7.26   Ein Prüflabor erhält stündlich 200 kg Stahlteile (90 °C). Sie kühlen dort bis auf Raumtemperatur = 26 °C ab. Welchen Wärmestrom in kW geben die Stahlteile an den Raum ab?
Geg.: $\dot{m} = 200$ kg/h, $c = 0,128$ Wh/(kg $\cdot$ K), $t_E = 90$ °C, $t_A = 26$ °C; ges.: $\dot{Q}_G$ in kW.

Lösung $\dot{Q}_G = \dot{m} \cdot c \cdot (t_E - t_A) = 200 \text{ kg/h} \cdot 0,128 \dfrac{\text{Wh}}{\text{kg} \cdot \text{K}} \cdot (90\,°C - 26\,°C) = 1638 \text{ W}$
$\dot{Q}_G = \mathbf{1,638 \ kW}$

Aufgaben

11. In einem Labor befinden sich 8 Drehstrom-Antriebsmotoren (Kurzschlußläufer) mit je 2,2 kW Nennleistung. Durchschnittliche Motorenbelastung 75%; gleichzeitig laufen maximal 6 Motoren. Welcher Wärmestrom in kW ist in der Kühllast zu berücksichtigen?

12. Ein zu kühlender Prüfraum für Großventilatoren ist mit 7 Drehstrom-Antriebsmotoren (Schleifringläufer) je 40 kW ausgestattet. Bei durchschnittlicher Belastung von 65% sind gleichzeitig 6 Motoren eingeschaltet. Welchen Wärmestrom in kW geben die Motoren ab?

13. In einer Fertigungshalle für elektronische Bauteile sind gleichzeitig 15 elektrische Lötkolben in Betrieb. Durchschnittliche Leistungsaufnahme je 130 W. Um wieviel kW erhöhen die Lötkolben die Kühllast?

14. Armaturengehäuse aus Messing mit einer Masse von 0,6 t und einer Temperatur von 165 °C werden stündlich von der Gießerei zur Weiterbearbeitung in eine Halle mit CNC-Werkzeugmaschinen gebracht. Welchen Wärmestrom in kW geben die Werkstücke dort ab, wenn sie auf Hallentemperatur von 26 °C abkühlen?

15. 250 kg Ventilinnenteile aus hochlegiertem Stahl werden in 0,83 h auf -10 °C abgekühlt, um dann in einem klimatisierten Montageraum von 24 °C mit anderen Bauteilen gefügt zu werden. Um wieviel kW wird dadurch die Kühllast im Montageraum erhöht oder verringert?

Transmissionswärmeströme aus nichtklimatisierten Nachbarräumen $\dot{Q}_R$. Dies sind Wärmeströme, die durch die inneren Raumumschließungsflächen in den Raum ein- oder aus ihm herausfließen. Der Wärmestrom durch die inneren Raumumfassungen wird nach DIN 4701 bestimmt mit der Formel

$$\dot{Q}_R = A \cdot k \cdot (t_u - t_i).$$

t_u = Temperatur in den Nachbarräumen oder das Erdreich (**7.16**). Die Wärmedurchgangszahlen k sind nach DIN 4708 T 4 und DIN 4701 zu bestimmen.

Tabelle 7.16 Temperaturen nichtklimatisierter Nachbarräume

	t_u in °C
Nicht ausgebaute Dachräume	40 bis 50
ausgebaute Dachräume	35
andere Nachbarräume	30
Kellerräume ohne Wärmequellen, Erdreich	20
Raum zwischen Schau- und Innenfenster	35 bis 45

Beispiel 7.27 Ein zu klimatisierendes Labor mit $t_i = 25\,°C$ hat eine Fußbodenfläche von 50 m², die ans Erdreich grenzt, und eine Innenwand von 72 m², die an einen nichtklimatisierten Raum grenzt. $k_{FB} = 0{,}65\ \text{W}/(\text{m}^2 \cdot \text{K})$; $k_{IW} = 0{,}98\ \text{W}/(\text{m}^2 \cdot \text{K})$

Welcher Wärmestrom in W gelangt durch die inneren Raumumschließungsflächen in das Labor und trägt zur Kühllast bei?

Geg.: $A_{FB} = 50\ \text{m}^2$, $k_{FB} = 0{,}65\ \text{W}/(\text{m}^2 \cdot \text{K})$, $t_{uFB} = 20\,°C$ (7.16), $A_{IW} = 72\ \text{m}^2$, $k_{IW} = 0{,}98\ \text{W}/\text{m}^2 \cdot K$, $t_{uIW} = 30\,°C$ (7.16); ges.: $\dot{Q}_R$ in W.

Lösung

$$\dot{Q}_{RFB} = A \cdot k \cdot (t_u - t_i) = 50\ \text{m}^2 \cdot 0{,}65\ \frac{\text{W}}{\text{m}^2 \cdot \text{K}} \cdot (20\,°C - 25\,°C)$$

$$\dot{Q}_{RFB} = 162{,}5\ \text{W}\ \text{(aus dem Raum fließt Wärme ab)}$$

$$\dot{Q}_{RIW} = A \cdot k \cdot (t_u - t_i) = 72\ \text{m}^2 \cdot 0{,}98\ \frac{\text{W}}{\text{m}^2 \cdot \text{K}} \cdot (30\,°C - 25\,°C)$$

$$\dot{Q}_{RIW} = 352{,}8\ \text{W}\ \text{(dem Raum fließt Wärme zu)}$$

$$\dot{Q}_R = \dot{Q}_{RIW} - \dot{Q}_{RFB} = 352{,}8\ \text{W} - 162{,}5\ \text{W} = \mathbf{190{,}3\ W}$$

Aufgaben

16. Die Innenwände ($k = 1{,}1\ \text{W/m}^2 \cdot \text{K}$) eines zu klimatisierenden Raumes von 45 m² und $t_i = 25\,°C$ grenzen an nichtklimatisierte Nachbarräume. Welcher Wärmestrom in kW muß bei der Kühllast des zu klimatisierenden Raumes berücksichtigt werden?

17. Ein zu kühlender Raum hat eine Deckenfläche von 42 m² und soll im Sommer auf 26 °C gehalten werden. Welcher Wärmestrom in kW strömt ihm zu, wenn der darüberliegende Dachraum ausgebaut ist und die Decke eine k-Zahl von 0,7 W/(m² · K) hat?

18. Die Lufttemperatur einer 400 m² großen Fabrikhalle wird im Sommer von einer Teilklimaanlage auf 26 °C gehalten. Um wieviel kW erhöht/verringert sich die Kühllast durch den Wärmestrom über dem Fußboden, der an das Erdreich grenzt? $k_{FB} = 0{,}68\ \text{W}/(\text{m}^2 \cdot \text{K})$

19. Die 70 m² große Innenwand zu einem nicht klimatisierten Raum hat die k-Zahl 1,05 W/(m² · K). Um wieviel kW erhöht sich die Kühllast durch diese Innenwand bei $t_i = 24\,°C$?

20. Die Decke zu einem nicht ausgebauten Dachraum hat eine Fläche von 55 m² und die k-Zahl 0,58 W/(m² · K). Welcher Wärmestrom in kW ist bei der Kühllast zu berücksichtigen, wenn t_i 24 °C und t_u 45 °C sind?

Wärmedurchgang durch Außenwände und Dächer $\dot{Q}_W$. Die Berechnung der Wärmeströme von außen nach innen durch Wände und Dächer ist wesentlich schwieriger als die Wärmebedarfsberechnung nach DIN 4701. Dafür gibt es zwei Gründe.

206

– Die Außenlufttemperatur t_a schwankt periodisch. Im gleichen Maß ändern sich auch die Wärmeaufnahme und die Oberflächentemperatur auf der Wandaußenseite. Die Wärmeabgabe auf der Wandinnenseite verzögert sich durch die Wärmespeicherung der Wand und verursacht dadurch auch eine Temperaturdämpfung.

Hat die Wandaußenseite z. B. bei der höchsten Sonneneinstrahlung und Außentemperatur eine Oberflächentemperatur von 44 °C, kommt dieser maximale Wärmeeinfall erst 8 Stunden später mit 28,5 °C auf der Wandinnenseite an. Die zeitliche Verzögerung und Temperaturdämpfung hängen von der Wärmespeicherfähigkeit und somit von der Wandmasse ab.

> Je größer die Masse (d. h. die Wärmespeicherfähigkeit) der Wand, desto größer ist die zeitliche Verschiebung und desto geringer ist die Temperatur, mit der der Wärmestrom auf der Wandinnenseite ankommt und an die Raumluft übergeht.

Eine genaue Berechnung des Wärmestroms durch Außenwände und Dächer ist für den Praktiker zu aufwendig und daher unwirtschaftlich. Einfacher und ausreichend ist die Berechnung mit der **äquivalenten Temperaturdifferenz** $\Delta t_{äq}$. In die bekannte Wärmedurchgangsgleichung $\dot{Q} = A \cdot k \cdot (t_i - t_a)$ wird für $(t_i - t_a)$ $\Delta t_{äq}$ eingesetzt.

$$\dot{Q}_W = A \cdot k \cdot \Delta t_{äq} \qquad \text{in W}$$

A = Außenwand- oder Dachfläche in m^2

k = Wärmedurchgangszahl in $W/(m^2 \cdot K)$

$\Delta t_{äq}$ = äquivalente Temperaturdifferenz in K. Die Tabellenwerte 7.17 auf S. 208 gelten für Raumlufttemperaturen $t_i = 26\,°C$, mittlere Außenlufttemperatur $t_{am} = 24,5\,°C$ (Binnenlandklima, Juli, Tab. **7.18** auf S. 208) und maximale Außenlufttemperatur $t_{max} = 32\,°C$, Großstadttrübung. Bei Küstenklima ($t_{am} = 22\,°C$) und anderen Raumlufttemperaturen als 26 °C muß korrigiert werden nach der Formel

$$\Delta t_{äq1} = \Delta t_{äq} + (t_{am} - 24,5\,°C) + (26\,°C - t_i) + a_T \quad \text{in K.} \quad a_T = \text{Trübungsfaktor}$$

Beispiel 7.28 Eine 30 cm dicke SO-Außenwand besteht aus Vollziegel und 3,5 cm Wärmedämmung. Wie groß ist $\Delta t_{äq}$ um 20 Uhr, wenn das Gebäude in Hamburg (Küstenklima) in reiner Atmosphäre steht und eine Raumtemperatur von 24 °C gewünscht wird?

Geg.: $\Delta t_{äq} = 2,2$ K (**7.17**), $t_{am} = 22\,°C$, $t_i = 24\,°C$, $a_T = +1,5$; ges.: $\Delta t_{äq1}$.

Lösung $\Delta t_{äq1} = \Delta t_{äq} + (t_{am} - 24,5\,°C) + (26\,°C - t_i) + a_T$

$\Delta t_{äq1} = 2,2$ K $+ (22\,°C - 24,5\,°C) + (26\,°C - 24\,°C) + 1,5$ K

$\Delta t_{äq1} = 2,2$ K $- 2,5$ K $+ 2$ K $+ 1,5$ K $= \mathbf{3,2\ K}$

Beispiel 7.29 Ein zu klimatisierender Büroraum mit $t_i = 26\,°C$ hat eine 27 m^2 große Ostaußenwand aus 20 cm Beton und 5 cm Wärmedämmung. Das Haus steht in Frankfurt in Großstadtatmosphäre. Welcher Wärmestrom in W geht um 15 Uhr durch diese Wand?

Geg.: $A = 27\ m^2$, $k = 1,07\ W/(m^2 \cdot K)$ nach Tab. **7.17**, $\Delta t_{äq}$ um 15 Uhr, Osten = 2,2 K (**7.17**, keine Korrektur nötig); ges.: $\dot{Q}_W$ in W.

Lösung $\dot{Q}_W = A \cdot k \cdot \Delta t_{äq} = 27\ m^2 \cdot 1,07\ \dfrac{W}{m^2 \cdot K} \cdot 2,2\ K = \mathbf{64\ W}$

Tabelle **7.17** **Äquivalente Temperaturdifferenz in K** (Auswahl)

	Orientierung	12	13	14	15	16	... 20 Uhr
Wände							
30 cm Vollziegel	O	−0,9	−0,2	0,6	1,4	2,1	3,8
$k = 1,66$	S	−2,8	−2,8	−2,6	−1,9	−1,0	3,1
	W	−1,5	−1,9	−2,1	−2,1	−1,9	1,8
	N	−4,3	−4,4	−4,3	−4,1	−3,8	−1,8
30 cm Vollziegel	SO	0,2	0,1	0,2	0,4	0,7	2,2
mit Isolierung	S	−0,3	−0,6	−0,8	−0,9	−0,8	0,8
$k = 1,01$	SW	0,8	0,5	0,1	−0,1	−0,2	0,9
	W	1,0	0,6	0,3	0,0	−0,1	0,5
20 cm Beton	O	0,0	0,8	1,5	2,2	2,7	3,7
mit Isolierung	S	−2,4	−2,2	−1,6	−0,8	0,2	3,6
$k = 1,07$	W	−1,4	−1,6	−1,6	−1,4	−1,0	3,0
	N	−4,1	−4,1	−3,9	−3,6	−3,2	−1,4
30 cm Beton	SW	0,5	0,2	−1,1	−0,2	−0,22	1,4
mit Isolierung	W	0,6	0,3	0,1	−0,1	−0,2	0,9
$k = 0,99$	NW	−1,2	−1,5	−1,7	−1,7	−1,8	−1,0
	N	−3,1	−3,2	−3,3	−3,3	−3,2	−2,5
Dächer							
15 cm Stahlbeton	Sonne	5,8	7,6	9,5	11,5	13,2	15,5
mit Isolierung	diffus	−5,7	−5,3	−4,7	−4,2	−3,6	−2,0
$k = 1,01$							
20 cm Stahlbeton	Sonne	5,6	6,6	7,8	9,1	10,4	13,6
mit Isolierung	diffus	−5,4	−5,2	−4,9	−4,6	−4,2	−2,8
$k = 0,99$							

Tabelle **7.18** **Außenlufttemperatur in °C** (Auswahl)

Tageszeit	Binnenlandklima		Küstenklima	
	Juli	Sept.	Juli	Sept.
h — Mittelwerte	24,5	18,5	22	16,5
12	29,5	22,5	26,7	20,0
13	30,8	24,2	27,8	21,5
14	31,6	25,5	28,5	22,9
15	32,0	26,3	28,9	23,5
16	31,8	25,9	29,0	23,0
17	31,3	24,5	28,6	21,3
18	30,1	22,9	28,0	19,5
19	28,4	21,0	27,0	18,1
20	26,5	19,0	25,7	17,0

$a_T = $ Trübungsfaktor $+1,5$ für reine, $-1,5$ für Industrieatmosphäre, ± 0 für Großstadttrübung

> Die äquivalente Temperaturdifferenz berücksichtigt die zeitliche Verschiebung und die Temperaturdämpfung beim Wärmedurchgang durch Außenwände und Dächer.

Beispiel 7.30 Das Flachdach einer Kantine besteht aus 20 cm Stahlbeton, 3 cm Wärmedämmung 035 und 3 Lagen Bitumenpappe. Die Kantine befindet sich in Bremen (Küstenklima) in Industrieatmosphäre. Die Raumtemperatur soll auf 24 °C gehalten werden. Dachfläche = 520 m². Welcher Wärmestrom in W gelangt um 20 Uhr über das ganztägig von der Sonne beschienene Dach in die Kantine?

Beispiel 7.30,
Fortsetzung

Geg.: $A = 520\ \text{m}^2$, $k = 0{,}99\ \text{W/(m}^2 \cdot \text{K)}$ nach Tab. **7.17**, dort auch $\Delta t_{\text{äq}} = 13{,}6\ \text{K}$ (muß korrigiert werden, weil Küstenklima, Industrieatmosphäre und $t_i = 24\,°\text{C}$):

$$\Delta t_{\text{äq1}} = \Delta t_{\text{äq}} + (t_{\text{am}} - 24{,}5\,°\text{C}) + (26\,°\text{C} - t_i) + a_\text{T}$$
$$\Delta t_{\text{äq1}} = 13{,}6\ \text{K} - 2{,}5\ \text{K} + 2\ \text{K} - 1{,}5\ \text{K} = 11{,}6\ \text{K}$$

Ges.: $\dot{Q}_\text{W}$ in W.

Lösung

$$\dot{Q}_\text{W} = A \cdot k \cdot \Delta t_{\text{äq1}} = 520\ \text{m}^2 \cdot 0{,}99\ \frac{\text{W}}{\text{m}^2 \cdot \text{K}} \cdot 11{,}6\ \text{K} = \mathbf{5972\ W}$$

Aufgaben

21. Die Westaußenwand eines Büroraums besteht aus 30 cm starkem Vollziegel ohne Wärmedämmung. Wie groß ist $\Delta t_{\text{äq}}$ um 12 Uhr, wenn das Gebäude in Hannover steht und Großstadttrübung zu berücksichtigen ist? $t_i = 26\,°\text{C}$?

22. Ein Stuttgarter Labor in Großstadtatmosphäre muß im Sommer auf $t_i = 26\,°\text{C}$ gehalten werden. Der Raum hat eine 32 m² große Südaußenwand aus 30 cm Vollziegel mit 3,5 cm Holzwolle-Leichtbauplatten. Welcher Wärmestrom in W geht um 19 Uhr durch diese Wand?

23. Ein Speisesaal hat ein 150 m² großes Flachdach aus 15 cm Stahlbeton, 3 cm Wärmedämmung 035 und 2 Lagen Bitumenpappe. Er steht in Nürnberg in reiner Atmosphäre. Die Saallufttemperatur ist auf 24 °C zu halten. Welcher Wärmestrom in W gelangt um 14 Uhr durch das ganztägig von der Sonne beschienene Dach in den Saal?

24. Die Westwand einer Turnhalle ist 180 m² groß und besteht aus 30 cm Stahlbeton mit 5 cm Holzwolle-Leichtbauplatten. Die Halle befindet sich in Essen in Industrieatmosphäre und soll auf $t_i = 26\,°\text{C}$ gehalten werden. Wie groß ist der Wärmestrom in W, der um 16 Uhr über die Wand in die Halle gelangt?

25. Eine 25 m² große Südwand besteht aus 30 cm Vollziegel ohne Wärmedämmung. $t_i = 26\,°\text{C}$. Das Gebäude steht in Hamburg in Industrieatmosphäre. Welcher Wärmestrom in W geht um 20 Uhr durch diese Wand?

Wärmedurchgang durch Fenster $\dot{Q}_\text{F}$. Über Fenster gelangt die Wärme auf zwei Arten in den Raum: durch Transmissionswärme $\dot{Q}_\text{T}$ und Strahlungswärme $\dot{Q}_\text{S}$.

$$\dot{Q}_\text{F} = \dot{Q}_\text{T} + \dot{Q}_\text{S}$$

Die Transmissionswärme berechnet sich nach der uns schon bekannten Formel $\dot{Q}_\text{T} = A_\text{M} \cdot k_\text{F} \cdot (t_a - t_i)$. Dabei sind A_M die gesamte Fensterfläche (Maueröffnungsmaß), k_F die Wärmedurchgangszahl für Fenster nach DIN 4108 und t_a die momentane Außenlufttemperatur.

Beispiel 7.31

Die Maueröffnung für ein Holzfenster mit Isolierglas (12 mm Luftzwischenraum) beträgt 4,9 m². Der Raum ist in Hannover und soll im Sommer auf 25 °C gehalten werden. Welcher Wärmestrom in W gelangt um 13 Uhr durch Transmission in den Raum?

Geg.: $A = 4{,}9\ \text{m}^2$, k nach DIN 4108 $= 2{,}6\ \text{W/(m}^2 \cdot \text{K)}$, $t_a = 30{,}8\,°\text{C}$ (7.18), $t_i = 25\,°\text{C}$; ges.: $\dot{Q}_\text{T}$ in W.

Lösung

$$\dot{Q}_\text{T} = A_\text{M} \cdot k_\text{T} \cdot (t_a - t_i) = 4{,}9\ \text{m}^2 \cdot 2{,}6\ \frac{\text{W}}{\text{m}^2 \cdot \text{K}} \cdot (30{,}8\,°\text{C} - 25\,°\text{C}) = \mathbf{74\ W}$$

Die Strahlungswärme durch Fenster $\dot{Q}_\mathrm{S}$ ist schwieriger zu erfassen als die Transmissionswärme, weil die eindringenden Sonnenstrahlen erst beim Auftreffen auf die Raumumschließungsflächen oder Einrichtungsgegenstände in Wärme umgewandelt und gespeichert werden. In Abhängigkeit vom Speichervermögen der Wände, Fußböden, Möbel und anderen Einrichtungsgegenständen geht die eingestrahlte Sonnenwärme mit zeitlicher Verzögerung an die Raumluft über.

> Eingestrahlte Sonnenwärme wird durch die Speicherwirkung der Baumaterialien (vor allem Decke und Fußboden) und Einrichtungsgegenstände in geringerer Menge und zeitlich verschoben an die Raumluft abgegeben.
> Berechnung des aus dem Raum abzuführenden Wärmestroms:
>
> $$\dot{Q}_\mathrm{S} = [\underbrace{A_1 \cdot I_{max} \cdot a}_{\text{besonnt}} + \underbrace{(A - A_1) \cdot I_{diff\,max}}_{\text{beschattet}}] \cdot b \cdot s \qquad \text{in W}$$

A = gesamte Glasfläche, A_1 = besonnte Glasfläche, $A-A_1$ = beschattete Glasfläche. Anteilberechnung kompliziert; meist genügt Schätzung. Den Glasflächenanteil für verschiedene Fensterkonstruktionen zeigt Tab. **7.19**.

I_{max} = maximale Gesamtstrahlung für Auslegungsmoment (meist Juli) in W/m^2:

NO	O	SO	S	SW	W	NW	N
394	590	555	471	555	590	394	128

$I_{diff\,max}$ = maximale Diffusstrahlung für Auslegungsmonat (meist Juli). Man nimmt dazu aus der obigen Tabelle den Wert für die Nordrichtung ($128\ W/m^2$), weil hier immer Schatten herrscht.

a = Trübungsfaktor für atmosphärische Verunreinigungen

	Reine Atmosphäre	Großstadt-Atmosphäre	Industrie-Atmosphäre
Nord	1,00	1,00	1,00
sonst	1,15	1,00	0,87

Tabelle **7.19** **Glasfensteranteile g für verschiedene Fensterkonstruktionen** (Überschlagswerte)

Fensterbauart	Innere Laibung der Maueröffnung in m^2 (Maueröffnungsmaß A_M)									
	0,5	1,0	1,5	2,0	2,5	3	4	5	6	8
Holzfenster, einfach oder doppelt verglast, Verbundfenster	0,47	0,58	0,63	0,67	0,69	0,71	0,72	0,73	0,74	0,75
Holzdoppelfenster	0,36	0,48	0,55	0,60	0,62	0,65	0,68	0,69	0,70	0,71
Stahlfenster	0,56	0,77	0,83	0,86	0,87	0,88	0,90	0,90	0,90	0,90
Schaufenster, Oberlichte	0,90									
Balkontür mit Glasfüllung	0,50									

b = mittlerer Durchlaßfaktor der Sonnenstrahlen durch Fenster und Sonnenschutzeinrichtungen, bei Einfachverglasung mit Normalglas $b = 1$ (**7.20**).

s = Speicherfaktor, abhängig von der Anordnung der Beschattungseinrichtung (außen oder innen), vom Gebäudetyp und Berechnungsmonat (meist Juli, **7.21**).

Tabelle 7.20 Mittlerer Durchlaßfaktor b der Sonnenstrahlung

Gläser		**Zusätzliche Sonnenschutzvorrichtungen**	
Tafelglas EV	1,0		
– DV	0,9	Außen, Jalousie (Ö = 45°)	0,15
Absorptionsglas EV	0,7	– Stoffmarkise, ventiliert	0,3
– DV	0,6	– Stoffmarkise, anliegend	0,4
– Vorgehängte Absorptionsscheibe	0,5	Zwischen den Scheiben,	
Reflexionsglas EV	0,6	Jalousie (Ö = 45°)	0,5
– DV, Metalloxidbelag	0,5	Innen, Jalousie (Ö = 45°)	0,7
– DV, Edelmetallbelag	0,4	– Vorhänge hell	0,5
Glashohlstein, farblos		– Kunststoff-Folien	0,7
glatt, ohne Vlieseinlage	0,6		
– mit Vlieseinlage	0,4	**Kombinationen**	
strukturiert, ohne Vlieseinlage	0,4	durch Produktbildung der Faktoren	
– mit Vlieseinlage	0,3	z. B. Reflexionsglas, DV Metalloxidbelag	

EV = Einfach-, DV = Doppelverglasung,
Ö = Öffnungswinkel

z. B. Reflexionsglas, DV Metalloxidbelag $(b_1 = 0,5)$ und Vorhang $(b_2 = 0,5)$ $b = 0,5 \cdot 0,5 = 0,25$

Tabelle 7.21 Speicherfaktor s für Strahlungsenergie durch Fenster im Juli

Bauart	Sonnenschutz		Wahre Ortszeit (Sonnenzeit)																	
			5	6	7	8	9	10	11	12	13	14	15	16	17	18	19	20	21	22 h
I	innen	O	0,16	0,47	0,69	0,81	0,78	0,62	0,39	0,28	0,25	0,23	0,21	0,18	0,14	0,11	0,06	0,03	0,02	0,01
		SW	0,04	0,08	0,12	0,15	0,18	0,21	0,25	0,43	0,65	0,80	0,83	0,78	0,62	0,41	0,15	0,08	0,05	0,04
II	außen bzw. kein	O	0,12	0,30	0,43	0,52	0,53	0,46	0,35	0,29	0,27	0,26	0,24	0,22	0,20	0,17	0,14	0,12	0,10	0,09
		W	0,08	0,10	0,11	0,13	0,15	0,16	0,17	0,17	0,22	0,35	0,48	0,55	0,55	0,47	0,32	0,20	0,18	0,16

Beispiel 7.32 Ein Büroraum in Großstadtatmosphäre hat ein Südwest-Holzfenster von 3,57 m × 1,4 m mit Isolierglas (14 mm Luftzwischenraum). Fußboden und Decke speichern wenig Wärme (Bauart I). Als Sonnenschutz ist eine Innenjalousie vorgesehen. Das Fenster ist zu 100 % besonnt. Um welche Uhrzeit geht bei $t_i = 26\,°C$ und Binnenklima der größte Wärmestrom in W an die Raumluft über?

Geg.: $A_M = 3,57\ \text{m} \cdot 1,4\ \text{m} = 5\ \text{m}^2$, $g = 0,73$ (7.19), $A = A_M \cdot g = 5\ \text{m}^2 \cdot 0,73 = 3,65\ \text{m}^2$, $A = A_1$ (keine Beschattung), $k_T = 2,6\ \text{W/(m}^2 \cdot \text{K)}$, $I_{max} = 555\ \text{W/m}^2$, $a = 1$, $t_a = 32\,°C$ (7.18). Isolierverglasung kann als Doppelverglasung angesehen werden. Also $b_1 = 0,9 \cdot 0,7 = 0,63$ (7.20).

Bei Bauart I und innerem Sonnenschutz ist bei SW-Richtung der Speicherfaktor um 15 Uhr am größten mit $s = 0,83$ (7.21). Um diese Zeit geht die meiste Strahlungswärme an die Raumluft über.

Ges.: $\dot Q_T$, $\dot Q_S$ und $\dot Q_F$ in W.

Lösung

$$\dot Q_F = \dot Q_T + \dot Q_S$$

$$\dot Q_T = A_M \cdot k_T \cdot (t_a - t_i) = 5\ \text{m}^2 \cdot 2,6\ \frac{\text{W}}{\text{m}^2 \cdot \text{K}} \cdot (32\,°C - 26\,°C) = \textbf{78 W}$$

$$\dot Q_S = [\underbrace{A_1 \cdot I_{max} \cdot a}_{\text{besonnt}} + \underbrace{(A - A_1) \cdot I_{diff\,max}}_{\text{beschattet entfällt}}] \cdot b \cdot c$$

$$\dot Q_S = [3,65\ \text{m}^2 \cdot 555\ \text{W/m}^2 \cdot 1 + (3,65\ \text{m}^2 - 3,65\ \text{m}^2) \cdot 128\ \text{W/m}^2] \times 0,63 \cdot 0,83$$

$$\dot Q_S = [2025,75\ \text{W} + (0\ \text{m}^2) \cdot 128\ \text{W/m}^2] \cdot 0,63 \cdot 0,83 = \textbf{1059 W}$$

$$\dot Q_F = 78\ \text{W} + 1059\ \text{W} = \textbf{1137 W}$$

Aufgaben

26. Für ein Holzfenster mit Isolierglas (12 mm Luftzwischenraum) beträgt die Maueröffnung 6 m². Das Gebäude steht in München, die Raumlufttemperatur ist im Sommer auf 24 °C zu halten. Welcher Wärmestrom in kW gelangt um 14 Uhr durch Transmission in den Raum?

27. Welcher Transmissionswärmestrom gelangt um 9 Uhr durch das in Aufgabe 26 beschriebene Fenster?

28. Das Westfenster eines Schalterraums ist aus Holz mit Isolierglas (14 mm Luftzwischenraum), zu 100% besonnt und 4,0 m × 2,0 m groß. Das Gebäude steht in Großstadtatmosphäre und Küstenklima. Fußboden und Decke sind stark speichernd (Bauart II). Als Sonnenschutz ist eine Außenjalousie (Öffnungswinkel 45°) vorgesehen. Um welche Uhrzeit geht der größte Wärmestrom ($\dot{Q}_T + \dot{Q}_S$) in W an die Raumluft ($t_i = 24\,°\text{C}$) über?

29. Im gleichen Raum wie Aufgabe 28 gibt es ein 6 m² großes Ostfenster, bei dem die Glasfläche 50% beschattet ist. Um welche Uhrzeit gelangt der maximale Wärmestrom $\dot{Q}_F$ in den Raum?

30. Ein Südostfenster aus Holz mit Isolierglas (12 mm Luft Zwischenraum) hat eine Maueröffnung von 8 m² und ist voll besonnt. Das Gebäude steht in Großstadtatmosphäre und Binnenklima (Bauart I). Als Sonnenschutz wird eine Innenjalousie mit 45° Öffnungswinkel verwendet. Um welche Uhrzeit geht der größte Wärmestrom in W an die Raumluft bei $t_i = 25\,°\text{C}$ über?

Für die Kühllastberechnung verwendet man wie für die Wärmebedarfsberechnung (Heizlast) Formulare.

7.4.2 Be- und Entfeuchtungslast

Im Winter muß die Luft befeuchtet werden, weil die relative Feuchte durch die Lufterwärmung auf ein ungesundes Maß absinkt. Im Sommer ist es umgekehrt: Die Luft muß gekühlt werden, die Folge ist ein unerträgliches Ansteigen der relativen Feuchte – die Luft muß entfeuchtet werden.

> Die relative Feuchte in Aufenthaltsräumen sollte mindestens 50% und höchstens 65% betragen.

Außer der relativen Feuchte φ ist die absolute Feuchte x wichtig für die Berechnungen.

> Die absolute Feuchte x in g/kg gibt an, wieviel g Wasserdampf in 1 kg trockener Luft enthalten sind. Wenn die Luft bei einer bestimmten Temperatur keinen Wasserdampf mehr aufnehmen kann, spricht man von gesättigter Luft und verwendet das Formelzeichen x_s.

Beispiel 7.34   Luft von 20°C und $\varphi = 50\%$ hat eine absolute (tatsächliche) Feuchtigkeit $x = 7,2$ g/kg. Beim Sättigungsgrad x_s kann die Luft 14,6 g Wasserdampf je kg Luft aufnehmen. Daraus folgt: Bei gesättigter Luft beträgt die relative Feuchte $\varphi = 100\%$.

> Die relative Luftfeuchte ist das Verhältnis des vorhandenen Wasserdampfgehalts in der Luft zum maximal möglichen, bei dem die Luft gesättigt ist.
>
> $$\text{Relative Feuchte} = \frac{\text{vorh. Wasserdampf}}{\text{max. möglicher Wasserdampfgehalt}} \qquad \varphi = \frac{x}{x_s} \text{ in \%}$$

Beispiel 7.35   Luft von 22°C hat einen Wasserdampfgehalt von 10 g/kg. Wie hoch ist die relative Feuchte?

Geg.: $x = 10$ g/kg, $x_s = 16,5$ g/kg lt. h,x-Diagramm **7.22**; ges.: φ in %.

Lösung $\varphi = \dfrac{x}{x_s} = \dfrac{10 \text{ g/kg}}{16,5 \text{ g/kg}} = 0,606 \cong \mathbf{60,6\%}$

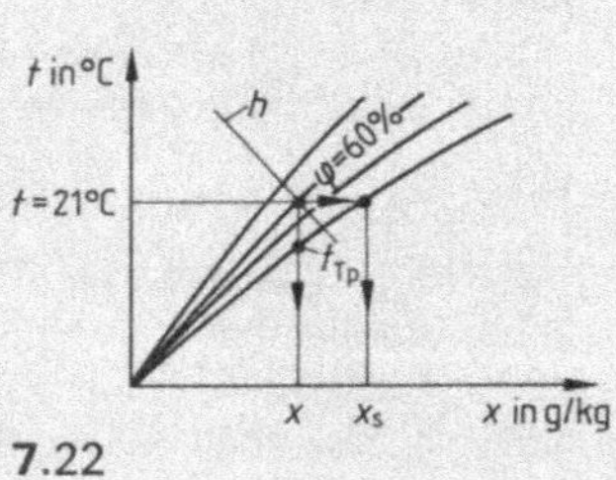

Vergleichen Sie diesen Wert mit dem aus dem h,x-Diagramm **7.22** abzulesenden Wert.   **7.22**

Bei Be- und Entfeuchtungslast ist zu unterscheiden:

- zwischen der Wasserdampfmenge, die der Außenluft im Winter zuzuführen (Befeuchtung) und im Sommer zu entziehen ist (Entfeuchtung).
- zwischen der Be- und Entfeuchtungslast im Raum. So geben Menschen Wasserdampf an die Raumluft ab und befeuchten sie damit. In gewerblich genutzten Räumen entziehen dagegen bestimmte Stoffe (z. B. Papier, Textilien, Tabak) der Raumluft Wasserdampf, entfeuchten sie also.

Die feuchte Kühllast $\dot{Q}_{Kf}$ (von den Menschen bzw. feuchten Stoffen an die Raumluft abgegebener Wasserdampf) ermitteln wir nach Beispiel 7.36.

Beispiel 7.36   In einem Konferenzsaal mit $t_i = 22$°C finden 160 Personen Platz. Welche feuchte Wärme ($\dot{Q}_{Mf}$) in kW geben die körperlich nicht tätigen Leute ab?

Geg.: 160 Personen, $t_i = 22$°C; ges.: $\dot{Q}_{Mf}$ in kW

Lösung   Tabelle **7.11** entnehmen wir bei 22°C eine feuchte Wärmeabgabe von 30 W/Person.

$\dot{Q}_{Mf} = 160$ Personen $\cdot$ 30 W/Person $= 4800$ W $= \mathbf{4,8\ kW}$

Stoffe, die der Luft Feuchtigkeit entziehen, nennt man hygroskopisch. Zum Ermitteln der Entfeuchtungslast gibt es keine allgemeingültige Formel.

31. Im Winter hat die Raumluft eines Büros eine Temperatur von 20 °C und eine absolute Feuchte von 11 g/kg. Wie groß ist die relative Feuchte in %?

32. Im Sommer beträgt die Lufttemperatur eines Büros 26 °C, die absolute Feuchte 11 g/kg. Berechnen Sie die relative Feuchte in %.

33. Eine RLT-Anlage saugt im Dezember Außenluft von -5 °C und $\varphi = 80\%$ an. Wie groß ist die absolute Feuchte der Außenluft in g/kg?

34. Die Lufttemperatur eines Hallenbads beträgt 28 °C, die relative Feuchte 60%. Wie groß ist die absolute Feuchte in g/kg?

35. Welche feuchte Wärme in kW geben 1000 Zuschauer in einer Sporthalle ab? $t_i = 20$ °C.

36. In einer Fertigungshalle üben 250 Personen eine mittelschwere Tätigkeit aus. Wieviel feuchte Wärme in kW geben sie ab? $t_i = 18$ °C.

7.5 h, x-Diagramm

Für die Darstellung von Temperatur- und Feuchtigkeitsänderungen der Luft in Klimaanlagen ist das h, x-Diagramm (Mollier-Diagramm) das wichtigste Hilfsmittel. Mit ihm lassen sich auch die Leistungen der Lufterwärmer und Luftkühler sowie der Luftbe- und -entfeuchter ermitteln.

Weitere wichtige Zustandsgrößen der Luft sind:

- x und x_s (s. Abschn. 7.4.2).
- h = Wärmeinhalt (Enthalpie) der Luft in kJ/kg; der Bezugspunkt für h liegt bei $t = 0$ °C und $x = 0$ g/kg.

  Der Wärmeinhalt der feuchten Luft setzt sich aus zwei Anteilen zusammen:

  aus der trockenen Wärme, die die Temperatur bestimmt, daher auch fühlbare oder sensible Wärme genannt, und

  aus der feuchten Wärme, die als Verdampfungswärme im Wasserdampf der Luft enthalten ist. Sie ist nicht fühlbar und heißt daher auch latente (verborgene) Wärme.

Wärmeinhalt h der feuchten Luft	=	trockene (fühlbare oder sensible) Wärme	+	feuchte (nicht fühlbare oder latente) Wärme

- t_{Tp} = Taupunkttemperatur, bei der die Luft mit Wasserdampf gesättigt ist. Sie liegt deshalb auf der Sättigungskurve (d. h. $\varphi = 100\%$). Bei Unterschreitung der t_{Tp} beginnt der Wasserdampf in der Luft zu kondensieren. Der Taupunkt wird durch Luftabkühlung erreicht. Dieser Vorgang verläuft im h, x-Diagramm senkrecht von oben nach unten, d. h. bei konstantem Wasserdampfgehalt x.

Beispiel 7.37 Für Luft von 21 °C und $\varphi = 60\%$ sollen die weiteren Zustandsgrößen x und x_s in g/kg, h in kJ/kg und t_{Tp} in °C mit dem h, x-Diagramm ermittelt werden.

Lösung h, x-Diagramm 7.23

$$x = 9{,}4 \text{ g/kg}$$
$$x_s = 15{,}7 \text{ g/kg}$$
$$h = 45 \text{ kJ/kg}$$
$$t_{Tp} = 13 \text{ °C}$$

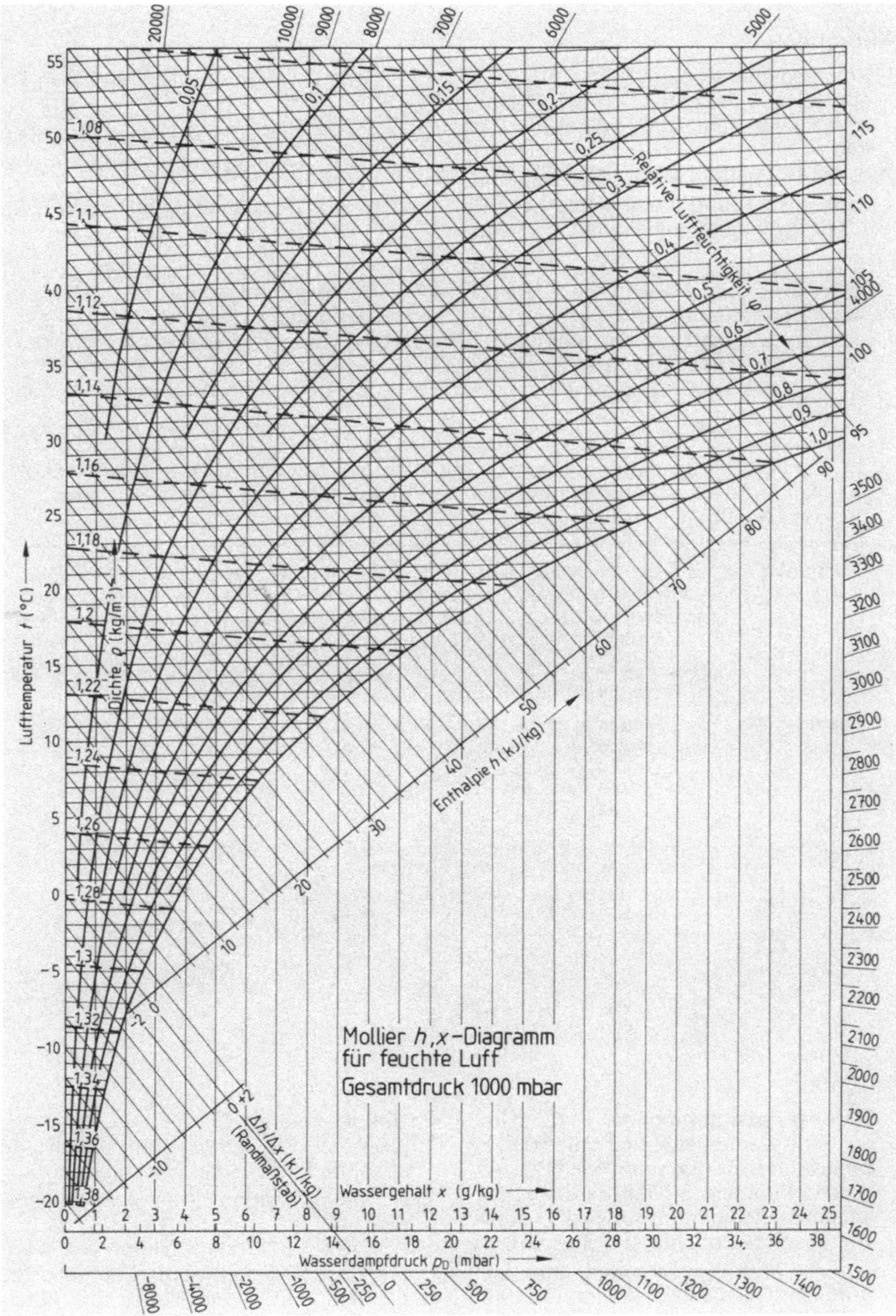

Lufttemperatur t (°C)
Dichte ρ (kg/m³)
Relative Luftfeuchtigkeit φ
Enthalpie h (kJ/kg)
Mollier h,x-Diagramm
für feuchte Luft
Gesamtdruck 1000 mbar
Δh/Δx (kJ/kg)
(Randmaßstab)
Wassergehalt x (g/kg)
Wasserdampfdruck p_D (mbar)

Aufgaben

1. Sommerliche Außenluft hat bei 30 °C eine relative Feuchte von 45%. Bestimmen Sie mit dem h,x-Diagramm x, x_s, h und t_{Tp}.

2. Im Winter beträgt die Außenlufttemperatur -10 °C und die absolute Feuchte 1,3 g/kg. Bestimmen Sie mit dem h,x-Diagramm φ in %, x_s in g/kg, h in kJ/kg, t_{Tp} in °C.

3. In der Mischkammer einer RLT-Anlage hat die Luft 6 °C und eine relative Feuchte von 60%. Bestimmen Sie mit dem h,x-Diagramm x und x_s in g/kg, h in kJ/kg und t_{Tp} in °C.

Mischen von Außen- und Umluft. Die Mischkammer ist das erste Bauteil einer Klimazentrale. Die eigentliche Luftbehandlungseinrichtungen zum Heizen, Kühlen usw. sind ihr nachgeordnet. Von den zu mischenden Luftmengen $\dot{m}_{AU}$ und $\dot{m}_{UM}$ sind meist die Temperaturen t_{AU} und t_{UM} sowie die relativen Feuchten φ_{AU} und φ_{UM} bekannt. Zu ermitteln ist der Mischluftzustand, mit dem die Luft in den Erwärmer oder Kühler strömt.

> Der Mischluftzustand ist einfach mit dem h,x-Diagramm zu ermitteln. Er liegt auf der Verbindungslinie zwischen den Zustandspunkten der Außen- und Umluft.

Beispiel 7.38 In der Mischkammer einer Klimazentrale werden stündlich 4000 m³ Außenluft von -10 °C und $\varphi = 80\%$ mit 6000 m³ Umluft von 20 °C und $\varphi = 50\%$ gemischt. Ermitteln Sie die relative und absolute Feuchte der Mischluft sowie die Mischlufttemperatur mit dem h,x-Diagramm.

Geg.: $t_{AU} = -10$ °C, $\varphi_{AU} = 80\%$, $t_{UM} = 20$ °C, $\varphi_{UM} = 50\%$, $\dot{m}_{AU} = 4000$ m³/h, $\dot{m}_{UM} = 6000$ m³/h; ges.: t_{MI} in °C, φ_{MI} in %, x_{MI} in g/kg

Lösung h,x-Diagramm 7.24. Die Länge zwischen den beiden Ausgangspunkten beträgt im Originaldiagramm 105 mm. Sie wird im Verhältnis 4:6 aufgeteilt.

$$4 \text{ Teile} = \frac{105 \text{ mm} \cdot 4}{10} = 42 \text{ mm}$$

$$6 \text{ Teile} = 105 \text{ mm} - 42 \text{ mm} = 63 \text{ mm}$$

Da der Umluftanteil größer ist als der Außenluftanteil, muß der Mischluftzustand näher am Umluftzustand liegen. Also befindet sich der Mischluftpunkt 42 mm vom Umluftpunkt entfernt.

$$t_{MI} = 8{,}0 \text{ °C} \qquad \varphi_{MI} = 71\%$$

$$x_{MI} = 4{,}9 \text{ g/kg}$$

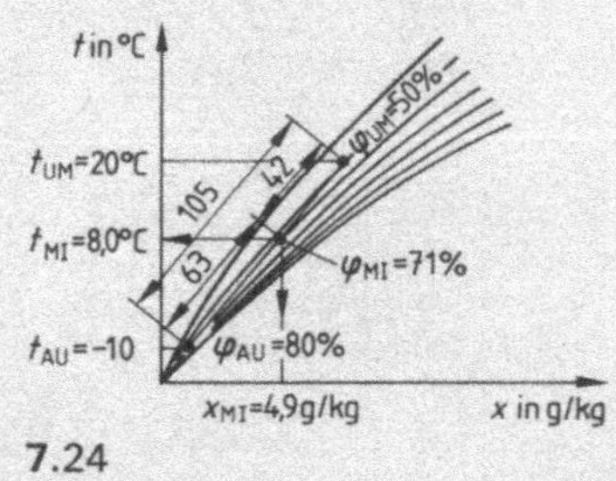

7.24

Aufgaben

4. 5000 kg Außenluft von $t = -10$ °C und $\varphi = 80\%$ werden stündlich mit 5000 kg Umluft von 20 °C und $\varphi = 50\%$ gemischt. Ermitteln Sie mit dem h,x-Diagramm die Temperatur sowie die relative und absolute Feuchte der Mischluft.

5. In einer Mischkammer vereinigen sich stündlich 6000 m³ Außenluft von -15 °C und $\varphi = 80\%$ mit 10 000 m³ Umluft von 20 °C und $\varphi = 45\%$. Wie groß sind die Temperatur, relative und absolute Feuchte der Mischluft?

6. Stündlich werden in einer Mischkammer 5000 m³ Außenluft von 32 °C und $\varphi = 40\%$ mit 2500 m³ Umluft von 24 °C und $\varphi = 50\%$ gemischt. Ermitteln Sie die Temperatur, die relative und absolute Feuchte der Mischluft.

7. Im Juli hat die Mischluft einer RLT-Zentrale eine Temperatur von 29 °C, der Außenluftanteil beträgt 6000 m³/h mit $t = 32$ °C und $\varphi = 45\%$.

a) Wieviel m³ Umluft von 24 °C und $\varphi = 50\%$ müssen stündlich zugemischt werden, um eine Mischlufttemperatur von 29 °C zu erreichen?

b) Welche relative und absolute Feuchte hat die Mischluft?

Erwärmen von Luft. Wird dem Lufterwärmer feuchte Luft zugeführt, erhöht sich die Lufttemperatur, wobei die absolute Feuchte konstant bleibt, die relative sich dagegen verringert. Im h,x-Diagramm verläuft diese Zustandsänderung von unten nach oben, d. h. parallel zur x-Linie.

Die von der Luft aufgenommene oder vom Lufterwärmer abgegebene Wärmeleistung ermitteln wir, indem wir die Differenz zwischen den Wärmeinhalten vor und nach der Lufterwärmung bilden.

$\dot{Q}_{LE}$ = Wärmeleistung des Lufterwärmers

Beispiel 7.39 In einem Lufterwärmer sollen stündlich 15000 m³ Mischluft von 8 °C und $\varphi = 70\%$ auf eine Zulufttemperatur von 35 °C erwärmt werden. Mit dem h,x-Diagramm sind zu ermitteln:

a) die absolute Feuchte der Misch- und Zuluft und die relative Feuchte der Zuluft,

b) die Wärmeleistung der Lufterwärmer in kW.

Geg.: $\dot{V}_{MI} = 15000$ m³/h, $\dot{m}_{MI} = \dot{m}_{ZU} = 15000$ m³/h $\cdot$ 1,2 kg/m³ $= 18000$ kg/h, $t_{MI} = 8$ °C, $\varphi_{MI} = 70\%$, $t_{ZU} = 35$ °C; ges.: a) x_{MI} und x_{ZU} in g/kg, φ_{ZU} in %, b) $\dot{Q}_{LE}$ in kW

Lösung

h,x-Diagramm 7.25

a) $x_{MI} = x_{ZU} = $ **4,8 g/kg** $\varphi_{ZU} = $ **14%**

b) $\dot{Q}_{LE} = \dot{m} \cdot (h_{ZU} - h_{MI}) = 18000$ kg/h $\cdot$ (47,5 kJ/kg − 20 kJ/kg)

$\dot{Q}_{LE} = 18000$ kg/h $\cdot$ 27,5 kJ/kg

$\dot{Q}_{LE} = 495000$ kJ/h $= 137,5$ kJ/s

$\dot{Q}_{LE} \cong $ **137,5 kW**

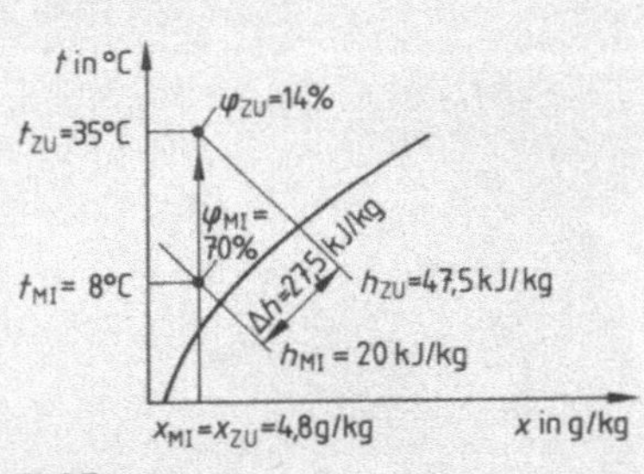

7.25

Aufgaben

8. Einem Lufterwärmer werden stündlich 10000 kg Mischluft von 7 °C und $\varphi = 70\%$ zugeführt, die auf Zulufttemperatur von 32 °C erwärmt werden sollen.
   a) Welchen Wärmeinhalt in kJ/kg haben die Misch- und Zuluft?
   b) Welche Wärmeleistung in kW ist für die Lufterwärmung erforderlich?

9. Im Lufterwärmer sollen 8000 m³/h Luft von 2 °C und $x = 2$ g/kg auf 29 °C erwärmt werden.
   a) Welche relative Feuchte in % hat die Luft vor und nach dem Erwärmen?

b) Welche Wärmeleistung in kW muß der Lufterwärmer haben?

10. Einer Mischkammer werden 4000 m³/h Außenluft von −10 °C und $x = 0,7$ g/kg sowie 2000 m³/h Umluft von 20 °C und $\varphi = 45\%$ zugeführt.
    a) Ermitteln Sie die Temperatur und absolute Feuchte der Mischluft.
    b) Wie groß muß die Wärmeleistung des Lufterwärmers sein, wenn die Mischluft auf 35 °C erwärmt wird?

Befeuchten von Luft

Wir wollen hier nur auf die Befeuchtung mit Wasser in Sprühbefeuchtern eingehen. In diesen Geräten wird das Wasser erst fein zerstäubt, bevor es verdunstet und als Wasserdampf von der zu befeuchtenden Luft aufgenommen wird. Künftig wird man aus hygienischen Gründen die Dampfbefeuchtung bevorzugen.

Ist das Wasser weder erwärmt noch gekühlt, bevor es dem Sprühbefeuchter zugeführt wird, nennt man es U m l a u f w a s s e r. Diese Art der Wasserbefeuchtung kommt am häufigsten vor. Die zur Wasserverdunstung nötige Wärme wird hauptsächlich der Luft entzogen. Die Folge ist eine Verringerung der Lufttemperatur.

> Beim Befeuchten mit Umlaufwasser wird die fühlbare Wärme der Luft geringer (Abkühlung). Um den gleichen Betrag steigt die nicht fühlbare (latente) Wärme (Feuchtigkeitszunahme). Dadurch bleibt der Wärmeinhalt der Luft konstant, und der Befeuchtungsvorgang verläuft parallel zur Wärmeinhaltslinie (h-Linie).

Beispiel 7.40 6000 kg Mischluft von 6 °C und $\varphi = 60\%$ sind im Winterbetrieb stündlich auf eine Zulufttemperatur von 29,5 °C und $\varphi = 28\%$ zu erwärmen und zu befeuchten (**7.26**).

a) Wieviel l Wasser sind der Luft stündlich zuzuführen?

b) Mit welcher Temperatur muß die Luft den Erwärmer verlassen?

c) Wieviel Wärmeleistung ist für die Temperaturerhöhung auf 29,5 °C aufzubringen? (trockene oder sensible Wärme)

d) Welche Wärmeleistung ist für die Luftbefeuchtung erforderlich? (feuchte oder latente Wärme)

Geg.: $\dot{m}_{MI} = \dot{m}_{ZU} = 6000$ kg/h, $t_{MI} = 6$ °C, $\varphi_{Mi} = 60\%$, $t_{ZU} = 29{,}5$ °C, $\varphi_{ZU} = 28\%$; ges.: a) Befeuchtungswasser in l/h, b) t nach Erwärmer in °C (t_{LE}), c) $\dot{Q}_{Heiz}$ 29,5 °C in kW, d) $\dot{Q}_{Bef}$ in kW

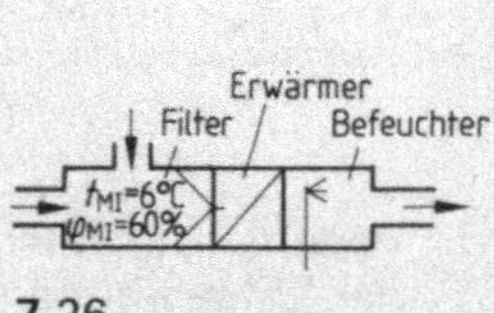

7.26

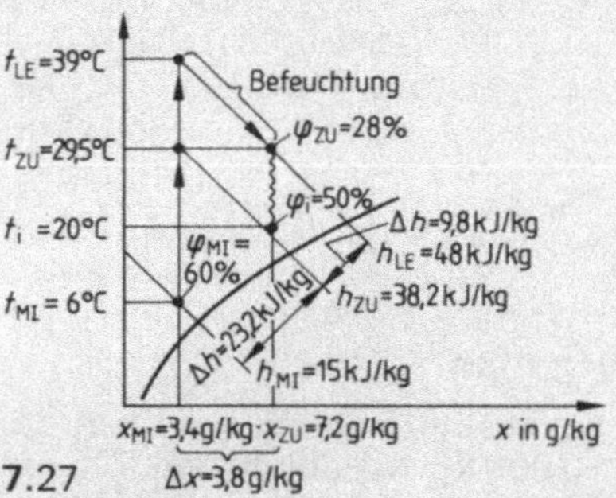

7.27

Lösung h, x-Diagramm **7.27**

Hinweis zu b): Müßte die Luft nicht befeuchtet werden, wäre eine Erwärmung auf 29,5 °C ausreichend. Da jedoch für die Befeuchtung eine zusätzliche Verdampfungswärme nötig ist, muß die Luft auf ≈ 39 °C erwärmt werden. Mit 39 °C strömt die Luft in den Befeuchter und verläßt ihn mit 29,5 °C und $\varphi = 28\%$ (sensible Wärme wird in latente umgewandelt). Wenn die Luft im Raum bis auf 20 °C abkühlt, hat sie eine relative Feuchte φ von 50%.

a) 1 kg Luft werden 3,8 l Wasser zugeführt.

6000 kg Luft werden 3,8 g/kg · 6000 kg/h = 22,8 kg/h $\hat{=}$ **22,8 l** zugeführt.

Lösung, **b)** $t_{LE} = \mathbf{39\,°C}$ (aus h,x-Diagramm)
Fortsetzung
c) $\dot{Q}_{\text{Heiz}\,29,5\,°C} = \dot{m}_{ZU} \cdot (h_{ZU} - h_{MI}) = 6000\ \text{kg/h} \cdot (38{,}2\ \text{kJ/kg} - 15\ \text{kJ/kg})$

$\dot{Q}_{\text{Heiz}\,29,5\,°C} = 6000\ \text{kg/h} \cdot 23{,}2\ \text{kJ/kg} = 139\,200\ \text{kJ/h} \cong \mathbf{38{,}7\ kW}$

d) $\dot{Q}_{\text{Bef}} = \dot{m}_{ZU} \cdot (h_{LE} - h_{ZU}) = 6000\ \text{kg/h} \cdot (48\ \text{kJ/kg} - 38{,}2\ \text{kJ/kg})$

$\dot{Q}_{\text{Bef}} = 6000\ \text{kg/h} \cdot 9{,}8\ \text{kJ/kg} = 58\,800\ \text{kJ/h} \cong \mathbf{16{,}3\ kW}$

Aufgaben

11. Luft von 28 °C und $x = 5$ g/kg soll auf eine absolute Feuchte von 12 g/kg befeuchtet werden. Wieviel l Befeuchtungswasser sind einer Luftmenge von 1000 kg/h zuzuführen?

12. 8000 m³/h Zuluft sollen von 30 °C und $\varphi = 10\%$ auf eine absolute Feuchte von 13,3 g/kg befeuchtet werden.
    a) Wieviel Liter Wasser müssen der Luft stündlich zugeführt werden?
    b) Welche Wärmeleistung in kW ist für die Luftbefeuchtung erforderlich?
    c) Welche relative Feuchte hat die Luft nach der Befeuchtung?

13. Aus einer Mischluftkammer strömen stündlich 9000 m³ Luft von 4 °C und $\varphi = 70\%$ dem Lufterwärmer und anschließend dem Luftbefeuchter zu. Nach dem Befeuchten soll die Luft eine Temperatur von 30 °C und eine absolute Feuchte von 7 g/kg haben.
    a) Wieviel Befeuchtungswasser in kg/h ist der Luft zuzuführen?
    b) Mit welcher Temperatur muß die Luft den Erwärmer verlassen?
    c) Welche Wärmeleistung in kW muß der Lufterwärmer haben?
    d) Welche Wärmeleistung in kW ist für die Luftbefeuchtung erforderlich?

Kühlen und Entfeuchten von Luft. Im h,x-Diagramm wird die am häufigsten vorkommende Luftkühlung mit Oberflächenkühlern dargestellt. Es handelt sich um Wärmetauscher, die vom gekühlten Wasser oder Kältemittel durchströmt werden. Somit ist eine Kältemaschine erforderlich, wenn nicht kühles Brunnen- oder Oberflächenwasser zur Verfügung steht. Wenn der Verdampfer der Kältemaschine in dem zur kühlenden Luftstrom sitzt, spricht man von d i r e k t e r Kühlung. Bei der i n d i r e k t e n K ü h l u n g wird erst das umlaufende Wasser von der Kältemaschine gekühlt und dann dem Wärmetauscher im Luftstrom zugeführt. Kältemaschinen, die kaltes Wasser erzeugen, heißen Kaltwassersatz. Wir unterscheiden zwischen t r o c k e n e r und n a s s e r K ü h l u n g.

> Bei der trockenen Kühlung liegt die Oberflächentemperatur des Kühlers oberhalb des Lufttaupunkts. Der Kühlvorgang verläuft parallel zur x-Linie.

Beispiel 7.41 Im Sommerbetrieb sollen je Stunde 10 000 kg Mischluft von 25 °C und $\varphi = 32\%$ auf eine Zulufttemperatur von 16 °C gekühlt werden. Die Kühleroberflächentemperatur beträgt 12 °C. Welche Kälteleistung in kW muß der Kühler haben?

Geg.: $\dot{m}_{MI} = 10\,000$ kg/h, $t_{MI} = 25\,°C$, $t_{ZU} = 16\,°C$, $\dot{x}_{MI} = x_{ZU} = 6{,}2$ g/kg, $\varphi_{MI} = 32\%$; ges.: $\dot{Q}_{Kü}$ in kW, φ_{ZU} in %

Lösung h,x-Diagramm 7.28

$\dot{Q}_{Kü} = \dot{m} \cdot (h_{MI} - h_{ZU})$

$\dot{Q}_{Kü} = 10\,000\ \text{kg/h}$
$\qquad \times\ (41\ \text{kJ/kg} - 31{,}8\ \text{kJ/kg})$

$\dot{Q}_{Kü} = 92\,000\ \text{kJ/kg} \cong \mathbf{25{,}5\ kW}$

$\varphi_{ZU} = \mathbf{54\%}$

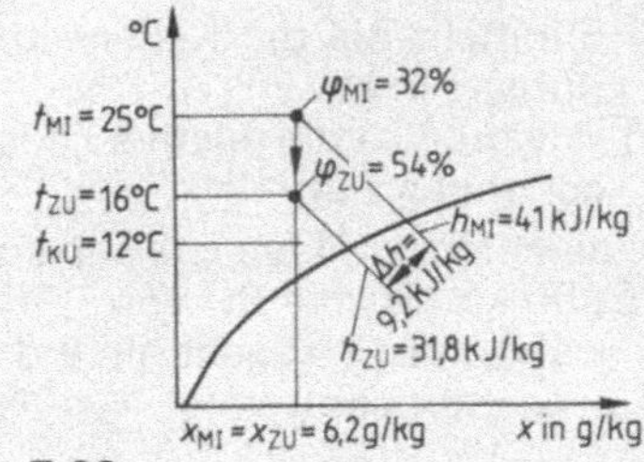

7.28

Bei der nassen Kühlung wird die Luft gleichzeitig entfeuchtet. Die Oberflächentemperatur des Kühlers muß also unter der Taupunkttemperatur liegen, weil nur dann Wasser aus der Luft ausscheidet. Die Zustandsänderung verläuft im h, x-Diagramm von rechts oben schräg nach links unten. $\dot{m}_{EW}$ = Entfeuchtungswasser in kg/h.

Beispiel 7.42 10000 kg Mischluft von 28 °C und $x = 9{,}5$ g/kg sollen stündlich auf 11 °C abgekühlt und auf $x = 6{,}3$ g/kg entfeuchtet werden.

a) Wieviel kg Wasser scheiden stündlich aus der Mischluft aus?

b) Welche Kälteleistung an kW ist fürs Kühlen und Entfeuchten aufzubringen?

c) Mit welcher relativen Feuchte verläßt die Luft den Kühler?

Geg.: $\dot{m}_{MI} = \dot{m}_{ZU} = 10000$ kg/h, $t_{MI} = 28$ °C, $t_{ZU} = 11$ °C, $x_{MI} = 9{,}5$ g/kg, $x_{ZU} = 6{,}3$ g/kg; ges.: $\dot{m}_{EW}$ in kg/h, $\dot{Q}_{Kü}$ in kW, φ_{ZU} in %

Lösung h, x-Diagramm **7.29**

a) $\dot{m}_{EW} = \dot{m}_{MI} \cdot (x_{MI} - x_{ZU}) =$
10000 kg/h $\cdot$ (9,5 g/kg − 6,3 g/kg)
$\dot{m}_{EW} = 32000$ g/h = **32 kg/h**

b) $\dot{Q}_{Kü} = \dot{m}_{MI} \cdot (h_{MI} - h_{ZU}) =$
10000 kg/h $\cdot$ (52 kJ/kg − 27 kJ/kg)
$\dot{Q}_{Kü} = 250000$ kJ/h $\hat{=}$ **69,4 kW**

c) $\varphi_{ZU} =$ **76%**

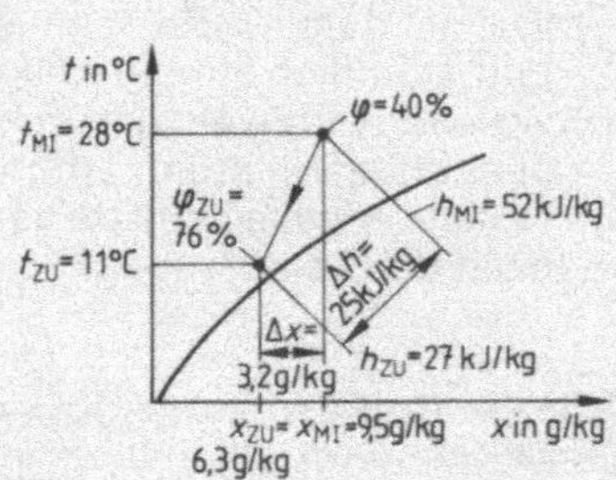

7.29

Aufgaben

14. Im Sommer sind stündlich 5000 m³ Mischluft von 28 °C und $\varphi = 30\%$ auf eine Zulufttemperatur von 18 °C zu kühlen.
    a) Wie groß muß die Kälteleistung des Kühlers in kW sein?
    b) Welche relative Feuchte hat die gekühlte Luft?

15. 8000 m³ Außenluft von 32 °C und $\varphi = 40\%$ sollen stündlich auf 20 °C gekühlt werden.
    a) Ermitteln Sie die Kälteleistung des Kühlers in kW.
    b) Wie groß ist die relative Feuchte der gekühlten Luft?

16. In einer RLT-Anlage werden stündlich 15000 kg Mischluft von 29 °C und $\varphi = 45\%$ auf 12 °C gekühlt und auf $x = 7$ g/kg entfeuchtet.

a) Wieviel l Wasser sind der Mischluft stündlich zu entziehen?
b) Welche Kälteleistung in kW ist für das Kühlen und Entfeuchten erforderlich?
c) Welche relative Feuchte hat die Luft nach dem Entfeuchten?

17. Im Juli sind in jeder Stunde 20000 m³ Umluft von 26 °C und $\varphi = 50\%$ auf 11 °C zu kühlen und auf 6,5 g/kg zu entfeuchten.
    a) Wieviel kg Wasser werden aus der Luft ausgeschieden?
    b) Welche Kälteleistung ist für das Kühlen und Entfeuchten vorzusehen?
    c) Wieviel kW Kälteleistung sind für das Entfeuchten nötig?

220

7.6 Zustandsänderung der Luft in Klimaanlagen

Wenn die Luftmengen, die Heiz- und Kühllasten sowie die Be- und Entfeuchtungslasten festliegen, können wir den Verlauf für Winter- und Sommerbetrieb im h, x-Diagramm darstellen.

Beispiel 7.43 Für die zu klimatisierende Aula einer Schule sind diese Werte vorgegeben:

Winterbetrieb

Außenluftmenge 8000 kg/h, Umluftmenge 12 000 kg/h, $t_a = -15\,°C$, $\varphi_a = 70\%$, $t_i = 20\,°C$, $\varphi_i = 50\%$, $t_{ZU} = 32\,°C$, $x_{ZU} = 0,5$ g/kg kleiner als x_i, weil die feuchte Wärme der Menschen abgeführt werden muß.

Ges.: a) t_{MI} in °C und x_{MI} in g/kg; b) Temperatur nach dem Lufterwärmen (t_{LE} in °C); c) $\dot{Q}_{LE}$ in kW; d) $\dot{Q}_{Bef}$ in kW; e) Befeuchtungswasser in kg

Sommerbetrieb

Außen- und Umluftmenge wie im Winterbetrieb, $t_a = 32\,°C$ (VDI 2078), $\varphi_a = 45\%$, $t_i = 26\,°C$, $\varphi_i = 50\%$, $t_{ZU} = 19\,°C \Rightarrow 7$ K unter t_i, damit die trockene Kühllast aus dem Raum abgeführt wird. x_{ZU} ist ebenfalls um 0,5 g/kg kleiner als x_i zu wählen, damit die feuchte Menschenwärme abgeführt wird.

Ges.: a) wie oben; b) Leistung des Luftkühlers $\dot{Q}_{LK}$ in kW, c) $\dot{Q}_{Entf}$ in kW; d) das stündlich der Luft zu entziehende Wasser ($\dot{m}$ in kg/h)

Lösung **Winterbetrieb (7.30)**

a) $t_{MI} = \mathbf{6\,°C}$, $x_{MI} = \mathbf{4,7\,g/kg}$

b) $t_{LE} = \mathbf{37,5\,°C}$

c) $\dot{Q}_{LE} = \dot{m}_{MI} \cdot (h_{LE} - h_{MI})$ $\qquad \dot{m}_{MI} = \dot{m}_{AU} + \dot{m}_{UM} = 20\,000$ kg/h

$\dot{Q}_{LE} = 20\,000$ kg/h $\cdot$ (49,4 kJ/kg $-$ 18 kJ/kg)

$\dot{Q}_{LE} = 620\,000$ kJ/h $\cong$ **174,4 kW**

d) $\dot{Q}_{Bef} = \dot{m}_{MI} \cdot (h_{LE} - h_{ZU})$

$\dot{Q}_{Bef} = 20\,000$ kg/h $\cdot$ (49,4 kJ/kg $-$ 44 kJ/kg) $= 108\,000$ kJ/h $\cong$ **30,0 kW**

e) $\dot{m}_{Bef} = \dot{m}_{MI} \cdot (x_{ZU} - x_{MI}) = 20\,000$ kg/h $\cdot$ (6,9 g/kg $-$ 4,7 g/kg)

$\dot{m}_{Bef} = 44\,000$ g/h $= \mathbf{44\,kg/h}$

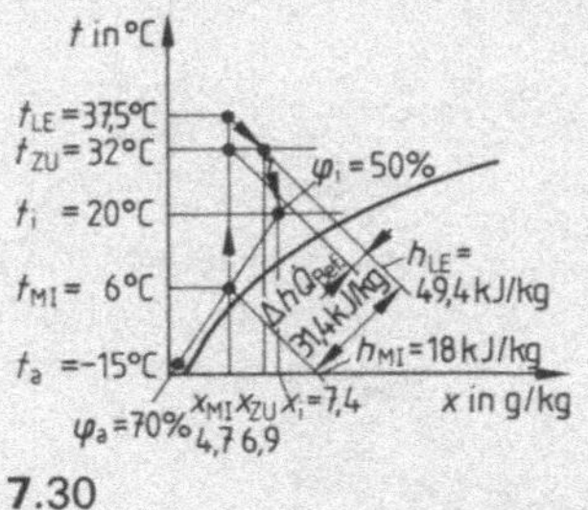

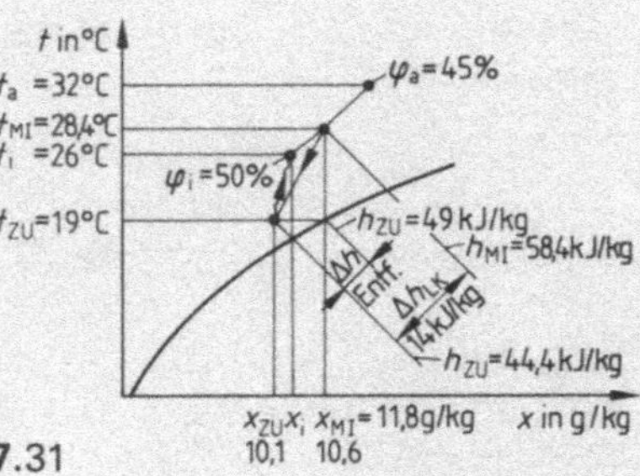

7.30   7.31

Sommerbetrieb (7.31)

a) $t_{MI} = \mathbf{28,4\,°C}$, $x_{MI} = \mathbf{11,8\,g/kg}$

b) $\dot{Q}_{LK} = \dot{m}_{MI} \cdot (h_{MI} - h_{ZU}) = 20\,000$ kg/h $\cdot$ (58,4 kJ/kg $-$ 44,4 kJ/kg)

$\dot{Q}_{LK} = 280\,000$ kJ/h $\cong$ **77,8 kW**

c) $\dot{Q}_{Entf} = \dot{m}_{MI} \cdot (h'_{ZU} - h_{ZU}) - 20\,000$ kg/h $\cdot$ (49 kJ/kg $-$ 44,4 kJ/kg)

$\dot{Q}_{Entf} = 92\,000$ kJ/h $\cong$ **25,6 kW**

d) $\dot{m}_{Entf} = \dot{m}_{MI} \cdot (x_{MI} - x_{ZU}) = 20\,000$ kg/h $\cdot$ (11,8 g/kg $-$ 10,1 g/kg)

$\dot{m}_{Entf} = 34\,000$ g/h $= \mathbf{34\,kg/h}$

7.7 Berechnen von Lüftungskanälen

Die Kanalnetze sorgen dafür, daß den Räumen stets die ausreichenden Zuluftmengen zugeführt werden. Wir gehen hier auf die am häufigsten vorkommenden runden und rechteckigen Kanalquerschnitte ein.

7.7.1 Berechnungsgrundlagen

Für das Verstehen der strömungstechnischen Zusammenhänge und der damit verbundenen Druckverhältnisse im Kanalsystem sind strömungstechnische Grundlagen und das Bernoulli-Gesetz wichtig.

> **Allgemeine Strömungsgleichung**: Je größer die Luftgeschwindigkeit und der Kanalquerschnitt sind, desto größer ist der Volumenstrom.
>
> Volumenstrom = Kanalquerschnitt · Luftgeschwindigkeit
>
> $\dot{V} = A \cdot v$ $\qquad\qquad\qquad$ $\dot{V}$ in m³/s $\qquad$ A in m² $\qquad$ v in m/s

Beispiel 7.44   Ein Lüftungskanal hat die Abmessungen 60 cm × 80 cm, $v = 8$ m/s. Wie groß ist der Volumenstrom in m³/h?
Geg.: $A = 0{,}6$ m $\cdot$ 0,8 m $= 0{,}48$ m², $v = 8$ m/s; ges.: $\dot{V}$ in m³/h

Lösung $\dot{V} = A \cdot v = 0{,}48$ m² $\cdot$ 8 m/s $= 3{,}84$ m³/s $\Rightarrow$
3,84 m³/s $\cdot$ 3600 s/h $=$ **13824 m³/h**

Beispiel 7.45   In einem Lüftungskanal strömen 10800 m³/h mit einer Geschwindigkeit von 6 m/s. Berechnen Sie den runden und rechteckigen Kanalquerschnitt (Kantenlänge $a = 700$ mm).
Geg.: $\dot{V} = 10800$ m³/h $= 3$ m³/s, $v = 6$ m/s, $a = 700$ mm; ges.: A in m², d in mm, Kantenlänge b in mm

Lösung $\dot{V} = A \cdot v \Rightarrow A = \dfrac{\dot{V}}{v} = \dfrac{3 \text{ m}^3/\text{s}}{6 \text{ m/s}} = $ **0,5 m²**

$$A = d^2 \cdot \frac{\pi}{4} \Rightarrow d = \sqrt{\frac{A \cdot 4}{\pi}} = \sqrt{\frac{0{,}5 \text{ m}^2 \cdot 4}{3{,}14}} = 0{,}798 \text{ m} \approx \textbf{800 mm}$$

$$A = a \cdot b \Rightarrow b = \frac{A}{a} = \frac{0{,}5 \text{ m}^2}{0{,}7 \text{ m}} = 0{,}714 \text{ m} = \textbf{714 mm}$$

Stetigkeitsgesetz. Der Volumenstrom ist in beiden Kanalquerschnitten des Bildes **7.32** gleich groß. Daraus folgt: Wenn die Querschnittsfläche kleiner wird, muß die Geschwindigkeit größer werden (und umgekehrt).

Da in beiden Kanalquerschnitten die gleiche Luftmenge strömt, gilt:

7.32

> $A_1 \cdot v_1 = A_2 \cdot v_2$
>
> $A_1 =$ Fläche des großen, $A_2 =$ des kleinen Querschnitts in m²
> $v_1 =$ Geschwindigkeit im großen, $v_2 =$ im kleinen Querschnitt in m/s

Beispiel 7.46 Ein Kanalquerschnitt verjüngt sich von 0,5 m² auf 0,3 m². Wie groß ist die Luftgeschwindigkeit im kleinen Querschnitt, wenn sie im großen 6 m/s beträgt?

Geg.: $A_1 = 0{,}5$ m², $A_2 = 0{,}3$ m², $v_1 = 6$ m/s; ges.: v_2 in m/s

Lösung $A_1 \cdot v_1 = A_2 \cdot v_2 \;\Rightarrow\; v_2 = v_1 \cdot \dfrac{A_1}{A_2} = 6 \text{ m/s} \cdot \dfrac{0{,}5 \text{ m}^2}{0{,}3 \text{ m}^2} = \mathbf{10\ m/s}$

Das Gesetz von Bernoulli (Daniel Bernoulli, Schweizer Mathematiker, 1700–1782) gibt den Zusammenhang zwischen dem statischen und dem dynamischen Druck in Lüftungskanälen an. Von großer Bedeutung ist es für die Auslegung des Ventilators.

Statischen Druck p_{st} übt die strömende Luft auf die Kanalwand aus. Die Druckverlustrechnung eines Kanalnetzes gibt an, wie groß der vom Ventilator aufzubringende statische Druck sein muß.

Dynamischer Druck p_d (Geschwindigkeitsdruck) ist nötig, um die Luft in Bewegung zu setzen. Auch er muß vom Ventilator erzeugt werden.

Gesetz von Bernoulli: Der Gesamtdruck $\Delta p_{ges} = \Delta p_{st} + \Delta p_d$ ist in allen Querschnitten eines Kanalnetzes konstant, wenn man die Druckverluste durch Reibung und Einzelwiderstände vernachlässigt.

$$\Delta p_{ges} = \Delta p_{st1} + \Delta p_{d1} = \Delta p_{st2} + \Delta p_{d2} = \text{konstant}$$

Der dynamische Druck ergibt sich nach der Gleichung für die Strömungsenergie $\Delta p_d = \varrho/2 \cdot v^2$.

Beispiel 7.47 Für den Querschnitt 2 der Kanalreduzierung 7.33 ist Δp_{st2} zu berechnen.

Lösung $\Delta p_{ges} = \Delta p_{st2} + \Delta p_{d2} \;\Rightarrow\; \Delta p_{st2} = \Delta p_{ges} - \Delta p_{d2}$

$\Delta p_{ges} = 100 \text{ Pa} + 60 \text{ Pa} = 160 \text{ Pa}$

$\Delta p_{st2} = 160 \text{ Pa} - 101{,}4 \text{ Pa} = \mathbf{58{,}6\ Pa}$

A_1 A_2

$\Delta p_{st1} = 100$ Pa	$\Delta p_{st2} =$
$\Delta p_{d1} = 60$ Pa	$\Delta p_{d2} = 101{,}4$ Pa

7.33 Kanalreduzierung

Beispiel 7.48 Berechnen Sie die Geschwindigkeiten (m/s) in den Querschnitten A_1 und A_2 der Kanalreduzierung 7.33.

Lösung $\Delta p_d = \dfrac{\varrho}{2} \cdot v^2 \;\Rightarrow\; v = \sqrt{\dfrac{2 \cdot \Delta p_d}{\varrho}}$

$$v_1 = \sqrt{\dfrac{2 \cdot 60 \text{ kgm}/(\text{s}^2 \cdot \text{m}^2)}{1{,}2 \text{ kg/m}^3}} = \mathbf{10\ m/s}$$

$$v_2 = \sqrt{\dfrac{2 \cdot 101{,}4 \text{ kgm}/(\text{s}^2 \cdot \text{m}^2)}{1{,}2 \text{ kg/m}^3}} = \mathbf{13\ m/s}$$

Aufgaben

1. Welche Luftmenge in m³/h strömt bei 7 m/s Geschwindigkeit in einem runden Lüftungskanal mit 600 mm Durchmesser?

2. Ein rechteckiger Lüftungskanal, in dem 7200 m³/h strömen, mißt 600 mm × 700 mm. Mit welcher Geschwindigkeit in m/s strömt die Luft im Kanal?

3. In einem rechteckigen Lüftungskanal strömen 10 000 m³/h mit 7,5 m/s. Welche Querschnittsfläche in m² und Höhe in mm muß der Kanal haben, wenn er 650 mm breit ist?

4. Ein Kanalquerschnitt verengt sich von 1 m² auf 0,7 m². Im kleinen Querschnitt beträgt die Luftgeschwindigkeit 6 m/s.
   a) Mit welcher Geschwindigkeit strömt die Luft im großen Querschnitt?
   b) Welcher Volumenstrom in m³/h strömt in beiden Querschnitten?

5. Der Querschnitt eines Abluftkanals erhöht sich von 0,5 m² auf 0,8 m². Wie groß ist die Luftgeschwindigkeit im kleinen Querschnitt, wenn sie im großen 4,5 m/s beträgt?

6. Im kleinen Querschnitt einer Kanalverengung sind die Fläche 0,4 m² und die Geschwindigkeit 5,5 m/s.
   a) Wie groß ist die Fläche des großen Querschnitts, wenn dort die Luft mit 4 m/s strömt?
   b) Welcher Volumenstrom in m³/h strömt in beiden Kanalquerschnitten?

7. Im großen Querschnitt einer Kanalreduzierung betragen der statische Druck 80 Pa und der dynamische 40 Pa. Wie groß ist der statische Druck im kleinen Querschnitt, wenn darin der dynamische Druck 70 Pa ist?

8. In einem Lüftungskanal wurde ein dynamischer Druck von 60 Pa gemessen. Wie groß ist die Luftgeschwindigkeit in diesem Kanal (m/s)?

9. Der Gesamtdruck in einem Außenluftkanal wurde mit 140 Pa, der statische Druck mit 85 Pa gemessen. Mit welcher Geschwindigkeit in m/s strömt die Außenluft?

10. In einem Querschnitt von 500 mm × 850 mm wird mit dem Staurohr ein dynamischer Druck von 35 Pa gemessen.
    a) Welche Luftgeschwindigkeit in m/s herrscht in dem Kanal?
    b) Welches Luftvolumen in m³/h strömt darin?

7.7.2 Druckverluste in Kanalsystemen

Diese Druckverluste setzen sich zusammen aus

- Reibungsverlusten an den Kanalwänden,
- Einzelwiderständen in Formstücken,
- Druckverlusten in Einbauten (z. B. Lufterwärmer, Filter, Gitter).

Die Summe aller Druckverluste ergibt den statischen Druck, den der Ventilator erzeugen muß.

Reibungsverluste in den geraden Kanalstrecken berechnen sich aus $l \cdot R$ (Länge der Kanalstrecke mal spezifischer Rohrreibungsverlust) in Pa/m. Dieser Wert heißt R-Wert und ist Tabellen oder Diagrammen zu entnehmen (**7.35**). Meist gelten diese nur für runde Querschnitte. Bei rechteckigen oder quadratischen Kanalquerschnitten muß der hydraulisch gleichwertige Durchmesser ermittelt werden, weil diese Querschnitte eine größere Reibungsfläche/Mantelfläche haben als runde (**7.34**). Je flacher die Rechteckform, desto größer die Reibungsfläche.

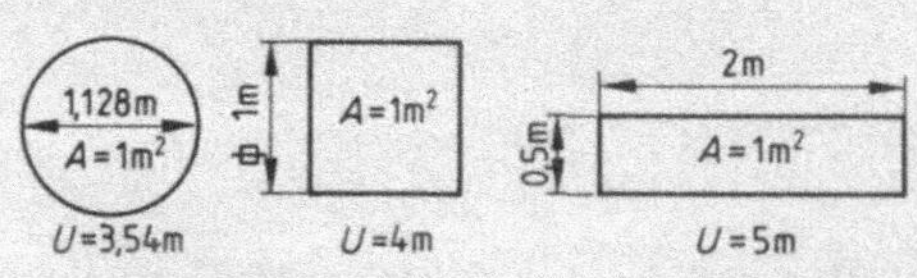

7.34 Quadratische und rechteckige Querschnitte haben einen größeren Umfang als runde

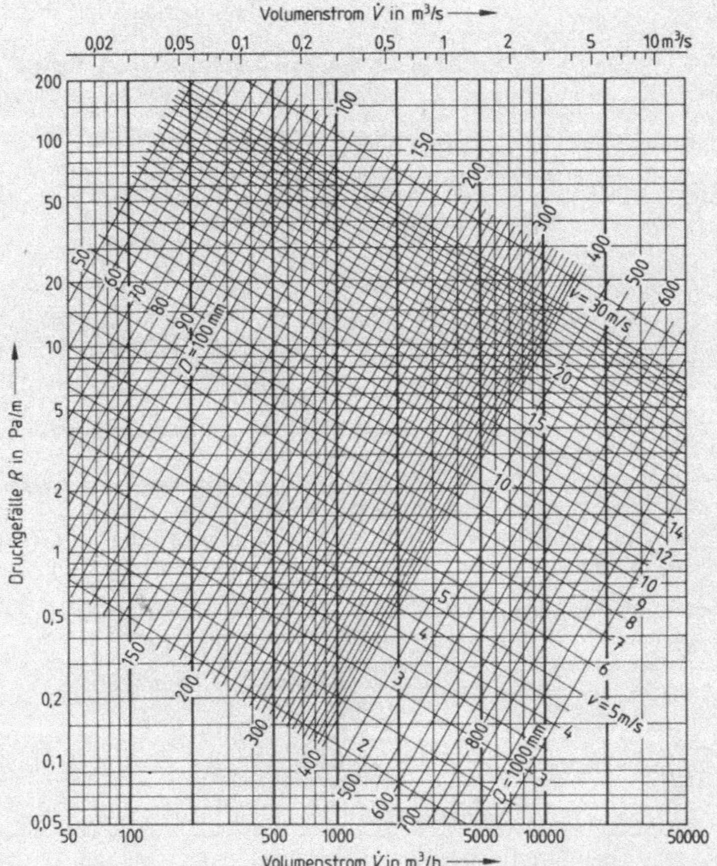

7.35 R-Werte für runde Lüftungskanäle

Zum Berechnen des gleichwertigen Durchmessers d_g setzen wir Fläche und Umfang des Kreises mit der rechteckigen Kanalform ins Verhältnis.

$$d_g = \frac{4 \cdot \text{Fläche}}{\text{Umfang}} = \frac{4A}{U}$$

d_g ist ein „gedachter" Durchmesser (nur zur Druckverlustberechnung), der gleiche Geschwindigkeit voraussetzt und denselben R-Wert hat wie der rechteckige Kanalquerschnitt. Die Gleichwertigkeit bezieht sich nicht auf die Querschnittsfläche und den Volumenstrom!

Zum Ermitteln des R-Wertes von Rechteckkanälen suchen wir im Diagramm den Schnittpunkt von d_g und der tatsächlichen Geschwindigkeit und lesen am Rand den entsprechenden R-Wert in Pa/m ab.

Beispiel 7.49 In einem 10 m langen rechteckigen Lüftungskanal 0,6 m × 1,2 m strömt die Luft mit 5 m/s.

a) Ermitteln Sie den gleichwertigen Durchmesser des Kanals.

b) Wie groß ist der Druckverlust $R \cdot l$ in Pa in der Kanalstrecke?

c) Welcher Volumenstrom in m³/h strömt durch den Kanal?

Geg.: $l = 10$ m, Kantenlängen $a = 0,6$ m und $b = 1,2$ m, $v = 5$ m/s; ges.: d_g in m, R in Pa/m, $R \cdot l$ in Pa, $\dot{V}$ in m³/h

Lösung

a) $d_g = \dfrac{4 \, A}{U} = \dfrac{4 \cdot 0,6 \text{ m} \cdot 1,2 \text{ m}}{2 \cdot (0,6 \text{ m} + 1,2 \text{ m})} = \dfrac{2,88 \text{ m}^2}{3,6 \text{ m}} = \mathbf{0,8 \ m}$

b) R-Wert nach Diagramm 7.35 = 0,3 Pa/m

$R \cdot l = 0,3$ Pa/m $\cdot$ 10 m $= \mathbf{3,0 \ Pa}$

c) $\dot{V} = A \cdot v = 0,72 \text{ m}^2 \cdot 5 \text{ m/s} = 3,6 \text{ m}^3/\text{s} = \mathbf{12\,960 \ m^3/h}$

Beispiel 7.50 Durch einen 10 m langen runden Lüftungskanal strömen stündlich 12 960 m³ mit 5 m/s Geschwindigkeit.

a) Welche Querschnittsfläche in m² und welchen Durchmesser in m hat der Kanal? b) Wie groß ist der Druckverlust in Pa?

Geg.: $l = 10$ m, $\dot{V} = 12\,960$ m³/h $= 3,6$ m³/s, $v = 5$ m/s; ges.: A in m², d in m, $R \cdot l$ in Pa

Lösung

a) $\dot{V} = A \cdot v \ \Rightarrow \ A = \dfrac{\dot{V}}{v} = \dfrac{12\,960 \text{ m}^3/\text{h}}{3600 \text{ s/h} \cdot 5 \text{ m/s}} = \mathbf{0,72 \ m^2}$

$d = \sqrt{\dfrac{4 A}{\pi}} = \sqrt{\dfrac{4 \cdot 0,72 \text{ m}^2}{3,14}} = \mathbf{0,96 \ m}$

b) R-Wert nach Diagramm 7.35 = 0,25 Pa

$R \cdot l = 0,25$ Pa/m $\cdot$ 10 m $= \mathbf{2,5 \ Pa}$

Ein Vergleich der Ergebnisse beider Beispiele zeigt, daß der Druckverlust durch Reibung in den runden Kanälen geringer als in rechteckigen Kanälen ist.

Druckverlust in Einzelwiderständen z treten in allen Kanalformstücken auf. Dazu gehören Bogen, Abzweigungen, Vereinigungen, Reduzierungen und Erweiterungen. Die Verluste entstehen durch Umlenkung, Verwirbelung usw. und werden berechnet nach der Formel

$$Z = \sum \zeta \cdot \frac{\varrho}{2} \cdot v^2 \quad \text{in Pa.} \qquad\qquad (\zeta = \text{griech. zeta})$$

ζ ist ein einheitenloser Widerstandswert und wird in Versuchen ermittelt. Je größer der ζ-Wert, desto strömungsungünstiger ist das Formstück und desto höher der Druckverlust (7.36).

Tabelle 7.36 ζ-Werte für Formstücke in Lüftungskanälen

	Bogen	$\dfrac{r}{d} = 0,5$	0,9
		1	0,35
		1,5	0,25
		2	0,2
		> 4	0,1
	$b/h = 1 \div 4$	$\dfrac{r}{h} = 0,5$	0,9
		1	**0,25**
		1,5	0,15
		2	0,11
		> 4	0,1
	Knie $\bigcirc$	$\alpha = 10°$	0,05
		45°	0,3
		60°	0,5
		90°	1
	$\square$	mit Lenkblech	**0,55**
		ohne Lenkblech	1
		mit Leitblech glatt	0,35
		mit Leitblech profiliert	0,1
	Verengung bei ①		0,05
	bei ②		0,1
	Erweiterung bei ①	$\alpha = 5°$	0,15
		10°	0,25
		15°	0,4
		30°	0,8
		45°	0,9
	Hosenstück bei ①	$\alpha = 30°$	**0,3**
		60°	**1**
		90°	**1,4**
	Krümmerabzweigung bei ①	$\dfrac{r}{d} = 0$	**1,3** (1)
	ohne (mit) Leitblech	0,5	1 (0,8)
		1	0,35 (0,25)
		3	0,15 (0,1)

Beispiel 7.51 Eine Kanalstrecke enthält 2 Bogen ($r = h$) und 1 T-Stück-Abzweigung. Strömungsgeschwindigkeit 8 m/s.

a) Wieviel ζ-Werte sind in der Kanalstrecke eingebaut?

b) Wie groß ist der Druckverlust Z in Pa?

Geg.: 2 Bogen, 1 T-Stück, $v = 8$ m/s; ges.: Z ζ-Werte, Z in Pa

Lösung a) 2 Bogen je 0,25 ζ-Wert = 0,5; 1 T-Stück 1,3 ζ-Wert; $\Sigma\zeta = \mathbf{1,8}$

b) $Z = \Sigma\zeta \cdot \dfrac{\varrho}{2} \cdot v^2 = 1,8 \cdot \dfrac{1,2\ \text{kg/m}^3}{2} \cdot 8^2 \left(\dfrac{\text{m}}{\text{s}}\right)^2 = \mathbf{69\ Pa}$

Aufgaben

11. Welchen hydraulisch gleichwertigen Durchmesser d_g in m hat ein rechteckiger Kanal mit den Abmessungen 500 mm × 1500 mm?

12. Ein Kanal mit dreieckigem Querschnitt hat eine Grundlinienlänge von 1 m und eine Höhe von 1000 mm.
   a) Welchen gleichwertigen Durchmesser in m hat der Kanal?
   b) Wie groß ist der Volumenstrom in m³/h bei einer Geschwindigkeit von 8 m/s?

13. Durch einen 20 m langen runden Lüftungskanal von 600 mm Durchmesser strömt die Luft mit einer Geschwindigkeit von 7 m/s.
   a) Welcher Volumenstrom in m³/h strömt durch den Kanal?
   b) Wie groß ist der Druckverlust $R \cdot l$ in Pa? (R-Wert aus Diagramm 7.35)

14. Ein 15 m langer rechteckiger Lüftungskanal mißt 650 mm × 500 mm und wird von 8000 m³/h Luft durchströmt.
   a) Berechnen Sie den gleichwertigen Durchmesser d_g in m.
   b) Welche Luftgeschwindigkeit in m/s herrscht im Kanal?
   c) Welchen Druckverlust $R \cdot l$ in Pa hat der Kanal? (R-Wert s. 7.35)

15. In einer Kanalteilstrecke sind Formstücke mit einem ζ-Wert von 2,1 eingebaut. Strömungsgeschwindigkeit 8 m/s. Berechnen Sie den Druckverlust Z in Pa.

16. Eine Kanalteilstrecke enthält 4 Bögen ($r = h$) und 1 T-Stück-Abzweigung. Die Luft strömt mit 6 m/s.
   a) Welchen ζ-Wert hat die Strecke?
   b) Wie groß ist der Druckverlust Z in den Einzelwiderständen (Pa)?

17. Ein rechteckiger Kanalabschnitt ist 17 m lang, 800 mm breit und 450 mm hoch. Die eingebauten Formstücke haben einen ζ-Wert von 2,7, der Volumenstrom liegt bei 10 800 m³/h.
   a) Welche Luftgeschwindigkeit in m/s herrscht im Kanal?
   b) Wie groß ist der gleichwertige Durchmesser in m?
   c) Wieviel Pa Druckverlust ($R \cdot l + Z$) entstehen im Kanal?

7.7.3 Kanalnetzberechnung

Am häufigsten geht man nach der Methode der Geschwindigkeitsannahme vor. D.h., man stuft die Geschwindigkeit vom Ventilator bis zum Zuluftgitter schrittweise ab (z.B. am Ventilator 8 m/s, am Zuluftgitter 2,5 m/s). Manchmal ist auch ein Ventilator mit einem bestimmten Druckverlust vorgegeben, nach dem das Kanalnetz auszulegen ist.

Beispiel 7.52 Für den ungünstigsten Stromkreis im isometrisch dargestellten Kanalsystem 7.37 sind die Druckverluste $\Sigma (l \cdot R + Z)$ und der gesamte vom Ventilator zu erzeugende statische Druckverlust zu berechnen. Für die Gesamtdruckerzeugung des Ventilators ist zusätzlich der dynamische Druck zu ermitteln. Außerdem sind die Kanalquerschnitte für die einzelnen Teilstrecken zu ermitteln. Sie sollen so quadratisch wie möglich sein.

Beispiel 7.52,
Fortsetzung

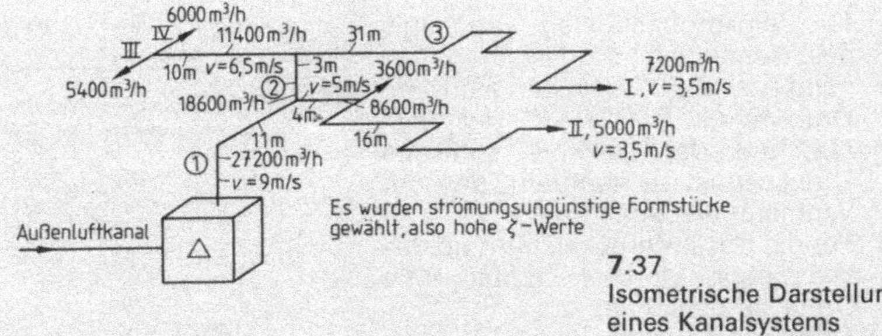

7.37
Isometrische Darstellung
eines Kanalsystems

Nach den Herstellerunterlagen hat die Lüftungszentrale mit Filter, Lufterwärmer und Schalldämpfer einen Druckverlust von 140 Pa. Für den Außenluftkanal mit Wetterschutzgitter und Zuluftgitter ergibt sich ein Druckverlust von 35 Pa. Die Geschwindigkeit in den einzelnen Teilstrecken sind in der Zeichnung angegeben.

Hinweise

Bevor wir mit der Berechnung beginnen, müssen wir den ungünstigsten Kanalstrang festlegen. Hier ist es Strang I, weil er länger ist als III und IV.

Danach legen wir die Teilstrecken und die darin strömenden Luftmengen fest. Den weiteren Berechnungsgang gibt das Formular vor. Schwierig ist die ζ-Ermittlung, weil hierüber viele Tabellen mit z. T. sehr unterschiedlichen Aussagen im Umlauf sind.

Lösung

Berechnungsformular 7.38

Zusammenstellung der ζ-Werte:

Teilstrecke 1: 1 Knie mit Leitblech 0,55, $\Sigma \zeta = 0,55$

Teilstrecke 2: 1 T-Stück-Abzweigung, Trennung $r/d = 0$, 1,3; $\Sigma \zeta = 1,3$

Teilstrecke 3: 1 Hosenstück 1,4; 6 Knie mit Leitblech je 0,55 = 3,3; 1 Verengung 0,1, $\Sigma \zeta = 4,8$

1 mm WS = 10 N/m² = 10 Pa = 0,1 m bar   Kanalnetzberechnung

Anlage : Beispiel 7.50
Kunde :   Datum :   Blatt–Nr.

1	2		3	4	5		6	7	8	9	10	11	12	13	14
Teilstrecken oder Einbauten	Geförderter Volumenstrom		Vorläufige Geschwindigkeit	Vorläufige Querschnittsfläche	Abmessungen des Kanals $a \cdot b$ (a max, b Rechenwert)		Tatsächlicher Durchmesser oder dg	Wirkliche Querschnittsfläche	Tatsächliche Geschwindigkeit	Länge der Teilstrecke	Reibungswiderstand (R-Wert)	Reibungsverlust	Widerstandsbeiwert	Einzelwiderstand	Stat. Druckdifferenz
Nr.	$\dot{V}_h$	$\dot{V}_s$	v'	A'	a	b	d (dg)	A	v	l	R	$l \cdot R$	$\Sigma \zeta$	Z	$l \cdot R + Z$
—	m³/h	m³/s	m/s	m²	mm	mm	mm	m²	m/s	m	Pa/m	Pa	—	Pa	Pa
Ungünstigster Stromkreis I															
1	27200	7,55	9,0	0,84	900	950	930	0,86	8,8	11	0,65	7,15	0,55	25,6	32,75
2	18600	5,17	6,5	0,80	900	900	900	0,81	6,4	3	0,40	1,20	1,30	31,9	33,10
3	7200	2,00	3,5	0,57	750	750	750	0,56	3,6	31	0,27	5,27	4,80	37,3	42,57
											Δp_{st} im Kanal			=	108,42
$\Delta pd = \frac{\varrho}{2} \cdot v^2 = \frac{1,2 \text{m}^3}{2} \cdot (8,8 \frac{\text{m}}{\text{s}})^2 = 46,5$ Pa											Δp_{st} in der Zentrale			=	140,00
											Δp_{st} im Außenluftkanal einschl. Gitter			=	35,00
$\Delta p_{ges} = \Delta p_{st} + \Delta pd = 283,42$ Pa + 46,5 Pa = 330 Pa											$\Sigma \Delta p_{st}$			=	283,42

7.38 Berechnungsformular

Aufgaben

18. a) Für den ungünstigsten Stromkreis des isometrisch dargestellten Kanalnetzes **7.39** sind der statische Druckverlust $\Sigma(R \cdot l + Z)$ des Netzes und der gesamte statische Druckverlust zu ermitteln, den der Ventilator erzeugen muß.

b) Für die Gesamtdruckerzeugung des Ventilators ist der dynamische Druck zu berechnen.

c) Bestimmen Sie die so quadratisch wie möglichen Abmessungen der einzelnen Kanalstrecken.

Der Druckverlust in der RLT-Zentrale beträgt 120 Pa, im Zuluftgitter 25 Pa und im Außenluftkanal mit Wetterschutzgitter 22 Pa. Die Geschwindigkeiten für die Teilstrecken sind in der Zeichnung angegeben. Es sind strömungsungünstige Formstücke zu wählen, also hohe ζ-Werte.

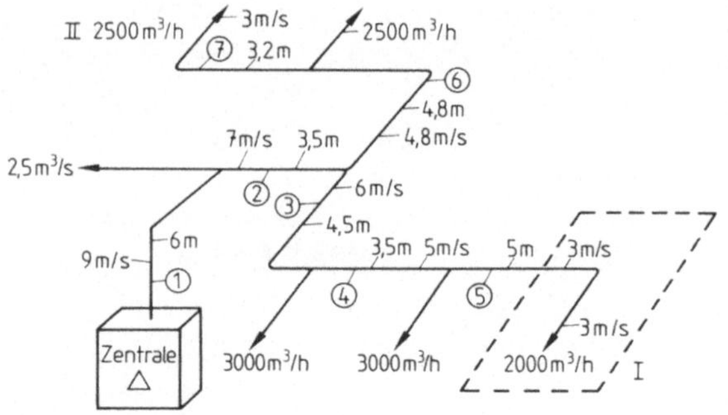

7.39 Kanalnetz

19. Ein runder Außenluftkanal hat einen Durchmesser von 500 mm und ist 22 m lang. Es sind Formstücke mit 2,8 ζ-Werten eingebaut.
Wie groß ist $l \cdot R + Z$ in Pa, wenn $v = 4$ m/s beträgt?

7.8 Auswahl und Berechnung von Ventilatoren

Wenn die umzuwälzende Luftmenge und der Druckverlust im ungünstigsten Stromkreis bekannt sind, wird der Ventilator ausgewählt. Wir behandeln hier den Zuluftventilator. (Der Abluftventilator wird nach den gleichen Bedingungen bestimmt.

Wichtig für die Ventilatorwahl sind:

– der Volumenstrom in m³/h oder m³/s. Beim Umrechnen in kg/h wird meist die Dichte der Ansaugluft zugrunde gelegt.

– die Gesamtdruckerhöhung Δp_{ges}, die sich aus der Kanalnetzberechnung und der Ausströmgeschwindigkeit am Ventilator ergibt.

– Schalldruckpegel, Wirkungsgrad, Ausströmgeschwindigkeit, Anschaffungskosten, Platzbedarf und Lebensdauer.

Beispiel 7.53 Für den ungünstigsten Strang eines Zuluft-Kanalnetzes wurde ein statischer Druckverlust von 400 Pa ermittelt. Geschwindigkeit am Ventilatoraustritt 8,5 m/s. Wie groß muß die Gesamtdruckerhöhung des Ventilators in Pa sein?

Geg.: $\Delta p_{st} = 400$ Pa, $v = 8,5$ m/s; ges.: Δp_{ges} in Pa

Lösung

$$\Delta p_d = \frac{\varrho}{2} \cdot v = \frac{1,2 \text{ kg/m}^3}{2} \cdot 8,5^2 \left(\frac{\text{m}}{\text{s}}\right)^2 = 43,4 \text{ Pa}$$

$$\Delta p_{ges} = \Delta p_{st} + \Delta p_d = 400 \text{ Pa} + 43,4 \text{ Pa} = \mathbf{443,4 \text{ Pa}}$$

230

7.8.1 Motorleistung und Drehzahländerung

Für die Motorleistung P sind die Motor- und Ventilatorverluste ausschlaggebend, die vom Wirkungsgrad η erfaßt werden.

$$P = \frac{\dot{V} \cdot \Delta p_{ges}}{\eta_{ges}}$$

$$\left[\frac{m^3}{s} \cdot \frac{N}{m^2} = \frac{Nm}{s} = W\right]$$

P elektrische Anschlußleistung in W
$\dot{V}$ Volumenstrom in m^3/s
Δp_{ges} Druckerhöhung des Ventilators in Pa (N/m^2)
η_{ges} Gesamtwirkungsgrad (Motor + Ventilator) in %

Beispiel 7.54   Welche elektrische Leistung in W nimmt ein Ventilatormotor auf, der einen Volumenstrom von 21 600 m^3/h gegen einen Gesamtdruck von 520 Pa zu fördern hat? $\eta_{ges} = 60\%$.

Geg.: $\dot{V} = 21\,600\ m^3/h = 6\ m^3/s$, $\Delta p_{ges} = 520$ Pa (N/m^2), $\eta_{ges} = 0{,}6$; ges.: P in W

Lösung $P = \dfrac{\dot{V} \cdot \Delta p_{ges}}{\eta} = \dfrac{6\ m^3/s \cdot 520\ N/m^2}{0{,}6} = 5200\ Nm/s = \mathbf{5200\ W}$

Am einfachsten verändert man die Drehzahl an Ventilatoren durch Keilriemenscheiben mit verschiedenen Durchmessern. Bei konstanter Motordrehzahl lassen sich somit verschiedene Ventilatordrehzahlen erzielen. Zwischen Motordrehzahl, Ventilatordrehzahl und deren Keilriemenscheiben-Durchmessern besteht eine Gesetzmäßigkeit (7.40).

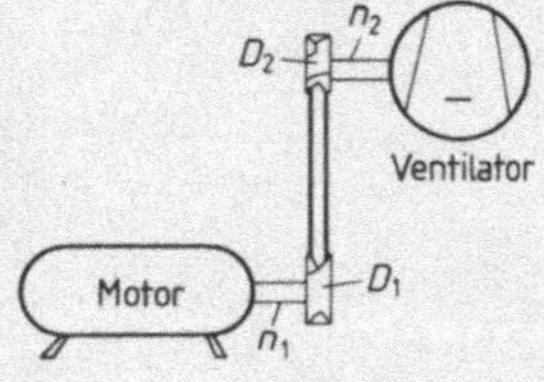

7.40

$$\frac{D_1}{D_2} = \frac{n_2}{n_1}$$

D_1, D_2 Riemenscheiben-$\varnothing$ Motor bzw. Ventilator in mm
n_1, n_2 Drehzahl Motor bzw. Ventilator in min^{-1}

Je kleiner der Scheibendurchmesser des Ventilators, desto größer ist seine Drehzahl.

Je größer der Scheibendurchmesser des Motors, desto größer ist die Ventilatordrehzahl. (Vergleich mit Fahrrad: vorderes Zahnrad $\triangleq$ Motor, hinteres Zahnrad $\triangleq$ Ventilator)

Beispiel 7.55   Der Antriebsmotor eines Ventilators hat eine Drehzahl von 500 min^{-1} und einen Scheibendurchmesser von 120 mm. Wie groß ist die Drehzahl des Ventilators, der 100 mm Scheibendurchmesser hat?

Geg.: $D_1 = 120$ mm, $n_1 = 500\ min^{-1}$, $D_2 = 100$ mm; ges.: n_2 in min^{-1}

Lösung $\dfrac{D_1}{D_2} = \dfrac{n_2}{n_1} \Rightarrow n_2 = \dfrac{D_1 \cdot n_1}{D_2} = \dfrac{120\ mm \cdot 500\ min^{-1}}{100\ mm} = \mathbf{600\ min^{-1}}$

Zusammenhangsgesetze. Wie sich eine Drehzahländerung des Ventilators auf den Volumenstrom $\dot{V}$, die Druckerzeugung Δp_{ges} und die Leistungsaufnahme P auswirkt, läßt sich mit den drei Zusammenhangsgesetzen berechnen.

1. Gesetz	Verdoppelt man die Drehzahl, verdoppelt sich auch der Volumenstrom.	$\dfrac{\dot V_1}{\dot V_2} = \dfrac{n_1}{n_2}$
2. Gesetz	Verdoppelt man die Drehzahl, vervierfacht sich die Druckerzeugung.	$\dfrac{\Delta p_{ges1}}{\Delta p_{ges2}} = \left(\dfrac{n_1}{n_2}\right)^2$
3. Gesetz	Verdoppelt man die Drehzahl, verachtfacht sich die Leistungsaufnahme.	$\dfrac{P_1}{P_2} = \left(\dfrac{n_1}{n_2}\right)^3$

Beispiel 7.56 Ein Ventilator fördert bei einer Drehzahl von 600 min^{-1} 10 000 m^3/h. Dabei erzeugt er einen Druck von 450 Pa und nimmt eine Leistung von 2 kW auf. Wie groß sind der Volumenstrom, die Druckerzeugung und die Leistungsaufnahme, wenn die Drehzahl auf 800 min^{-1} erhöht wird?

Geg.: $n_1 = 600$ min^{-1}, $n_2 = 800$ min^{-1}, $\dot V_1 = 10\,000$ m^3/h, $\Delta p_{ges1} = 450$ Pa, $P_1 = 2$ kW; ges.: $\dot V_2$ in m^3/h, Δp_{ges2} in Pa, P_2 in kW

Lösung

$$\frac{\dot V_1}{\dot V_2} = \frac{n_1}{n_2} \Rightarrow \dot V_2 = \frac{\dot V_1 \cdot n_2}{n_1} = \frac{10\,000 \text{ m}^3/\text{h} \cdot 800 \text{ min}^{-1}}{600 \text{ min}^{-1}} = \mathbf{13\,333 \text{ m}^3/\text{h}}$$

$$\frac{\Delta p_{ges1}}{\Delta p_{ges2}} = \left(\frac{n_1}{n_2}\right)^2 \Rightarrow$$

$$\Delta p_{ges2} = \Delta p_{ges1} \cdot \left(\frac{n_2}{n_1}\right)^2 = 450 \text{ Pa} \cdot \left(\frac{800 \text{ min}^{-1}}{600 \text{ min}^{-1}}\right)^2 = \mathbf{800 \text{ Pa}}$$

$$\frac{\Delta P_1}{\Delta P_2} = \left(\frac{n_1}{n_2}\right)^3 \Rightarrow \Delta P_2 = \Delta P_1 \cdot \left(\frac{n_2}{n_1}\right)^3 = 2 \text{ kW} \cdot \left(\frac{800 \text{ min}^{-1}}{600 \text{ min}^{-1}}\right)^3 = \mathbf{4{,}74 \text{ kW}}$$

Aufgaben

1. Welche elektrische Leistung in W nimmt ein Ventilatormotor auf, der einen Volumenstrom von 27 200 m^3/h bei einem η_{ges} von 65% gegen einen Gesamtdruck von 330 Pa zu fördern hat?

2. Ein Ventilator fördert stündlich 60 000 m^3 Zuluft gegen einen Gesamtdruck von 1,2 kPa. $\eta_{ges} = 75\%$.
   a) Welche Leistung in kW gibt er ab?
   b) Welche Leistung in kW nimmt er auf?

3. Ein Ventilatormotor läuft mit einer Drehzahl von 600 min^{-1} bei einem Ventilator-Scheibendurchmesser von 100 mm. Mit welcher Drehzahl läuft der Ventilator bei 150 mm Scheibendurchmesser?

4. Der Ventilator hat eine Drehzahl von 450 m^{-1} und einen Scheibendurchmesser von 160 mm. Mit welcher Drehzahl läuft der Motor, wenn er 120 mm Scheibendurchmesser hat?

5. Bei einer Drehzahl von 1400 min^{-1} hat ein Ventilatormotor 100 mm Scheibendurchmesser. Welchen Scheibendurchmesser muß der Ventilator haben, wenn er mit 800 min^{-1} laufen soll?

6. Bei einer Drehzahl von 650 min^{-1} fördert ein Ventilator 25 000 m^3/h gegen einen Gesamtdruck von 600 Pa.
   a) Wie groß ist der Volumenstrom, wenn die Drehzahl auf 500 min^{-1} verringert wird?
   b) Welchen Gesamtdruck erzeugt der Ventilator bei einer Drehzahl von 500 min^{-1}?

7. Ein Ventilator bringt bei einer Drehzahl von 1500 min^{-1} diese Werte: Volumenstrom 7000 m^3/h, Gesamtdruckerhöhung 300 Pa, Antriebsleistung 900 W. Wie groß sind a) der Volumenstrom, b) die Gesamtdruckerhöhung, c) die Antriebsleistung, wenn die Ventilatordrehzahl auf 2000 min^{-1} erhöht wird?

7.8.2 Kennlinienfelder von Ventilatoren und Kanalnetzkennlinien

Für jeden Ventilatortyp (Baugröße) gibt es eine ganze Anzahl von Kennlinien, die die Volumenströme und Druckerhöhungen bei verschiedenen Drehzahlen angeben. Der Drehzahlbereich liegt zwischen 500 und 1900 min^{-1}, kann aber bei Hochleistungsventilatoren bis auf 5000 min^{-1} gehen. Bild **7.41** zeigt ein Auswahldiagramm mit drehzahlbezogenen Kennlinien eines üblichen Niederdruckventilators. Ein Beispiel soll zeigen, daß wir daraus außer $\dot{V}$ und Δp_{ges} weitere wichtige Kenndaten entnehmen können.

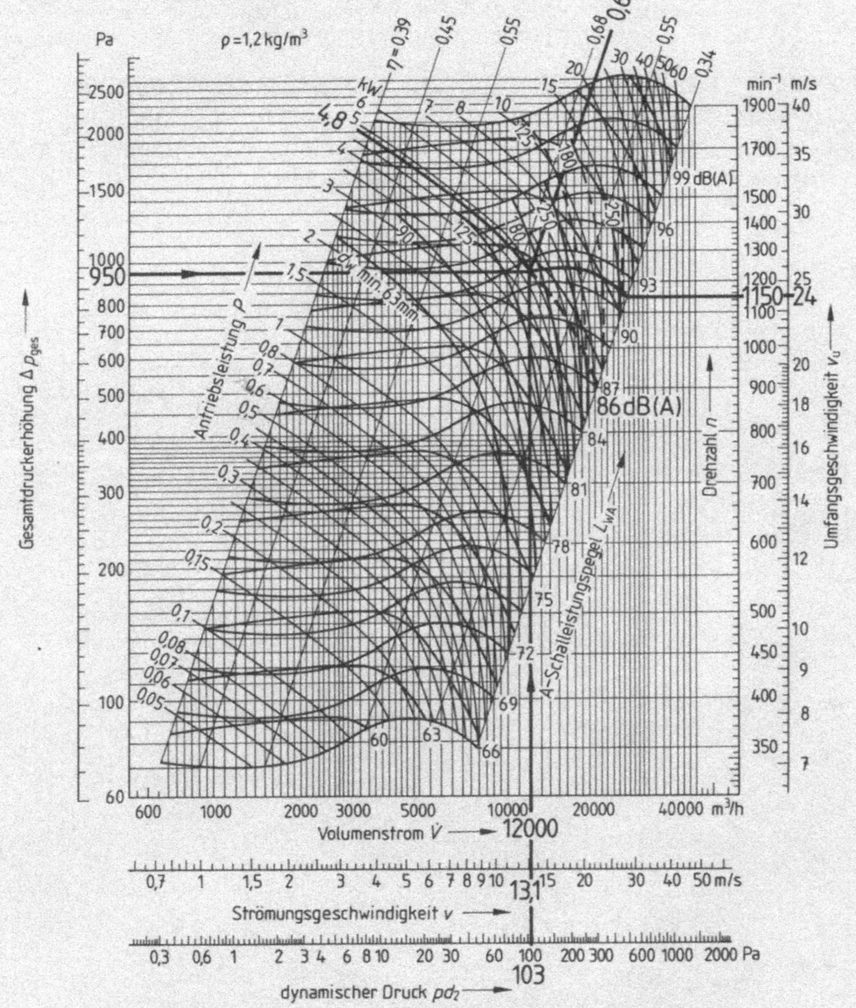

7.41 Auswahldiagramm (Kennlinienfeld) für Ventilatoren

Beispiel 7.57 Für eine RLT-Anlage wurden ein Volumenstrom von 12 000 m³/h und eine Druckerhöhung von 950 Pa ermittelt. Mit dem Auswahldiagramm 7.41 sind folgende Kennwerte bei passender Ventilatordrehzahl zu ermitteln: Drehzahl n, Antriebsleistung P in kW, Strömungsgeschwindigkeit v, dynamischer Druck Δp_d, Wirkungsgrad η, Schalldruckpegel L_{WA}.

Lösung
Ausgehend vom Schnittpunkt $\dot{V} = 12\,000$ m³/h und $\Delta p_{ges} = 950$ Pa lesen wir ab:

$n\ \ = \mathbf{1150\ min^{-1}}$ $\qquad P\ =\ \mathbf{4{,}8\ kW}$ $\qquad v\ \ = \mathbf{13{,}1\ m/s}$

$\Delta p_d =\ \mathbf{103\ Pa}$ $\qquad \eta\ = \mathbf{67\%}$ $\qquad L_{WA} = \mathbf{86\ dB_A}$

Die Kanalnetzkennlinie wird nach den gleichen Gesetzmäßigkeiten ermittelt wie die Rohrnetzkennlinie.

$$\frac{\Delta \dot{p}_1}{\Delta p_2} = \left(\frac{\dot{V}_1}{\dot{V}_2}\right)^2 \qquad\begin{array}{ll}\Delta \dot{p}_1, \dot{V}_1 & \text{berechnete Druckerhöhung bzw. Volumenstrom}\\ \Delta p_2 & \text{Druckerhöhung bei angenommenem Volumenstrom } \dot{V}_2\end{array}$$

Zum Zeichnen der Kennlinie reicht es, wenn wir zwei Volumenströme über und unter dem berechneten Volumenstrom annehmen. Die weiteren Punkte der Kennlinie werden durch Umstellen der Gleichung ermittelt.

$$\Delta p_2 = \Delta p_1 \cdot \left(\frac{\dot{V}_2}{\dot{V}_1}\right)^2$$

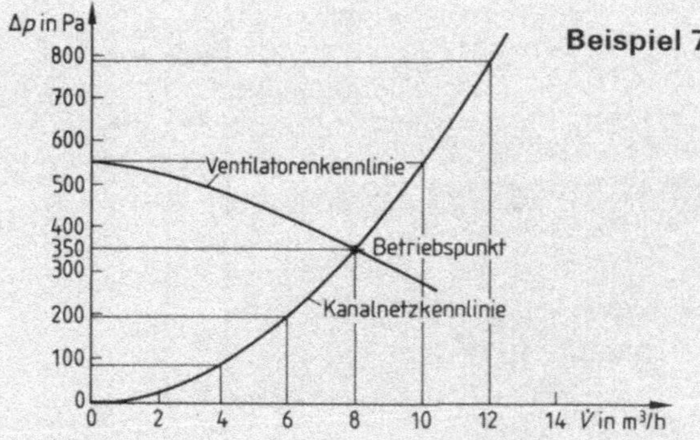

7.42 Auswahldiagramm

Beispiel 7.58 Der Ventilator einer RLT-Anlage fördert stündlich 8000 m³ Zuluft bei einer Druckerhöhung von 350 Pa. Berechnen und zeichnen Sie die Kanalnetzkennlinie.

Geg.: $\dot{V}_1 = 8000$ m³/h, $\dot{V}_2$ angenommen 10 000 m³/h, 12 000 m³/h, 6000 m³/h und 4000 m³/h, $\Delta p_1 = 350$ Pa; ges.: Δp_2 bei den angenommenen Volumenströmen

Lösung (7.42) $\quad \Delta p_2 = \Delta p_1 \cdot \left(\dfrac{\dot{V}_2}{\dot{V}_1}\right)^2 = 350\ \text{Pa} \cdot \left(\dfrac{10\,000\ \text{m}^3/\text{h}}{8000\ \text{m}^3/\text{h}}\right)^2 = \mathbf{547\ Pa}$

$$\Delta p_2 = 350\ \text{Pa} \cdot \left(\frac{12\,000\ \text{m}^3/\text{h}}{8000\ \text{m}^3/\text{h}}\right)^2 = \mathbf{788\ Pa}$$

$$\Delta p_2 = 350\ \text{Pa} \cdot \left(\frac{6000\ \text{m}^3/\text{h}}{8000\ \text{m}^3/\text{h}}\right)^2 = \mathbf{197\ Pa}$$

$$\Delta p_2 = 350\ \text{Pa} \cdot \left(\frac{4000\ \text{m}^3/\text{h}}{8000\ \text{m}^3/\text{h}}\right)^2 = \mathbf{89\ Pa}$$

> Die Kanalnetzkennlinie eines bestimmten Kanalsystems gibt an, wie groß der Druckverlust bei verschiedenen Volumenströmen ist.

Wird also der Volumenstrom in einem Kanalnetz verändert, können wir die dazu nötige Druckerhöhung des Ventilators der Kennlinie entnehmen. Der Betriebspunkt einer RLT-Anlage liegt stets im Schnittpunkt von Kanalnetz- und Ventilatorkennlinie.

In die Auswahldiagramme (Kennlinienfelder) der Ventilatoren können keine Kanalnetzkennlinien eingetragen werden, weil Volumenströme und Druck mit logarithmischem Maßstab eingezeichnet sind. Die Wirkungsgradlinien sind sozusagen die Kanalnetzkennlinien.

Aufgaben

8. Laut Berechnungen muß ein Ventilator einen Volumenstrom von 5000 m³/h fördern und einen Gesamtdruck von 205 Pa erzeugen. Aus dem Auswahldiagramm **7**.41 sind folgende Werte zu ermitteln: a) n in min^{-1}, b) P in kW, c) v in m/s, d) Δp_d in Pa, e) η in %, f) L_WA in dB$_\mathrm{A}$.

9. Ein Ventilator erzeugt bei einer Drehzahl von 900 min^{-1} einen Gesamtdruck von 600 Pa. Mit dem Auswahldiagramm **7**.41 sind für den passenden Ventilator zu ermitteln: a) $\dot{V}$ in m³/h, b) P in kW, c) v in m/s, d) Δp_d in Pa, e) η in %, f) L_WA in dB$_\mathrm{A}$.

10. Im ungünstigsten Strang eines Kanalnetzes beträgt der Druckverlust insgesamt 800 Pa bei einem Volumenstrom von 25000 m³/h. Berechnen Sie vier weitere Punkte für die Kanalnetzkennlinie und zeichnen Sie die Kennlinie.

11. Ein Kanalnetz erfordert eine Ventilator-Druckerhöhung von 0,5 kPa bei einem Volumenstrom von 15000 m³/h.
    a) Berechnen und zeichnen Sie die Kanalnetzkennlinie.
    b) Entnehmen Sie dem gezeichneten Diagramm den Druckverlust in Pa bei einem Volumenstrom von 9000 m³/h.

Bildquellenverzeichnis

Central-Bürkle, Schönaich: Bild **4**.20

Cremmer/Dippel, Baufachrechnen (B.G.Teubner, Stuttgart): Bild **2**.36, **2**.39, **2**.57 bis **2**.60, **2**.65, **2**.66, **2**.68, **4**.32

Danfoss GmbH, Offenbach: Bild **4**.15

Wilhelm Gebhardt GmbH, Waldenburg: Bild **7**.41

Theodor Heimeier Metallwerk GmbH, Erwitte: Bild **4**.17

Metallwerke Neheim, Goeke & Co KG, Arnsberg: Bild **4**.18, **4**.19

Recknagel/Sprenger/Hönmann, Taschenbuch für Heizung und Klimatechnik, 64. Aufl. 1988/89 (Oldenbourg, München): Bild **4**.13, **5**.2, **5**.4, **5**.10, **7**.35

Spirax Sarco GmbH, Konstanz: Bild **5**.3

Wilo-Werk GmbH & Co, Dortmund: Bild **4**.40